제 2 판

Mathematics I Differential and Integral Calculus

수학 I 미분적분학

| 민만식 · 정문자 · 정형철 · 황상민 · 이 성 · 김경화 지음 |

한티미디어

저자 소개

민만식 고려대학교 통계학과 이학박사
수원대학교 데이터과학부 Adjunct Professor

정문자 Purdue University 수학과 수학박사
수원대학교 데이터과학부 Professor

정형철 고려대학교 통계학과 이학박사
수원대학교 데이터과학부 Professor

황상민 성균관대학교 수학과 이학박사 수료
수원대학교 데이터과학부 Adjunct Professor

이 성 고려대학교 수학과 이학박사
수원대학교 데이터과학부 Adjunct Professor

김경화 연세대학교 수학과 이학박사
수원대학교 데이터과학부 Adjunct Professor

수학 I

미분적분학 제2판

발행일 2025년 8월 15일 2쇄
지은이 민만식 · 정문자 · 정형철 · 황상민 · 이 성 · 김경화
펴낸이 김준호
펴낸곳 한티미디어 | **주 소** 경기도 고양시 덕양구 청초로 66, 덕은리버워크 B동 1707호
등 록 제15-571호 2006년 5월 15일
전 화 02)332-7993~4 | **팩 스** 02)332-7995
ISBN 978-89-6421-451-0 (93410)
가 격 25,000원

마케팅 노호근 김택균
관 리 김지영

이 책에 대한 의견이나 잘못된 내용에 대한 수정 정보는 한티미디어 홈페이지나 이메일로 알려주십시오.
독자님의 의견을 충분히 반영하도록 늘 노력하겠습니다.

홈페이지 www.hanteemedia.co.kr | **이메일** hantee@hanteemedia.co.kr

---

PREFACE

수학1(미분적분학)은 자연계 및 공학계 대학과정 전반에 걸쳐 기초가 되는 학문으로, 자연과학의 각종서적을 이해하는 데 기본적으로 필요한 주요 과목이다. 특히 현대의 공학이 첨단으로 발전함에 따라 수학의 각 분야도 새로운 이론 체계를 구성하면서 여러 가지 형태로 개발되어 많은 분야에 다양하게 응용되고 있으며, 따라서 이공계 대학과정의 기초수학 과목인 수학1(미분적분학)의 올바른 학습은 전공영역의 성공적인 진입에 매우 필요한 준비과정이 된다.

수학교육의 목적은 수학이란 지렛대를 사용하여 당면하는 여러 가지 문제의 해결점을 스스로 찾을 수 있게 하는 것이다. 그러면 수학은 어떻게 잘 배울 수 있는가? 배움이란 궁극적으로 자기 자신에 의존되는 것이다. 선생님이나 책은 배움의 보조수단일 뿐이다. 수학을 참으로 배우기 위해서는 수학을 직접 하지 않으면 안 된다. 이를 위해서는 정확한 해답에 이르지 못하더라도 연습문제를 스스로 풀어 보아야만 하며, 문제의 정확한 해답을 기억하고 활용하는 과정에서 수학적 능력 향상과 비할 수 없는 즐거움을 느낄 수 있을 것이다.

본서의 내용은 다음과 같이 편성되었다. 제 1장에서는 함수의 정의를 소개하고 역함수와 합성함수에 대해 다룬다. 특히, 이학 및 공학계열의 분야에서 중요하게 다루어지는 지수, 로그함수와 삼각함수에 대해 살펴본다. 제 2장에서는 함수의 극한과 연속성의 개념에 대해 알아본다. 또한, 1장에서 소개한 초월함수의 극한과 무한대에서의 극한을 살펴보고 연속성을 통해 평균값 정리에 대해 알아본다. 제 3장에서는 미분을 소개하고 미분계수을 이용하여 접선과 법선의 방정식 및 다양한 미분계산방법을 다룬다. 제 4장에서는 실생활과 관련된 미분의 응용 분야 다루는데, 특히, 극대 및 극소, 최적화 문제를 통해 수학과 실용성의 밀접함을 살펴본다. 제 5장에서는 부정적분과 정적분을 소개하고 다양한 적분 방법을 다룬다. 특히, 미적분학의 기본정리를 통해 미분과 적분의 관계를 알아본다. 제 6장에서는 정적분의 응용에 대하여 다루게 되는데, 정적분을 이용하여 곡선 사이의 면적, 회전체의 부피, 평면 위에서 곡선의 운동과 호의 길이를 알아보고 고등과정에서는 다루지 않았던 이상적분을 살펴본다. 제 7장에서는 행렬을 소개하고 행렬연산, 역행렬 및 행렬식을 이용하여 관련된 문제를 다룬다.

이와 함께 이 책은 각 절마다 많은 연습문제를 포함시켜서 학업 내용의 습득에 도움이 되도록 하였으며 이 중에는 본문에서 다루지 못한 문제를 포함하여 많은 계산문제와 응용문제가 있다. 또한, 각 연습문제의 해설과 답을 마지막 장 뒤에 삽입했다. 끝으로 이 책을 제작하는 데 여러모로 도움을 준 한티미티어 편집부에 감사의 말을 전한다.

2023. 2

저자 일동

CONTENTS

CHAPTER 1

함수

1.1 함수
1.2 지수
1.3 로그함수
1.4 삼각함수

1.1 함수

1.1.1 함수와 관계

관계란 두 변수들의 연관성을 지닌 점들(순서쌍)의 집합이다. 즉 관계는 좌표평면에서 (x,y)의 집합이다. 예를 들어 $y=x+3$과 $x=y^2$은 순서쌍의 집합을 생성하므로 관계이다.

함수란 x의 각 값에 대하여 y의 한 값에 대응하는 관계이다. 함수에서 정의역은 순서쌍의 x의 값의 집합이고 치역은 순서쌍의 y의 값의 집합이다.

■ 함수 판별 방법

- 수직선 판별법 : 그래프에 임의의 수선을 그었을 때 곡선과 오직 한 점에서 만나면 함수이다.

예제 1.2

다음 관계가 함수인 것은?

(1) $\{(1,3),(2,4),(3,5),(4,6)\}$

(2) $\{(1,3),(3,2),(1.7),(-1,4)\}$

(3) $\{(2,-1),(2,0),(2,3),(2,11)\}$

(4) $\{(7,6),(5,6),(3,6),(-4,6)\}$

(5) $\{(0,0),(1,0),(3,0),(5,0)\}$

(6) $\{(0,0),(0,-2),(0,2),(0,4)\}$

풀이

(1), (4), (5)

예제 1.2

다음 그래프에서 함수인 것을 고르시오.

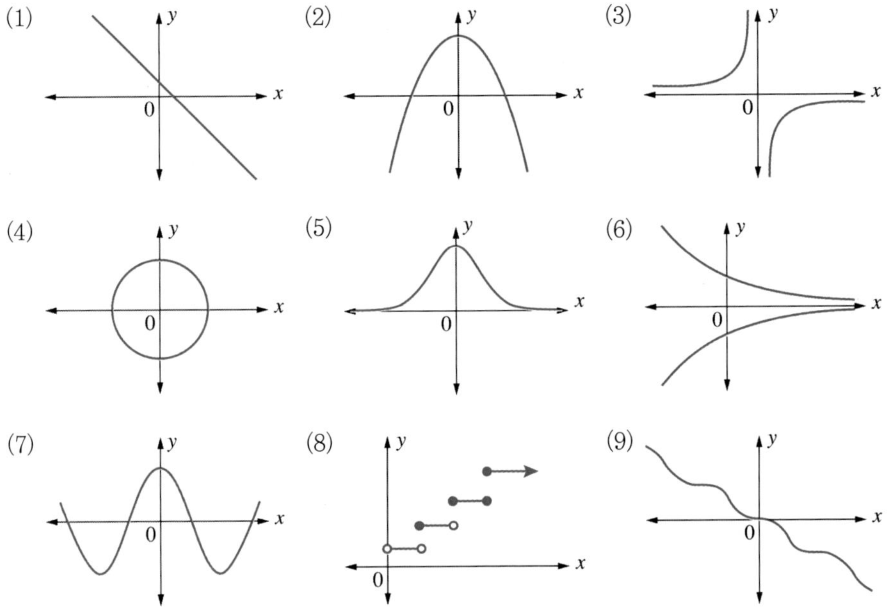

그림 1.1

풀이

(1), (2), (3), (5), (7), (9)

예제 1.3

다음 함수 그래프에서 정의역과 치역을 구하여라.

(1)

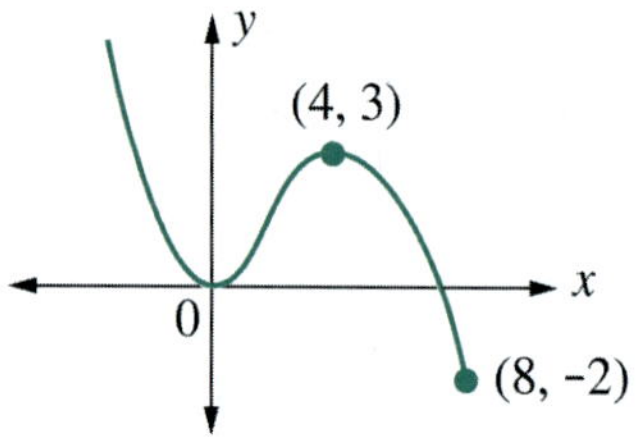

그림 1.2

(2)

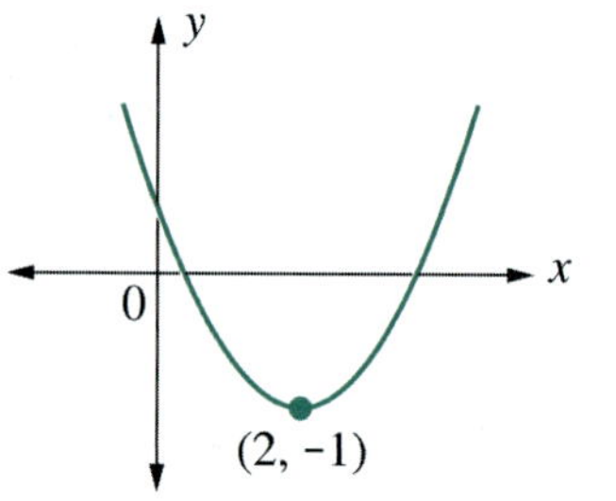

그림 1.3

풀이

(1) $\{x \mid x \leq 8\}$

$\{y \mid y \geq -2\}$

(2) $\{x \mid x \in R\}$

$\{y \mid y \geq -1\}$

예제 1.4

다음 함수들의 정의역과 치역을 구하여라.

(1) $f(x) = \sqrt{x-5}$

(2) $f(x) = \dfrac{1}{x-5}$

(3) $f(x) = \dfrac{1}{\sqrt{x-5}}$

풀이

(1) $\{x \mid x \geq 5\}$

$\{y \mid y \geq 0\}$

(2) $\{x \mid x \neq 5\}$

$\{y \mid y \neq 0\}$

(3) $\{x \mid x > 5\}$

$\{y \mid y > 0\}$

예제 1.5

함수 $f(x)=2x^2-4$일 때 다음을 구하여라.

(1) $f(-\sqrt{3})$

(2) $2f(x+1)$

(3) $t^2 \cdot f\left(\frac{1}{t}\right)$

(4) $\frac{f(x+h)-f(x)}{h}$

풀이

(1)
$$\begin{aligned} f(-\sqrt{3}) &= 2(-\sqrt{3})^2-4 \\ &= 6-4 \\ &= 2 \end{aligned}$$

(2)
$$\begin{aligned} 2f(x+1) &= 2[2(x+1)^2-4] \\ &= 2[2(x^2+2x+1)-4] \\ &= 2[2x^2+4x-2] \\ &= 4x^2+8x-4 \end{aligned}$$

(3)
$$\begin{aligned} t^2 \cdot f\left(\frac{1}{t}\right) &= t^2 \cdot \left[2\left(\frac{1}{t}\right)^2-4\right] \\ &= t^2 \cdot \left[\frac{2}{t^2}-4\right] \\ &= 2-4t^2 \end{aligned}$$

(4)
$$\begin{aligned} \frac{f(x+h)-f(x)}{h} &= \frac{2(x+h)^2-4-(2x^2-4)}{h} \\ &= \frac{2(x^2+2xh+h^2)-4-2x^2+4}{h} \\ &= \frac{2x^2+4xh+2h^2-4-2x^2+4}{h} \\ &= \frac{4xh+2h^2}{h} \\ &= 4x+2h \end{aligned}$$

예제 1.6

$f(x+2)=\frac{1}{2}x+2$일 때, $f(4)$와 $f(x)$를 구하여라.

풀이

$x=2$, 를 대입하면

$f(2+2)=\frac{1}{2}(2)+2$

$\therefore f(4)=3$

$x+2=u$, 로 치환하면

$x=u-2$

$f(x+2)=\frac{1}{2}x+2 \Rightarrow f(u)=\frac{1}{2}(u-2)+2$

$f(u)=\frac{1}{2}u-1+2$

$f(u)=\frac{1}{2}u+1 \quad \therefore f(x)=\frac{1}{2}x+1$

1.1.2 합성함수

함수 f와 g에 대해서 함수 g의 치역이 함수 f의 정의역에 포함된다면 합성함수 $f \circ g$는 다음과 같이 정의한다.

$$(f \circ g)(x)=f(g(x))$$

일반적으로 $f \circ g \neq g \circ f$이다. 즉, 함수의 합성에 대해서는 교환법칙이 성립하지 않는다.

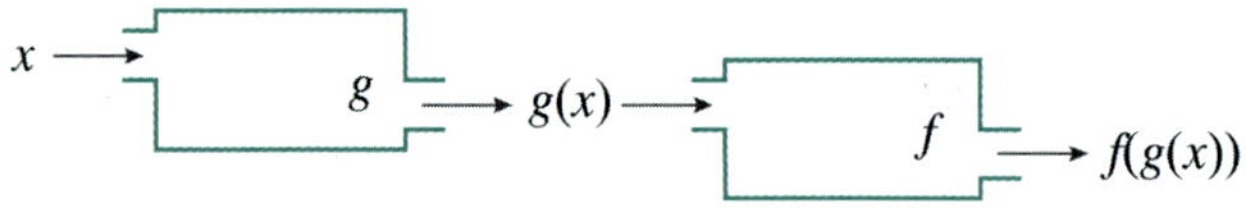

그림 1.4

예제 1.7

함수 f와 g를

$$f = \{(0,2),(1,5),(2,7),(3,9)\}$$
$$g = \{(2,2),(5,0),(7,1),(9,3)\}$$

라 하자.
다음 순서쌍을 구하여라.

(1) $f \circ g$　　(2) $g \circ f$

풀이

(1) $f \circ g = \{(2,7),(5,2),(7,5),(9,9)\}$
(2) $g \circ f = \{(0,2),(1,0),(2,1),(3,3)\}$

예제 1.8

함수 $f(x) = x^2 + 2$, $g(x) = 2x + 1$일 때, 다음을 구하여라.

(1) $f \circ g$　　(2) $g \circ f$
(3) $(f \circ g)(3)$　　(4) $(g \circ g)(-2)$

풀이

(1) $$\begin{aligned}(f \circ g)(x) &= f(g(x)) \\ &= f(2x+1) \\ &= (2x+1)^2+2 \\ &= 4x^2+4x+3\end{aligned}$$

(2) $$\begin{aligned}(g \circ f)(x) &= g(f(x)) \\ &= g(x^2+2) \\ &= 2(x^2+2)+1 \\ &= 2x^2+5\end{aligned}$$

(3) $$\begin{aligned}(f \circ g)(3) &= f(g(3)) \\ &= f(2(3)+1) \\ &= f(7) \\ &= 7^2+2=51\end{aligned}$$

(4) $$\begin{aligned}(g \circ g)(-2) &= g(g(-2)) \\ &= g(2(-2)+1) \\ &= g(-3) \\ &= 2(-3)+1=-5\end{aligned}$$

1.1.3 역함수 : $y=f^{-1}(x)$

(1) 역함수의 정의

역함수는 원함수(original function)가 일대일 대응일 때, 순서쌍 x와 y를 바꾸어 구한 순서쌍의 집합이다.

(1) $y=f^{-1}(x)$의 그래프는 $y=f(x)$의 그래프를 $y=x$에 대해 대칭시킨 그래프이다.

(2) $y=f(x)$가 일대일대응이면 $y=f^{-1}(x)$도 일대일대응 함수이다.

(3) $f(f^{-1}(x))=f^{-1}(f(x))=x$

(4) $f^{-1}\neq\dfrac{1}{f}$

(5) f^{-1}의 정의역은 f의 치역

(6) f^{-1}의 치역은 f의 정의역

예제 1.9

다음을 구하여라.

(1) $f=\{(-5,-1),(-1,0),(1,3),(3,6)\}$일 때, f^{-1}의 순서쌍은?

(2) f와 f^{-1}의 화살 다이어그램은?

(3) $y=f(x)$와 $y=f^{-1}(x)$를 그리면?

풀이

(1) $f^{-1}=\{(-1,-5),(0,-1),(3,1),(6,3)\}$

(2)

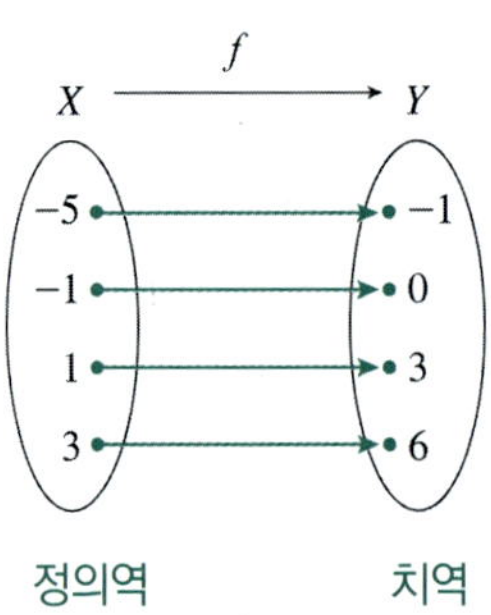

그림 1.5

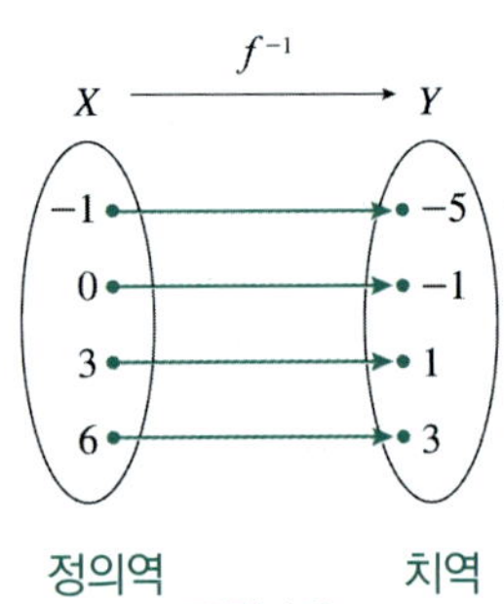

그림 1.6

(3)

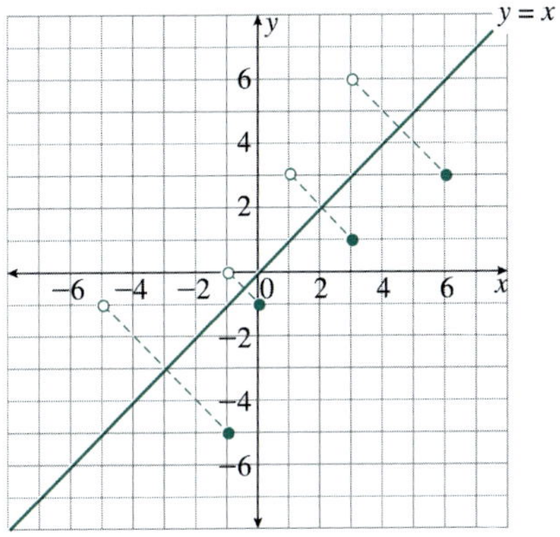

그림 1.7

(2) 역함수를 구하는 순서

(1) $f(x)$를 y로 대체한다.

(2) x와 y를 바꾼다.

(3) y를 구한다.

(4) y를 $f^{-1}(x)$로 대체한다.

예제 1.10

다음 각 함수의 역함수를 구하여라.

(1) $y = x^2 + 1 \ (x \geq 0)$ (2) $f(x) = \sqrt{x-1} + 2$

풀이

D :정의역, R:치역이라 하자.

(1) $D = \{x | x \geq 0\}$, $R = \{y | y \geq 1\}$이고, D에서 R로의 일대일 대응이다.

$y = x^2 + 1 (x \geq 0,\ y \geq 1)$에서 x에 관하여 풀면

$x^2 = y - 1$

$x = \sqrt{y-1} (y \geq 1,\ x \geq 0)$

x와 y를 바꾸면 $y = \sqrt{x-1} (x \geq 1,\ y \geq 0)$

$\therefore f^{-1}(x) = \sqrt{x-1} (x \geq 1)$

(2) $y = \sqrt{x-1}+2$로 놓으면
$D = \{x|x \ge 1\}$, $R = \{y|y \ge 2\}$이고, D에서 R로의 일대일 대응이다.
$y = \sqrt{x-1}+2(x \ge 1,\ y \ge 2)$에서 x에 관하여 풀면
$\sqrt{x-1} = y-2$, $x-1 = (y-2)^2$
$x = (y-2)^2+1(y \ge 2,\ x \ge 1)$
x와 y를 바꾸면
$y = (x-2)^2+1(x \ge 2,\ y \ge 1)$
$\therefore f^{-1}(x) = (x-2)^2+1(x \ge 2)$

(3) 역함수의 성질

(1) $f(f^{-1}(x)) = x$

(2) $f^{-1}(f(x)) = x$

(3) $y = f(x) \Leftrightarrow x = f^{-1}(y)$

(4) $f^{-1}(f(a)) = a$

증명

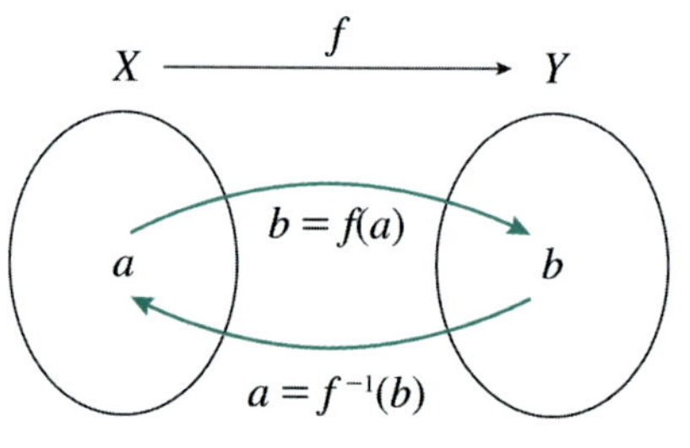

그림 1.8

$f(f^{-1}(b)) = f(a) = b$

$\therefore f(f^{-1}(b)) = b$

$f^{-1}(f(a)) = f^{-1}(b) = a$

$\therefore f^{-1}(f(a)) = a$

예제 1.1

함수 $f(x) = x^3 + 15$에서 $f^{-1}(7)$을 구하여라.

풀이

$$f^{-1}(7) = x \Leftrightarrow 7 = f(x)$$

$$7 = x^3 + 15$$

$$x^3 = -8 \qquad \therefore x = -2$$

연습문제 1.1

1. 다음 그림을 보고 정의역과 치역을 각각 구하여라.

(1)

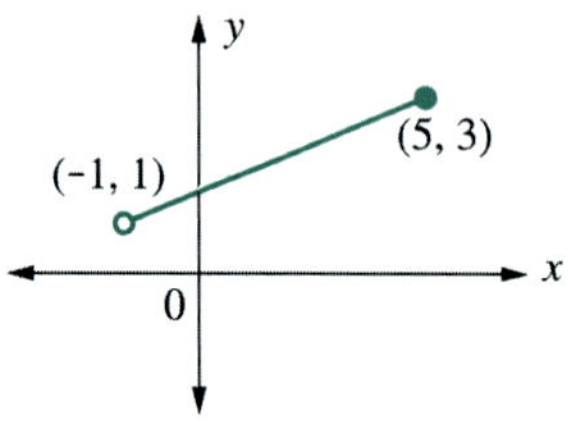

(2)

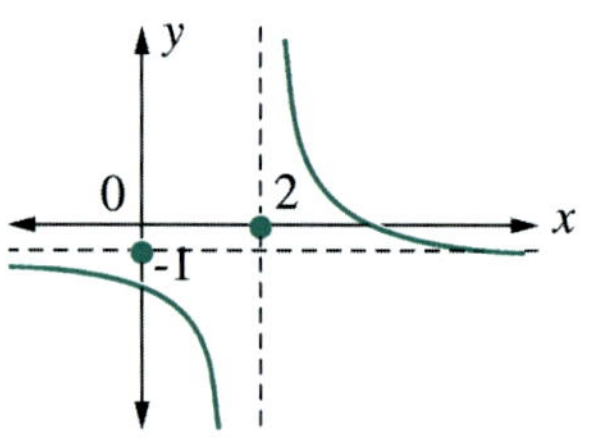

(3)

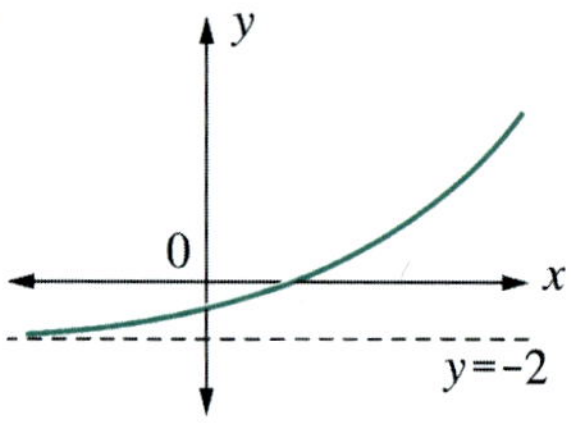

(4)

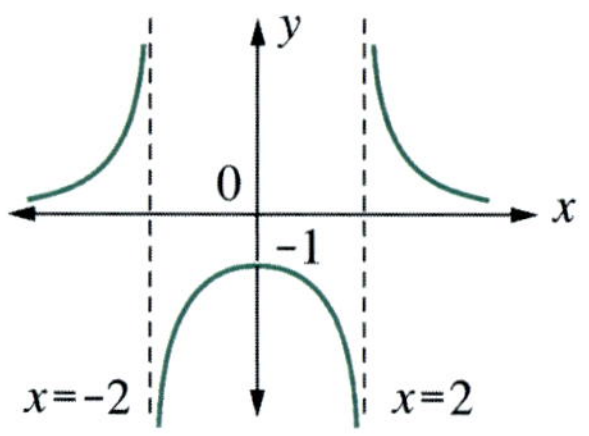

2. 다음 함수의 정의역과 치역을 구하여라.

(1) $f(x)=\sqrt{x-2}$

(2) $f: x \to \sqrt{4-x}$

(3) $f: x \to 5x-3x^2$

(4) $y=\dfrac{x+4}{x-2}$

3. 함수 $f(x)=x^2-3x+4$에서 다음을 구하여라.

(1) $f(3)+1$

(2) $f(2x)$

(3) $f(x-2)$

(4) $\dfrac{f(x+2)-f(x)}{2}$

4. $f=\{(0,3),(1,0),(2,1),(3,2)\}$, $g=\{(0,1),(1,2),(2,3),(9,3)\}$에서 $f \circ g$ 을 구하여라.

5. 함수 $f(x)=2x-1$과 $g(x)=\sqrt{x-1}$에 대해 다음을 구하여라.

(1) $(f \circ g)(5)$
(2) $(g \circ f)(3)$
(3) $(f \circ g)(x)$
(4) $(g \circ f)(x)$

6. $f(x)=\dfrac{x}{1-x}$와 $g(x)=\dfrac{1}{x}$에 대해 다음을 구하여라.

(1) $(g \circ f)(4)$
(2) $(f \circ f)(-2)$
(3) $(f \circ g)(x)$
(4) $(g \circ f)(x)$

7. 다음 함수의 역함수를 구하여라.

(1) $f(x)=3x-2$
(2) $y=x^3-5$
(3) $f(x)=2(x-4)^2+1\ (x \geq 4)$
(4) $g(x)=\dfrac{x-2}{2x-3}$

8. 다음을 각각 구하여라.

(1) $f(x)=2x^3-11$일 때, $f^{-1}(5)$
(2) $f(x)=\sqrt[3]{x-5}+4$일 때, $f^{-1}(2)$
(3) $f(x)=\dfrac{6}{x+1}$이고 $f(g(x))=x$일 때, $g(x)$
(4) $f(x)=(x+3)^3-2$이고 $f(g(x))=x$일 때, $g(x)$

1.2 지수

1.2.1 지수법칙($a \neq 0,\ b \neq 0$)

실수 a를 n번 곱한것을 a의 n제곱이라 하고 a^n으로 나타낸다. 여기에서 a를 밑(base), n을 지수(exponent)라고 한다. 지수법칙을 정리하면 다음과 같다.

$$a^m \cdot a^n = a^{m+n} \qquad \frac{a^m}{a^n} = a^{m-n} \qquad (a^m)^n = a^{mn}$$

$$(ab)^n = a^n b^n \qquad \left(\frac{a}{b}\right)^n = \frac{a^n}{b^n} \qquad a^0 = 1$$

$$a^{-n} = \frac{1}{a^n} \qquad \left(\frac{a}{b}\right)^{-n} = \left(\frac{b}{a}\right)^n \qquad a^{\frac{m}{n}} = (\sqrt[n]{a})^m$$

예제 1.12

다음을 계산하여라.

(1) $(-8)^{-\frac{2}{3}}$ (2) $\left(-\frac{8}{27}\right)^{\frac{2}{3}}$ (3) $\left(\frac{25}{4}\right)^{-1.5}$

풀이

(1) $$(-8)^{-\frac{2}{3}} = \frac{1}{(-8)^{\frac{2}{3}}} = \frac{1}{(\sqrt[3]{-8})^2} = \left(-\frac{1}{2}\right)^2 = \frac{1}{4}$$

(2) $$\left(-\frac{8}{27}\right)^{\frac{2}{3}} = \left(\sqrt[3]{-\frac{8}{27}}\right)^2 = \left(-\frac{2}{3}\right)^2 = \frac{4}{9}$$

(3) $$\left(\frac{25}{4}\right)^{-1.5} = \left(\frac{25}{4}\right)^{-\frac{3}{2}} = \left(\frac{4}{25}\right)^{\frac{3}{2}} = \left(\sqrt{\frac{4}{25}}\right)^3 = \frac{8}{125}$$

예제 1.13

양의 지수로 간단히 나타내시오.

(1) $(-3a^2b^3)^2(-2a^{-3}b^2)^3$ (2) $\dfrac{-4\sqrt[3]{x^2}\cdot 12\sqrt{x^3}}{32\sqrt[4]{x^3}}$

풀이

(1)
$$\begin{aligned}(-3a^2b^3)^2(-2a^{-3}b^2)^3 &= 9a^4b^6(-8a^{-9}b^6)\\ &= -72a^{-5}b^{12}\\ &= -\frac{72b^{12}}{a^5}\end{aligned}$$

(2)
$$\begin{aligned}\frac{-4\sqrt[3]{x^2}\cdot 12\sqrt{x^3}}{32\sqrt[4]{x^3}} &= \frac{-4x^{\frac{2}{3}}\cdot 12x^{\frac{3}{2}}}{32x^{\frac{3}{4}}}\\ &= -\frac{3}{2}x^{\frac{2}{3}+\frac{3}{2}-\frac{3}{4}}\\ &= -\frac{3}{2}x^{\frac{8+18-9}{12}} = -\frac{3}{2}x^{\frac{17}{12}}\end{aligned}$$

1.2.2 지수의 전개와 인수분해

지수를 포함한 식을 간단히 하려면 다음과 같은 인수분해 공식과 지수법칙을 사용한다.

(1) $a(b+c) = ab + ac$

(2) $(a+b)(c+d) = ac+ad+bc+bd$

(3) $(a+b)(a-b) = a^2-b^2$

(4) $(a+b)^2 = a^2+2ab+b^2$

(5) $(a-b)^2 = a^2-2ab+b^2$

예제 1.14

주어진 식을 간단히 하여라.

(1) $x^{-\frac{1}{2}}(x^{\frac{3}{2}}+2x^{\frac{1}{2}}-3x^{-\frac{1}{2}})$ (2) $(2^x+3)(2^x+1)$

(3) $(7^x+7^{-x})^2$

풀이

(1) $x^{-\frac{1}{2}}\left(x^{\frac{3}{2}}+2x^{\frac{1}{2}}-3x^{-\frac{1}{2}}\right)=x^{-\frac{1}{2}}\cdot x^{\frac{3}{2}}+x^{-\frac{1}{2}}\cdot 2x^{\frac{1}{2}}-x^{-\frac{1}{2}}\cdot 3x^{-\frac{1}{2}}$

$=x^1+2x^0-3x^{-1}$

$=x+2-\dfrac{3}{x}$

(2) $(2^x+3)(2^x+1)=2^x\cdot 2^x+2^x+3\cdot 2^x+3$

$=2^{2x}+4\cdot 2^x+3$

$=4^x+2^{2+x}+3$

(3) $(7^x+7^{-x})^2=(7^x)^2+2\cdot 7^x\cdot 7^{-x}+(7^{-x})^2$

$=7^{2x}+2\cdot 7^0+7^{-2x}$

$=7^{2x}+2+7^{-2x}$

예제 1.15

주어진 식을 인수분해 하여라.

(1) $2^{n+3}+8$ (2) $2^{3n}+2^{2n}$

(3) 4^x-9 (4) $9^x+4(3^x)+4$

풀이

(1) $2^{n+3}+8=2^n2^3+8$

$=8(2^n)+8$

$=8(2^n+1)$

(2) $2^{3n}+2^{2n}=2^{2n}2^n+2^{2n}$

$=2^{2n}(2^n+1)$

(3) $4^x-9=(2^x)^2-3^2$

$=(2^x+3)(2^x-3)$

(4) $9^x+4(3^x)+4=(3^x)^2+4(3^x)+4$

$=(3^x+2)^2$

1.2.3 지수 방정식

(1) 지수방정식의 해법

■ 항이 두 개인 경우

예 $4^x = \frac{1}{32}$, $3^{x-1} = 2^x$

① 밑을 같게 할 수 있을 때는 $a^{f(x)} = a^{g(x)}$의 꼴로 정리한 다음,
$f(x) = g(x)$를 푼다. (단, $a \neq 1, a > 0$)

② 밑을 같게 할 수 없을 때는 $a^{f(x)} = b^{g(x)}$의 꼴로 정리한 다음,
$\log a^{f(x)} = \log b^{g(x)}$를 푼다. (단, $a \neq 1, a > 0, b \neq 1, b > 0$)

■ 항이 세 개 이상인 경우

$a^x = X$로 치환하여 X에 대한 방정식으로 고친 다음 푼다.

예제 1.16

다음 방정식을 풀어라

(1) $3(27)^{2-x} = \frac{\sqrt{3}}{9^{3x}}$ (2) $5^{4x+1} + 3 = 128$

풀이

(1) $3 \cdot 3^{3(2-x)} = \frac{3^{1/2}}{(3^2)^{3x}}$

$3^{1+3(2-x)} = 3^{\frac{1}{2}-6x}$

$1+6-3x = \frac{1}{2} - 6x$

$3x = \frac{1}{2} - 7$

$3x = -\frac{13}{2}$, $\therefore x = -\frac{13}{6}$

(2) $5^{4x+1} = 128 - 3$

$5^{4x+1} = 125$

$5^{4x+1} = 5^3$

$4x + 1 = 3$

$4x = 2$, $\therefore x = \frac{1}{2}$

예제 1.17

다음 지수 방정식을 풀어라.

$$10(10)^{2x} - 101(10^x) + 10 = 0$$

풀이

$10^x = t$

$10t^2 - 101t + 10 = 0,\ (10t-1)(t-10) = 0$

$t = \frac{1}{10}, t = 10$

$10^x = \frac{1}{10}, 10^x = 10 \quad \therefore x = -1, 1$

1.2.4 지수함수 그래프

일반적으로 $a > 0,\ a \neq 1$일때 함수 $y = a^x$을 a를 밑으로 하는 지수함수라 한다.

(1) $y = a^x$ (a : 상수, $a > 0,\ a \neq 1$)

- $y = a^x$의 그래프는 점 (0,1)을 지난다.
- $a > 1, y = a^x$의 그래프는 x가 증가할 때 y도 증가한다. (증가함수)

$y = 2^x$

x	y
$-\infty$	0^+
⋮	⋮
−3	1/8
−2	1/4
−1	1/2
0	1
1	2
2	4
3	8
⋮	⋮
$+\infty$	$+\infty$

표 1.1

$y = 3^x$

x	y
$-\infty$	0^+
⋮	⋮
−3	1/27
−2	1/9
−1	1/3
0	1
1	3
2	9
3	27
⋮	⋮
$+\infty$	$+\infty$

표 1.2

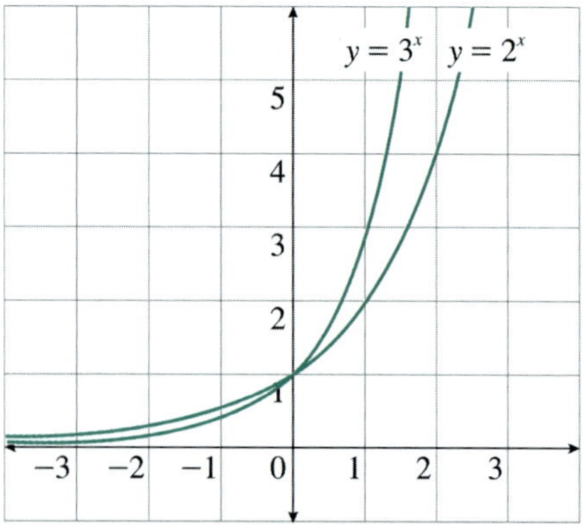

그림 1.4

- $0 < a < 1$, $y = a^x$의 그래프는 x가 증가할 때 y는 감소한다. (감소함수)

$y = \left(\frac{1}{2}\right)^x$

x	y
$-\infty$	$+\infty$
⋮	⋮
−3	8
−2	4
−1	2
0	1
1	1/2
2	1/4
3	1/8
⋮	⋮
$+\infty$	0^+

표 1.3

$y = \left(\frac{1}{3}\right)^x$

x	y
$-\infty$	$+\infty$
⋮	⋮
−3	27
−2	9
−1	3
0	1
1	1/3
2	1/9
3	1/27
⋮	⋮
$+\infty$	0^+

표 1.4

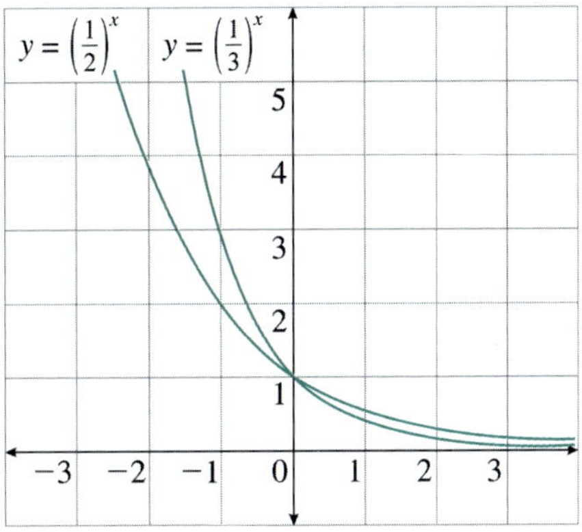

그림 1.5

- $y = a^x$의 그래프는 수평 점근선 $y = 0$을 갖는다.

- 정의역 : $\{x | x \in R\}$

- 치역 : $\{y | y > 0, y \in R\}$

많이 사용하는 지수함수는 밑 a가 e일때이다.

(2) e의 정의

x가 한없이 증가할 때, $\left(1 + \frac{1}{x}\right)^x$의 극한값을 e로 정의한다.

$$e = \lim_{n \to \infty} (1 + \frac{1}{x})^x = 2.718281828459045235....$$

e를 밑으로 갖는 지수함수 $y = e^x$을 자연지수함수라 한다.

x	$\left(1+\frac{1}{x}\right)^x$	$\left(1+\frac{1}{x}\right)^x$
10	$(1.1)^{10}$	2.593742460⋯
100	$(1.01)^{100}$	2.704813829⋯
1000	$(1.001)^{1000}$	2.716923932⋯
10000	$(1.0001)^{10000}$	2.718145927⋯
100000	$(1.00001)^{100000}$	2.718268237⋯
1000000	$(1.000001)^{1000000}$	2.718280469⋯
⋮	⋮	⋮
$+\infty$		e

표 1.5

(3) 자연 지수함수 그래프

- $y=e^x$, $y=e^{-x}$의 그래프는 수평 점근선 $y=0$을 갖는다.

$y=e^x$

x	y
$-\infty$	0^+
⋮	⋮
−1	1/e
0	1
1	e
2	$e^2\simeq 7$
⋮	⋮
$+\infty$	$+\infty$

표 1.6

$y=e^{-x}$

x	y
$-\infty$	$+\infty$
⋮	⋮
−2	$e^2\simeq 7$
−1	$e\simeq 2.7$
0	1
1	$1/e$
⋮	⋮
$+\infty$	0^+

표 1.7

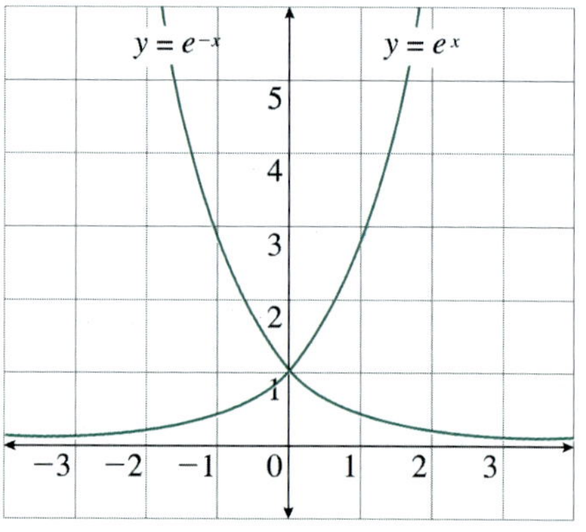

그림 1.6

예제 1.18

$f(x) = 1 - e^{x-1}$의 그래프를 그려라.

풀이

$y = e^x \quad \longrightarrow \quad y = -e^x \quad \longrightarrow \quad y = -e^{x-1} + 1$

x축에 대칭　　　$x = 1, y = 1$만큼 평행이동

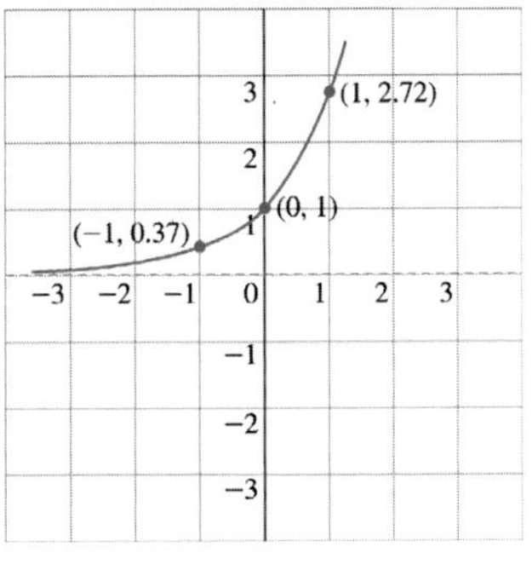

그림 1.7

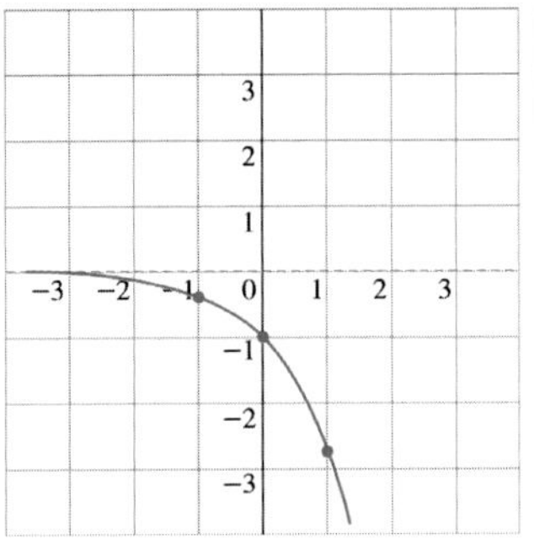

그림 1.8

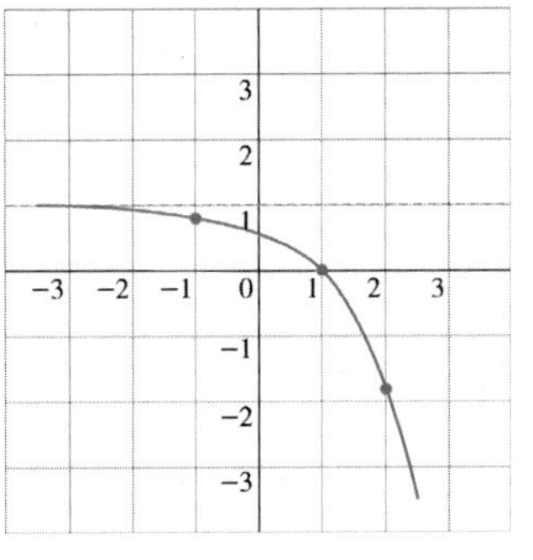

그림 1.9

연습문제 1.2

1. 다음 각 식의 값을 구하여라.

(1) $64^{\frac{2}{3}}$ (2) $-27^{-\frac{2}{3}}$

(3) $\left(\frac{81}{16}\right)^{-\frac{3}{4}}$ (4) $-32^{-0.8}$

2. 다음을 간단히 하여라.

(1) $\frac{a^3b}{ab^3}$ (2) $\frac{y^{-5}}{4x^{-3}}$

(3) $\frac{(16a^3b^{-2})(-9a^{-7}b^5)}{(6a^{-2}b^3)^2}$ (4) $(3m^3n^2)^{-2}\left(\frac{9m^3n}{mn^3}\right)^2$

3. 다음 등식을 만족하는 실수 x의 값을 구하여라.

(1) $x^{\frac{1}{3}}=-4$ (2) $x^{-\frac{3}{2}}=27$

(3) $(2x+3)^{\frac{3}{4}}=27$ (4) $x^{\frac{2}{3}}=9$

4. 다음 등식을 만족하는 실수 x의 값을 구하여라.

(1) $9(3)^{-x}=27^{1+x}$ (2) $2(8)^{x-1}=\frac{\sqrt{2}}{4^x}$

(3) $\left(\frac{64}{125}\right)^{-x}=\left(\frac{5}{4}\right)^{2x-1}$ (4) $\frac{1}{16}(8)^{x+2}=(\sqrt[3]{4})^x$

5. 다음 지수방정식을 풀어라.

(1) $5^{2x}-26(5)^{x}+25=0$

(2) $2(2)^{2x}-9(2)^{x}+4=0$

(3) $2^{2x}+3(2)^{x+1}-40=0$

(4) $3^{x+1}=\dfrac{9}{3^{x}}+26$

6. 다음 지수함수를 그려라.

(1) $y=2^{x}$

(2) $y=e^{x}-2$

(3) $y=-3^{x}$

(4) $y=e^{-x}+2$

(5) $y=2(3)^{x-1}$

(6) $y=-e^{x-3}+2$

(7) $y=3(2)^{x-1}-2$

(8) $y=1-(3)^{-x+2}$

1.3 로그함수

1.3.1 로그의 정의와 계산

임의의 양수 b에 대하여 $a>0, a\neq 1$일 때, $a^x=b$를 만족하는 실수 x는 오직 하나 존재한다. 이때 x를 a를 밑으로 하는 b의 로그라 하고, $x=\log_a b$로 나타낸다. 이때 b를 $\log_a b$의 진수라고 한다.

$$a>0, a\neq 1, b>0 \text{ 일 때 } a^x=b \Leftrightarrow x=\log_a b$$

예제 1.19

다음 등식을 $x=\log_a b$의 꼴로 고쳐라.

(1) $2^{-3}=\frac{1}{8}$

(2) $x^5=32$

풀이

(1) $2^{-3}=\frac{1}{8}$

$\Rightarrow -3=\log_2\frac{1}{8}$

(2) $x^5=32$

$\Rightarrow 5=\log_x 32$

예제 1.20

다음 등식을 $a^x=b$의 꼴로 고쳐라.

(1) $\log_{10}0.001=-3$

(2) $\log_M X=T$

(3) $\log_7\frac{1}{343}=-3$

풀이

(1) $\log_{10}0.001 = -3$

$\Rightarrow 0.001 = 10^{-3}$

(2) $\log_M X = T$

$\Rightarrow X = M^T$

(3) $\log_7 \frac{1}{343} = -3$

$\Rightarrow \frac{1}{343} = 7^{-3}$

■ 로그의 분류

- 상용로그 $\log x = \log_{10} x$
- 자연로그 $\ln x = \log_e x$

예제 1.21

다음 각 값을 구하여라.

(1) $\log \sqrt[3]{10} = x$

(2) $\log x = -\frac{1}{2}$

(3) $\ln e = x$

(4) $\ln x = -2$

풀이

(1) $\log \sqrt[3]{10} = x$

$\Rightarrow \sqrt[3]{10} = 10^x$

$x = \frac{1}{3}$

(2) $\log x = -\frac{1}{2}$

$\Rightarrow x = 10^{-\frac{1}{2}} = \frac{1}{\sqrt{10}}$

(3) $\ln e = x$

$\Rightarrow e = e^x$

$x = 1$

(4) $\ln x = -2$

$\Rightarrow x = e^{-2}$

1.3.2 로그함수

$y = \log_a x$를 $a(a > 0, a \neq 1)$를 밑으로 하는 x에 대한 로그함수라고 한다.

■ $y = \log_a x (a > 0,\ a \neq 1)$

$y = a^x$	$\Leftrightarrow$	$x = \log_a y$
$(a > 0, a \neq 1)$	역함수	$y = \log_a x\ (a > 0, a \neq 1)$

- $y = \log_a x$의 그래프는 점 $(1,0)$을 지난다.
- $a > 1$일 때 $y = \log_a x$ 그래프는 증가함수이다.

$y = \log_2 x$

x	y
0^+	$-\infty$
⋮	⋮
1/8	−3
1/4	−2
1/2	−1
1	0
2	1
4	2
8	3
⋮	⋮
$+\infty$	$+\infty$

표 1.8

$y = \log_3 x$

x	y
0^+	$-\infty$
⋮	⋮
1/27	−3
1/9	−2
1/3	−1
1	0
3	1
9	2
27	3
⋮	⋮
$+\infty$	$+\infty$

표 1.9

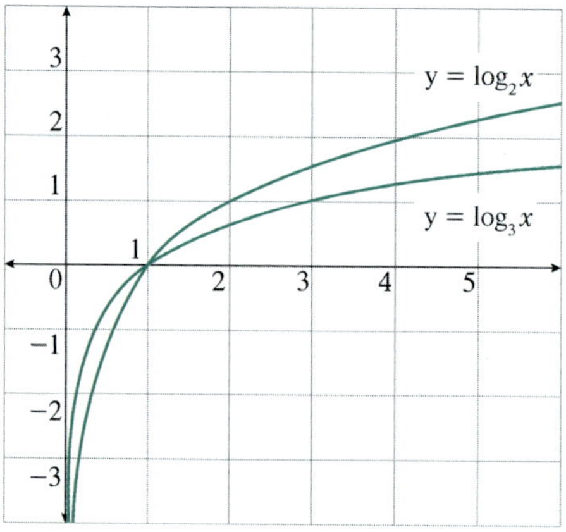

그림 1.10

- $0 < a < 1$일 때, $y = \log_a x$는 감소함수이다.

$y = \log_{\frac{1}{2}} x$

x	y
0^+	$+\infty$
⋮	⋮
1/8	3
1/4	2
1/2	1
1	0
2	−1
4	−2
8	−3
⋮	⋮
$+\infty$	$-\infty$

표 1.10

$y = \log_{\frac{1}{3}} x$

x	y
0^+	$+\infty$
⋮	⋮
1/27	3
1/9	2
1/3	1
1	0
3	−1
9	−2
27	−3
⋮	⋮
$+\infty$	$-\infty$

표 1.11

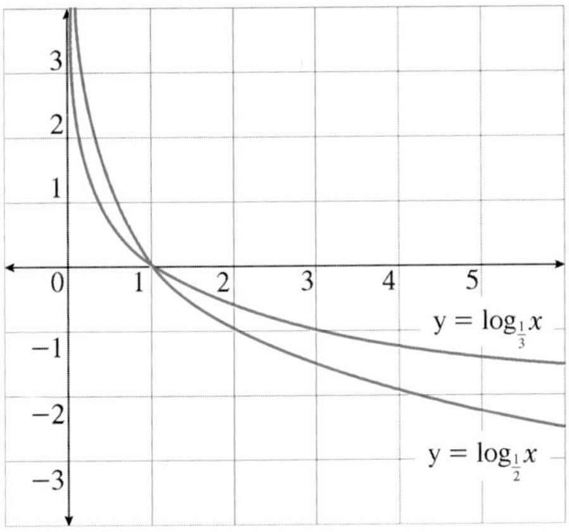

그림 1.11

- $y = \log_a x$의 그래프는 $x = 0$(y축)이 수직 점근선이다.

  정의역 : $\{x \mid x > 0, x \in R\}$

  치역 : $\{y \mid y \in R\}$

예제 1.22

$f(x) = \ln(2-x) + 1$의 그래프를 그려라.

풀이

$f(x) = \ln(-(x-2)) + 1$:

$$y = \ln x \quad \rightarrow \quad y = \ln(-x) \quad \rightarrow \quad y = \ln(-(x-2)) + 1$$

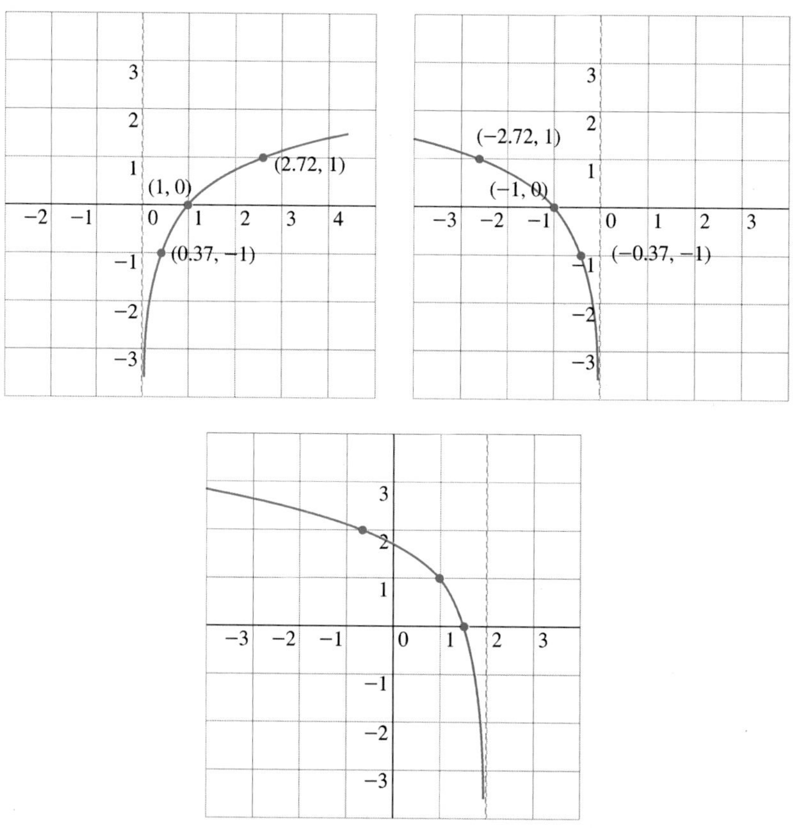

그림 1.12

예제 1.23

다음 지수함수의 역함수를 구하여라.

(1) $f(x) = 2(7)^x$

(2) $f(x) = -\log(x-1)$

풀이

(1) $y = 2(7)^x \Rightarrow x = 2(7)^y$

$\frac{x}{2} = 7^y$

$y = \log_7\left(\frac{x}{2}\right)$

$\therefore f^{-1}(x) = \log_7\left(\frac{x}{2}\right)$

(2) $y = -\log(x-1) \Rightarrow x = -\log(y-1)$

$-x = \log(y-1)$

$y-1 = 10^{-x}$

$\therefore f^{-1}(x) = 10^{-x}+1$

1.3.3 로그의 성질과 로그방정식

이 절에서는 로그의 성질을 이해하고 여러가지 문제를 해결해 보기로 한다.

$a \neq 1, a > 0, b > 0$이고, $x > 0, y > 0$일 때

(1) $\log_a a = 1,\ \log_a 1 = 0$

(2) $\log_a xy = \log_a x + \log_a y$

(3) $\log_a \frac{x}{y} = \log_a x - \log_a y$

(4) $\log_a x^n = n\log_a x$ (n은 실수)

(5) $\log_a b = \frac{\log_c b}{\log_c a} (c \neq 1, c > 0)$

(6) $\log_a b = \frac{1}{\log_b a} (b \neq 1)$

위의 기본 성질은 공식으로 암기함과 동시에 활용하는 능력도 함께 길러 두어야 한다. 공식을 유도하는 과정은 생략한다.

예제 1.24

다음을 간단히 하여라.

(1) $\log_2 24 + \log_2 6 - \log_2 9$

(2) $\dfrac{1}{2}\log 15 + \log\left(\dfrac{\sqrt{10}}{3}\right) + \dfrac{1}{2}\log 6$

(3) $2 - \ln 5 - \ln 2$

(4) $\dfrac{2}{3}(\ln A + 3\ln B) - \dfrac{1}{2}(\ln\sqrt[3]{A} + 2\ln B)$

풀이

(1) $\log_2\left(\dfrac{24\cdot 6}{9}\right) = \log_2 16 = 4$

(2) $\log\sqrt{15} + \log\dfrac{\sqrt{10}}{3} + \log\sqrt{6} = \log\left(\dfrac{\sqrt{900}}{3}\right) = \log 10 = 1$

(3) $2 - \ln 5 - \ln 2 = \ln\left(\dfrac{e^2}{5\cdot 2}\right) = \ln\left(\dfrac{e^2}{10}\right)$

(4) $\ln A^{\frac{2}{3}} + \ln B^2 - \ln A^{\frac{1}{6}} - \ln B = \ln\left(\dfrac{A^{\frac{2}{3}}\cdot B^2}{A^{\frac{1}{6}}\cdot B}\right) = \ln\left(A^{\frac{1}{2}}B\right)$

예제 1.25

다음을 간단히 하여라.

(1) $5^{\log_3 36} \div 5^{\log_3 4}$

(2) $\log_2 3 \cdot \log_3 5 \cdot \log_5 2$

(3) $\dfrac{\log_5 32}{\log_5 4} \cdot \dfrac{\log 9}{\log 27}$

(4) $e^{\ln 2} \cdot 4^{\log_4 3}$

풀이

(1) $5^{\log_3 36} \div 5^{\log_3 4} = 5^{\log_3 36 - \log_3 4} = 5^{\log_3 9}$

$= 5^2 = 25$

(2) $\log_2 3 \cdot \log_3 5 \cdot \log_5 2 = \dfrac{\log 3}{\log 2} \cdot \dfrac{\log 5}{\log 3} \cdot \dfrac{\log 2}{\log 5}$

$= 1$

(3) $\dfrac{\log_5 32}{\log_5 4} \cdot \dfrac{\log 9}{\log 27} = \dfrac{5\log_5 2}{2\log_5 2} \cdot \dfrac{2\log 3}{3\log 3}$

$= \dfrac{5}{2} \cdot \dfrac{2}{3} = \dfrac{5}{3}$

(4) $e^{\ln 2} \cdot 4^{\log_4 3} = 2 \cdot 3 = 6$

로그방정식의 해법

- $\log_a f(x) = \log_a g(x)$ 또는 $\log_a f(x) = b$의 꼴로 정리한 다음 로그가 없는 꼴로 고쳐 풀어본다.

  예 $\log_2 x + \log_2 (x-2) = 3$

  $\log_a f(x) = \log_a g(x) \Rightarrow f(x) = g(x)$

  $\log_a f(x) = b \Rightarrow f(x) = a^b$

- 밑을 같게 할 수 없을 때는 $a^{f(x)} = b^{g(x)}$의 꼴로 정리한 다음, $\log a^{f(x)} = \log b^{g(x)}$를 푼다. (단, $a \neq 1, a > 0, b \neq 1, b > 0$)

- $\log_a x = X$로 치환해 본다.

  예 $(\log x)^2 = \log x^2$

- 양변의 로그를 취한 후 정리한다.

  예 $x^{\log x} = x$

예제 1.26

다음 방정식을 구하여라.

(1) $3^{x+1}=2\cdot 5^x$

(2) $3^{2x}+5=9$

(3) $\log_6 x=1-\log_6(x-1)$

(4) $(\log x)^2-\log x^2-3=0$

(5) $2\log(-x)=\log 2+\log 8$

풀이

(1) $\log 3^{x+1}=\log(2\cdot 5^x)$, $\log 3^{x+1}=\log 2+\log 5^x$

$(x+1)\log 3=\log 2+x\log 5$, $x\log 3+\log 3=\log 2+x\log 5$

$x\log 3-x\log 5=\log 2-\log 3$, $x(\log 3-\log 5)=\log 2-\log 3$

$\therefore x=\dfrac{\log 2-\log 3}{\log 3-\log 5}$ $\left(\text{또는 } \dfrac{\log(2/3)}{\log(3/5)}\right)$

(2) $3^{2x}=4$, $\log 3^{2x}=\log 4$ 또는 $\ln 3^{2x}=\ln 4$

$2x\log 3=\log 4$, $2x\ln 3=\ln 4$

$x=\dfrac{\log 4}{2\log 3}$ 또는 $x=\dfrac{\ln 4}{2\ln 3}$

(3) $\log_6 x+\log_6(x-1)=1$, $\log_6 x(x-1)=1$

$x(x-1)=6^1$, $x^2-x-6=0$

$(x-3)(x+2)=0$, $x=3$ $(\because x>1)$

$\therefore x=3$

(4) $(\log x)^2-2\log x-3=0$, $\log x=t$

$t^2-2t-3=0$, $(t-3)(t+1)=0$

$t=3,\ -1 \Rightarrow \log x=3,\ -1 \Rightarrow x=10^3,\ 10^{-1}$

$\therefore x=1000,\ \dfrac{1}{10}$

(5) $\log(-x)^2=\log 16$, $(-x)^2=16$

$x^2=16$, $x=-4, 4$ 또한 $-x>0$

$\therefore x=-4$

연습문제 1.3

1. 다음 각 값을 구하여라.

(1) $\log_2 8$ (2) $\log_2\left(\frac{1}{4}\right)$

(3) $\log_2(\sqrt{2})$ (4) $\log_2\left(\frac{1}{\sqrt{2}}\right)$

2. 다음 각 등식을 만족하는 x의 값을 구하여라.

(1) $\log 1000 = x$ (2) $\log \sqrt[3]{10} = x$

(3) $\ln e = x$ (4) $\ln x = 3$

3. 다음 각 값을 구하여라.

(1) $\ln e^3$ (2) $\ln\left(\frac{1}{e}\right)$

(3) $\ln \sqrt[3]{e}$ (4) $\ln \frac{1}{\sqrt{e}}$

4. 다음 로그함수 그래프를 그려라.

(1) $y = \ln x$ (2) $y = \ln(-x) + 1$

(3) $y = -\log_2(x-1) + 2$ (4) $y = 2\log_2(x+4) - 2$

5. 다음 지수함수의 역함수를 구하여라.

(1) $f(x) = 3(5)^x$ (2) $y = e^{-x}$

(3) $f(x) = 2(3)^{x-1} + 4$ (4) $f(x) = -e^{x+3} + 1$

연습문제 1.3

6. 다음을 간단히 하여라.

(1) $\log_6 4 + \log_6 9$

(2) $\log 50 + \log 4 - \log 2$

(3) $\log_7 35 + \log_7\left(\frac{14}{5}\right) - \log_7 2$

(4) $\frac{1}{3}\log 8 + \frac{1}{2}\log 4 - \log 40$

7. 다음을 log의 합 · 차로 분해하여라.

(1) $\log\left(\frac{4a^2}{9b^3}\right)$

(2) $\log_b \frac{b^2\sqrt{x+1}}{(x-1)^3}$

(3) $\ln \frac{\sqrt[4]{2x-1}\sqrt{x-1}}{\sqrt{x+1}\sqrt{5-x}}$

(4) $\ln \frac{e^x \cos x}{\sqrt{x^2+x}}$

8. 다음 지수방정식을 풀어라.

(1) $5^{2x} = 8^{x+1}$

(2) $e^x = 4^{2-x}$

(3) $5(4)^x = 3^{2x+1}$

(4) $4(3)^{x-2} = 5^{2x}$

9. 다음 로그방정식을 풀어라.

(1) $\log_2(2x+4) = \log_2(x-1) + 3$

(2) $\ln x - \ln(x+1) = 1$

(3) $(\log_3 x)^2 = 2\log_3 x$

(4) $2(\ln x)^2 - \ln x^5 + 2 = 0$

(5) $\log(3x-2) = \log 2 + \log(x+2)$

(6) $\ln(3-x) - \ln(x+5) = \ln 3$

1.4 삼각함수

1.4.1 각의 정의와 라디안

이 절에서는 각의 정의와 사분면에서 주요 삼각비의 부호를 알아보고 특수각을 이용하여 단순삼각방정식을 풀어보자. $\angle XOP$는 동경 OP가 고정된 시초선 OX의 위치에서 시작하여 점 O를 중심으로 시계 반대방향으로 회전하면 양의 각으로 시계방향으로 회전하면 음의 각으로 정의한다.

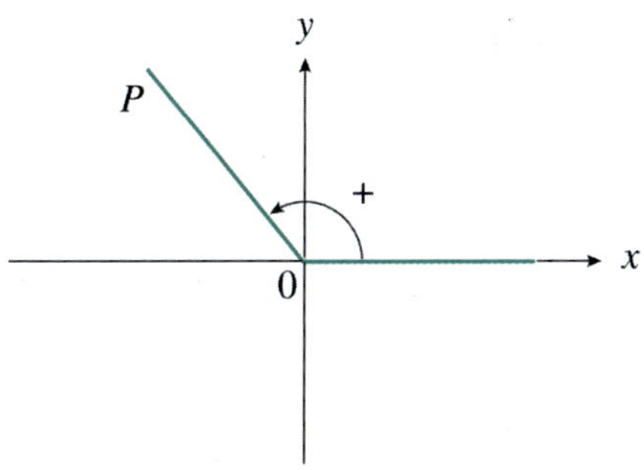

그림 1.13

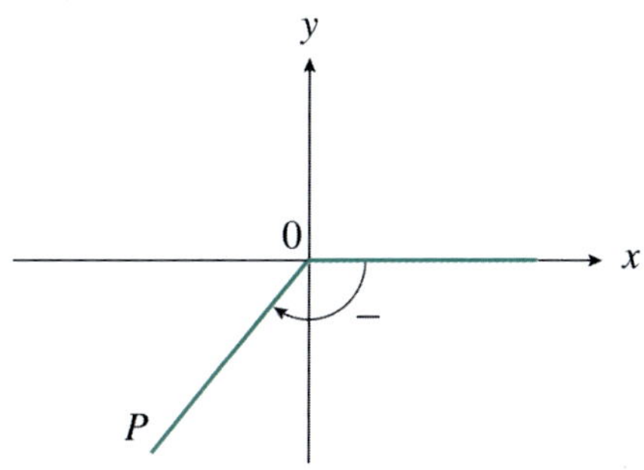

그림 1.14

예제 1.27

크기가 다음과 같은 각을 나타내는 시초선과 동경의 위치를 그림으로 나타내어라.

(1) $120°$ (2) $-70°$

(3) $560°$ (4) $-450°$

풀이

(1)

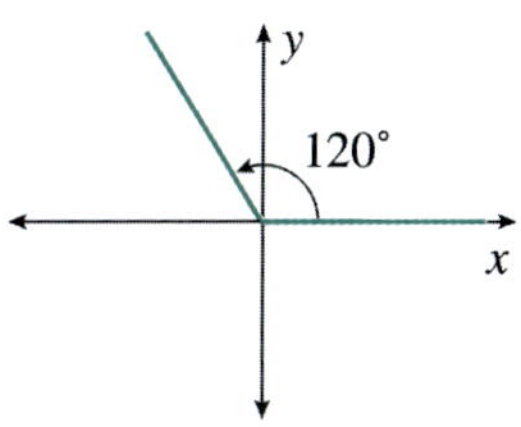

그림 1.15

(2)

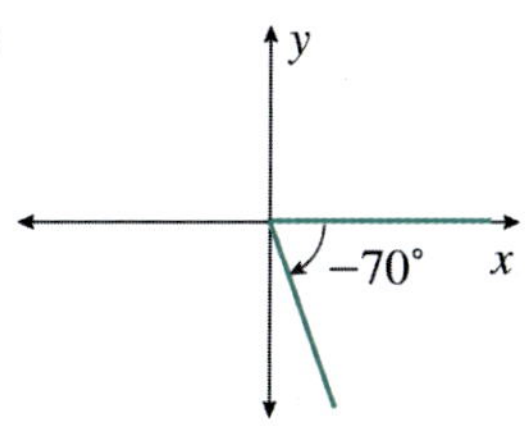

그림 1.16

(3)

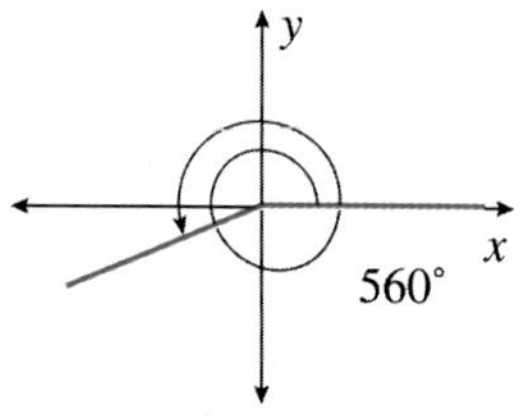

그림 1.17

(4)

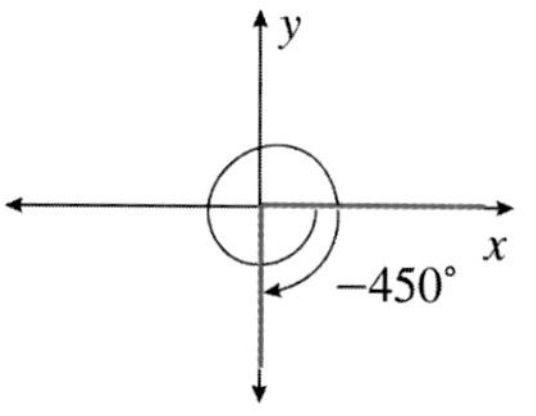

그림 1.18

그림 1.19와 같이 반지름의 길이 r인 원 위에 길이 r인 호 AB를 잡을 때, 이 호에 대한 중심각 $\angle AOB$는 반지름의 길이 r에 관계없이 항상 일정하게 된다. 이와 같이 반지름의 길이 r과 호 AB의 길이가 같을 때, $\angle AOB$의 크기를 1호도(radian)라 하고, 이것을 단위로 하는 각의 측정법을 호도법이라 한다. 이제 1호도는 우리가 자주 사용하는 60분법(15°, 25°, 100° … 등)과 어떤 관계에 있는지를 알아보자.

반지름의 길이 r인 원의 둘레는 $2\pi r$이고, 이것은 반지름의 2π배이므로 2πradian이 360°에 해당한다. 여기서 호도의 단위는 rad로 표기한다.

$$\text{곧, } 2\pi\text{rad}=360^\circ \qquad \therefore \pi\text{rad}=180^\circ$$

이로부터 1rad, 1°를 각각 60분법, 호도법으로 표현하면 다음과 같다.

$$1\text{rad}=\frac{180^\circ}{\pi} \fallingdotseq 57^\circ 17'45'',$$

$$1^\circ = \frac{\pi}{180}\text{rad} \fallingdotseq 0.01745\text{rad}$$

일반적으로 호도(radian)의 단위 rad는 생략해서 사용하는 경우가 많다. (2πrad=2π)

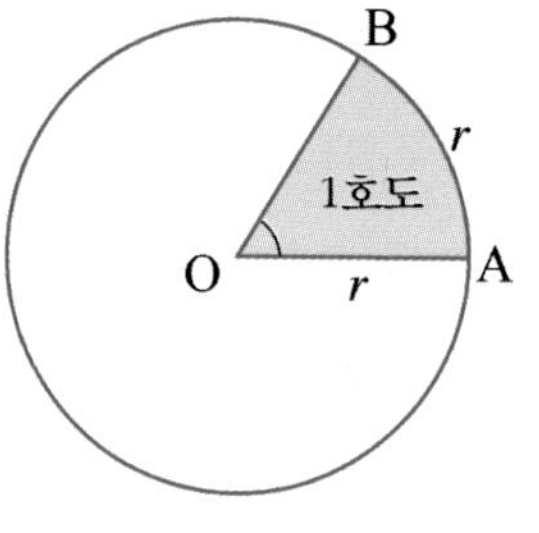

그림 1.19

(1) 각 $\times \dfrac{\pi}{180^\circ} \rightarrow$ 라디안

예제 1.28

다음 각들을 라디안으로 바꾸어라.

(1) 240°

(2) -420°

(3) 540°

(4) $12x^\circ$

풀이

(1) $240^\circ \times \dfrac{\pi}{180^\circ} = \dfrac{4\pi}{3}$

(2) $-420^\circ \times \dfrac{\pi}{180^\circ} = -\dfrac{7\pi}{3}$

(3) $540^\circ \times \dfrac{\pi}{180^\circ} = 3\pi$

(4) $12x^\circ \times \dfrac{\pi}{180^\circ} = \dfrac{\pi x}{15}$

(2) 라디안$\times \dfrac{180^\circ}{\pi} \rightarrow$ 각도

예제 1.29

다음을 각도로 바꾸어라.

(1) $\dfrac{7}{6}\pi$

(2) $-\dfrac{\pi}{6}$

풀이

(1) $\dfrac{7}{6}\pi = \dfrac{7}{6}\pi \times \dfrac{180^\circ}{\pi} = 210^\circ$

(2) $-\dfrac{\pi}{6} = -\dfrac{\pi}{6} \times \dfrac{180^\circ}{\pi} = -30^\circ$

이제 특수각의 sin, cos, tan 값과 삼각방정식을 알아보자.

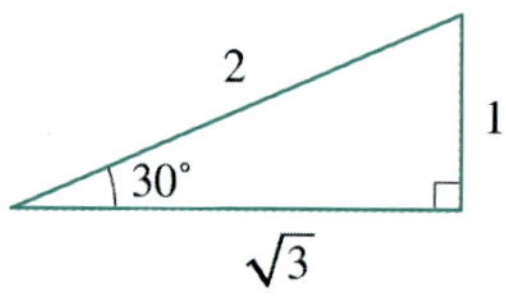

$\sin 30^\circ = \frac{1}{2}$

$\cos 30^\circ = \frac{\sqrt{3}}{2}$

$\tan 30^\circ = \frac{1}{\sqrt{3}} \left(\text{or } \frac{\sqrt{3}}{3}\right)$

그림 1.20

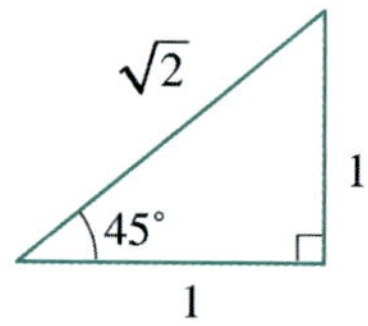

$\sin 45^\circ = \frac{1}{\sqrt{2}} \left(\text{or } \frac{\sqrt{2}}{2}\right)$

$\cos 45^\circ = \frac{1}{\sqrt{2}} \left(\text{or } \frac{\sqrt{2}}{2}\right)$

$\tan 45^\circ = 1$

그림 1.21

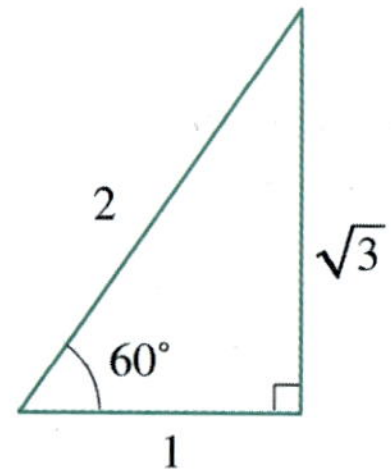

$\sin 60^\circ = \frac{\sqrt{3}}{2}$

$\cos 60^\circ = \frac{1}{2}$

$\tan 60^\circ = \sqrt{3}$

그림 1.22

예제 1.30

다음을 구하여라.

(1) $\sin\frac{7}{6}\pi$　　(2) $\cot\frac{2}{3}\pi$

(3) $\cos\frac{5}{6}\pi$　　(4) $\tan\frac{\pi}{4}$

풀이

(1)

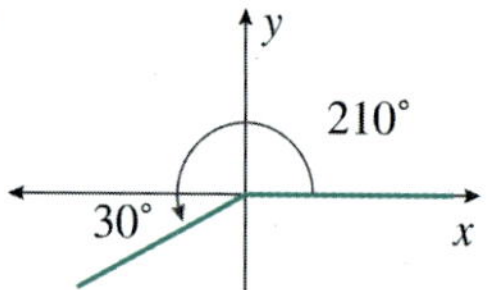

$\sin\frac{7}{6}\pi = \sin 210^\circ = -\frac{1}{2}$

그림 1.23

(2)

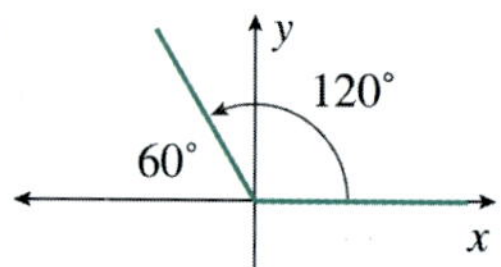

$\cot\frac{2}{3}\pi = \frac{1}{\tan\left(\frac{2\pi}{3}\right)} = \frac{1}{\tan 120^\circ} = \frac{1}{-\sqrt{3}}$

그림 1.24

(3) $\cos\frac{5}{6}\pi = \cos 150^\circ = -\cos 30^\circ = -\frac{\sqrt{3}}{2}$

(4) $\tan\frac{\pi}{4} = \tan 45^\circ = 1$

예제 1.31

다음을 구하여라.

(1) $\sin 120°$　　(2) $\sin 330°$

(3) $\sin 225°$　　(4) $\sin(-450°)$

풀이

(1)

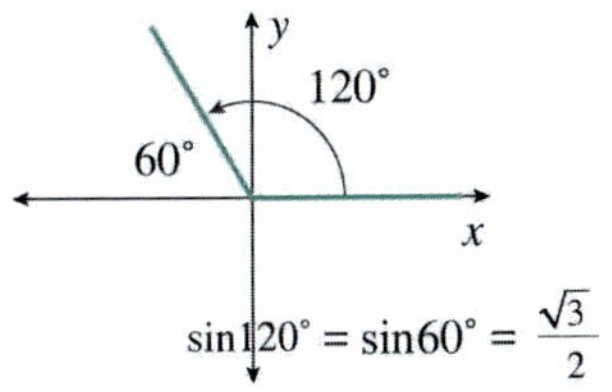

그림 1.25

(2)

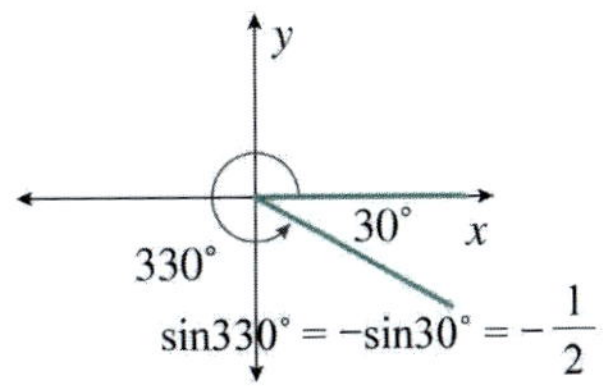

그림 1.26

(3)

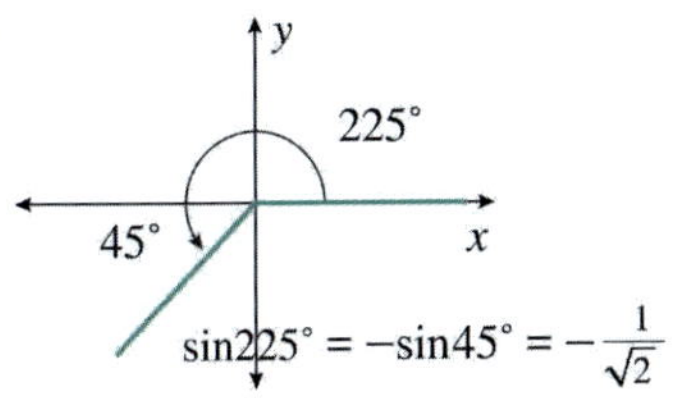

그림 1.27

(4)

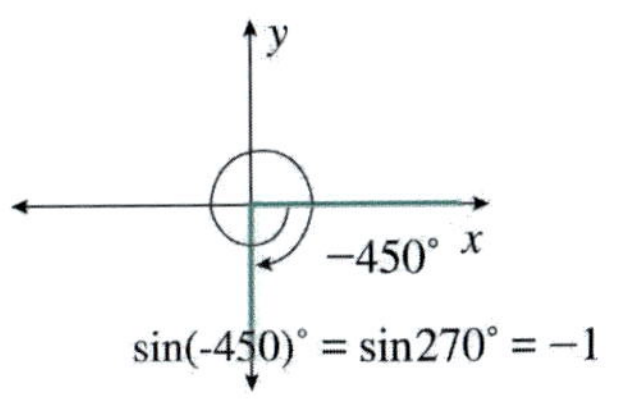

그림 1.28

예제 1.32

다음을 구하여라.

(1) $\cos 120°$　　(2) $\cos 330°$

(3) $\cos 225°$　　(4) $\cos(-180°)$

풀이

(1)

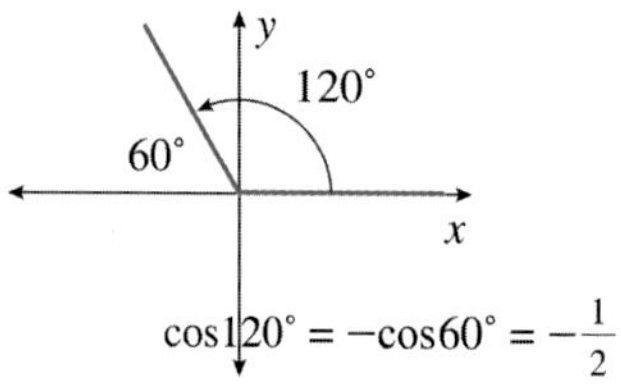

그림 1.29

(2)

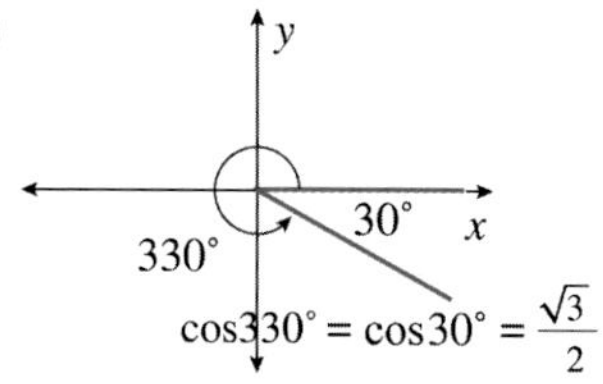

그림 1.30

(3)

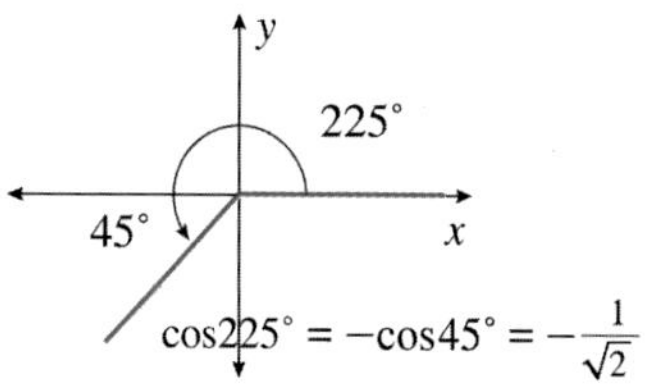

그림1.31

(4)

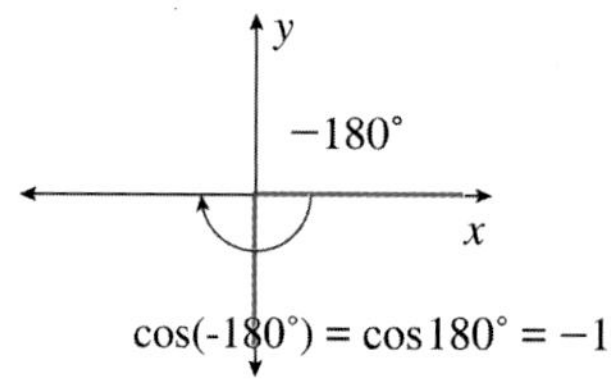

그림 1.32

예제 1.33

다음을 구하여라.

(1) $\tan 120°$

(2) $\tan 330°$

(3) $\tan 225°$

(4) $\tan 270°$

풀이

(1)

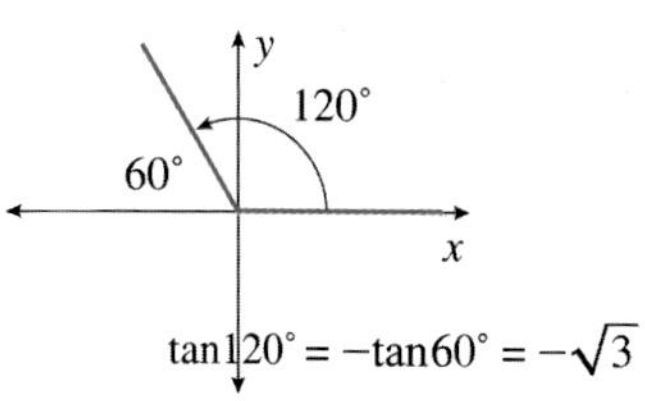

그림 1.33

(2)

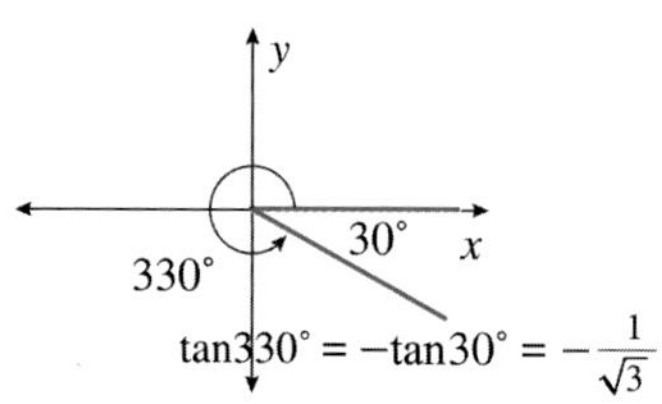

그림 1.34

(3)

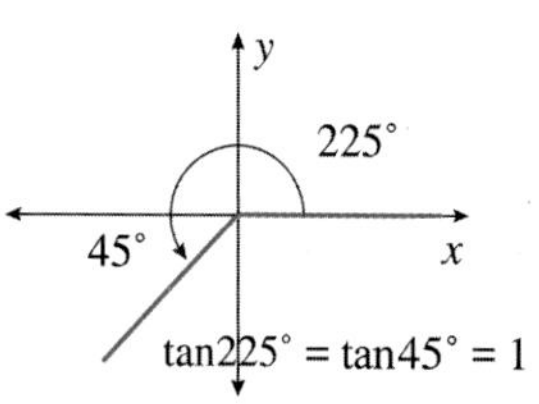

그림 1.35

(4)

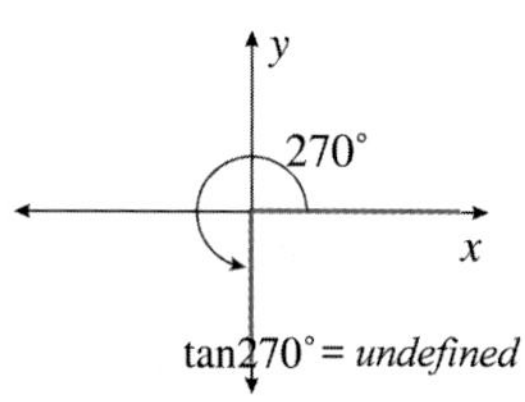

그림 1.36

예제 1.34

다음 방정식을 만족시키는 $\theta(0 \le \theta \le 2\pi)$를 구하여라.

(1) $\sin\theta = -\frac{1}{2}$ (2) $\cos\theta = \frac{\sqrt{3}}{2}$

풀이

(1) $\sin\theta = -\frac{1}{2}$인 기준각 30° 를 찾는다.

$\therefore \theta = \frac{7}{6}\pi, \frac{11}{6}\pi$

(2) $\theta = \frac{\pi}{6}, \frac{11\pi}{6}$

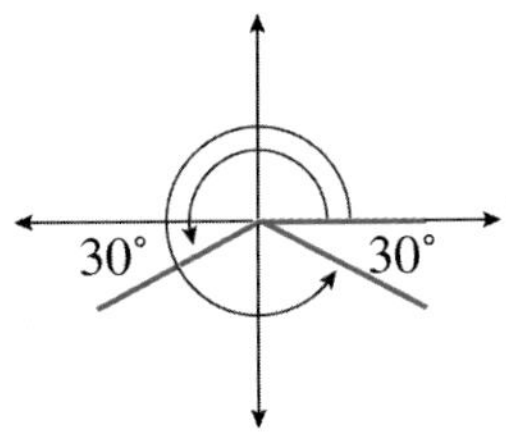

그림 1.37

예제 1.35

다음 방정식을 만족시키는 $\theta(0 \le \theta \le 360°)$를 구하여라.

(1) $\sin\theta = -\frac{1}{\sqrt{2}}$ (2) $\cos\theta = \frac{1}{2}$

(3) $\tan\theta = \frac{1}{\sqrt{3}}$

풀이

(1) $\sin\theta = \frac{1}{\sqrt{2}}$인 기준 각 $\theta = 45°$를 찾은 다음 sin값이 음수인 3, 4 사분면을 선택하면 $\theta = 180° + 45°, 360° - 45°$ 따라서 225° 또는 315°

(2) $\cos\theta = \frac{1}{2}$인 기준각 $\theta = 60°$를 구하고 $\cos\theta$가 양인 1, 4 사분면을 선택하면 $\theta = 60°, 300°$이다.

(3) $\tan\theta = \frac{1}{\sqrt{3}}$인 기준각 $\theta = 30°$을 찾고 $\tan\theta$가 양수이므로 1, 3 사분면을 선택한다. 따라서 30° 또는 210°

1.4.2 삼각함수의 그래프

주기함수란 어느 구간에서 반복된 값을 갖는 함수이다. 주기가 p인 함수를 $f(x+p) = f(x)$와 같이 나타낸다. 주기가 p인 그래프의 예를 다음과 같이 제시한다.

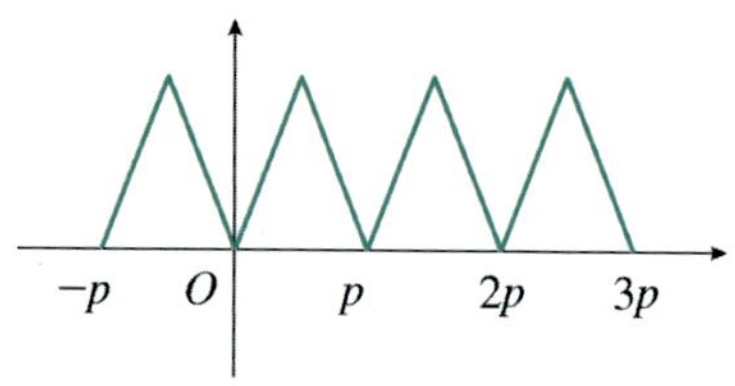

그림 1.38

주기함수의 진폭은 함수의 최댓값 - 최솟값의 절반이다. 즉

$$\text{진폭} = \frac{\text{최댓값} - \text{최솟값}}{2}$$

(1) $y = \sin x$

- 진폭 : 1, 주기 : 2π
- 정의역 : 모든 실수, 치역 : $-1 \le y \le 1$

x	y
⋮	⋮
0	0
$\frac{\pi}{6}$	0.5
$\frac{\pi}{3}$	0.87
$\frac{\pi}{2}$	1
⋮	⋮
π	0
⋮	⋮
$\frac{3\pi}{2}$	−1
⋮	⋮
2π	0
⋮	⋮

표 1.12

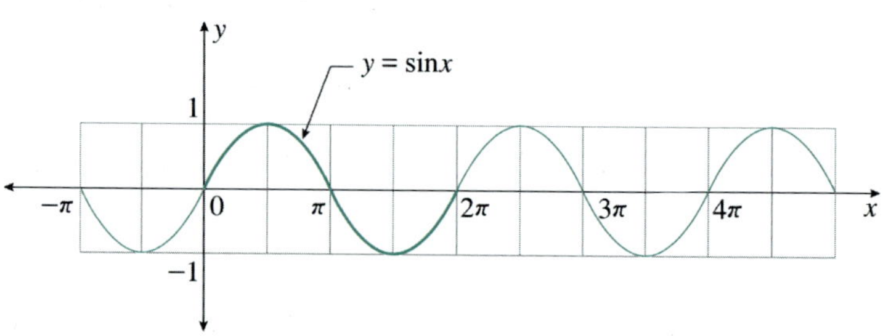

그림 1.39

(2) $y = \cos x$

- 진폭 : 1, 주기 : 2π
- 정의역 : 모든 실수, 치역 : $-1 \le y \le 1$

x	y
⋮	⋮
0	0
$\frac{\pi}{6}$	0.87
$\frac{\pi}{3}$	0.5
$\frac{\pi}{2}$	0
⋮	⋮
π	−1
⋮	⋮
$\frac{3\pi}{2}$	0
⋮	⋮
2π	1
⋮	⋮

표 1.13

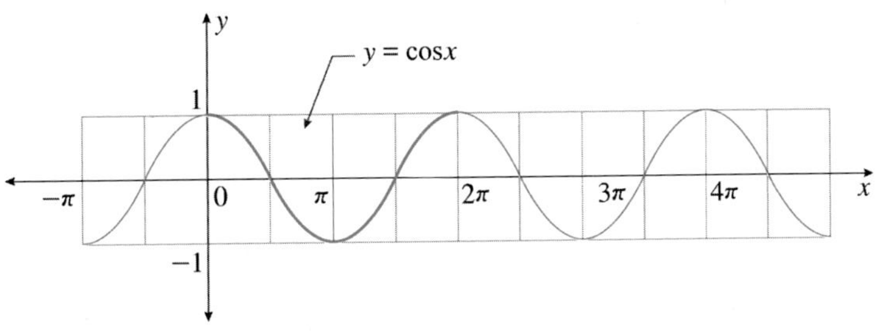

그림 1.40

(3) $y = \tan x$

• 진폭 : 없다. 주기 : π

• 정의역 : $x \neq \frac{\pi}{2} + n\pi$인 실수, $n \in z$(정수), 치역 : 모든 실수

x	y
$\vdots$	$\vdots$
$-\frac{\pi}{2}(-0.5\pi)$	undefined
-0.4999π	−3183
$\vdots$	$\vdots$
$-\frac{\pi}{3}$	−1.73
$-\frac{\pi}{4}$	−1
0	0
$\frac{\pi}{4}$	1
$\frac{\pi}{3}$	1.73
$\vdots$	$\vdots$
0.4999π	3183
$\frac{\pi}{2}(0.5\pi)$	unde fined
$\vdots$	$\vdots$

표 1.14

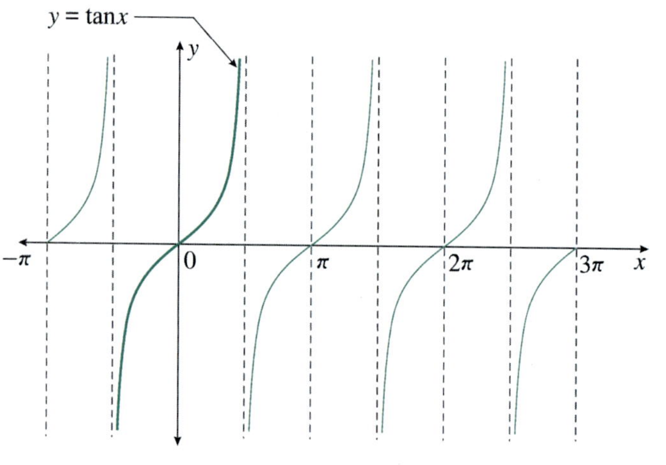

그림 1.41

(4) 삼각함수 그래프의 진폭과 주기

• $y = a\sin bx$, $y = a\cos bx$: 진폭=$|a|$, 주기=$\frac{2\pi}{|b|}$

• $y = a\tan bx$: 진폭 = 없다, 주기 = $\frac{\pi}{|b|}$

예제 1.36

다음 각 함수의 진폭, 주기를 구하고 그래프를 그려라.

(1) $y=2\sin x$

(2) $y=\sin x$

(3) $y=-2\sin x$

(4) $y=\sin\left(\frac{1}{2}x\right)$

풀이

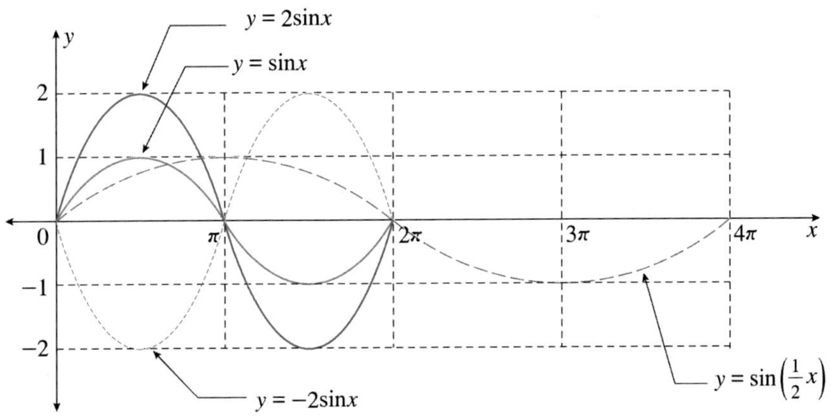

그림 1.42

예제 1.37

다음 각 함수의 진폭, 주기를 구하고 그래프를 그려라.

(1) $y=4\sin 2x$

(2) $y=2\cos\left(\frac{1}{2}x\right)$

(3) $y=2\tan\left(\frac{1}{2}x\right)$

풀이

(1) 진폭 $= 4$

$P = \dfrac{2\pi}{2} = \pi$

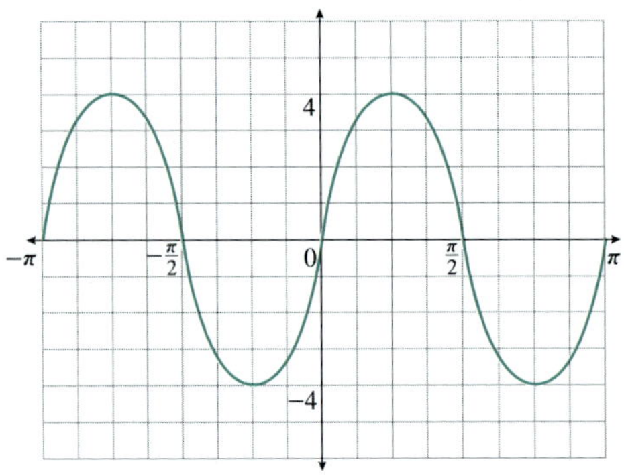

그림 1.43

(2) 진폭 $= 2$

$P = \dfrac{2\pi}{1/2} = 4\pi$

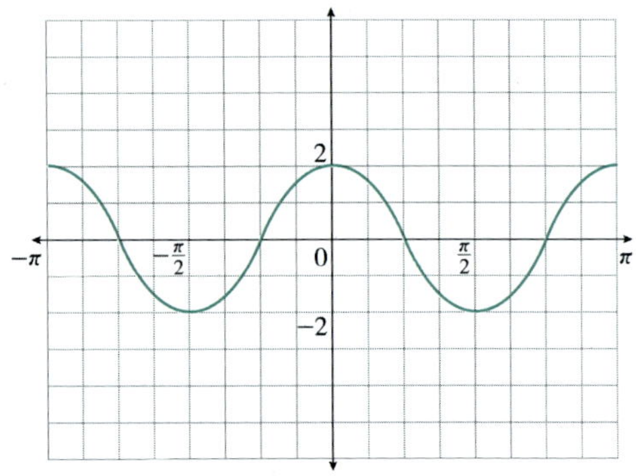

그림 1.44

(3) $P = \dfrac{\pi}{1/2} = 2\pi$, 진폭 없다

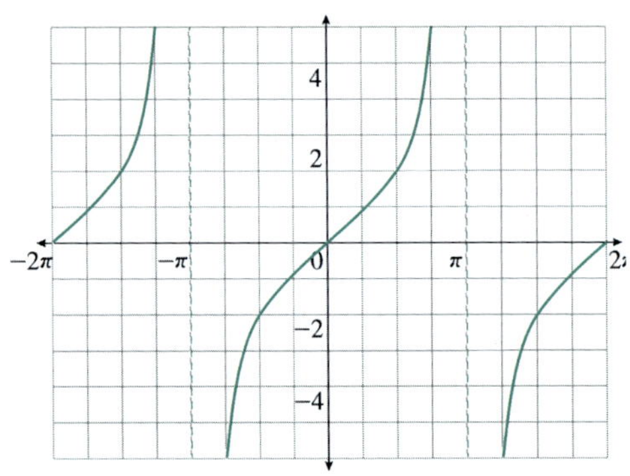

그림 1.45

1.4.3 역 삼각함수

세 가지 기본적인 삼각함수의 그래프를 보면 이 함수들은 역함수를 갖지 않는다는 것을 알 수 있다. 역 삼각함수는 사실 정의역을 제한한 삼각함수의 역함수이다.

(1) $y = \sin^{-1}x = \arcsin x$

■ $y = \sin x$

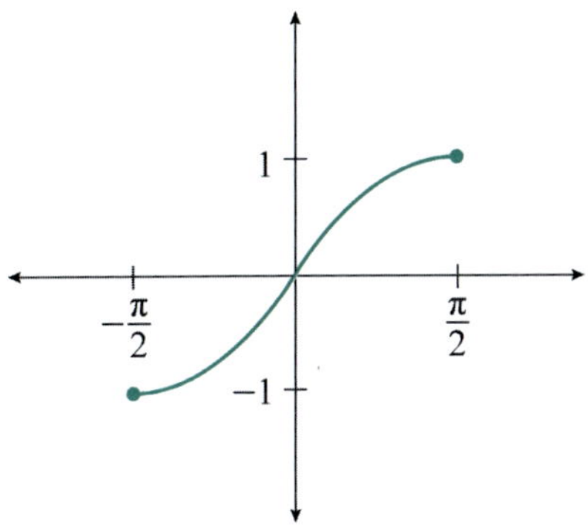

그림 1.46

■ $y = \sin^{-1}x$

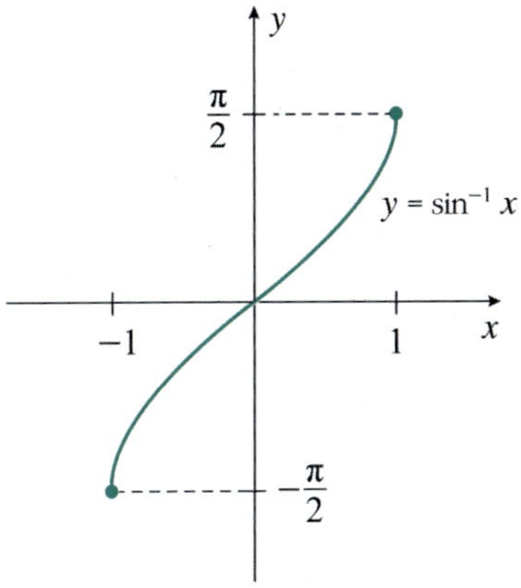

그림 1.47

- 정의역 : $-\frac{\pi}{2} \le x \le \frac{\pi}{2}$
- 치역 : $-1 \le y \le 1$

- 정의역 : $-1 \le x \le 1$
- 치역 : $-\frac{\pi}{2} \le y \le \frac{\pi}{2}$

예제 1.38

다음 값을 구하여라.

(1) $\sin^{-1}\left(-\frac{1}{2}\right)$ (2) $\sin^{-1}\left(\frac{\sqrt{3}}{2}\right)$

풀이

(1) $\sin^{-1}\left(-\frac{1}{2}\right) = -\frac{\pi}{6}$ (2) $\sin^{-1}\left(\frac{\sqrt{3}}{2}\right) = \frac{\pi}{3}$

예제 1.39

다음 값을 구하여라.

(1) $\sin^{-1}\left(\sin\left(\frac{7\pi}{6}\right)\right)$ (2) $\sin^{-1}\left(\sin\left(\frac{2\pi}{3}\right)\right)$

풀이

(1) $\sin^{-1}\left(\sin\left(\frac{7\pi}{6}\right)\right)=\sin^{-1}\left(-\frac{1}{2}\right)=-\frac{\pi}{6}$ (2) $\sin^{-1}\left(\sin\left(\frac{2\pi}{3}\right)\right)=\sin^{-1}\left(\frac{\sqrt{3}}{2}\right)=\frac{\pi}{3}$

(2) $y=\cos^{-1}x=\arccos x$

■ $y=\cos x$

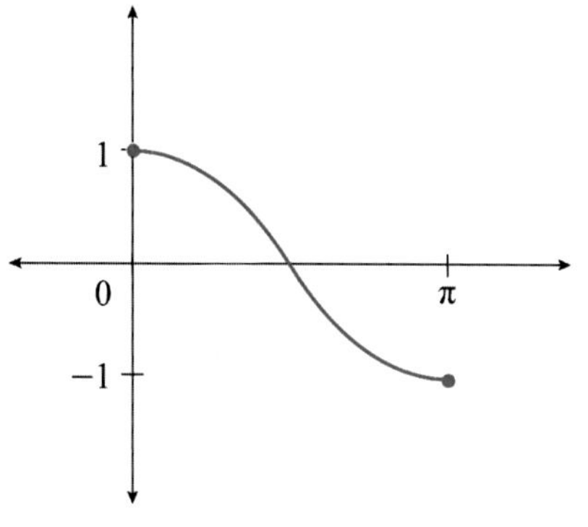

그림 1.48

- 정의역 : $0 \le x \le \pi$
- 치역 : $-1 \le y \le 1$

■ $y=\cos^{-1}x$

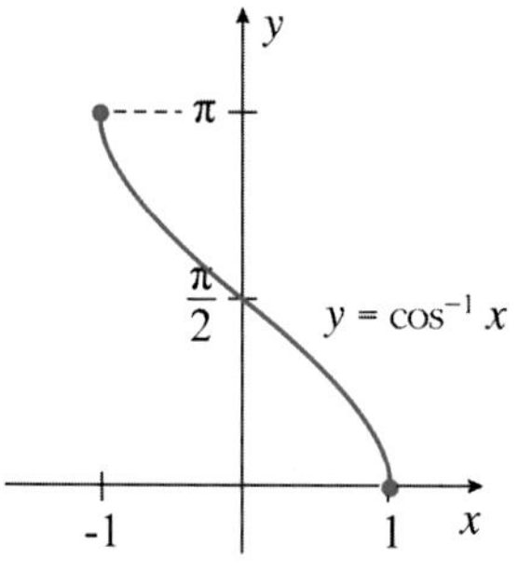

그림 1.49

- 정의역 : $-1 \le x \le 1$
- 치역 : $0 \le y \le \pi$

예제 1.40

다음 값을 구하여라.

(1) $\cos^{-1}\left(-\frac{1}{2}\right)$ (2) $\cos^{-1}\left(\frac{\sqrt{3}}{2}\right)$

풀이

(1) $\cos^{-1}\left(-\frac{1}{2}\right) = \frac{2}{3}\pi$　　(2) $\cos^{-1}\left(\frac{\sqrt{3}}{2}\right) = \frac{1}{6}\pi$

예제 1.41

다음 값을 구하여라.

(1) $\cos^{-1}\left(\cos\left(\frac{5\pi}{6}\right)\right)$　　(2) $\cos^{-1}\left(\cos\left(-\frac{\pi}{6}\right)\right)$

풀이

(1) $\cos^{-1}\left(\cos\left(\frac{5\pi}{6}\right)\right) = \cos^{-1}\left(-\frac{\sqrt{3}}{2}\right) = \frac{5\pi}{6}$

(2) $\cos^{-1}\left(\cos\left(-\frac{\pi}{6}\right)\right) = \cos^{-1}\left(\frac{\sqrt{3}}{2}\right) = \frac{\pi}{6}$

(3) $y = \tan^{-1}x = \arctan x$

■ $y = \tan x$

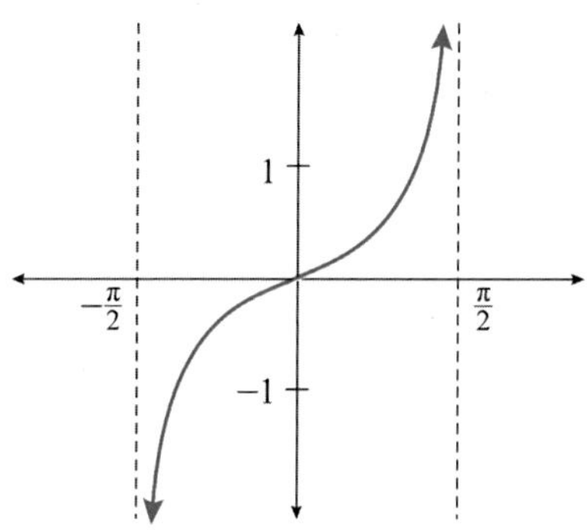

그림 1.50

■ $y = \tan^{-1}x$

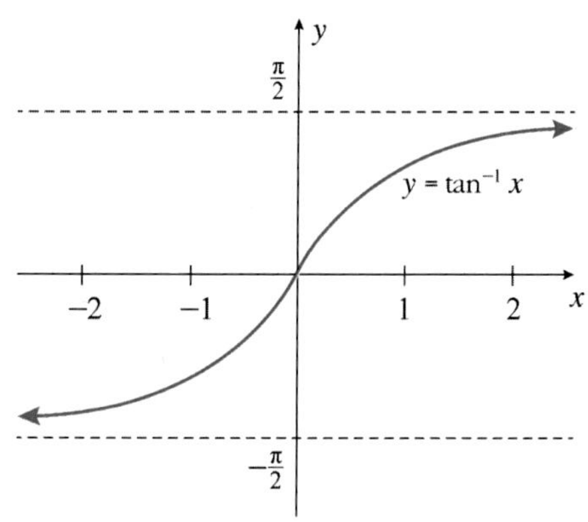

그림 1.51

- 정의역 : $-\frac{\pi}{2} < x < \frac{\pi}{2}$
- 치역 : $y \in R = (-\infty, \infty)$

- 정의역 : $x \in R = (-\infty, \infty)$
- 치역 : $-\frac{\pi}{2} < y < \frac{\pi}{2}$

예제 1.42

다음 값을 구하여라.

(1) $\tan^{-1}(-1)$ (2) $\tan^{-1}(\sqrt{3})$

풀이

(1) $\tan^{-1}(-1) = -\frac{\pi}{4}$ (2) $\tan^{-1}(\sqrt{3}) = \frac{\pi}{3}$

예제 1.43

다음 값을 구하여라.

(1) $\tan^{-1}\left(\tan\left(\frac{3\pi}{4}\right)\right)$ (2) $\tan^{-1}\left(\tan\left(-\frac{7\pi}{6}\right)\right)$

풀이

(1) $\tan^{-1}\left(\tan\left(\frac{3\pi}{4}\right)\right) = \tan^{-1}(-1) = -\frac{\pi}{4}$ (2) $\tan^{-1}\left(\tan\left(-\frac{7\pi}{6}\right)\right) = \tan^{-1}\left(-\frac{1}{\sqrt{3}}\right) = -\frac{\pi}{6}$

(4) $y = \sec^{-1}x, y = \csc^{-1}x,\ y = \cot^{-1}x$

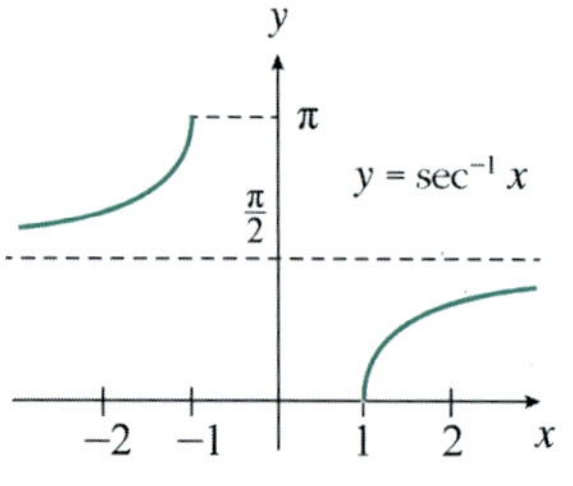

그림 1.52

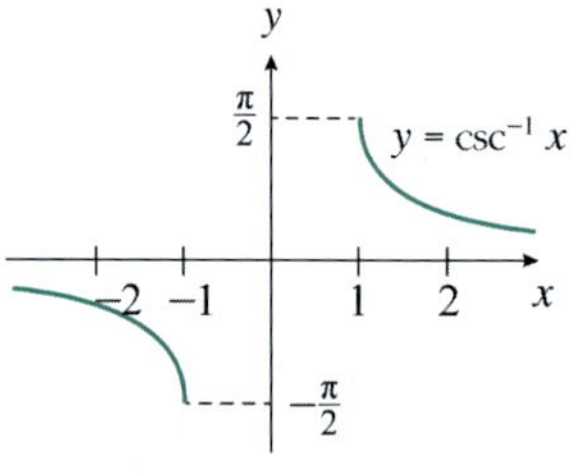

그림 1.53

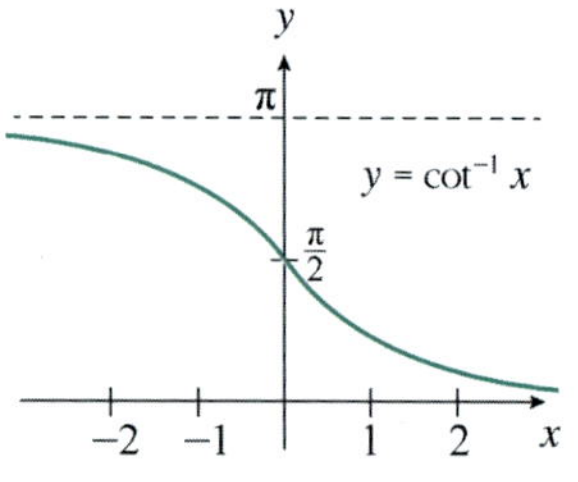

그림 1.54

- 정의역 : $x \leq -1$ or $x \geq 1$
- 치역 : $0 \leq y \leq \pi, y \neq \frac{\pi}{2}$

- 정의역 : $x \leq -1$ or $x \geq 1$
- 치역 : $-\frac{\pi}{2} \leq y \leq \frac{\pi}{2}, y \neq 0$

- 정의역 : $-\infty < x < \infty$
- 치역 : $0 < y < \pi$

예제 1.44

다음 값을 구하여라.

(1) $\csc^{-1}(2)$ (2) $\sec^{-1}(-\sqrt{2})$

(3) $\sec^{-1}(2)$ (4) $\cot^{-1}\left(\frac{1}{\sqrt{3}}\right)$

풀이

(1) $\csc^{-1}(2)=\sin^{-1}\left(\frac{1}{2}\right)$

$=\frac{\pi}{6}$

(2) $\sec^{-1}(-\sqrt{2})=\cos^{-1}\left(-\frac{1}{\sqrt{2}}\right)$

$=\frac{3\pi}{4}$

(3) $\sec^{-1}(2)=\cos^{-1}\left(\frac{1}{2}\right)$

$=\frac{\pi}{3}$

(4) $\cot^{-1}\left(\frac{1}{\sqrt{3}}\right)=\frac{\pi}{2}-\tan^{-1}\left(\frac{1}{\sqrt{3}}\right)$

$=\frac{\pi}{2}-\frac{\pi}{6}=\frac{\pi}{3}$

예제 1.45

다음 값을 구하여라.

(1) $\sin\left(\cos^{-1}\left(\frac{\sqrt{2}}{2}\right)\right)$ (2) $\tan\left(\sin^{-1}\left(-\frac{1}{2}\right)\right)$

풀이

(1) $\sin\left(\cos^{-1}\frac{\sqrt{2}}{2}\right)=\sin\left(\frac{\pi}{4}\right)=\frac{1}{\sqrt{2}}$

(2) $\tan\left(\sin^{-1}\left(-\frac{1}{2}\right)\right)=\tan\left(-\frac{\pi}{6}\right)=-\frac{1}{\sqrt{3}}$

연습문제 1.4

1. 반직선 OX를 시초선으로 하는 $\angle XOP$의 크기가 다음과 같을 때, 동경 OP의 위치가 같은 것끼리 짝지어라.

(1) $50°$　　(2) $670°$

(3) $-310°$　　(4) $-770°$

2. 다음을 구하여라.

(1) $\cos 150°$　　(2) $\cos(-210°)$

(3) $\sin 150°$　　(4) $\sin(-240°)$

(5) $\tan 135°$　　(6) $\tan 180°$

3. 다음 방정식에서 θ를 구하여라. $(0° \le \theta < 360°)$

(1) $\cos\theta = \dfrac{\sqrt{3}}{2}$　　(2) $\cos\theta = -\dfrac{\sqrt{2}}{2}$

(3) $\sin\theta = \dfrac{\sqrt{3}}{2}$　　(4) $\sin\theta = -\dfrac{1}{\sqrt{2}}$

(5) $\tan\theta = 1$　　(6) $\tan\theta = -\dfrac{1}{\sqrt{3}}$

4. 다음 각들을 라디안으로 바꾸어라.

(1) $180°$　　(2) $-120°$

(3) $300°$　　(4) $75°$

5. 다음을 각도로 바꾸어라.

(1) $\frac{2}{3}\pi$ (2) $\frac{4}{3}\pi$

(3) $-\frac{11}{6}\pi$ (4) $\frac{7}{12}\pi$

6. 다음을 구하여라.

(1) $\cos\frac{\pi}{3}$ (2) $\sin\pi$

(3) $\tan\frac{3}{4}\pi$ (4) $\sin\frac{5}{4}\pi$

(5) $\csc\frac{7}{4}\pi$ (6) $\sec\frac{5}{3}\pi$

(7) $\cot\frac{3}{2}\pi$ (8) $\cos\frac{11}{3}\pi$

7. 다음 방정식을 만족하는 $\theta(0 \le \theta < 2\pi)$를 구하여라.

(1) $\sin\theta = \frac{\sqrt{3}}{2}$ (2) $\cos\theta = -\frac{1}{2}$

(3) $\sin\theta = -\frac{\sqrt{2}}{2}$ (4) $\tan\theta = -1$

(5) $\sec\theta = -\sqrt{2}$ (6) $\cot\theta = -\frac{\sqrt{3}}{3}$

(7) $\cos\theta = 1$ (8) $\tan\theta = undefined$

8. 다음 함수의 그래프를 그리고 진폭, 주기를 구하여라.

(1) $y = 3\sin 2x$ (2) $y = -\frac{1}{2}\sin\pi x$

(3) $y = -4\sin\frac{1}{2}x$ (4) $y = 3\sin\left(\frac{\pi}{3}x\right)$

연습문제 1.4

9. 다음 함수의 그래프를 그려라.

(1) $y = 3\cos 3x$ (2) $y = -2\cos(2\pi x)$

(3) $y = -6\cos\left(\frac{2}{3}x\right)$ (4) $y = -2\cos\left(\frac{\pi}{2}x\right)$

10. 다음 함수의 그래프를 그려라.

(1) $y = \tan 2x$ (2) $y = -\tan\left(\frac{1}{2}x\right)$

(3) $y = 2\tan\left(\frac{x}{3}\right)$ (4) $y = -2\tan\left(\frac{\pi}{2}x\right)$

11. 다음 값을 구하여라.

(1) $\sin^{-1}\left(-\frac{\sqrt{3}}{2}\right)$ (2) $\sin^{-1}(1)$

(3) $\sin\left(\sin^{-1}\left(-\frac{1}{2}\right)\right)$ (4) $\cos(\sin^{-1}(-1))$

12. 다음 값을 구하여라.

(1) $\cos^{-1}\left(-\frac{\sqrt{3}}{2}\right)$ (2) $\cos^{-1}(0)$

(3) $\cos\left(\cos^{-1}\left(-\frac{1}{2}\right)\right)$ (4) $\tan(\cos^{-1}(1))$

13. 다음 값을 구하여라.

(1) $\tan^{-1}\left(\frac{1}{\sqrt{3}}\right)$ (2) $\tan^{-1}(0)$

(3) $\tan\left(\tan^{-1}\left(-\frac{1}{\sqrt{3}}\right)\right)$ (4) $\cos(\tan^{-1}(-\sqrt{3}))$

CHAPTER 2

극한과 연속

2.1 극한

2.1.1 극한의 정의

함수 $f(x)$가 x는 c와 다른 값을 취하면서 c에 한없이 가까워질 때, $f(x)$의 값이 L로 한없이 가까워지면, 함수 $f(x)$는 L에 수렴한다고 하고, 기호로

$$\lim_{x \to c} f(x) = L$$

을 사용한다. 수렴하지 않는 경우를 발산한다고 한다. 함수 $f(x)$가 x가 c에 접근할 때 극한을 갖기 위해서는 그 점에서 좌극한과 우극한이 존재하고 일치해야 한다.

$$\lim_{x \to c} f(x) = L \Leftrightarrow \lim_{x \to c^-} f(x) = \lim_{x \to c^+} f(x) = L$$

예제 2.1

함수 $f(x) = \dfrac{x^2 - x - 2}{x - 2}$에서 $\lim_{x \to 2} f(x)$을 구하여라.

풀이

$$y = \frac{x^2 - x - 2}{x - 2}$$

$$= \frac{(x-2)(x+1)}{x-2}$$

$$= x + 1,\ x \neq 2$$

$$\lim_{x \to 2^-} f(x) = 3,\ \lim_{x \to 2^+} f(x) = 3$$

$$\lim_{x \to 2^-} f(x) = \lim_{x \to 2^+} f(x) = 3$$

$$\therefore \lim_{x \to 2} f(x) = 3$$

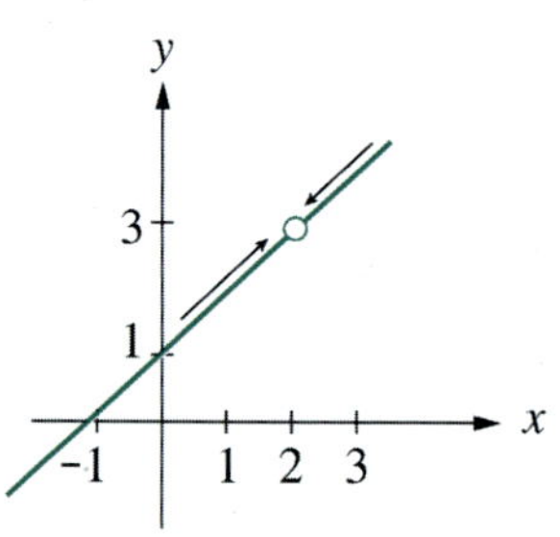

그림 2.1

예제 2.2

함수 $f(x)=\begin{cases}\dfrac{2(x-2)}{x^2-4}, & x \neq 2 \\ 2, & x=2\end{cases}$ 에서 $\lim_{x\to 2} f(x)$을 구하여라.

풀이

$$y=\frac{2(x-2)}{x^2-4}=\frac{2(x-2)}{(x-2)(x+2)}=\frac{2}{x+2},\ x\neq 2$$

수직 접근선: $x=-2$

수평 접근선: $y=0$

$$\lim_{x\to 2^-} f(x)=\frac{1}{2},\ \lim_{x\to 2^+} f(x)=\frac{1}{2}$$

$$\lim_{x\to 2^-} f(x)=\lim_{x\to 2^+} f(x)=\frac{1}{2}$$

$$\therefore \lim_{x\to 2} f(x)=\frac{1}{2}$$

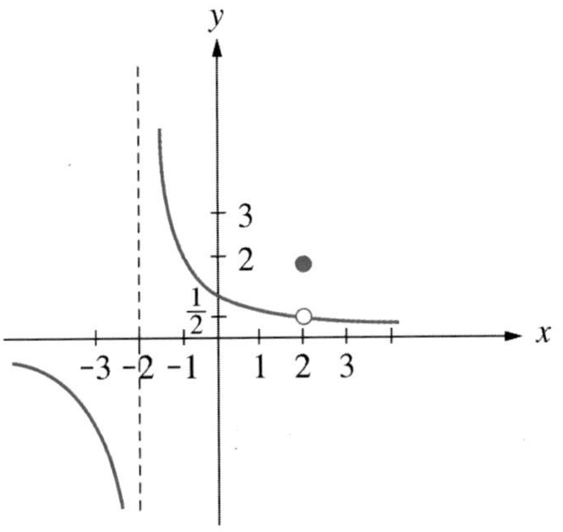

그림 2.2

예제 2.3

함수 $f(x)=\begin{cases}3-x, & x\leq 2 \\ x\ , & x>2\end{cases}$ 에서 $\lim_{x\to 2} f(x)$을 구하여라.

풀이

$$\lim_{x\to 2^-} f(x)=1$$

$$\lim_{x\to 2^+} f(x)=2$$

$$\lim_{x\to 2^-} f(x)\neq \lim_{x\to 2^+} f(x)$$

$$\therefore \lim_{x\to 2} f(x)=DNE$$

(존재하지 않는다 : Does Not Exist)

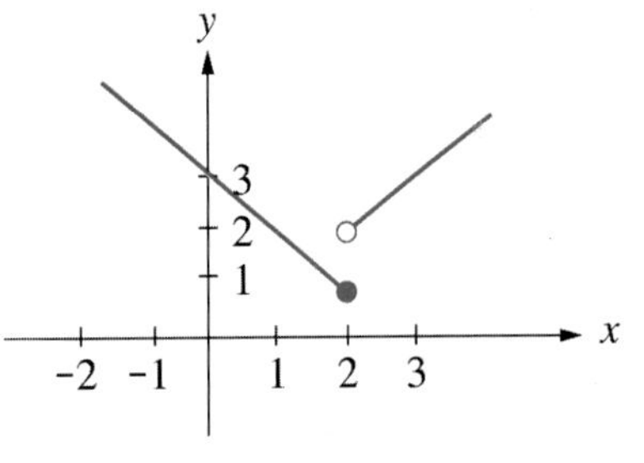

그림 2.3

예제 2.4

주어진 그래프 $y = f(x)$에 대하여 다음 극한을 구하여라.

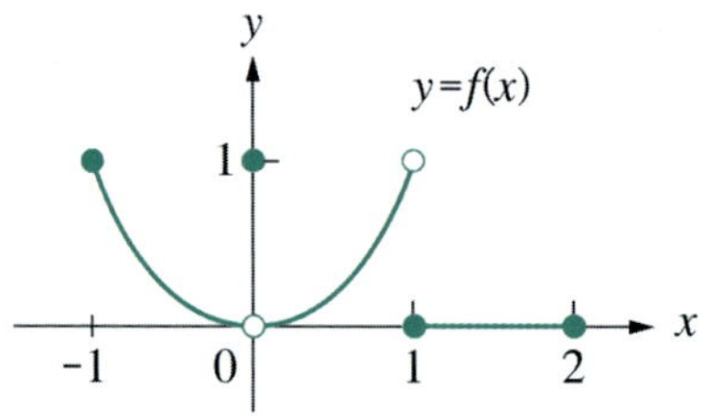

그림 2.4

(1) $\lim_{x \to -1^+} f(x)$

(2) $\lim_{x \to 0^+} f(x)$

(3) $\lim_{x \to 0^-} f(x)$

(4) $\lim_{x \to 0} f(x)$

(5) $\lim_{x \to 1} f(x)$

(6) $\lim_{x \to 1^+} f(x)$

(7) $\lim_{x \to 2^-} f(x)$

(8) $\lim_{x \to -1^-} f(x)$

(9) $\lim_{x \to 2^+} f(x)$

(10) $\lim_{x \to 1^-} f(x)$

풀이

(1) 1

(2) 0

(3) 0

(4) 0

(5) DNE

(6) 0

(7) 0

(8) DNE

(9) DNE

(10) 1

예제 2.5

다음 함수 $y = f(x)$을 그리고 다음 극한을 구하여라.

(1) $f(x) = \begin{cases} 3 - x, & x < 2 \\ \dfrac{x}{2} + 1, & x > 2 \end{cases}$

(a) $\lim_{x \to 2^+} f(x)$ (b) $\lim_{x \to 2^-} f(x)$

(c) $\lim_{x \to 2} f(x)$ (d) $\lim_{x \to 4^-} f(x)$

(e) $\lim_{x \to 4^+} f(x)$ (f) $\lim_{x \to 4} f(x)$

(2) $f(x) = \begin{cases} 3 - x, & x < 2 \\ 2, & x = 2 \\ \dfrac{x}{2}, & x > 2 \end{cases}$

(a) $\lim_{x \to 2^+} f(x)$ (b) $\lim_{x \to 2^-} f(x)$

(c) $f(2)$ (d) $\lim_{x \to 2} f(x)$

(e) $\lim_{x \to -1^-} f(x)$ (f) $\lim_{x \to -1^+} f(x)$

(g) $\lim_{x \to -1} f(x)$

풀이

(1)

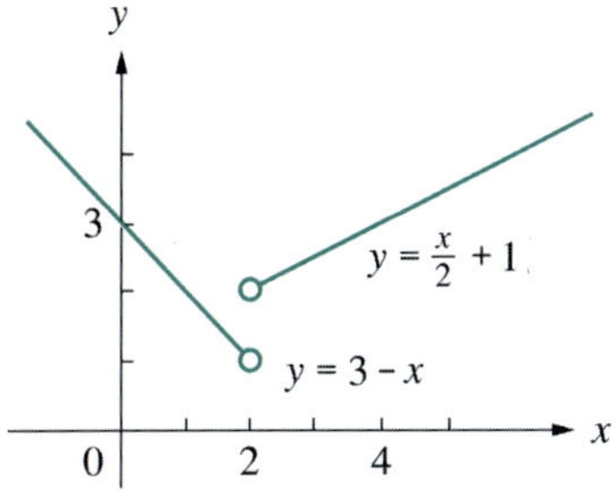

그림 2.5

(a) 2
(b) 1
(c) DNE
(d) 3
(e) 3
(f) 3

(2)

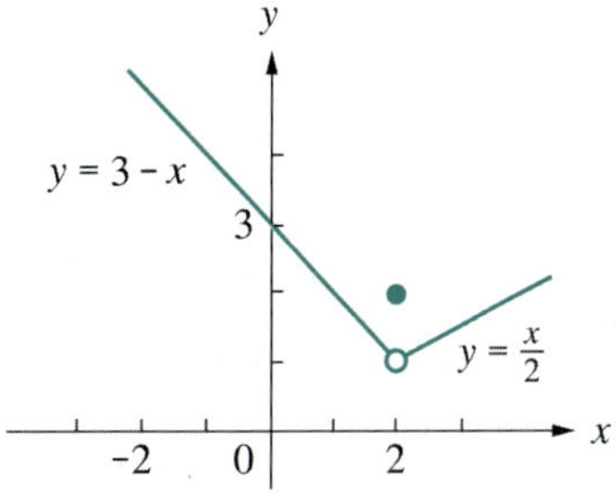

그림 2.6

(a) 1
(b) 1
(c) 2
(d) 1
(e) 4
(f) 4
(g) 4

2.1.2 극한법칙

만약 L, M, c 와 k가 실수이고 $\lim_{x\to c} f(x)=L$, $\lim_{x\to c} g(x)=M$ 이면

- 합법칙: $\lim_{x\to c}(f(x)+g(x))=L+M$
- 차법칙: $\lim_{x\to c}(f(x)-g(x))=L-M$
- 상수배법칙: $\lim_{x\to c}(k\cdot f(x))=k\cdot L$
- 곱의 법칙: $\lim_{x\to c}(f(x)\cdot g(x))=L\cdot M$
- 몫의 법칙: $\lim_{x\to c}\frac{f(x)}{g(x)}=\frac{L}{M},\ M\neq 0$
- 거듭제곱의 법칙: $\lim_{x\to c}(f(x))^{\frac{n}{m}}=L^{\frac{n}{m}}$ (m, n은 정수)

이 성립한다.

예제 2.6

다음 극한을 구하여라.

(1) $\lim_{x\to c}\frac{x^4+x^2-1}{x^2+5}$ (2) $\lim_{x\to -2}\sqrt{4x^2-3}$

풀이

(1)
$$\lim_{x\to c}\frac{x^4+x^2-1}{x^2+5}=\frac{\lim_{x\to c}(x^4+x^2-1)}{\lim_{x\to c}(x^2+5)}$$
$$=\frac{\lim_{x\to c}x^4+\lim_{x\to c}x^2-\lim_{x\to c}1}{\lim_{x\to c}x^2+\lim_{x\to c}5}$$
$$=\frac{c^4+c^2-1}{c^2+5}$$

(2)
$$\lim_{x\to -2}\sqrt{4x^2-3}=\sqrt{\lim_{x\to -2}(4x^2-3)}$$
$$=\sqrt{\lim_{x\to -2}4x^2-\lim_{x\to -2}3}$$
$$=\sqrt{4(-2)^2-3}$$
$$=\sqrt{16-3}$$
$$=\sqrt{13}$$

2.1.3 부정형 $\frac{0}{0}$ 형태의 극한

(1) 유리식

- 단계 1. 분자와 분모를 인수분해한다.
- 단계 2. 공통인수를 소거한다.

(2) 무리식

- 단계 1. 켤레식을 분자, 분모에 곱한다.
- 단계 2. 공통인수를 소거한다.

예제 2.7

다음 극한을 구하여라.

$$\lim_{x \to 3} \frac{x^2 - 9}{x^3 - 27}$$

풀이

$$\begin{aligned}\lim_{x \to 3} \frac{x^2-9}{x^3-27} &= \lim_{x \to 3} \frac{(x-3)(x+3)}{(x-3)(x^2+3x+9)} \\ &= \lim_{x \to 3} \frac{x+3}{x^2+3x+9} \\ &= \frac{3+3}{3^2+3(3)+9} = \frac{6}{27} = \frac{2}{9}\end{aligned}$$

예제 2.8

다음 극한을 구하여라.

$$\lim_{x\to 0}\frac{\sqrt{4+x}-2}{x}$$

풀이

$$\lim_{x\to 0}\frac{\sqrt{4+x}-2}{x}=\lim_{x\to 0}\frac{(\sqrt{4+x}-2)(\sqrt{4+x}+2)}{x(\sqrt{4+x}+2)}$$

$$=\lim_{x\to 0}\frac{4+x-4}{x(\sqrt{4+x}+2)}=\lim_{x\to 0}\frac{x}{x(\sqrt{4+x}+2)}$$

$$=\lim_{x\to 0}\frac{1}{\sqrt{4+x}+2}=\frac{1}{\sqrt{4+0}+2}=\frac{1}{4}$$

예제 2.9

다음 극한을 구하여라.

(1) $\displaystyle\lim_{h\to 0}\frac{\frac{1}{(h+3)^2}-\frac{1}{9}}{h}$ (2) $\displaystyle\lim_{x\to 2}\frac{\frac{1}{\sqrt{x+2}}-\frac{1}{2}}{x^2-4}$

풀이

(1) $$\lim_{h\to 0}\frac{\frac{1}{(h+3)^2}-\frac{1}{9}}{h}=\lim_{h\to 0}\frac{\left[\frac{1}{(h+3)^2}-\frac{1}{9}\right]\cdot 9(h+3)^2}{h\cdot 9(h+3)^2}=\lim_{h\to 0}\frac{9-(h+3)^2}{h\cdot 9(h+3)^2}$$

$$=\lim_{h\to 0}\frac{9-h^2-6h-9}{h\cdot 9(h+3)^2}=\lim_{h\to 0}\frac{-h^2-6h}{9h(h+3)^2}$$

$$=\lim_{h\to 0}\frac{-h-6}{9(h+3)^2}=-\frac{6}{81}=-\frac{2}{27}$$

(2) $$\lim_{x\to 2}\frac{\frac{1}{\sqrt{x+2}}-\frac{1}{2}}{x^2-4}=\lim_{x\to 2}\frac{\left(\frac{1}{\sqrt{x+2}}-\frac{1}{2}\right)\cdot 2\sqrt{x+2}}{(x^2-4)\cdot 2\sqrt{x+2}}$$

$$=\lim_{x\to 2}\frac{2-\sqrt{x+2}}{(x^2-4)\cdot 2\sqrt{x+2}}=\lim_{x\to 2}\frac{(2-\sqrt{x+2})\cdot(2+\sqrt{x+2})}{(x^2-4)\cdot 2\sqrt{x+2}\cdot(2+\sqrt{x+2})}$$

$$= \lim_{x\to 2}\frac{4-(x+2)}{(x^2-4)\cdot 2\sqrt{x+2}\cdot(2+\sqrt{x+2})}$$

$$= \lim_{x\to 2}\frac{2-x}{(x+2)(x-2)\cdot 2\sqrt{x+2}\cdot(2+\sqrt{x+2})}$$

$$= \lim_{x\to 2}\frac{-1}{(x+2)2\sqrt{x+2}(2+\sqrt{x+2})} = \frac{-1}{(4)(2)(2)(2+2)} = -\frac{1}{64}$$

2.1.4 절대값과 가우스 함수의 정의

(1) 절대값함수

$$|x| = \begin{cases} x & , x \geq 0 \\ -x & , x < 0 \end{cases}$$

(2) 가우스함수

$[x]$는 x보다 같거나 작은 정수 중 최대의 정수로 정의한다.

☐ $[3.9]=3$, $[2.1]=2$, $[-1.9]=-2$, $[-2.1]=-3$

예제 2.10

다음 극한을 구하여라.

(1) (a) $\lim_{x\to -2^+}(x+3)\frac{|x+2|}{x+2}$　　(b) $\lim_{x\to -2^-}(x+3)\frac{|x+2|}{x+2}$

(2) (a) $\lim_{\theta\to 3^+}\frac{[\theta]}{\theta}$　　(b) $\lim_{\theta\to 3^-}\frac{[\theta]}{\theta}$

풀이

(1) (a) $\lim_{x\to -2^+}(x+3)\frac{|x+2|}{x+2} = \lim_{x\to -2^+}(x+3)\frac{(x+2)}{(x+2)}$ $(|x+2|=x+2,\ x>-2)$

$$= \lim_{x\to -2^+}(x+3) = (-2)+3 = 1$$

(b) $\lim_{x \to -2^-}(x+3)\frac{|x+2|}{x+2} = \lim_{x \to -2^-}(x+3)\left[\frac{-(x+2)}{(x+2)}\right]$ $(|x+2|=-(x+2)\ ,\ x < -2)$

$= \lim_{x \to -2^-}(x+3)(-1) = -(-2+3) = -1$

(2) (a) $\lim_{\theta \to 3^+}\frac{[\theta]}{\theta} = \frac{3}{3} = 1$

(b) $\lim_{\theta \to 3^-}\frac{[\theta]}{\theta} = \frac{2}{3}$

2.1.5 $\frac{C}{0}$ 형태의 극한

(1) $\lim_{x \to 0^+}\frac{1}{x} = +\infty,\ \lim_{x \to 0^-}\frac{1}{x} = -\infty,\ \lim_{x \to 0}\frac{1}{x} = DNE$

(존재하지 않는다 : Does Not Exist)

(2) $\lim_{x \to 0^+}\frac{1}{x^2} = +\infty,\ \lim_{x \to 0^-}\frac{1}{x^2} = +\infty,\ \lim_{x \to 0}\frac{1}{x^2} = +\infty$

예제 2.11

다음 극한을 구하여라.

(1) $\lim_{x \to 2^+}\frac{4}{x-2}$

(2) $\lim_{x \to 2^-}\frac{4}{x-2}$

(3) $\lim_{x \to 2}\frac{4}{x-2}$

(4) $\lim_{\theta \to 0^-}(1+\csc\theta)$

풀이

(1) $\lim_{x \to 2^+}\frac{4}{x-2} = +\infty$

(2) $\lim_{x \to 2^-}\frac{4}{x-2} = -\infty$

(3) $\lim_{x \to 2}\frac{4}{x-2} = DNE$

(4) $\lim_{\theta \to 0^-}(1+\csc\theta) = -\infty$

연습문제 2.1

1. 주어진 그래프 $y = f(x)$에 대하여 다음 극한을 구하여라.

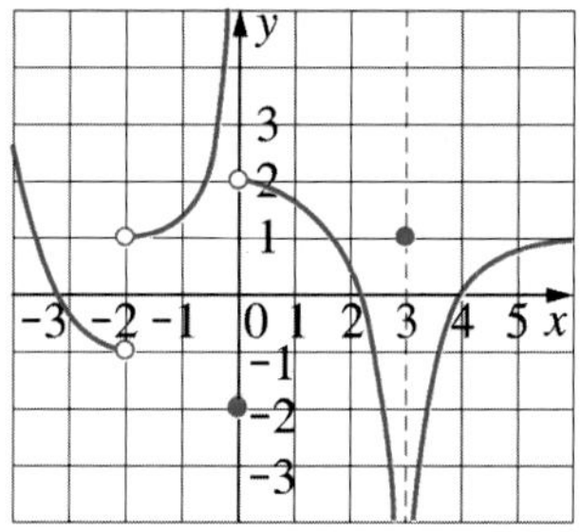

(1) (a) $\lim_{x \to -2^-} f(x)$ (b) $\lim_{x \to -2^+} f(x)$

(c) $\lim_{x \to -2} f(x)$ (d) $f(-2)$

(2) (a) $\lim_{x \to 0^-} f(x)$ (b) $\lim_{x \to 0^+} f(x)$

(c) $\lim_{x \to 0} f(x)$ (d) $f(0)$

(3) (a) $\lim_{x \to 3^-} f(x)$ (b) $\lim_{x \to 3^+} f(x)$

(c) $\lim_{x \to 3} f(x)$ (d) $f(3)$

(4) (a) $\lim_{x \to 4^-} f(x)$ (b) $\lim_{x \to 4^+} f(x)$

(c) $\lim_{x \to 4} f(x)$ (d) $f(4)$

연습문제 2.1

2. 다음 함수 $y=f(x)$를 그리고 다음 극한을 구하여라.

(1) $f(x)=\begin{cases} 1-x^2, & x \le 0 \\ 1/x, & x>0 \end{cases}$

(a) $\lim_{x\to 0^-} f(x)$ (b) $\lim_{x\to 0^+} f(x)$

(c) $\lim_{x\to 0} f(x)$ (d) $f(0)$

(2) $f(x)=\begin{cases} \dfrac{x^2-1}{x+1}, & x \ne -1 \\ 3, & x=-1 \end{cases}$

(a) $\lim_{x\to -1^-} f(x)$ (b) $\lim_{x\to -1^+} f(x)$

(c) $\lim_{x\to -1} f(x)$ (d) $f(-1)$

(3) $f(x)=\begin{cases} x^2+2x, & x \le -1 \\ x, & -1<x<1 \\ 1-x, & x \ge 1 \end{cases}$

(a) $\lim_{x\to -1^-} f(x)$ (b) $\lim_{x\to -1^+} f(x)$

(c) $\lim_{x\to -1} f(x)$ (d) $\lim_{x\to 1^-} f(x)$

(e) $\lim_{x\to 1^+} f(x)$ (f) $\lim_{x\to 1} f(x)$

(4) $f(x)=\begin{cases} \dfrac{x-1}{x^2-3x+2}, & x \ne 1 \\ 1, & x=1 \end{cases}$

(a) $\lim_{x\to 1^-} f(x)$ (b) $\lim_{x\to 1^+} f(x)$

(c) $\lim_{x\to 1} f(x)$ (d) $f(1)$

3. 다음 극한을 구하여라.

(1) $\lim_{x\to c} (x^3+4x^2-3)$ (2) $\lim_{x\to 3} \dfrac{\sqrt{x+1}-1}{x-1}$

연습문제 2.1

4. $\lim_{x\to c} f(x) = 5$, $\lim_{x\to c} g(x) = -2$일 때, 다음 극한을 구하여라.

(1) $\lim_{x\to c} f(x)g(x)$ (2) $\lim_{x\to c} 2f(x)g(x)$

(3) $\lim_{x\to c} (f(x)+3g(x))$ (4) $\lim_{x\to c} \dfrac{f(x)}{f(x)-g(x)}$

5. 다음 극한을 구하여라.

(1) $\lim_{t\to 1} \dfrac{t^2+t-2}{t^2-1}$ (2) $\lim_{x\to 4} \dfrac{x^2-4x}{x^2-5x+4}$

(3) $\lim_{x\to 2} \dfrac{x^3-8}{x^4-16}$ (4) $\lim_{x\to 2} \dfrac{x^3-8}{x^2-3x+2}$

(5) $\lim_{y\to 0} \dfrac{5y^3+8y^2}{3y^4-16y^2}$ (6) $\lim_{x\to 2} \dfrac{x^3-2x^2-4x+8}{x^3-2x^2}$

(7) $\lim_{h\to 0} \dfrac{(1+h)^4-1}{h}$ (8) $\lim_{x\to 1} \dfrac{(x+1)^3-8}{x-1}$

6. 다음 극한을 구하여라.

(1) $\lim_{x\to 2} \dfrac{\sqrt{x^2+12}-4}{x-2}$ (2) $\lim_{x\to 4} \dfrac{x-4}{2-\sqrt{x}}$

(3) $\lim_{x\to 1} \dfrac{x-1}{\sqrt{x+3}-2}$ (4) $\lim_{x\to 3} \dfrac{\sqrt{x+1}-2}{\sqrt{x-2}-1}$

(5) $\lim_{x\to 2} \dfrac{\sqrt{x+2}-\sqrt{3x-2}}{\sqrt{5x-1}-\sqrt{4x+1}}$

7. 다음 극한을 구하여라.

(1) $\lim_{x\to 0} \dfrac{\dfrac{1}{x-1}+\dfrac{1}{x+1}}{x}$ (2) $\lim_{x\to 9} \dfrac{\dfrac{1}{\sqrt{x}}-\dfrac{1}{3}}{x-9}$

8. 다음 극한을 구하여라.

(1) (a) $\lim_{x \to 1^+} \frac{\sqrt{2}(x-1)}{|x-1|}$ (b) $\lim_{x \to 1^-} \frac{\sqrt{2}(x-1)}{|x-1|}$

(2) (a) $\lim_{t \to 4^+} (t-[t])$ (b) $\lim_{t \to 4^-} (t-[t])$

9. 다음 극한을 구하여라.

(1) $\lim_{x \to 2^-} \frac{3}{x-2}$ (2) $\lim_{x \to 2^-} \frac{-1}{x-2}$

(3) $\lim_{x \to -8^+} \frac{2x}{x+8}$ (4) $\lim_{x \to 2} \frac{1}{x-2}$

(5) $\lim_{x \to 0} \frac{4}{x^{2/5}}$ (6) $\lim_{x \to 3^-} \frac{-1}{(x-3)^2}$

(7) $\lim_{x \to 7} \frac{4}{(x-7)^2}$ (8) $\lim_{x \to 3} \frac{1}{|x-3|}$

(9) $\lim_{x \to 0^+} \frac{2}{3x^{1/3}}$ (10) $\lim_{x \to 0^-} \frac{2}{3x^{(1/3)}}$

(11) $\lim_{x \to (\pi/2)^-} \tan x$

10. 다음 식이 만족하도록 a, b를 구하여라.

(1) $\lim_{x \to 2} \frac{x^2-4x+a}{x-2} = b$ (2) $\lim_{x \to 1} \frac{x^2-a}{x-1} = b$

(3) $\lim_{x \to 1} \frac{a\sqrt{x+1}-b}{x-1} = \sqrt{2}$ (4) $\lim_{x \to 2} \frac{2-x}{ax^2+x-6} = b \ (b \neq 0)$

2.2 초월함수의 극한

2.2.1 압축(샌드위치)정리

c를 포함하는 열린 구간에 있는 모든 x에 대하여 $g(x) \leq f(x) \leq h(x)$이고, $\lim_{x \to c} g(x) = \lim_{x \to c} h(x) = L$이면, $\lim_{x \to c} f(x) = L$이다(그림 2.7).

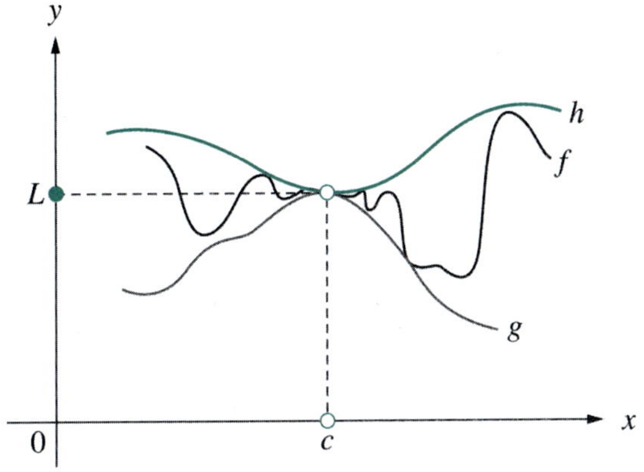

그림 2.7

예제 2.12

$1 - \dfrac{x^2}{4} \leq u(x) \leq 1 + \dfrac{x^2}{2}$ $(x \neq 0)$로 주어졌을 때 $\lim_{x \to 0} u(x)$을 구하여라.

풀이

$\lim_{x \to 0}(1-(x^2/4))=1$, $\lim_{x \to 0}(1+(x^2/2))=1$이기 때문에 샌드위치 정리에 의해서 $\lim_{x \to 0} u(x)=1$이다(그림 2.8).

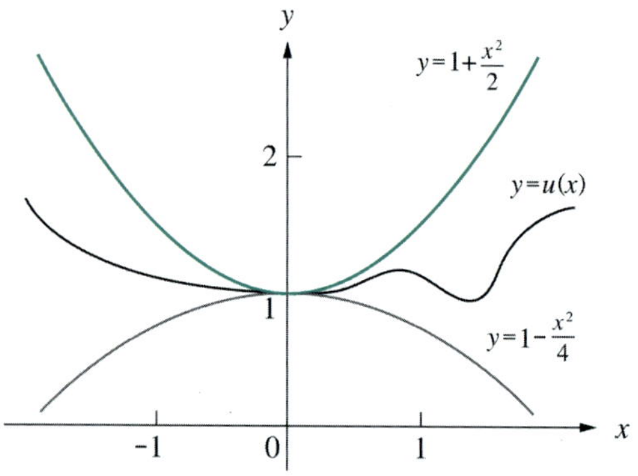

그림 2.8

예제 2.13

샌드위치 정리를 이용하여 다음 극한을 증명하여라.

(1) $\lim_{x\to 0} x\sin\left(\frac{1}{x^2}\right)=0$　　　(2) $\lim_{x\to\infty}\frac{\cos 2x}{x^2}=0$

풀이

(1) $-1\le \sin\left(\frac{1}{x^2}\right)\le 1$

① $x>0$

$$-x\le x\sin\left(\frac{1}{x^2}\right)\le x$$

② $x<0$

$$-x\ge x\sin\left(\frac{1}{x^2}\right)\ge x$$

$\lim_{x\to 0}(-x)=\lim_{x\to 0}(x)=0$

$\lim_{x\to 0} x\sin\left(\frac{1}{x^2}\right)=0.$

(2) $-1\le \cos 2x\le 1$

$-\frac{1}{x^2}\le\frac{\cos 2x}{x^2}\le\frac{1}{x^2}$

$\lim_{x\to\infty}\left(-\frac{1}{x^2}\right)=\lim_{x\to\infty}\left(\frac{1}{x^2}\right)=0$

압축정리에 의해 $\lim_{x\to\infty}\frac{\cos 2x}{x^2}=0$

2.2.2 삼각함수극한

$$\lim_{\theta \to 0} \frac{\sin\theta}{\theta} = 1 \ (\theta \text{ 는 라디안}) \tag{1}$$

증명

우극한과 좌극한이 모두 1임을 보일 것이다. 그러면 우리는 양쪽 방향의 극한이 1이라는 것을 알게 된다. 우극한이 1임을 보이기 위해서 θ을 $\pi/2$보다 작은 양수라고 하자(그림 2.9).

$$\triangle OAP\text{의 넓이} < \text{부채꼴 } OAP\text{의 넓이} < \triangle OAT\text{의 넓이}$$

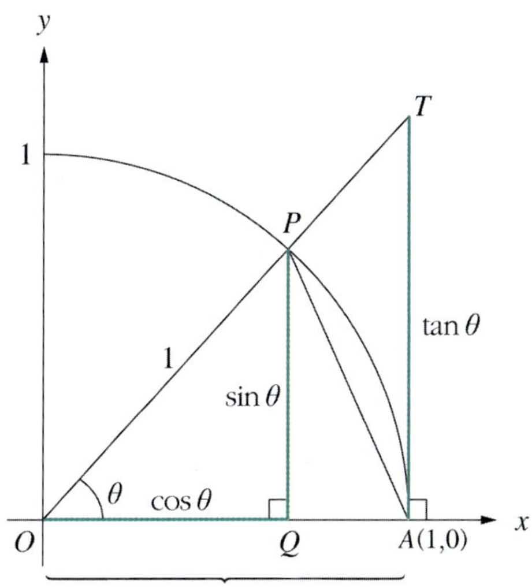

그림 2.9

임에 주목하자. 우리는 θ의 항으로 이 넓이를 다음과 같이 표현할 수 있다:

$$\triangle OAP\text{의 넓이} = \frac{1}{2}\text{밑변} \cdot \text{높이} = \frac{1}{2}(1)(\sin\theta) = \frac{1}{2}\sin\theta$$

$$\text{부채꼴 } OAP\text{의 넓이} = \frac{1}{2}r^2\theta = \frac{1}{2}(1)^2\theta = \frac{\theta}{2}$$

$$\triangle OAT\text{ 의 넓이} = \frac{1}{2}\text{밑변} \times \text{높이} = \frac{1}{2}(1)(\tan\theta) = \frac{1}{2}\tan\theta$$

따라서

$$\frac{1}{2}\sin\theta < \frac{1}{2}\theta < \frac{1}{2}\tan\theta$$

이다. 만약 $0 < \theta < \pi/2$이기 때문에 양수인 수 $(1/2)\sin\theta$로 세 항 모두를 나눈다면 마지막 부등식은 아래와 같다 :

$$1 < \frac{\theta}{\sin\theta} < \frac{1}{\cos\theta}$$

역수를 취해 부등식의 방향을 바꾸자:

$$1 > \frac{\sin\theta}{\theta} > \frac{\cos\theta}{1}$$

$\lim_{\theta \to 0+} \cos\theta = 1$이기 때문에 , 샌드위치 정리에 의해서 다음이 성립된다.

$$\lim_{\theta \to 0^+} \frac{\sin\theta}{\theta} = 1$$

$\sin\theta$와 θ는 기함수임을 상기하자. 따라서 $f(\theta) = \sin\theta/\theta$는 y축에 대해 대칭인 그래프를 가진 우함수이다. 이 대칭성은 0에서 좌극한이 존재하고 우극한과 같은 값을 갖는 것을 의미한다:

$$\lim_{\theta \to 0^-} \frac{\sin\theta}{\theta} = \lim_{\theta \to 0^+} \frac{\sin\theta}{\theta}$$

따라서 $\lim_{\theta \to 0} \frac{\sin\theta}{\theta} = 1$이다.

수식 $\lim_{\theta \to 0} \frac{\sin\theta}{\theta} = 1$이 일반화될 수 있다. 만약 $\lim_{x \to c} f(x) = 0$이고 $f(x)$는 c를 제외하고는 $x = c$를 포함하는 열린 구간에서 절대 0을 갖지 않는다면, $\lim_{x \to c} \frac{\sin f(x)}{f(x)} = 1$이다.

예제 2.14

다음을 계산하여라.

(1) $\lim_{x \to 0} \frac{\sin x^2}{x^2}$

(2) $\lim_{x \to 0} \frac{\sin x^2}{x}$

(3) $\lim_{x \to -1} \frac{\sin(x^2 - x - 2)}{x+1}$

(4) $\lim_{x \to 1} \frac{\sin(1-\sqrt{x})}{x-1}$

풀이

(1) $\lim_{x \to 0} \frac{\sin x^2}{x^2} = 1$

(2) $\lim_{x \to 0} \frac{\sin x^2}{x} = \lim_{x \to 0} \frac{\sin x^2}{x^2} \lim_{x \to 0} \frac{x^2}{x} = 1 \cdot 0 = 0$

(3)
$$\lim_{x \to -1} \frac{\sin(x^2 - x - 2)}{x+1} = \lim_{x \to -1} \frac{\sin(x^2 - x - 2)}{x^2 - x - 2} \cdot \lim_{x \to -1} \frac{(x^2 - x - 2)}{x+1}$$
$$= 1 \cdot \lim_{x \to -1} \frac{(x+1)(x-2)}{x+1} = -3$$

(4)
$$\lim_{x \to 1} \frac{\sin(1-\sqrt{x})}{x-1} = \lim_{x \to 1} \frac{\sin(1-\sqrt{x})}{1-\sqrt{x}} \frac{1-\sqrt{x}}{x-1} = 1 \cdot \lim_{x \to 1} \frac{(1-\sqrt{x})(1+\sqrt{x})}{(x-1)(1+\sqrt{x})}$$
$$= \lim_{x \to 1} \frac{1-x}{(x-1)(1+\sqrt{x})} = -\frac{1}{2}$$

2.2.3 지수와 로그함수의 극한

■ e 의 정의

$$\lim_{x \to \pm\infty} \left(1 + \frac{1}{x}\right)^x = \lim_{x \to 0} (1+x)^{\frac{1}{x}} = e \approx 2.718 \cdots$$

x	$(1+x)^{\frac{1}{x}}$	x	$(1+x)^{\frac{1}{x}}$
0.1 0.01 0.001 0.0001 0.00001 ……	2.59374⋯ 2.70481⋯ 2.71692⋯ 2.71814⋯ 2.71827⋯ ……	−0.1 −0.01 −0.001 −0.0001 −0.00001 ……	2.86797⋯ 2.73199⋯ 2.71964⋯ 2.71841⋯ 2.71829⋯ ……

예제 2.15

다음을 계산하여라.

(1) $\lim_{x\to\infty}\left(1+\frac{3}{x}\right)^{\frac{x}{3}}$ (2) $\lim_{x\to\infty}\left(1+\frac{3}{x}\right)^{x}$

풀이

(1) $\lim_{x\to\infty}\left(1+\frac{3}{x}\right)^{\frac{x}{3}}=\lim_{x\to 0}(1+5x)^{\frac{1}{5x}}=e$ (2) $\lim_{x\to\infty}\left(1+\frac{3}{x}\right)^{x}=\lim_{x\to\infty}\left[\left(1+\frac{3}{x}\right)^{\frac{x}{3}}\right]^{3}=e^{3}$

예제 2.16

다음 극한을 구하여라.

(1) $\lim_{x\to 0}\frac{\ln(x+1)}{x}$ (2) $\lim_{x\to 0}\frac{a^x-1}{x}$ (Hint: $a^x-1=t$)

풀이

(1) $\lim_{x\to 0}\frac{\ln(x+1)}{x}=\lim_{x\to 0}\frac{1}{x}\cdot\ln(x+1)=\lim_{x\to 0}\ln(x+1)^{\frac{1}{x}}=\ln e=1$

(2) $a^x-1=t$

$a^x=1+t$

$x=\log_a(1+t)$

$x\to 0, t\to 0$

$$\lim_{x\to 0}\frac{a^x-1}{x}=\lim_{t\to 0}\frac{t}{\log_a(1+t)}=\lim_{t\to 0}\frac{1}{\frac{1}{t}\log_a(1+t)}=\lim_{t\to 0}\frac{1}{\log_a(1+t)^{\frac{1}{t}}}=\frac{1}{\log_a e}=\ln a$$

연습문제 2.2

1. 샌드위치 정리를 이용해서 다음 극한을 증명하여라.

(1) $\lim_{x \to 0} x^2 \cos\frac{1}{x} = 0$

(2) $\lim_{x \to \infty} \frac{\sin x}{x} = 0$

2. 주어진 조건을 이용하여 극한을 구하시오.

(1) 모든 x에 대하여 $1 - \frac{x^2}{6} < \frac{x\sin x}{2 - 2\cos x} < 1$ 일 때 $\lim_{x \to 0} \frac{x\sin x}{2 - 2\cos x}$은?

(2) 모든 x에 대하여 $-6x - 4 < f(x) < x^4 + x^2$ 일 때 $\lim_{x \to -1} f(x)$은?

(3) 모든 x에 대하여 $\sqrt{5 - 2x} < f(x) < \sqrt{5}$ 일 때 $\lim_{x \to 0} f(x)$은?

3. 다음 극한을 구하여라.

(1) $\lim_{\theta \to 0} \frac{\sin\sqrt{2}\,\theta}{\sqrt{2}\,\theta}$

(2) $\lim_{x \to 0} \frac{\sin 2x}{3x}$

(3) $\lim_{y \to 0} \frac{\sin 3y}{4y}$

(4) $\lim_{x \to 0} \frac{\sin 5x}{\sin 2x}$

(5) $\lim_{x \to 0} \frac{\sin^3 2x}{x^3}$

(6) $\lim_{x \to 0} \frac{\sin^2 3x}{\sin^2 2x}$

(7) $\lim_{x \to 0} \frac{2x}{\tan x}$

(8) $\lim_{x \to 0} \frac{\tan 3x}{2x}$

(9) $\lim_{x \to 0} \frac{\tan 3x}{\sin 8x}$

(10) $\lim_{x \to 0} \frac{\tan^3 3x}{8x^3}$

(11) $\lim_{x \to 0} \frac{\sin 2x}{x^2 + 3x}$

(12) $\lim_{x \to 0} \frac{\sin^3 x}{x^2}$

(13) $\lim_{x \to 0} \frac{\sin(1 - \cos x)}{x}$

(14) $\lim_{x \to 0^+} \frac{\sin x}{\sin\sqrt{x}}$

(15) $\lim_{x\to 0}\frac{\sin(x^2+x)}{x}$

(16) $\lim_{x\to 0}\frac{x-x\cos x}{\sin^2 3x}$

(17) $\lim_{x\to 0}\frac{\sin(1-\cos x)}{x^2}$

4. 다음 극한을 구하여라.

(1) $\lim_{x\to 0}(1+3x)^{\frac{1}{x}}$

(2) $\lim_{x\to\infty}\left(1+\frac{3}{x}\right)^x$

(3) $\lim_{x\to 0}(1+x)^{\frac{3}{x}}$

(4) $\lim_{x\to -\infty}\left(1+\frac{2}{3x}\right)^x$

(5) $\lim_{x\to 0}(1+3x)^{\frac{1}{2x}}$

(6) $\lim_{n\to\infty}P\left(1+\frac{r}{n}\right)^{nt}$

(7) $\lim_{x\to\infty}\left(1+\frac{3}{x}\right)^x$

(8) $\lim_{x\to 0}\left(1+\frac{x}{2}\right)^{\frac{1}{2x}}$

(9) $\lim_{x\to\infty}\left(1+\frac{1}{x}\right)^{3x}$

(10) $\lim_{x\to 0}\left(1-\frac{x}{2}\right)^{\frac{1}{x}}$

(11) $\lim_{x\to\infty}\left(1+\frac{3}{x}\right)^{2x}$

(12) $\lim_{x\to\infty}\left(\frac{2x+1}{x}\right)^{3x}$

5. 다음 극한을 구하여라.

(1) $\lim_{x\to 0}\frac{e^x-1}{x}$ (Hint: $e^x-1=t$)

(2) $\lim_{x\to 0}\frac{\log_a(x+1)}{x}$

2.3 무한대에서의 극한

2.3.1 무한대에서 유리함수,무리함수의 극한

$\frac{\infty}{\infty}$ 형태는 분모의 x의 최고 차수로 분자와 분모를 나눈다. $\infty - \infty$는 유리화한다

예제 2.17

다음 극한을 구하여라.

(1) $\lim\limits_{x \to \infty} \dfrac{5x^2+8x-3}{3x^2+2}$ (2) $\lim\limits_{x \to -\infty} \dfrac{11x+2}{2x^3-1}$

풀이

(1) $\lim\limits_{x \to \infty} \dfrac{5x^2+8x-3}{3x^2+2} = \lim\limits_{x \to \infty} \dfrac{5+(8/x)-(3/x^2)}{3+(2/x^2)} = \dfrac{5+0-0}{3+0} = \dfrac{5}{3}$

(2) $\lim\limits_{x \to -\infty} \dfrac{11x+2}{2x^3-1} = \lim\limits_{x \to -\infty} \dfrac{(11/x^2)+(2/x^3)}{2-(1/x^3)} = \dfrac{0+0}{2-0} = 0$

예제 2.18

극한값을 구하여라.

(1) $\lim\limits_{x \to \infty} (\sqrt{x^2+25} - \sqrt{x^2-1})$ (2) $\lim\limits_{x \to \infty} (\sqrt{x^2+3x} - \sqrt{x^2-2x})$

(3) $\lim\limits_{x \to -\infty} (\sqrt{4x^2+3x-2} + 2x)$ (4) $\lim\limits_{x \to -\infty} (\sqrt{x^2-x} + x)$

풀이

(1) $\lim_{x\to\infty}(\sqrt{x^2+25}-\sqrt{x^2-1})=\lim_{x\to\infty}\frac{(\sqrt{x^2+25}-\sqrt{x^2-1})(\sqrt{x^2+25}+\sqrt{x^2-1})}{\sqrt{x^2+25}+\sqrt{x^2-1}}$

$$=\lim_{x\to\infty}\frac{26}{\sqrt{x^2+25}+\sqrt{x^2-1}}=0$$

(2) $\lim_{x\to\infty}(\sqrt{x^2+3x}-\sqrt{x^2-2x})=\lim_{x\to\infty}\frac{(\sqrt{x^2+3x}-\sqrt{x^2-2x})(\sqrt{x^2+3x}+\sqrt{x^2-2x})}{\sqrt{x^2+3x}+\sqrt{x^2-2x}}$

$$=\lim_{x\to\infty}\frac{5x}{\sqrt{x^2+3x}+\sqrt{x^2-2x}}=\frac{5}{2}$$

(3) $\lim_{x\to-\infty}(\sqrt{4x^2+3x}+2x)=\lim_{x\to-\infty}\frac{(\sqrt{4x^2+3x}+2x)(\sqrt{4x^2+3x}-2x)}{\sqrt{4x^2+3x}-2x}$

$$=\lim_{x\to-\infty}\frac{3x}{\sqrt{4x^2+3x}-2x}=-\frac{3}{4}$$

(4) $\lim_{x\to-\infty}(\sqrt{x^2-x}+x)=\lim_{x\to-\infty}\frac{(\sqrt{x^2-x}+x)(\sqrt{x^2-x}-x)}{\sqrt{x^2-x}-x}$

$$=\lim_{x\to-\infty}\frac{-x}{\sqrt{x^2-x}-x}=\frac{1}{2}$$

2.3.2 수평 점근선

만약 $\lim_{x\to\infty}f(x)=b$이거나 $\lim_{x\to-\infty}f(x)=b$이면, 직선 $y=b$는 함수 $y=f(x)$의 수평 점근선(Horizontal Asymptote)이다.

■ 유리함수의 $y=f(x)$의 수평 점근선

$$y=\frac{ax^m+\cdots}{bx^n+\cdots}$$

(1) $m=n$: 수평 점근선 $y=\frac{a}{b}$

(2) $m<n$: 수평 점근선 $y=0$

(3) $m>n$: 수평 점근선 없다.

예제 2.19

다음 함수의 $y=f(x)$의 수평 점근선을 구하여라.

$$f(x)=\frac{5x^2+8x-3}{3x^2+2}$$

풀이

$f(x)=\dfrac{5x^2+8x-3}{3x^2+2}$ 에서

$\lim_{x\to\infty} f(x)=\dfrac{5}{3}$

그리고 $\lim_{x\to-\infty} f(x)=\dfrac{5}{3}$ 이므로

$y=\dfrac{5}{3}$가 수평 점근선이다.

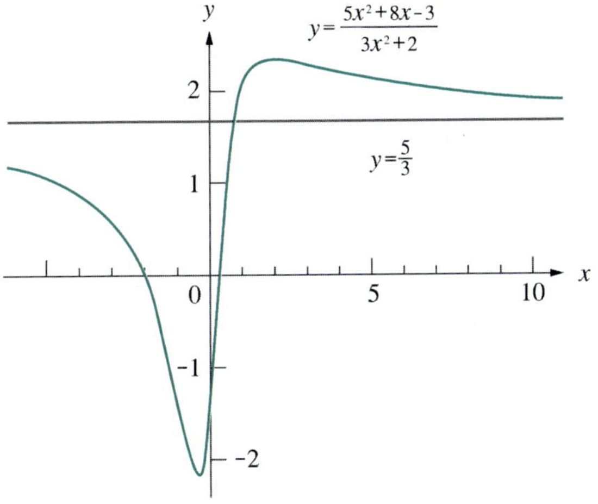

그림 2.10

예제 2.20

다음 함수의 $y=f(x)$의 수평 점근선의 방정식을 구하여라.

(1) $y=\dfrac{2x^4+7}{x^3-x^2+x+7}$

(2) $y=\dfrac{7}{x+4}+5$

(3) $y=\dfrac{2x}{x^2+4}+2$

(4) $y=-\dfrac{4x}{2x-3}+5$

풀이

(1) 수평 점근선 없다

(2) $\lim_{x \to \pm\infty}\left(\frac{7}{x+4}+5\right)=(0+5)=5$

$\therefore y=5$

(3) $\lim_{x \to \pm\infty}\left(\frac{2x}{x^2+4}+2\right)=(0+2)=2$

$\therefore y=2$

(4) $\lim_{x \to \pm\infty}\left(-\frac{4x}{2x-3}+5\right)=(-2+5)=3$

$\therefore y=3$

2.3.3 수직 점근선

다음 중 어느 하나가 성립하면, 직선 $x=a$를 함수 $y=f(x)$의 그래프의 수직 점근선(Vertical Asymptote)이라 한다.

$$\lim_{x \to a^+} f(x)=\pm\infty \text{ 또는 } \lim_{x \to a^-} f(x)=\pm\infty$$

예제 2.21

다음 곡선의 수평 점근선과 수직 점근선을 구하여라.

$$f(x)=-\frac{8}{x^2-4}$$

풀이

분모의 값이 0이 되는 $x \to \pm\infty$과 $x \to \pm 2$에서 함수의 상태를 보자. f는 x의 우함수이므로 그래프는 y축에 대하여 대칭이다.

(1) $x \to \pm\infty$일 때 상태: $\lim_{x \to \infty} f(x)=0$이므로, 직선 $y=0$은 오른쪽 방향에서 그래프의 수평 점근선이다.
대칭성에 의하여 마찬가지로 왼쪽 방향에서도 점근선이다. 곡선이 음의 방향으로부터 (또는, 아래 방향으로부터) x축으로 접근함에 유의하자.

(2) $x\to\pm 2$일 때 상태: $\lim_{x\to 2^+} f(x)=-\infty$와 $\lim_{x\to 2^-} f(x)=\infty$이므로, 직선 $x=2$는 오른쪽, 왼쪽 양쪽 방향으로부터 수직 점근선이다. 또한, 대칭성에 의하여 직선 $x=-2$에 대해서도 같은 사실이 성립한다.

f가 다른 모든 점에서 유한인 극한을 가지므로 다른 점근선은 없다.

예제 2.22

다음 함수에 대하여 (a) 수직 점근선과 (b) 수직 점근선에 대해 좌극한과 우극한을 구하여라.

(1) $y=\dfrac{x^2}{x+2}$

(2) $y=\dfrac{x^2}{1-x^2}$

풀이

(1) (a) $x=-2$

(b) $\lim_{x\to -2^-} y=\lim_{x\to -2^-}\left(\dfrac{x^2}{x+2}\right)=-\infty$

$\lim_{x\to -2^+} y=\lim_{x\to -2^+}\left(\dfrac{x^2}{x+2}\right)=+\infty$

(2) (a) $x=\pm 1$

(b) $\lim_{x\to -1^-}\left(\dfrac{x^2}{1-x^2}\right)=-\infty$

$\lim_{x\to -1^+}\left(\dfrac{x^2}{1-x^2}\right)=+\infty$

$\lim_{x\to 1^-}\left(\dfrac{x^2}{1-x^2}\right)=+\infty$

$\lim_{x\to 1^+}\left(\dfrac{x^2}{1-x^2}\right)=-\infty$

예제 2.23

다음 함수에서 (a) 수평 점근선과 (b) 수직 점근선을 구하여라.

(1) $y=\dfrac{x-1}{2|x|-1}$ (2) $y=\dfrac{3(2)^x+1}{2^x-3}$

풀이

(1) (a) $\lim_{x\to\infty} y=\lim_{x\to\infty}\left(\dfrac{x-1}{2|x|-1}\right)=\lim_{x\to\infty}\dfrac{x-1}{2x-1}=\dfrac{1}{2}$

$\lim_{x\to-\infty} y=\lim_{x\to-\infty}\left(\dfrac{x-1}{2|x|-1}\right)=\lim_{x\to-\infty}\dfrac{x-1}{-2x-1}=-\dfrac{1}{2}$

$\therefore y=\dfrac{1}{2}$

$y=-\dfrac{1}{2}$

(b) $x=\pm\dfrac{1}{2}$

(2) (a) $\lim_{x\to\infty} y=\lim_{x\to\infty}\left(\dfrac{3(2)^x+1}{(2)^x-3}\right)=\lim_{x\to\infty}\left(\dfrac{3+\dfrac{1}{2^x}}{1-\dfrac{3}{2^x}}\right)=\dfrac{3+0}{1-0}=3$

$\lim_{x\to-\infty} y=\lim_{x\to-\infty}\left(\dfrac{3(2)^x+1}{(2)^x-3}\right)=\dfrac{0+1}{0-3}=-\dfrac{1}{3}$

$\therefore y=3,\ \ y=-\dfrac{1}{3}$

(b) $2^x-3=0$

$2^x=3$

$\therefore x=\log_2 3$

연습문제 2.3

1. 다음 극한을 구하여라.

(1) $\lim_{x \to -\infty} \left(\frac{1-x^3}{x^2+7x} \right)^5$

(2) $\lim_{x \to \infty} \frac{3x^3+4}{2x^3-3x+5}$

(3) $\lim_{x \to \infty} \frac{2\sqrt{x}+x^{-1}}{3x-7}$

(4) $\lim_{x \to \infty} \frac{3x^2+1}{5x^2-2}$

(5) $\lim_{x \to -\infty} \frac{\sqrt[3]{x}-\sqrt[5]{x}}{\sqrt[3]{x}+\sqrt[5]{x}}$

(6) $\lim_{x \to -\infty} \frac{2x^4-4x}{x^5+9x-5}$

(7) $\lim_{x \to \infty} \frac{2x^{5/3}-x^{1/3}+7}{x^{8/5}+3x+\sqrt{x}}$

(8) $\lim_{x \to \infty} \frac{\sqrt{x^2+1}}{x+1}$

(9) $\lim_{x \to -\infty} \frac{\sqrt{x^2+1}}{x+1}$

(10) $\lim_{x \to \infty} \frac{x-3}{\sqrt{4x^2+25}}$

(11) $\lim_{x \to -\infty} \frac{4-3x^3}{\sqrt{x^6+9}}$

2. 다음 함수의 수평 점근선의 방정식을 구하여라.

(1) $y = \frac{2x+3}{5x+7}$

(2) $y = \frac{1-x^2}{2x^2+1}$

(3) $y = \frac{x+1}{1-x^4}$

(4) $y = \frac{x+1}{x^2+3}$

(5) $y = \frac{(1-x)(2x-1)(x+2)}{(x-2)(x^2+x+2)}$

연습문제 2.3

3. 다음 함수에 대하여 (a) 수직 점근선과 (b) 수직 점근선에 대해 좌극한과 극한을 구하여라.

(1) $y=\dfrac{2+x}{x-3}$ (2) $y=\dfrac{x^2}{x+2}$

(3) $y=\dfrac{1}{x^2}$ (4) $y=\dfrac{x^2}{1-x^2}$

(5) $y=\dfrac{2x}{x^2-4}$ (6) $y=\dfrac{x}{\sqrt{2-x}}+3$

4. 다음 함수에서 (a) 수평 점근선과 (b) 수직 점근선을 구하여라.

(1) $y=\dfrac{2x}{|x|-1}$ (2) $y=\dfrac{x-1}{2|x|+1}$

(3) $y=\dfrac{5(4)^x+2}{4^x-1}$ (4) $y=\dfrac{3(2)^x+1}{2^x-3}$

5. 다음 극한을 구하여라.

(1) $\displaystyle\lim_{x\to\left(\frac{\pi}{2}\right)^-}\tan x$ (2) $\displaystyle\lim_{x\to\left(\frac{\pi}{2}\right)^+}\sec x$

(3) $\displaystyle\lim_{x\to 0^-}\csc x$ (4) $\displaystyle\lim_{x\to 0^+}\cot x$

(5) $\displaystyle\lim_{x\to 0^+}\ln x$ (6) $\displaystyle\lim_{x\to 2^-}\log_3(2-x)$

6. 다음 극한을 구하여라.

(1) $\displaystyle\lim_{x\to\infty}e^{-x}$ (2) $\displaystyle\lim_{x\to -\infty}(0.9)^x$

(3) $\displaystyle\lim_{x\to 0^-}e^{\frac{1}{x}}$ (4) $\displaystyle\lim_{x\to 3^+}(0.9)^{\frac{1}{x-3}}$

(5) $\lim_{x\to 0^+} e^{\csc x}$

(6) $\lim_{x\to 1^-} \frac{1}{\ln(1-x)}$

(7) $\lim_{x\to -\infty} \frac{3^x+1}{3^x-1}$

(8) $\lim_{x\to -\infty} \tan^{-1}x$

7. 다음 극한을 구하여라.

(1) $\lim_{x\to\infty} \sin x$

(2) $\lim_{x\to\infty} \frac{\sin x}{x}$

(3) $\lim_{x\to 0} \sin\left(\frac{1}{x}\right)$

(4) $\lim_{x\to\infty} x\sin\frac{1}{x}$

8. 다음 극한을 구하여라.

(1) $\lim_{x\to -\infty} \frac{-3x+1}{\sqrt{2x^2+1}}$

(2) $\lim_{x\to\infty} \frac{x+3}{\sqrt{x^2+1}+2}$

(3) $\lim_{x\to -\infty} \frac{x+3}{\sqrt{x^2+1}+2x}$

(4) $\lim_{x\to\infty} \frac{\sqrt{x^2-1}+3}{2x}$

9. 다음 극한을 구하여라.

(1) $\lim_{x\to\infty} \left(\sqrt{x^2+3x}-\sqrt{x^2-2x}\right)$

(2) $\lim_{x\to -\infty} \left(\sqrt{x^2+x}+x\right)$

(3) $\lim_{x\to -\infty} \left(\sqrt{4x^2+3x-2}+2x\right)$

(4) $\lim_{x\to\infty} \left(2x-\sqrt{4x^2+x}\right)$

2.4 연속

2.4.1 연속

함수 $f(x)$가 한 점 $x=c$에서 연속이라는 것은 다음 조건들이 동시에 성립할 때 정의한다.

- $f(c)$가 존재한다. (c는 f의 정의역 내에 있다.)
- $\lim_{x \to c} f(x)$가 존재한다. ($x=c$에서 f는 극한을 가진다.)
- $\lim_{x \to c} f(x) = f(c)$ (극한값과 함수값은 같다.)

$x=c$에서 연속이 아닌 경우 $f(x)$는 $x=c$에서 불연속이라고 한다.

예제 2.24

아래 $f(x)$에서 $x=-2,\ 0,\ 3,\ 4$에서 불연속성을 설명하여라.

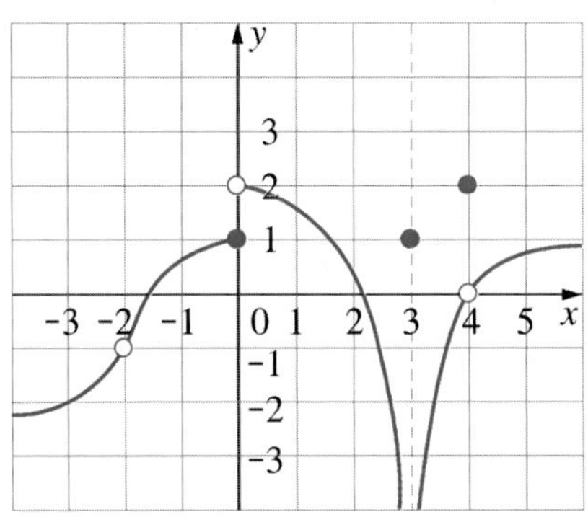

그림 2.11

풀이

$x=-2$에서 $f(-2)$가 존재하지 않는다.

$x=0$에서 $\lim_{x\to 0} f(x)$이 존재하지 않는다.

$x=3$에서 $\lim_{x\to 3} f(x)=-\infty$이므로 존재하지 않는다.

$x=4$에서 $0=\lim_{x\to 4} f(x) \neq f(4)=2$이므로 불연속이다.

예제 2.25

다음을 구하여라.

(1) 함수 $g(x)=(x^2-9)/(x-3)$을 확장하여 $x=3$에서 연속이 되게 $g(3)$을 정의하여라.

(2) 함수 $f(s)=(s^3-1)/(s^2-1)$을 확장하여 $s=1$에서 연속이 되게 $f(1)$을 정의하여라.

풀이

(1) $\lim_{x\to 3}(x^2-9)/(x-3)=g(3)$에서 $g(3)=6$

(2) $\lim_{s\to 1}(s^3-1)/(s^2-1)=f(1)$에서 $(1)=\frac{3}{2}$

2.4.2 중간값의 정리 (Intermediate value theorem)

닫힌구간 $[a,b]$에서 연속인 함수 $y=f(x)$에서 $f(a)$와 $f(b)$ 사이의 임의의 수를 택한다. 다시 말하면 y_0가 $f(a)$와 $f(b)$ 사이의 수이면, $y_0=f(c)$를 만족하는 수 c가 (a,b) 안에 존재한다.

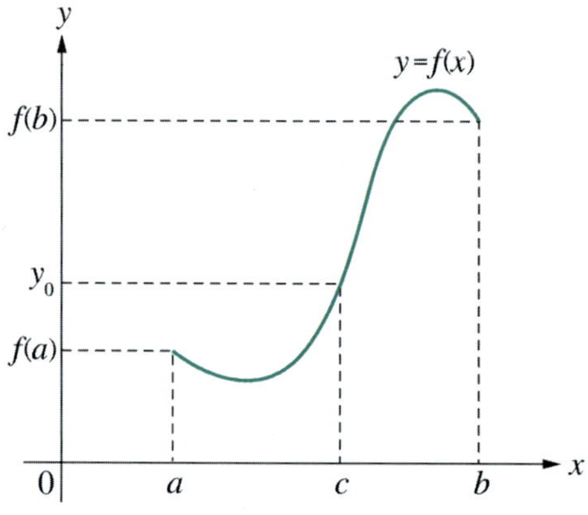

그림 2.12

예제 2.26

구간 $(1, 2)$에서 $x^3 - 2x - 2 = 0$가 해를 갖음을 보여라.

풀이

$f(x) = x^3 - 2x - 2$

$f(1) = 1 - 2 - 2 = -3$, $f(2) = 8 - 4 - 2 = 2$, $f(1) < 0 < f(2)$

중간값 정리의 의해 $f(x) = 0$ 인 c가 1과 2 사이에 적어도 하나 존재한다.

예제 2.27

다음 물음에 답하여라.

(1) 어떤 토끼의 몸무게가 처음 태어날 때 57g, 한 달이 지났을 때 550g, 석 달이 지났을 때 2kg이었다. 이 토끼는 몸무게가 1kg인 때가 반드시 있었을까?

(2) 작년에 어느 지역 농가의 가구당 토끼의 마리 수를 조사하였더니 토끼를 가장 많이 가진 농가는 21마리, 토끼를 가장 적게 가진 농가는 2마리였다. 작년에 이 지역의 농가 중 10마리의 토끼를 가진 농가가 반드시 있었을까?

풀이

(1) 토끼의 몸무게는 연속적으로 변한다. 몸무게가 처음 태어날 때 57g, 석 달이 지났을 때 2kg이었으므로 이 토끼는 몸무게가 1kg인 때가 반드시 있었다.

(2) 가구당 토끼의 마리 수는 최댓값과 최솟값만 있을 뿐, 독립적이므로 10마리의 토끼를 가진 농가가 반드시 있었다고 볼 수는 없다.

예제 2.28

$f(x)$가 연속이 되도록 k값을 구하여라.

(1) $f(x)=\begin{cases} \dfrac{x^2-2x}{x} & , x\neq 0 \\ k & , x=0 \end{cases}$

(2) $f(x)=\begin{cases} \dfrac{\sin x}{x} & , x\neq 0 \\ k & , x=0 \end{cases}$

풀이

(1) $\lim\limits_{x\to0}f(x)=f(0)$, $\lim\limits_{x\to0}\dfrac{x^2-2x}{x}=k$, $\lim\limits_{x\to0}(x-2)=k$

$\therefore k=-2$

(2) $\lim\limits_{x\to0}f(x)=f(0)$, $\lim\limits_{x\to0}\dfrac{\sin x}{x}=k$

$\therefore k=1$

연습문제 2.4

1. 다음 그래프 $f(x)$에서 각각의 불연속성을 조사하여라.

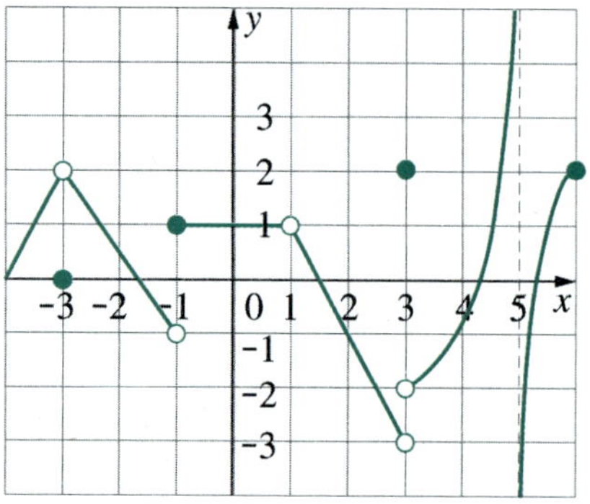

(1) $x = -3$　　(2) $x = -1$

(3) $x = 1$　　(4) $x = 3$

(5) $x = 5$

2. 다음을 구하여라.

(1) 함수 $h(t) = (t^2 + 3t - 10)/(t-2)$를 확장하여 $t = 2$에서 연속이 되게 $h(2)$를 정의하여라.

(2) 함수 $g(x) = (x^2 - 16)/(x^2 - 3x - 4)$를 확장하여 $x = 4$에서 연속이 되게 $g(4)$를 정의하여라.

3. $f(x)$가 연속이 되도록 k값을 구하여라.

(1) $f(x) = \begin{cases} \dfrac{x^2 - 4}{x - 2}, & x \neq 2 \\ k, & x = 2 \end{cases}$

(2) $f(x) = \begin{cases} \dfrac{x^3 + 1}{x + 1}, & x \neq -1 \\ k + 3, & x = -1 \end{cases}$

4. $f(x)$가 연속이 되도록 a, b의 값을 구하여라.

(1) $f(x)=\begin{cases} a^2x-2a, & x \geq 2 \\ 12, & x<2 \end{cases}$

(2) $g(x)=\begin{cases} \dfrac{x-b}{b+1}, & x<0 \\ x^2+b, & x>0 \end{cases}$

(3) $f(x)=\begin{cases} -2, & x \leq -1 \\ ax-b, & -1<x<1 \\ 3, & x \geq 1 \end{cases}$

(4) $g(x)=\begin{cases} ax+2b, & x \leq 0 \\ x^2+3a-b, & 0<x \leq 2 \\ 3x-5, & x \geq 2 \end{cases}$

5. 다음을 구하여라.

(1) 방정식 $x^3-3x=8$ 은 구간 $(2,\ 3)$에서 적어도 한 개의 해를 가짐을 보여라.

(2) 방정식 $x^3+x^2-2x-6=0$은 구간 $(1,\ 2)$에서 적어도 한 개의 해를 가짐을 보여라.

6. 다음 방정식은 주어진 구간에서 적어도 하나의 실근을 가짐을 보여라.

(1) $x^4+x^3-9x+1=0,\ (1,3)$

(2) $x-\cos x=0,\ \left(0,\ \dfrac{\pi}{2}\right)$

(3) $(x-1)\sin x+\sqrt{2}\cos x=1,\ \left(0,\ \dfrac{\pi}{2}\right)$

CHAPTER 3

미분

3.1 미분의 정의

3.1.1 평균변화율

구간 $[x_1, x_2]$에서 x에 관한 $y = f(x)$의 평균변화율은 다음과 같다.

$$\frac{\Delta y}{\Delta x} = \frac{f(x_2) - f(x_1)}{x_2 - x_1} = \frac{f(x_1 + h) - f(x_1)}{h}, \; h \neq 0$$

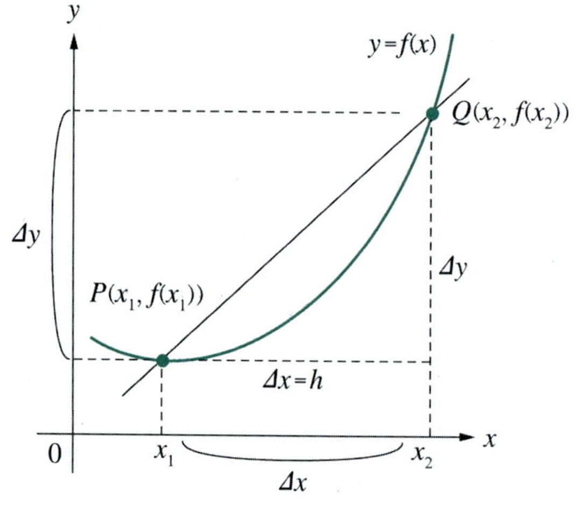

그림 3.1

예제 3.1

구간 $[1, 3]$에서 x에 관한 $f(x) = x^2 + 1$의 평균변화율을 구하여라.

풀이

$$\frac{f(3) - f(1)}{3 - 1} = \frac{10 - 2}{3 - 1} = 4$$

예제 3.2

주어진 구간에서 x에 관한 $f(x)$의 평균변화율을 구하여라.

(1) $f(x)=\sqrt{2x-1}\quad[1,\ 5]$ (2) $f(x)=\sin x+\cos x\quad\left[-\frac{\pi}{6},\ \frac{\pi}{3}\right]$

풀이

(1) $\frac{f(5)-f(1)}{5-1}=\frac{3-1}{4}=\frac{1}{2}$

(2) $\frac{f\left(\frac{\pi}{3}\right)-f\left(-\frac{\pi}{6}\right)}{\frac{\pi}{3}-\left(-\frac{\pi}{6}\right)}=\frac{\left(\frac{\sqrt{3}}{2}+\frac{1}{2}\right)-\left(-\frac{1}{2}+\frac{\sqrt{3}}{2}\right)}{\frac{\pi}{2}}=\frac{1}{\frac{\pi}{2}}=\frac{2}{\pi}$

3.1.2 순간변화율

함수 $y=f(x)$의 $x=a$에서 순간변화율은

$$f'(a)=\frac{dy}{dx}\Big|_{x=a}=\lim_{x\to a}\frac{f(x)-f(a)}{x-a}\ \text{또는}\ \lim_{h\to 0}\frac{f(a+h)-f(a)}{h}$$

이다. 기하적 의미는 다음과 같다.

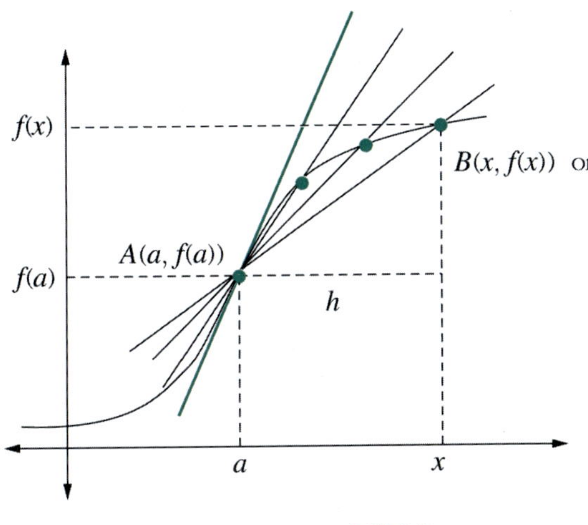

그림 3.2

예제 3.3

$f(x)=x^2+1$일 때, $x=2$에서 순간변화율을 구하여라.

풀이

- 방법 1

$$f'(2)=\lim_{x\to2}\frac{f(x)-f(2)}{x-2}=\lim_{x\to2}\frac{x^2+1-5}{x-2}=\lim_{x\to2}\frac{x^2-4}{x-2}=\lim_{x\to2}(x+2)=4$$

- 방법 2

$$f'(2)=\lim_{h\to0}\frac{f(2+h)-f(2)}{h}=\lim_{h\to0}\frac{(2+h)^2+1-5}{h}=\lim_{h\to0}\frac{h^2+4h}{h}=\lim_{h\to0}(h+4)=4$$

예제 3.4

다음 두 가지 방법을 사용하여 주어진 점에서 접선의 기울기와 접선의 방정식을 구하여라.

(방법 1) $f'(a)=\lim_{x\to a}\frac{f(x)-f(a)}{x-a}$

(방법 2) $f'(a)=\lim_{h\to0}\frac{f(a+h)-f(a)}{h}$

$f(x)=\frac{1}{\sqrt{x+1}}$, $x=3$

(방법 1) (방법 2)

풀이

- 방법 1

(a) $f(3)=\frac{1}{\sqrt{4}}=\frac{1}{2}$, $\therefore\left(3,\frac{1}{2}\right)$

$$f'(3)=\lim_{x\to3}\frac{f(x)-f(3)}{x-3}=\lim_{x\to3}\frac{\left(\frac{1}{\sqrt{x+1}}-\frac{1}{2}\right)\cdot2\sqrt{x+1}}{(x-3)\cdot2\sqrt{x+1}}$$

$$=\lim_{x\to3}\frac{(2-\sqrt{x+1})\cdot(2+\sqrt{x+1})}{(x-3)\cdot2\sqrt{x+1}\cdot(2+\sqrt{x+1})}=\lim_{x\to3}\frac{4-(x+1)}{(x-3)\cdot2\sqrt{x+1}\cdot(2+\sqrt{x+1})}$$

$$= \lim_{x \to 3} \frac{(3-x)}{(x-3) \cdot 2\sqrt{x+1} \cdot (2+\sqrt{x+1})} = \lim_{x \to 3} \frac{-1}{2\sqrt{x+1} \cdot (2+\sqrt{x+1})}$$

$$= \frac{-1}{2(2)(2+2)} = -\frac{1}{16}$$

(b) $y - \frac{1}{2} = -\frac{1}{16}(x-3)$

- 방법 2

$$f'(3) = \lim_{h \to 0} \frac{f(3+h)-f(3)}{h} = \lim_{h \to 0} \frac{\left(\frac{1}{\sqrt{4+h}} - \frac{1}{2}\right) \cdot 2\sqrt{4+h}}{h \cdot 2\sqrt{4+h}}$$

$$= \lim_{h \to 0} \frac{(2-\sqrt{4+h}) \cdot (2+\sqrt{4+h})}{h \cdot 2\sqrt{4+h} \cdot (2+\sqrt{4+h})} = \lim_{h \to 0} \frac{4-(4+h)}{h \cdot 2\sqrt{4+h} \cdot (2+\sqrt{4+h})}$$

$$= \lim_{h \to 0} \frac{-h}{h \cdot 2\sqrt{4+h} \cdot (2+\sqrt{4+h})} = \lim_{h \to 0} \frac{-1}{2\sqrt{4+h} \cdot (2+\sqrt{4+h})}$$

$$= \frac{-1}{2(2)(2+2)} = -\frac{1}{16}$$

3.1.3 미분의 정의

함수 $f(x)$의 도함수는 극한 $\lim_{h \to 0} \frac{f(x+h)-f(x)}{h}$으로 정의하고 기호로는 $f'(x)$로 나타낸다. $f'(x)$가 존재하면 함수 $f(x)$는 미분 가능하다고 한다. 도함수는 $x=a$에서의 미분계수(순간변화율)를 일반화시켜 변수 x에서의 기울기를 살펴보는 것이다.

$$f'(x) = \lim_{h \to 0} \frac{f(x+h)-f(x)}{h}$$

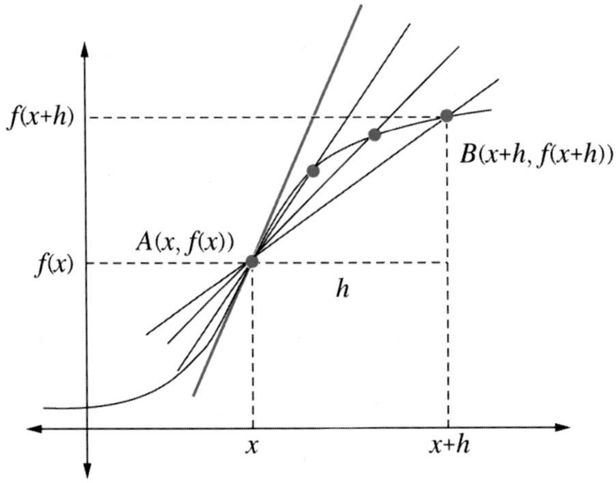

그림 3.3

■ 미분기호

$$f'(x) = y' = \frac{dy}{dx} = \frac{df}{dx} = \frac{d}{dx}f(x) = D(f)(x) = D_x f(x)$$

예제 3.5

$f(x) = x^2 + x$일 때, 도함수의 정의를 이용하여, $x = 1, 2, 3$에서 접선의 기울기를 구하여라.

풀이

$$f'(x) = \lim_{h \to 0} \frac{f(x+h) - f(x)}{h} = \lim_{h \to 0} \frac{(x+h)^2 + (x+h) - (x^2 + x)}{h}$$

$$= \lim_{h \to 0} \frac{2xh + h^2 + h}{h} = \lim_{h \to 0}(2x + h + 1) = 2x + 1$$

$f'(1) = 3$, $f'(2) = 5$, $f'(3) = 7$

예제 3.6

다음 각 함수에 대하여 정의를 이용하여 도함수를 구하여라.

(1) $f(x) = \dfrac{1}{x^2}$

(2) $f(x) = \sqrt{x^2+1}$

풀이

(1) $$f'(x) = \lim_{h\to0}\frac{f(x+h)-f(x)}{h} = \lim_{h\to0}\frac{\left[\dfrac{1}{(x+h)^2}-\dfrac{1}{x^2}\right]\cdot x^2(x+h)^2}{h\cdot x^2(x+h)^2}$$

$$= \lim_{h\to0}\frac{x^2-(x+h)^2}{h\cdot x^2(x+h)^2} = \lim_{h\to0}\frac{-2xh-h^2}{h\cdot x^2(x+h)^2}$$

$$= \lim_{h\to0}\frac{-2x-h}{x^2(x+h)^2} = \frac{-2x}{x^2(x^2)} = \frac{-2}{x^3}$$

(2) $$f'(x) = \lim_{h\to0}\frac{f(x+h)-f(x)}{h}$$

$$= \lim_{h\to0}\frac{(\sqrt{(x+h)^2+1}-\sqrt{x^2+1})\cdot(\sqrt{(x+h)^2+1}+\sqrt{x^2+1})}{h\cdot(\sqrt{(x+h)^2+1}+\sqrt{x^2+1})}$$

$$= \lim_{h\to0}\frac{(x+h)^2+1-(x^2+1)}{h\cdot(\sqrt{(x+h)^2+1}+\sqrt{x^2+1})}$$

$$= \lim_{h\to0}\frac{2x+h}{2\sqrt{x^2+1}} = \frac{2x}{2\sqrt{x^2+1}} = \frac{x}{\sqrt{x^2+1}}$$

연습문제 3.1

1. 주어진 구간에서 x에 관한 $f(x)$의 평균변화율을 구하여라.

(1) $f(x)=x^3 \quad [a,\ b]$

(2) $f(x)=x^2+2x \quad [2,\ 4]$

(3) $f(x)=\cot x \quad \left[\frac{\pi}{4},\ \frac{3\pi}{4}\right]$

(4) $f(x)=\frac{1}{x} \quad [a,\ a+h]$

2. 다음 두 가지 방법을 사용하여 접선의 기울기와 접선의 방정식을 구하여라.

(방법 1) $f'(a)=\lim\limits_{x\to a}\frac{f(x)-f(a)}{x-a}$ (방법 2) $f'(a)=\lim\limits_{h\to 0}\frac{f(a+h)-f(a)}{h}$

(1) $f(x)=x^2+2x$, $(1,\ 3)$
(방법 1) (방법 2)

(2) $f(x)=x^2-6x$, $(2,\ -8)$
(방법 1) (방법 2)

(3) $f(x)=x^3$, $(-1,\ -1)$
(방법 1) (방법 2)

(4) $f(x)=\frac{1}{x+1}$, $\left(1,\ \frac{1}{2}\right)$
(방법 1) (방법 2)

(5) $f(x)=\sqrt{x-2}$, $x=6$
(방법 1) (방법 2)

3. $f(x)=(x-1)^2+1$일 때 정의를 이용하여 도함수를 구하고, $x=-1, 0, 2$에서 접선의 기울기를 구하여라.

4. 다음 각 함수에 대하여 정의를 이용하여 도함수를 구하여라.

(1) $f(x)=\frac{1}{\sqrt{3x-2}}$

(2) $f(x)=x^3-2x$

(3) $f(x)=x-\frac{1}{x}$

(4) $y=\frac{3x}{x+1}$

3.2 미분 가능성

함수 $f(x)$가 $x=a$에서 연속이면서 다음 식이 성립한다면

$$\lim_{h\to 0^-}\frac{f(a+h)-f(a)}{h}=\lim_{h\to 0^+}\frac{f(a+h)-f(a)}{h}$$

$f(x)$를 $x=a$에서 미분 가능하다고 한다.

참고로 미분 가능한 함수는 연속인 함수이다.

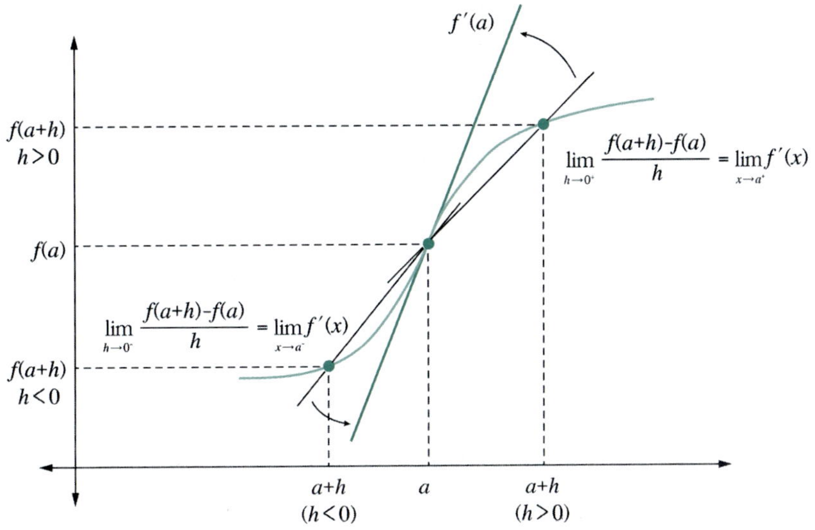

그림 3.4

■ 미분 가능하지 않은 함수

(1) 불연속 $y=\frac{|x|}{x}$

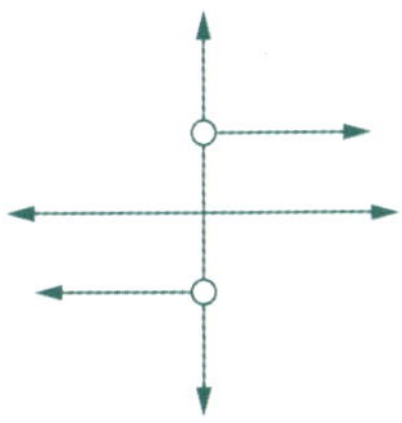

그림 3.5

(2) 코너 $y=|x|$

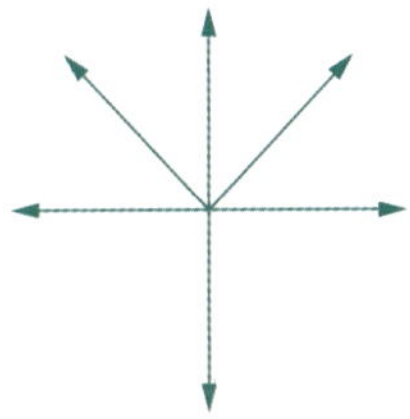

그림 3.6

(3) 첨점 $y=\sqrt[3]{x^2}$

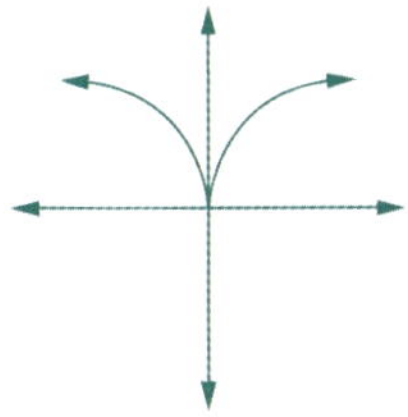

그림 3.7

(4) 수직 접선 $y=\sqrt[3]{x}$

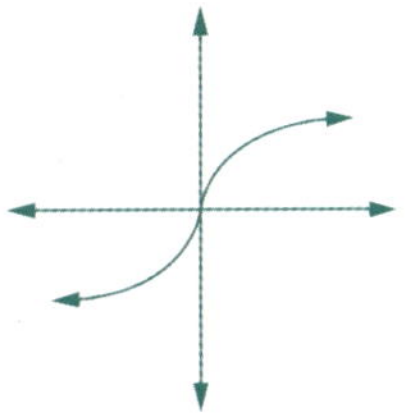

그림 3.8

$x=0$에서 불연속	$\lim\limits_{x\to 0^-} f'(x) = -1$	$\lim\limits_{x\to 0^-} f'(x) = -\infty$	$\lim\limits_{x\to 0^-} f'(x) = +\infty$
	$\lim\limits_{x\to 0^+} f'(x) = 1$	$\lim\limits_{x\to 0^+} f'(x) = \infty$	$\lim\limits_{x\to 0^+} f'(x) = +\infty$

예제 3.7

각 그림은 닫힌구간 D에서 함수의 그래프를 나타낸다. 정의역의 어느 점에서 함수가 미분 가능한가? 그 이유를 설명하여라.

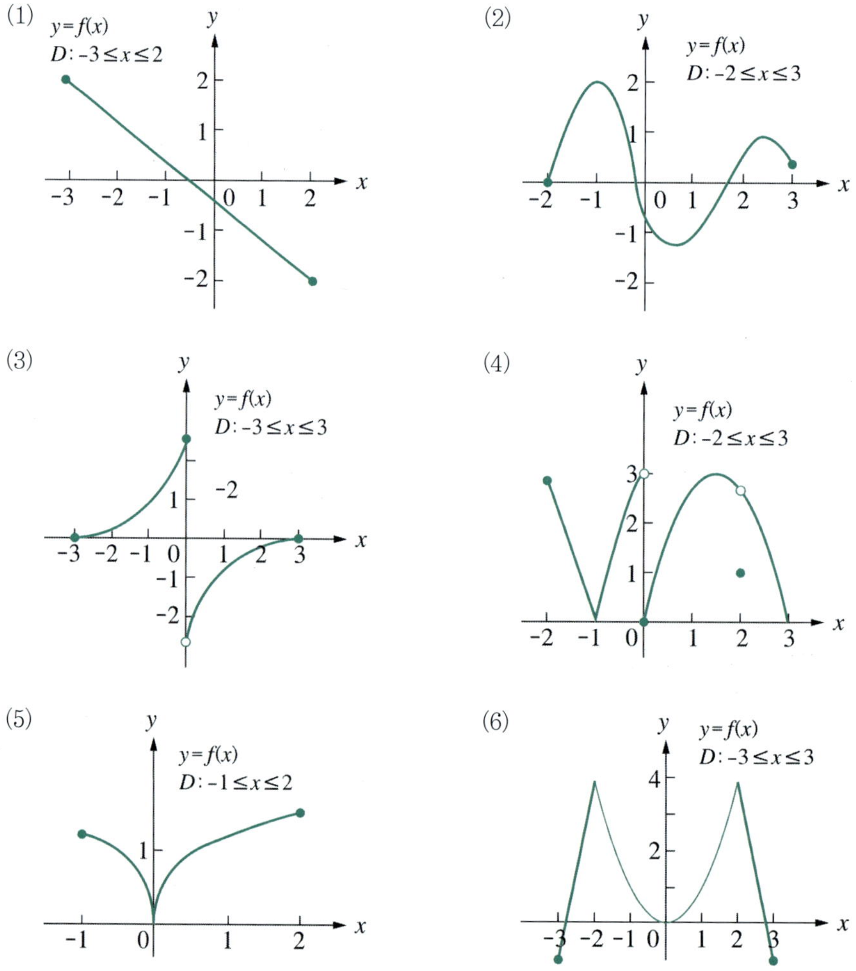

그림 3.9

풀이

(1) $-3<x<2$

(2) $-2<x<3$

(3) $-3<x<0$, $0<x<3$

(4) $-2<x<-1$, $-1<x<0$, $0<x<2$, $2<x<3$

(5) $-1<x<0$, $0<x<2$

(6) $-3<x<-2$, $-2<x<2$, $2<x<3$

연습문제 3.2

1. 주어진 그래프 $y=f(x)$에 대하여 다음 명제가 참인지, 거짓인지 설명하여라.

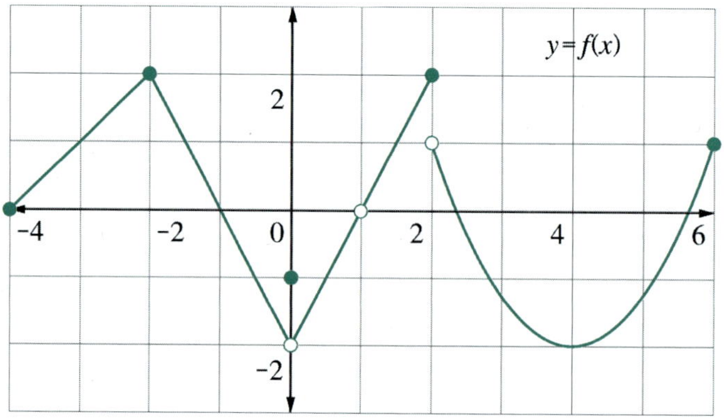

(1) $\lim_{x\to-2^-} f(x)=\lim_{x\to-2^+} f(x)$

(2) $\lim_{x\to-2} f(x)=f(-2)$

(3) $\lim_{x\to-2^-} f'(x)=\lim_{x\to-2^+} f'(x)$

(4) $\lim_{x\to0} f(x)$

(5) $\lim_{x\to0} f(x)=f(0)$

(6) $\lim_{x\to0^-} f'(x)=\lim_{x\to0^+} f'(x)$

(7) $f(1)$: D.N.E.

(8) $\lim_{h\to0}\dfrac{f(1+h)-f(1)}{h}$: Exist

(9) $\lim_{h\to0^+}\dfrac{f(h)-f(0)}{h}=2$

(10) $\lim_{x\to1}\dfrac{f(x)-f(1)}{x-1}$: D.N.E.

(11) $\lim_{x\to1^-} f'(x)=\lim_{x\to1^+} f'(x)$

(12) $\lim_{x\to2} f(x)$: D.N.E.

(13) $\lim_{x\to2^-} f(x)\neq f(2)$

(14) $\lim_{h\to0}\dfrac{f(3+h)-f(3)}{h}$: Exist

(15) $\lim_{x\to4} f(x)=f(4)$

(16) $\lim_{x\to4}\dfrac{f(x)-f(4)}{x-4}=-2$

(17) $\lim_{x\to c} f(x)$: Exist $(c\in(2,6))$

(18) $\lim_{h\to0^+}\dfrac{f(c+h)-f(c)}{h}=\lim_{h\to0^-}\dfrac{f(c+h)-f(c)}{h}$: D.N.E. $(c\in(2,6))$

(19) $f'(-3)=1$

(20) $f'(-1)=0$

(21) $f'(3)<f'(4)<f'(5)<f'(5.5)$

3.3 거듭제곱공식

n이 양의 정수일 때 다음이 성립한다.

- $\frac{d}{dx}(x^n) = nx^{n-1}$ (단, n은 실수)

증명

$f(x) = x^n$이라 하자.

$$f'(x) = \frac{d}{dx}(x^n) = \lim_{h\to 0}\frac{f(x+h)-f(x)}{h} = \lim_{h\to 0}\frac{(x+h)^n - x^n}{h}$$

$$= \lim_{h\to 0}\left[{}_nC_0x^n + {}_nC_1x^{n-1}h + {}_nC_2x^{n-2}h^2 + {}_nC_3x^{n-3}h^3 + \cdots\right.$$

$$\left. + {}_nC_{n-1}xh^{n-1} + {}_nC_nh^n - x^n\right]/h$$

$$= \lim_{h\to 0}[x^n + nx^{n-1}h + \frac{n(n-1)}{2!}x^{n-2}h^2 + \frac{n(n-1)(n-2)}{3!}x^{n-3}h^3 + \cdots$$

$$+ nxh^{n-1} + h^n - x^n]/h$$

$$= \lim_{h\to 0}\frac{nx^{n-1}h + \frac{n(n-1)}{2!}x^{n-2}h^2 + \frac{n(n-1)(n-2)}{3!}x^{n-3}h^3 + \cdots + nxh^{n-1} + h^n}{h}$$

$$= \lim_{h\to 0}\left[nx^{n-1} + \frac{n(n-1)}{2!}x^{n-2}h + \frac{n(n-1)(n-2)}{3!}x^{n-3}h^2 + \cdots + nxh^{n-2} + h^{n-1}\right]$$

$$= nx^{n-1} + 0 + 0 + 0 + \cdots + 0$$

$$= nx^{n-1}$$

실제로 n이 임의의 실수일 때도 거듭제곱공식이 성립한다.

예제 3.8

다음 함수의 도함수를 구하여라.

(1) $y=x^3$ (2) $y=\dfrac{1}{x^4}$ (3) $y=x^{\frac{2}{3}}$

풀이

(1) $y=x^3$

$y'=3x^2$

(2) $y=\dfrac{1}{x^4}$

$y'=-4x^{-5}$

(3) $y=x^{\frac{2}{3}}$

$y'=\dfrac{2}{3}x^{-\frac{1}{3}}$

예제 3.9

다음을 구하여라.

(1) $\dfrac{d}{dx}\left(x^{\sqrt{2}}\right)$ (2) $\dfrac{d}{dx}\left(x^{10}\right)$ (3) $\dfrac{d}{dx}\left(x^{-\frac{4}{3}}\right)$

풀이

(1) $\dfrac{d}{dx}\left(x^{\sqrt{2}}\right)=\sqrt{2}\,x^{\sqrt{2}-1}$

(2) $\dfrac{d}{dx}\left(x^{10}\right)=10x^9$

(3) $\dfrac{d}{dx}\left(x^{-\frac{4}{3}}\right)=-\dfrac{4}{3}x^{-\frac{7}{3}}$

상수함수 $f(x)=c$는 기울기가 0인 수평직선이므로 $f'(x)=0$이다.

- $\dfrac{d}{dx}(c)=0$

증명 $y' = \lim_{h \to 0} \frac{c-c}{h} = 0$

예제 3.10

다음을 구하여라.

$$\frac{d}{dx}(7)$$

풀이

$\frac{d}{dx}(7) = 0$

c가 상수, f가 미분 가능한 함수라 할 때 다음이 성립한다.

- $\frac{d}{dx}(cf(x)) = cf'(x)$

증명

$$y' = \lim_{h \to 0} \frac{cf(x+h) - cf(x)}{h}$$

$$= c\lim_{h \to 0} \frac{f(x+h) - f(x)}{h} = cf'(x)$$

예제 3.11

다음을 구하여라.

(1) $\frac{d}{dx}(3x^2)$

(2) $\frac{d}{dx}\left(-4x^{-\frac{1}{2}}\right)$

풀이

(1) $\frac{d}{dx}(3x^2)=6x$

(2) $\frac{d}{dx}\left(-4x^{-\frac{1}{2}}\right)=2x^{-\frac{3}{2}}$

f와 g가 미분 가능한 함수라 할 때, 다음이 성립한다.

- $\frac{d}{dx}(f(x)\pm g(x))=\frac{d}{dx}f(x)\pm\frac{d}{dx}g(x)=f'(x)\pm g'(x)$

증명

$$
\begin{aligned}
y=f(x)\pm g(x),\ y'&=\lim_{h\to 0}\frac{[f(x+h)\pm g(x+h)]-[f(x)\pm g(x)]}{h}\\
&=\lim_{h\to 0}\frac{[f(x+h)-f(x)]\pm[g(x+h)-g(x)]}{h}\\
&=\lim_{h\to 0}\frac{f(x+h)-f(x)}{h}\pm\lim_{h\to 0}\frac{g(x+h)-g(x)}{h}\\
&=f'(x)\pm g'(x)
\end{aligned}
$$

예제 3.12

다음을 구하여라.

(1) $\frac{d}{dx}\left(x^3-\frac{4}{3}x^2-5x\right)$

(2) $\frac{d}{dx}(3x^3-6x^{\frac{1}{2}}+4)$

풀이

(1) $\frac{d}{dx}\left(x^3-\frac{4}{3}x^2-5x\right)=3x^2-\frac{8}{3}x-5$

(2) $\frac{d}{dx}\left(3x^3-6x^{\frac{1}{2}}+4\right)=9x^2-3x^{-\frac{1}{2}}$

$$=9x^2-\frac{3}{\sqrt{x}}$$

예제 3.13

다음을 각각 구하여라.

(1) 곡선 $y = x^3 - 3x - 2$의 수평접선을 구하고, 그 점에서 수직인 직선의 방정식을 구하여라.

(2) 곡선 $y = \frac{1}{3}x^3 - \frac{3}{2}x^2 + 1$에 접하고 직선 $8x - 2y = 1$에 평행한 직선의 방정식을 구하여라.

풀이

(1) $y = x^3 - 3x - 2 \Rightarrow y' = 3x^2 - 3.\ m = y' = 0$

$\Rightarrow 0 = 3x^2 - 3 \Rightarrow 3x^2 = 3 \Rightarrow x = \pm 1$

$x = -1,\ y = 0 \Rightarrow$ 접선 $\quad y = 0$

$(-1,0)$에서 수직인 직선 $\quad x = -1$

$x = 1,\ y = -4 \Rightarrow$ 접선 $\quad y = -4$

$(1,-4)$에서 수직인 직선 $\quad x = 1$

(2) $8x - 2y = 1 \Rightarrow y = 4x - \frac{1}{2} \Rightarrow m = 4;$

$g(x) = \frac{1}{3}x^3 - \frac{3}{2}x^2 + 1$

$\Rightarrow g'(x) = x^2 - 3x;\ x^2 - 3x = 4$

$\Rightarrow x = 4$ 또는 $x = -1$

$\Rightarrow g(4) = \frac{1}{3}(4)^3 - \frac{3}{2}(4)^2 + 1 = -\frac{5}{3}$

$g(-1) = \frac{1}{3}(-1)^3 - \frac{3}{2}(-1)^2 + 1 = -\frac{5}{6}$

$\Rightarrow \left(4, -\frac{5}{3}\right)$ 또는 $\left(-1, -\frac{5}{6}\right)$

$y + \frac{5}{3} = 4(x - 4)$

$y + \frac{5}{6} = 4(x + 1)$

연습문제 3.3

1. 다음 함수의 도함수를 구하여라.

(1) $y=8$ (2) $y=k$ (k :상수)

(3) $y=-5x^4$ (4) $y=\sqrt[5]{x^4}$

(5) $y=-\dfrac{2}{x^3}$ (6) $y=\dfrac{2}{\sqrt{x}}$

2. 다음 함수의 도함수를 구하여라.

(1) $y=3x^2-5x+2$ (2) $y=5x^3-2\sqrt{x}$

(3) $y=1+\dfrac{1}{x}+\dfrac{2}{x^2}$ (4) $y=2\left(\sqrt{x}+\dfrac{1}{x}\right)$

(5) $y=-2x^{-1}+\dfrac{4}{x^2}$ (6) $y=\dfrac{12}{x}-\dfrac{4}{x^3}+\dfrac{1}{x^4}$

3. 다음 함수의 도함수를 구하여라.

(1) $y=\dfrac{x^2+5x-1}{x^2}$ (2) $y=\dfrac{2x^3-3x\sqrt{x}-1}{\sqrt{x}}$

(3) $y=\dfrac{3x^{-3}+2x^{-1}-1}{x^{-2}}$ (4) $f(x)=6x^{\frac{2}{3}}(2x-1)$

(5) $f(x)=\sqrt{x^3}(x-3x^2)$

4. 주어진 점에서 접선의 방정식을 구하여라.

(1) $y=4-x^2$, $(-1,3)$ (2) $y=\dfrac{x}{x-2}$, $(3,3)$

(3) $f(x)=4\sqrt{x}-\dfrac{1}{x}$, $x=1$ (4) $g(x)=\dfrac{8}{x^2}+\dfrac{2}{\sqrt{x}}$, $x=4$

5. 다음을 각각 구하여라.

(1) 곡선 $y=ax^2+bx+c$는 점$(1,2)$를 지나고 원점에서 직선 $y=x$와 접한다. a, b, c를 구하여라.

(2) 곡선 $y=x^2+ax+b$와 $y=cx-x^2$ 은 점$(1,0)$에 공통접선을 갖는다. a, b, c를 구하여라.

6. 함수 $f(x)$가 미분 가능하도록 a, b의 값을 구하여라.

(1) $f(x)=\begin{cases} ax, & x<0 \\ x^2-3x, & x \ge 0 \end{cases}$

(2) $f(x)=\begin{cases} ax+b, & x>-1 \\ bx^2-3, & x \le -1 \end{cases}$

(3) $f(x)=\begin{cases} 4\sqrt{x}, & x \le 4 \\ ax^2-bx, & x>4 \end{cases}$

(4) $f(x)=\begin{cases} ax+b, & x \le -1 \\ ax^3+x+2b, & x>-1 \end{cases}$

3.4 곱의 법칙

$f(x)$와 $g(x)$가 x에 관해 미분 가능한 함수라면, 그들의 곱 $f(x)\cdot g(x)$도 미분 가능하고, 다음 식과 같다.

$$\frac{d}{dx}(f(x)\cdot g(x)) = f'(x)g(x) + f(x)g'(x)$$

증명

$$\begin{aligned}
&\frac{d}{dx}(f(x)\cdot g(x)) \\
&= \lim_{h\to 0}\frac{f(x+h)g(x+h)-f(x)g(x)}{h} \\
&= \lim_{h\to 0}\frac{[f(x+h)g(x+h)-f(x)g(x+h)]+[f(x)g(x+h)-f(x)g(x)]}{h} \\
&= \lim_{h\to 0}\frac{[f(x+h)-f(x)]g(x+h)+f(x)[g(x+h)-g(x)]}{h} \\
&= \lim_{h\to 0}\frac{[f(x+h)-f(x)]g(x+h)}{h}+\lim_{h\to 0}\frac{f(x)[g(x+h)-g(x)]}{h} \\
&= \lim_{h\to 0}\frac{[f(x+h)-f(x)]}{h}\cdot\lim_{h\to 0}g(x+h)+\lim_{h\to 0}f(x)\cdot\lim_{h\to 0}\frac{[g(x+h)-g(x)]}{h} \\
&= f'(x)g(x)+f(x)g'(x)
\end{aligned}$$

예제 3.14

다음 함수의 도함수를 구하여라.

(1) $y = (x^2-2)(3x^2-2x)$

(2) $y = (3-2x)\sqrt{x}$

풀이

(1) $$\begin{aligned} y' &= 2x(3x^2-2x)+(x^2-2)(6x-2) \\ &= 6x^3-4x^2+6x^3-2x^2-12x+4 \\ &= 12x^3-6x^2-12x+4 \end{aligned}$$

(2) $$\begin{aligned} y' &= -2\sqrt{x}+(3-2x)\frac{1}{2\sqrt{x}} \\ &= \frac{-4x+3-2x}{2\sqrt{x}} = \frac{3-6x}{2\sqrt{x}} \end{aligned}$$

예제 3.15

함수 $y=(x^2-2)(x^2-3x-1)$의 $x=-1$에서 접선의 방정식은?

풀이

$f(-1)=(1-2)(1+3-1)=-3$

$\Rightarrow \therefore (-1,-3)$

$y'=(2x)(x^2-3x-1)+(x^2-2)(2x-3)$

$f'(-1)=-2(1+3-1)+(1-2)(-2-3)$

$=-2(3)+(-1)(-5)=-1$

$\therefore y+3=-(x+1)$

연습문제 3.4

1. 다음 함수의 도함수를 구하여라.

(1) $y=(3-x^2)(x^3-x+1)$　　(2) $y=(1+x^2)(x^{\frac{3}{4}}+x^{-3})$

2. 함수 $y=(x-2\sqrt{x})(x^2-6x+2)$ 의 $x=4$에서 접선의 방정식을 구하여라.

3. u와 v가 $x=0$에서 미분 가능한 x의 함수들이고 $u(0)=5$, $u'(0)=-3$, $v(0)=-1$, $v'(0)=2$이다. $x=0$에서 다음 도함수들의 값을 구하여라.

(1) $\dfrac{d}{dx}(uv)$　　(2) $\dfrac{d}{dx}\left(\dfrac{u}{v}\right)$

(3) $\dfrac{d}{dx}\left(\dfrac{v}{u}\right)$　　(4) $\dfrac{d}{dx}(7v-2u)$

3.5 나눗셈의 법칙

$f(x)$와 $g(x)$가 미분 가능하고 $g(x) \neq 0$이라면, $\dfrac{f(x)}{g(x)}$는 미분 가능하고 다음 식이 성립한다.

$$\frac{d}{dx}\left(\frac{f(x)}{g(x)}\right) = \frac{f'(x)g(x) - f(x)g'(x)}{g^2(x)}$$

증명

$$\frac{d}{dx}\left(\frac{f(x)}{g(x)}\right) = \lim_{h\to 0}\frac{\dfrac{f(x+h)}{g(x+h)} - \dfrac{f(x)}{g(x)}}{h}$$

$$= \lim_{h\to 0}\frac{\left[\dfrac{f(x+h)}{g(x+h)} - \dfrac{f(x)}{g(x)}\right]\cdot g(x+h)g(x)}{h\cdot g(x+h)g(x)}$$

$$= \lim_{h\to 0}\frac{f(x+h)g(x) - f(x)g(x+h)}{hg(x+h)g(x)}$$

$$= \lim_{h\to 0}\frac{[f(x+h)g(x) - f(x)g(x)] + [f(x)g(x) - f(x)g(x+h)]}{hg(x+h)g(x)}$$

$$= \lim_{h\to 0}\frac{[f(x+h)g(x) - f(x)g(x)] - [f(x)g(x+h) - f(x)g(x)]}{hg(x+h)g(x)}$$

$$= \lim_{h\to 0}\frac{[f(x+h) - f(x)]g(x) - f(x)[g(x+h) - g(x)]}{hg(x+h)g(x)}$$

$$= \lim_{h\to 0}\frac{[f(x+h) - f(x)]g(x)}{hg(x+h)g(x)} - \lim_{h\to 0}\frac{f(x)[g(x+h) - g(x)]}{hg(x+h)g(x)}$$

$$= \lim_{h\to 0}\frac{[f(x+h) - f(x)]}{h}\cdot\lim_{h\to 0}\frac{g(x)}{g(x+h)g(x)}$$

$$- \lim_{h\to 0}\frac{f(x)}{g(x+h)g(x)}\cdot\lim_{h\to 0}\frac{[g(x+h) - g(x)]}{h}$$

$$= \frac{f'(x)g(x)}{g(x)g(x)} - \frac{f(x)g'(x)}{g(x)g(x)} = \frac{f'(x)g(x) - f(x)g'(x)}{g^2(x)}$$

예제 3.16

$y=\dfrac{2x}{x+1}$ 의 도함수를 구하여라.

풀이

$$y'=\frac{2(x+1)-2x\circ 1}{(x+1)^2}=\frac{2x+2-2x}{(x+1)^2}=\frac{2}{(x+1)^2}$$

예제 3.17

곡선 $y=\dfrac{4x}{x^2+1}$ 가 수평접선을 갖는 점을 구하여라.

풀이

$$y'=\frac{4(x^2+1)-4x\cdot 2x}{(x^2+1)^2}=\frac{4x^2+4-8x^2}{(x^2+1)^2}=\frac{4-4x^2}{(x^2+1)^2}$$

$y'=0 \Rightarrow 4-4x^2=0$

$x^2=1$

$x=\pm 1$

$f(1)=\dfrac{4}{1+1}=2,\ f(-1)=\dfrac{-4}{1+1}=-2$

$\therefore\ (1,2),(-1,-2)$

연습문제 3.5

1. 다음 함수들의 도함수를 구하여라.

(1) $y=\dfrac{2x+5}{3x-2}$ (2) $y=\dfrac{4-3x}{3x^2+x}$

(3) $y=\dfrac{(x+1)(x+2)}{(x-1)(x-2)}$ (4) $y=\dfrac{\sqrt{x}-1}{\sqrt{x}+1}$

2. 다음을 각각 구하여라.

(1) 곡선 $y=\dfrac{1+x}{2x-1}$ 위의 점$(1,2)$에서 접선을 구하여라.

(2) 곡선 $y=\dfrac{x}{\sqrt{x}-3}$ 위의 점$(4,-4)$에서 법선을 구하여라.

3. 함수 f, g, f', g'의 값이 다음 표와 같다.

x	$f(x)$	$g(x)$	$f'(x)$	$g'(x)$
2	8	2	1/3	−3
3	3	−4	2π	5

주어진 x에 대하여 미분계수를 구하여라.

(1) $2f(x),\ x=2$ (2) $f(x)+g(x),\ x=3$

(3) $f(x)\cdot g(x),\ x=3$ (4) $f(x)/g(x),\ x=2$

3.6 연쇄법칙

$f(u)$가 점$u=g(x)$에서 미분 가능하고, $g(x)$가 x에서 미분 가능하면, 합성함수 $(f\circ g)(x)=f(g(x))$는 x에서 미분 가능하고,

$$(f\circ g)'(x)=f'(g(x))\cdot g'(x)$$

이다. $y=f(u)$이고 $u=g(x)$라면, 라이프니츠(Leibniz) 기호로

$$\frac{dy}{dx}=\frac{dy}{du}\cdot\frac{du}{dx}$$

이다.

예제 3.18

도함수를 구하여라.

(1) $y=(x^3-4x+1)^{10}$

(2) $y=3x^2\sqrt{x^2+1}$

풀이

(1) $y'=10(x^3-4x+1)^9(3x^2-4)$

(2) $y'=6x\sqrt{x^2+1}+3x^2\cdot\frac{1}{2\sqrt{x^2+1}}\cdot 2x$

$$=6x\sqrt{x^2+1}+\frac{3x^3}{\sqrt{x^2+1}}$$

$$=\frac{6x(x^2+1)+3x^3}{\sqrt{x^2+1}}=\frac{9x^3+6x}{\sqrt{x^2+1}}$$

예제 3.19

곡선 $y=\left(\frac{x-1}{x+1}\right)^2$ 위의 점 $(0,1)$에서 접선의 방정식은?

풀이

$$y=\left(\frac{x-1}{x+1}\right)^2,\ x=0 \Rightarrow y=\left(\frac{0-1}{0+1}\right)^2=(-1)^2=1$$

$$y'=2\left(\frac{x-1}{x+1}\right)\cdot\frac{(x+1)\cdot 1-(x-1)\cdot 1}{(x+1)^2}$$

$$=2\left(\frac{x-1}{x+1}\right)\frac{2}{(x+1)^2}=\frac{4(x-1)}{(x+1)^3}$$

$$y'|_{x=0}=\frac{4(0-1)}{(0+1)^3}=\frac{-4}{1^3}=-4$$

$$\Rightarrow y-1=-4(x-0)$$

$$\Rightarrow y=-4x+1$$

예제 3.20

다음 함수를 미분하여라.

(1) $y=3x^2f(g(\sqrt{x}))$

(2) $y=3[f(x^2)+2x]^4$

풀이

(1) $y'=6x\cdot f(g(\sqrt{x}))+3x^2\cdot f'(g(\sqrt{x}))\cdot g'(\sqrt{x})\cdot\frac{1}{2\sqrt{x}}$

$=6xf(g(\sqrt{x}))+\frac{3}{2}x^{3/2}f'(g(\sqrt{x}))g'(\sqrt{x})$

(2) $y'=12[f(x^2)+2x]^3\cdot[f'(x^2)\cdot 2x+2]$

$=24[f(x^2)+2x]^3[xf'(x^2)+1]$

연습문제 3.6

1. 다음 함수들을 미분하여라.

(1) $y=(4-3x)^9$

(2) $y=(3x^2-\sqrt{x})^4$

(3) $y=\left(\dfrac{x^2}{8}+x-\dfrac{1}{x}\right)^4$

(4) $y=\sqrt[3]{2x-x^2}$

2. 도함수를 구하여라.

(1) $y=\dfrac{1}{(2-3x)^4}$

(2) $y=(2x+1)^3(3x-4)^5$

(3) $y=(2-5x)^4(3x^2+1)^3$

(4) $y=\dfrac{(x+1)^2}{(2x+1)^3}$

3. 다음 함수를 미분하여라.

(1) $y=[f(x)]^3$

(2) $y=f(x^3)$

(3) $y=[f(x^3)]^3$

(4) $y=\sqrt{f(x)-3x}$

(5) $y=\dfrac{1}{\sqrt{f(x)}}$

4. 다음 함수의 도함수를 구하여라.

(1) $y=\sqrt{x^2-4x}$

(2) $y=\dfrac{1-2x}{\sqrt{4x+1}}$

(3) $y=\dfrac{\sqrt{x^2+1}}{x-1}$

(4) $y=\left(\dfrac{x+2}{2x-1}\right)^5$

(5) $y=\left(\dfrac{\sqrt{x}-1}{\sqrt{x}+1}\right)^4$

연습문제 3.6

5. 곡선 $y=\sqrt{x^2-x+7}$ 위의 점$(2,3)$에서 접선의 방정식을 구하여라.

6. 함수 f와 g와 x에 관한 그들의 도함수가 $x=0$과 $x=1$에서 다음 값들을 갖는다고 하자.

x	$f(x)$	$g(x)$	$f'(x)$	$g'(x)$
0	1	1	5	1/3
1	3	–4	–1/3	–8/3

다음 식에서 주어진 x값에 관한 도함수를 구하여라.

(1) $5f(x)-g(x),\ x=1$

(2) $f(x)g^3(x),\ x=0$

(3) $\dfrac{f(x)}{g(x)+1},\ x=1$

(4) $f(g(x)),\ x=0$

(5) $g(f(x)),\ x=0$

(6) $(x^{11}+f(x))^{-2},\ x=1$

(7) $f(x+g(x)),\ x=0$

3.7 음함수의 미분법

지금까지 우리가 다루었던 대부분의 함수는 y가 변수 x에 관한 식으로 표현되는 $y=f(x)$의 꼴이었고, 이러한 함수들의 미분법에 대해서 배웠다.

여기서는 다음과 같은 형태의 방정식으로 주어지는 경우에 대해서 미분법을 생각해 보자.

$$x^3+y^3-9xy=0, \quad y^2-x=0, \text{ 또는 } x^2+y^2-25=0$$

이와 같은 방정식들을 변수 x와 y의 음함수(implicit function)라고 부른다. 이렇게 정의 되는 음함수 중에서는 y가 x의 하나 또는 2개 이상의 구체적인 식으로 표현되는 것들도 있을 수 있다. 식 $F(x,y)=0$을 보통의 방법으로 미분할 수 있는 $y=f(x)$의 꼴로 표현할 수 없는 경우라고 해도 우리는 음함수의 미분법(implicit differentiation)을 이용하여 dy/dx를 구할 수 있다. 이는 양변을 각각 x에 대하여 미분한 다음 그 결과를 y'에 대하여 정리하는 단계를 거쳐서 구할 수 있다.

예제 3.21

다음 각 경우에 $\frac{dy}{dx}$를 구하여라.

(1) $xy=2y^3+x$

(2) $x^{\frac{2}{3}}+y^{\frac{2}{3}}=1$ (astroid)

풀이

(1) $\frac{d}{dx}(xy)=\frac{d}{dx}(2y^3+x)$

$1\cdot y+x\cdot y'=6y^2y'+1$

$y+xy'=6y^2y'+1$

$xy'-6y^2y'=1-y$

$(x-6y^2)y'=1-y$

$\therefore \frac{dy}{dx}=\frac{1-y}{x-6y^2}$

(2) $\frac{d}{dx}(x^{\frac{2}{3}}+y^{\frac{2}{3}})=\frac{d}{dx}(1)$

$\frac{2}{3}x^{-\frac{1}{3}}+\frac{2}{3}y^{-\frac{1}{3}}\cdot y'=0$

$y'=\frac{-x^{-\frac{1}{3}}}{y^{-\frac{1}{3}}}=-\frac{y^{\frac{1}{3}}}{x^{\frac{1}{3}}}$

$\therefore \frac{dy}{dx}=-\frac{\sqrt[3]{y}}{\sqrt[3]{x}}$

예제 3.22

각 곡선에 대해 주어진 점에서 접선의 기울기를 구하여라.

(1) $x^2 + xy - y^2 = 1$, $(2,3)$　　　(2) $\sqrt{4x - y^2} - 4\sqrt{xy} = -6$, $(2,2)$

풀이

(1) $x^2 + xy - y^2 = 1 \Rightarrow 2x + y + xy' - 2yy' = 0$

$$\Rightarrow (x-2y)y' = -2x - y \Rightarrow y' = \frac{2x+y}{2y-x} \Rightarrow y'|_{(2,3)} = \frac{7}{4}$$

(2) $\dfrac{1}{2\sqrt{4x-y^2}}(4-2yy') - 4 \cdot \dfrac{1}{2\sqrt{xy}}(y+xy') = 0$

$$\frac{1}{4}(4-4y') - 4 \cdot \frac{1}{4}(2+2y') = 0 \Rightarrow 1 - y' - 2 - 2y' = 0$$

$$\Rightarrow -1 - 3y' = 0 \Rightarrow y' = -\frac{1}{3}$$

$$\therefore \left.\frac{dy}{dx}\right|_{(2,2)} = -\frac{1}{3}$$

연습문제 3.7

1. 다음 각 경우에 $\dfrac{dy}{dx}$를 구하여라.

(1) $x^3 + y^3 = 16$

(2) $x^2 - xy + y^2 = 6$ (ellipse)

(3) $x^3 + y^3 = 18xy$

(4) $2\sqrt{y} = x - y$

(5) $x^2y^3 - x^3y^2 = -5$

2. 각 곡선에 대해 주어진 점에서 접선의 기울기를 구하여라.

(1) $(x^2 + y^2)^2 = (x - y)^2$, $(1, -1)$

(2) $x = y^2\sqrt{y-1}$, $(4, 2)$

3. 다음을 각각 구하여라.

(1) 곡선 $x^3 + y^3 - 9xy = 0$ 위의 점 $(4, 2)$에서 접선의 방정식을 구하여라.

(2) 곡선 $xy^2 - x^2y = 16$에서 수평접선이 되는 좌표는?

(3) 곡선 $x^2y - xy^3 = 6$에서 접선이 수직이 되는 좌표는?

3.8 고계 도함수

도함수를 알고 있으면 도함수의 도함수를 계산할 수 있다. 다음은 f의 n계 도함수까지 흔히 쓰이는 기호를 나타낸 것이다.

- 1계 도함수 : $y' = \dfrac{dy}{dx}$
- 2계 도함수 : $y'' = \dfrac{dy'}{dx} = \dfrac{d}{dx}\left(\dfrac{dy}{dx}\right) = \dfrac{d^2y}{dx^2}$
- 3계 도함수 : $y''' = \dfrac{dy''}{dx} = \dfrac{d}{dx}\left(\dfrac{d^2y}{dx^2}\right) = \dfrac{d^3y}{dx^3}$
- 4계 도함수 : $y^{(4)} = \dfrac{dy'''}{dx} = \dfrac{d}{dx}\left(\dfrac{d^3y}{dx^3}\right) = \dfrac{d^4y}{dx^4}$
- 5계 도함수 : $y^{(5)} = \dfrac{dy^{(4)}}{dx} = \dfrac{d}{dx}\left(\dfrac{d^4y}{dx^4}\right) = \dfrac{d^5y}{dx^5}$

$\vdots \qquad\qquad \vdots$

- n계 도함수 : $y^{(n)} = \dfrac{dy^{(n-1)}}{dx} = \dfrac{d}{dx}\left(\dfrac{d^{n-1}y}{dx^{n-1}}\right) = \dfrac{d^ny}{dx^n}$

예제 3.23

$y = \dfrac{1}{4}x^4 - \dfrac{2}{3}x^3 + x^2 - 6x + 2$의 $y^{(k)}\ (1 \le k \le 6)$를 구하여라.

풀이

$y' = x^3 - 2x^2 - 2x - 6$

$y'' = 3x^2 - 4x - 2$

$y''' = 6x - 4$

$y^{(4)} = 6$

$y^{(5)} = 0$

$y^{(6)} = 0$

예제 3.24

다음을 각각 구하여라.

(1) $y=\frac{1}{\sqrt{1-2x}}$, $\left.\frac{d^2y}{dx^2}\right|_{x=0}$　　　(2) $\left.\frac{d^3}{dx^3}(x^n-1)\right|_{x=1}$

풀이

(1) $y=(1-2x)^{-\frac{1}{2}}$

$y'=-\frac{1}{2}(1-2x)^{-\frac{3}{2}}\cdot(-2)=(1-2x)^{-\frac{3}{2}}$

$y''=-\frac{3}{2}(1-2x)^{-\frac{5}{2}}\cdot(-2)=\frac{3}{(1-2x)^{5/2}}$

$y''|_{x=0}=3$

(2) $y=x^n-1$

$y'=nx^{n-1}$

$y''=n(n-1)x^{n-2}$

$y'''=n(n-1)(n-2)x^{n-3}$

$y'''|_{x=1}=n(n-1)(n-2)$

연습문제 3.8

1. 다음 함수의 2계 도함수를 구하여라.

(1) $y = \dfrac{1}{2x-1}$ (2) $y = (x^2 - 2x)^6$

(3) $y = \sqrt{x^2+2}$ (4) $x^2 - y^2 = 4$

2. 다음을 각각 구하여라.

(1) $f(x) = \dfrac{3x-2}{2x+3}$, $f''(-2)$ (2) $g(x) = (3-2x^2)^5$, $g''(1)$

3. 다음을 각각 구하여라.

(1) $G(x) = xf(x^2)$, $\dfrac{d^2G(x)}{dx^2}$은?

(2) $f(2) = -1, f'(2) = -2$, $f''(2) = 3$. $F(x) = [f(x)]^2$, $F''(2)$는?

(3) $f(1) = 2, f'(1) = 3$, $f''(1) = -2$. $\dfrac{d^2}{dx^2}[f(x^3)]_{x=1}$는?

3.9 삼각함수의 미분

사인, 코사인함수의 도함수와 몫의 법칙을 사용하여 다음 삼각함수의 도함수를 구할 수 있다.

$$\frac{d}{dx}(\sin x) = \cos x \qquad \frac{d}{dx}(\cos x) = -\sin x$$

$$\frac{d}{dx}(\tan x) = \sec^2 x \qquad \frac{d}{dx}(\cot x) = -\csc^2 x$$

$$\frac{d}{dx}(\sec x) = \sec x \tan x \qquad \frac{d}{dx}(\csc x) = -\csc x \cot x$$

증명

(1) $f(x) = \sin x$

$$\begin{aligned} f'(x) &= \lim_{h\to 0}\frac{f(x+h)-f(x)}{h} = \lim_{h\to 0}\frac{\sin(x+h)-\sin x}{h} \\ &= \lim_{h\to 0}\frac{[\sin x\cosh + \cos x \sinh] - \sin x}{h} \\ &= \lim_{h\to 0}\frac{\sin x(\cos h - 1)}{h} + \lim_{h\to 0}\frac{\cos x \sinh}{h} \\ &= \lim_{h\to 0}\sin x \cdot \lim_{h\to 0}\frac{\cos h - 1}{h} + \lim_{h\to 0}\cos x \cdot \lim_{h\to 0}\frac{\sin h}{h} \\ &= \sin x \cdot 0 + \cos x \cdot 1 = \cos x \end{aligned}$$

(2) $f(x) = \cos x$

$$\begin{aligned} f'(x) &= \lim_{h\to 0}\frac{f(x+h)-f(x)}{h} = \lim_{h\to 0}\frac{\cos(x+h)-\cos x}{h} \\ &= \lim_{h\to 0}\frac{[\cos x\cosh - \sin x \sinh] - \cos x}{h} \\ &= \lim_{h\to 0}\frac{\cos x(\cos h - 1)}{h} - \lim_{h\to 0}\frac{\sin x \sin h}{h} \\ &= \lim_{h\to 0}\cos x \cdot \lim_{h\to 0}\frac{\cos h - 1}{h} - \lim_{h\to 0}\sin x \cdot \lim_{h\to 0}\frac{\sin h}{h} \\ &= \cos x \cdot 0 - \sin x \cdot 1 = -\sin x \end{aligned}$$

(3) $f(x)=\tan x$

$$f'(x)=\frac{d}{dx}(\tan x)=\frac{d}{dx}\left(\frac{\sin x}{\cos x}\right)=\frac{(\sin x)'\cos x-\sin x(\cos x)'}{(\cos x)^2}$$

$$=\frac{\cos x\cos x-\sin x(-\sin x)}{(\cos x)^2}$$

$$=\frac{\cos^2 x+\sin^2 x}{\cos^2 x}=\frac{1}{\cos^2 x}=\sec^2 x$$

(4) $f(x)=\cot x$

$$f'(x)=\frac{d}{dx}(\cot x)=\frac{d}{dx}\left(\frac{\cos x}{\sin x}\right)=\frac{(\cos x)'\sin x-\cos x(\sin x)'}{(\sin x)^2}$$

$$=\frac{(-\sin x)\sin x-\cos x(\cos x)}{(\sin x)^2}$$

$$=\frac{-\sin^2 x-\cos^2 x}{\sin^2 x}=\frac{-1}{\sin^2 x}=-\csc^2 x$$

(5) $f(x)=\sec x$

$$f'(x)=\frac{d}{dx}(\sec x)=\frac{d}{dx}\left(\frac{1}{\cos x}\right)=\frac{(1)'\cos x-1(\cos x)'}{(\cos x)^2}=\frac{0-(-\sin x)}{(\cos x)^2}$$

$$=\frac{\sin x}{\cos^2 x}=\frac{1}{\cos x}\frac{\sin x}{\cos x}=\sec x\tan x$$

(6) $f(x)=\csc x$

$$f'(x)=\frac{d}{dx}(\csc x)=\frac{d}{dx}\left(\frac{1}{\sin x}\right)=\frac{(1)'\sin x-1(\sin x)'}{(\sin x)^2}=\frac{0-(\cos x)}{(\sin x)^2}$$

$$=\frac{-\cos x}{\sin^2 x}=\frac{-1}{\sin x}\frac{\cos x}{\sin x}=-\csc x\cot x$$

예제 3.25

다음을 구하여라.

(1) $\dfrac{d}{dx}(\cos(x^2+1))$ (2) $\dfrac{d}{dx}(\sin\sqrt{x^2+1})$

풀이

(1) $\dfrac{d}{dx}(\cos(x^2+1)) = -\sin(x^2+1)\cdot 2x = -2x\sin(x^2+1)$

(2) $\dfrac{d}{dx}(\sin\sqrt{x^2+1}) = \cos(\sqrt{x^2+1})\cdot\dfrac{1}{2\sqrt{x^2+1}}\cdot 2x = \dfrac{x\cos(\sqrt{x^2+1})}{\sqrt{x^2+1}}$

예제 3.26

$\dfrac{dy}{dx}$ 를 구하여라.

(1) $\cos(x+y)+\sin(x-y)=1$ (2) $x^2+y^2=\sec(xy)$

풀이

(1) $-\sin(x+y)\cdot(1+y')+\cos(x-y)\cdot(1-y')=0$

$-\sin(x+y)-y'\sin(x+y)+\cos(x-y)-y'\cos(x-y)=0$

$-\sin(x+y)+\cos(x-y)=y'\sin(x+y)+y'\cos(x-y)$

$-\sin(x+y)+\cos(x-y)=y'[\sin(x+y)+\cos(x-y)]$

$\therefore \dfrac{dy}{dx}=\dfrac{-\sin(x+y)+\cos(x-y)}{\sin(x+y)+\cos(x-y)}$

(2) $2x+2y\cdot y'=\sec(xy)\tan(xy)\cdot(y+xy')$

$2x+2yy'=y\sec(xy)\tan(xy)+xy'\sec(xy)\tan(xy)$

$y'[2y-x\sec(xy)\tan(xy)]=y\sec(xy)\tan(xy)-2x$

$\therefore \dfrac{dy}{dx}=\dfrac{y\sec(xy)\tan(xy)-2x}{2y-x\sec(xy)\tan(xy)}$

연습문제 3.9

1. 다음 삼각함수의 도함수를 구하여라.

(1) $y = \sin(3x+1)$

(2) $y = \cos(-3x+2)$

(3) $y = 2\sin\left(x^3 - \frac{1}{x}\right)$

(4) $y = \cos(\sin x)$

(5) $y = \tan(10x-5)$

(6) $y = \cot(3x^2+2x)$

(7) $y = \sec\left(\frac{1}{2}x\right)$

(8) $y = -\frac{1}{5}csc(5x)$

(9) $y = \sec(\tan x)$

(10) $y = \sqrt{1+2\cot x}$

(11) $y = \cot\left(\pi - \frac{1}{x}\right)$

(12) $y = \sin(x^3-1)^4$

2. 다음 삼각함수의 도함수를 구하여라.

(1) $y = (1+\cos 2t)^{-4}$

(2) $y = \sin^3 x$

(3) $y = 3\cos^2(x^2)$

(4) $y = \tan x^3 + \tan^3 x$

(5) $y = 2\sec^3(\sqrt[3]{x})$

(6) $y = \sin^3(2x) + \cos^3(2x)$

(7) $y = \tan^2(\sin^3 t)$

3. 다음 삼각함수의 도함수를 구하여라.

(1) $y = x\sin x$

(2) $y = x^2\cos\frac{1}{x}$

(3) $y = 3x\sqrt{\csc x}$

(4) $y = \frac{\sin x}{1+\cos x}$

(5) $y = \sin 4x\cos^2 x$

(6) $y = \sec\sqrt{x}\tan\left(\frac{1}{x}\right)$

(7) $y = \frac{\cos^2 x}{\sin x}$

연습문제 3.9

4. $\dfrac{dy}{dx}$ 를 구하여라.

(1) $x\cos(2x+3y) = y\sin x$ (2) $x + \tan(xy) = 0$

5. 주어진 점에서 접선의 방정식을 구하여라.

(1) $2xy + \pi\sin y = 2\pi$, $\left(1, \dfrac{\pi}{2}\right)$ (2) $x\sin 2y = y\cos 2x$, $\left(\dfrac{\pi}{4}, \dfrac{\pi}{2}\right)$

3.10 지수함수의 미분

자연지수함수 $f(x)=e^x$의 도함수는 $f'(x)=e^x$로 자기 자신임을 알 수 있다. 다음과 같은 지수함수들의 도함수들을 구할 수 있다.

(1) $\frac{d}{dx}(e^x)=e^x$

(2) $\frac{d}{dx}(e^{f(x)})=e^{f(x)}\cdot f'(x)$

(3) $\frac{d}{dx}(a^x)=a^x\cdot \ln a\ (a\neq 1, a>0)$

(4) $\frac{d}{dx}(a^{f(x)})=a^{f(x)}\cdot f'(x)\cdot \ln a\ (a\neq 1, a>0)$

증명

(1) $f(x)=e^x$

$$f'(x)=\lim_{h\to 0}\frac{f(x+h)-f(x)}{h}=\lim_{h\to 0}\frac{e^{x+h}-e^x}{h}$$

$$=\lim_{h\to 0}e^x\cdot\frac{e^{h-1}}{h}=e^x\cdot\lim_{h\to 0}\frac{e^h-1}{h}$$

$$e^h-1=t \Rightarrow e^h=1+t$$
$$h=\ln(1+t)$$
$$h\to 0,\ t\to 0$$

$$f'(x)=e^x\cdot\lim_{h\to 0}\frac{e^h-1}{h}=e^x\cdot\lim_{h\to 0}\frac{t}{\ln(1+t)}=e^x\cdot\lim_{h\to 0}\frac{1}{\frac{1}{t}\ln(1+t)}$$

$$=e^x\cdot\lim_{t\to 0}\frac{1}{\ln(1+t)^{1/t}}=e^x\cdot\frac{1}{\ln e}=e^x\cdot 1=e^x$$

(2) $y = e^{f(x)}$

$y = e^{u},\ u = f(x)$

$\dfrac{dy}{du} = e^{u},\ \dfrac{du}{dx} = f'(x)$

$\dfrac{dy}{dx} = \dfrac{dy}{du} \cdot \dfrac{du}{dx} = e^{u} \cdot f'(x) = e^{f(x)} \cdot f'(x)$

(3) $y = a^{x} = (e^{\ln a})^{x} = e^{x\ln a}$ ($\ln a$:상수)

$y' = e^{x\ln a} \cdot \ln a = a^{x} \cdot \ln a$

(4) $y = a^{f(x)} = (e^{\ln a})^{f(x)} = e^{f(x)\ln a}$ ($\ln a$:상수)

$y' = e^{f(x)\ln a} \cdot f'(x)\ln a = a^{f(x)} \cdot f'(x)\ln a$

예제 3.27

다음을 각각 구하여라.

(1) $\dfrac{d}{dx}(e^{4x})$

(2) $\dfrac{d}{dx}(e^{-3x})$

(3) $\dfrac{d}{dx}(2^{x^2})$

(4) $\dfrac{d}{dx}\cos(e^{-x^2})$

풀이

(1) $\dfrac{d}{dx}(e^{4x}) = e^{4x} \cdot 4$

$= 4e^{4x}$

(2) $\dfrac{d}{dx}(e^{-3x}) = e^{-3x} \cdot (-3)$

$= -3e^{-3x}$

(3) $\dfrac{d}{dx}(2^{x^2}) = 2^{x^2} \cdot 2x \cdot \ln 2$

$= 2x(2)^{x^2}\ln 2$

(4) $\dfrac{d}{dx}\cos(e^{-x^2}) = -\sin(e^{-x^2})e^{-x^2}(-2x)$

$= 2x\sin(e^{-x^2})e^{-x^2}$

예제 3.28

주어진 점에서 접선의 방정식을 구하여라.

$$y = x^2 e^{\frac{1}{x}}, \ x = 1$$

풀이

$y = f(x)$라 하자.

$f(1) = e^1 \Rightarrow \therefore (1, e)$

$y' = 2xe^{\frac{1}{x}} + x^2 e^{\frac{1}{x}}\left(-\frac{1}{x^2}\right)$

$f'(1) = 2e + e^1 \cdot (-1) = e$

$\therefore y - e = e(x-1)$ (또는 $y = ex$)

연습문제 3.10

1. 다음 함수를 각각 미분하여라.

(1) $y = e^{5-7x}$

(2) $y = e^{\sec x}$

(3) $y = \cos\left(e^{-x^2}\right)$

(4) $y = 3^{-x^2}$

(5) $y = xe^{-x} + e^{3x}$

(6) $y = a^{\cos x}$

(7) $y = x^3 e^{2x}$

(8) $y = (9x^2 - 6x + 2)e^{x^3}$

(9) $y = \dfrac{e^{-2x}}{x}$

(10) $y = \left(e^{\sin\frac{x}{2}}\right)^3$

(11) $y = \pi^{x\cos x}$

(12) $y = \dfrac{e^{-x} + 1}{e^x - 1}$

(13) $e^{x^2 y} = 2x + 2y$

(14) $y = \sin(x^2 e^x)$

(15) $y = \dfrac{1}{\sqrt{4e^{-x} + 2}}$

(16) $e^{x+y} = 3x^2 y$

(17) $e^{2x} = \sin(x + 3y)$

2. 주어진 점에서 접선의 방정식을 구하여라.

$$y = \frac{e^{-x}}{\sqrt{x}}\ ,\ x = 1$$

3.11 로그함수의 미분

로그함수의 미분은 초월함수의 도함수가 대수함수가 되는 형태이다. 특히 자연로그 함수의 도함수가 대수함수 $\frac{d}{dx}(\ln x)=\frac{1}{x}$ 임을 알게 된다.

(1) $\frac{d}{dx}(\ln x)=\frac{1}{x}$

(2) $\frac{d}{dx}(\log_a x)=\frac{1}{x}\cdot\frac{1}{\ln a}$

(3) $\frac{d}{dx}(\ln f(x))=\frac{1}{f(x)}\cdot f'(x)$

(4) $\frac{d}{dx}(\log_a f(x))=\frac{1}{f(x)}\cdot f'(x)\cdot\frac{1}{\ln a}$

증명

(1) $f(x)=\ln x$

$$f'(x)=\lim_{h\to 0}\frac{f(x+h)-f(x)}{h}=\lim_{h\to 0}\frac{\ln(x+h)-\ln x}{h}=\lim_{h\to 0}\frac{\ln\left(\frac{x+h}{x}\right)}{h}$$

$$=\lim_{h\to 0}\frac{1}{h}\ln\left(\frac{x+h}{x}\right)=\lim_{h\to 0}\ln\left(1+\frac{h}{x}\right)^{\frac{1}{h}}$$

$$=\lim_{h\to 0}\ln\left[\left(\frac{x+h}{x}\right)^{\frac{x}{h}}\right]^{\frac{1}{x}}=\ln e^{\frac{1}{x}}=\frac{1}{x}\ln e=\frac{1}{x}$$

(2) $f(x)=\log_a x$

$f(x)=\log_a x=\frac{\ln x}{\ln a}$ ($\ln a$ 는 상수)

$$f'(x)=\frac{(\ln x)'}{\ln a}=\frac{\frac{1}{x}}{\ln a}=\frac{1}{x}\cdot\frac{1}{\ln a}$$

(3) $f(x)=\ln f(x)$

$y=\ln u$, $u=f(x)$

$$\frac{dy}{du}=\frac{1}{u},\ \frac{du}{dx}=f'(x)$$

$$\frac{dy}{dx}=\frac{dy}{du}\cdot\frac{du}{dx}=\frac{1}{u}\cdot f'(x)=\frac{1}{f(x)}\cdot f'(x)$$

(4) $f(x)=\log_a f(x)=\dfrac{\ln f(x)}{\ln a}$ ($\ln a$: 상수)

$$\frac{dy}{dx}=\frac{1}{f(x)}\cdot f'(x)\cdot\frac{1}{\ln a}$$

■ $y=\ln|f(x)|$

$f(x)>0,\ y=\ln|f(x)|=\ln f(x)$

$$y'=\frac{1}{f(x)}\cdot f'(x)$$

$f(x)<0,\ y=\ln|f(x)|=\ln(-f(x))$

$$y'=\frac{1}{-f(x)}\cdot(-f'(x))=\frac{1}{f(x)}\cdot f'(x)$$

$$\therefore \frac{d}{dx}(\ln|f(x)|)=\frac{1}{f(x)}\cdot f'(x)$$

예제 3.29

다음을 구하여라.

(1) $\dfrac{d}{dx}(\ln(x^2+1))$

(2) $\dfrac{d}{dx}(\ln(\ln(x^2+\sin x)))$

풀이

(1) $\dfrac{d}{dx}(\ln(x^2+1))=\dfrac{1}{x^2+1}\cdot 2x=\dfrac{2x}{x^2+1}$

(2) $\dfrac{d}{dx}(\ln(\ln(x^2+\sin x)))=\dfrac{1}{\ln(x^2+\sin x)}\cdot\dfrac{1}{x^2+\sin x}\cdot(2x+\cos x)$

$$=\frac{2x+\cos x}{(x^2+\sin x)\ln(x^2+\sin x)}$$

■ 로그 미분법

단계 1. 양변에 자연로그를 취한다.

단계 2. 로그성질을 이용하여 간단히 한다.

단계 3. 양변을 미분한다.

단계 4. y'을 구한다.

예제 3.30

$y = x^x$을 미분하여라.

풀이

단계 1. $\ln y = \ln x^x$

단계 2. $\ln y = x \ln x$

단계 3. $\dfrac{1}{y} \cdot y' = 1 \cdot \ln x + x \cdot \dfrac{1}{x}$

단계 4. $y' = y(\ln x + 1)$ 또는 $x^x(\ln x + 1)$

예제 3.31

다음을 구하여라.

(1) 곡선 $y = \dfrac{(x+1)^2}{x^3(x-2)}$ 위의 점$(1, -4)$에서 접선의 기울기를 구하여라.

(2) $y = \dfrac{\sqrt[4]{2x-1}\sqrt{x^2+1}}{\sqrt{x+1}\sqrt{5-x}}$ 위의 점$\left(1, \dfrac{1}{2}\right)$에서 접선의 기울기를 구하여라.

풀이

(1) $\ln y = \ln\left[\dfrac{(x+1)^2}{x^3(x-2)}\right]$

$\ln y = 2\ln(x+1) - 3\ln x - \ln(x-2)$

$\dfrac{1}{y}y' = 2 \cdot \dfrac{1}{x+1} - 3 \cdot \dfrac{1}{x} - \dfrac{1}{x-2}$

$y' = y\left(\dfrac{2}{x+1} - \dfrac{3}{x} - \dfrac{1}{x-2}\right)$

$x = 1\ ,\ y = \dfrac{(1+1)^2}{1(1-2)} = -4$

$f'(1) = -4\left(\dfrac{2}{2} - \dfrac{3}{1} - \dfrac{1}{-1}\right) = -4(1-3+1) = 4$

(2) $\ln y = \ln\left[\dfrac{\sqrt[4]{2x-1} \cdot \sqrt{x^2+1}}{\sqrt{x+1} \cdot \sqrt{5-x}}\right]$

$\ln y = \dfrac{1}{4}\ln(2x-1) + \dfrac{1}{2}\ln(x^2+1) - \dfrac{1}{2}\ln(x+1) - \dfrac{1}{2}(5-x)$

$\dfrac{1}{y} \cdot y' = \dfrac{1}{4} \cdot \dfrac{2}{2x-1} + \dfrac{1}{2} \cdot \dfrac{2x}{x^2+1} - \dfrac{1}{2} \cdot \dfrac{1}{x+1} - \dfrac{1}{2} \cdot \dfrac{-1}{5-x}$

$y' = y\left(\dfrac{1}{2(2x-1)} + \dfrac{x}{x^2+1} - \dfrac{1}{2(x+1)} + \dfrac{1}{2(5-x)}\right)$

$x = 1$일 때

$y = \dfrac{1 \cdot \sqrt{2}}{\sqrt{2} \cdot 2} = \dfrac{1}{2} \Rightarrow \therefore \left(1, \dfrac{1}{2}\right)$

$x = 1$일 때

$y' = \dfrac{1}{2}\left(\dfrac{1}{2} + \dfrac{1}{2} - \dfrac{1}{4} + \dfrac{1}{8}\right) = \dfrac{1}{2} \cdot \dfrac{7}{8} = \dfrac{7}{16}$

연습문제 3.11

1. 다음 함수를 미분하여라.

(1) $y = \ln 3x$

(2) $y = \ln(\ln x)$

(3) $y = \ln(\sin x)$

(4) $y = \ln(\tan x)$

(5) $y = (\ln x)^5$

(6) $y = \log_3(\sin x)$

(7) $y = \log_2 5x$

(8) $y = \ln|x\cos x|$

(9) $y = 3^{\log_2 x}$

(10) $y = x^2 \ln x$

(11) $y = x\sqrt{\ln x}$

(12) $y = \ln(\sec x + \tan x)$

(13) $y = \tan[\log(x^2+4)]$

(14) $y = (x^2 \ln x)^4$

(15) $y = \dfrac{\ln x}{x^2}$

(16) $\ln(xy) = x - y$

(17) $y + 1 = x\ln^3 y$

(18) $y = \ln(\sec(\ln x))$

2. 다음 함수들을 각각 미분하여라.

(1) $y = \ln((2x+1)^3(x^2+1)^4)$

(2) $y = \ln(3xe^{-x})$

(3) $y = \ln\left(\dfrac{(x^2+1)^5}{\sqrt{1-x}}\right)$

(4) $y = \ln\sqrt{\dfrac{(x+1)^5}{(x+2)^{20}}}$

(5) $y = \ln\left(\dfrac{\sqrt{\sin x\cos x}}{1+2\ln x}\right)$

(6) $y = \log_7\left(\dfrac{\sin x\cos x}{e^x 2^x}\right)$

연습문제 3.11

3. 로그 미분법을 이용하여 y의 도함수를 구하여라.

(1) $y = x^{\ln x}$

(2) $y = (\sin x)^x$

(3) $y = (x+1)^x$

(4) $y = (\sin x)^{\sin x}$

(5) $y = \sqrt{(x^2+1)(x-1)^2}$

(6) $y = (\ln x)^{\ln x}$

(7) $y = \dfrac{x\sqrt{x^2+1}}{(x+1)^{\frac{2}{3}}}$

(8) $y = \dfrac{x \sin x}{\sqrt{\sec x}}$

(9) $y = \dfrac{e^{-x}\cos x}{\sqrt[3]{x^2 - x}}$

3.12 역 삼각함수의 미분

역 삼각함수의 도함수는 대수함수이다. 다음은 역 삼각함수의 도함수를 구한 것이다.

(1) $\frac{d}{dx}(\sin^{-1}x) = \frac{1}{\sqrt{1-x^2}}$

(2) $\frac{d}{dx}(\cos^{-1}x) = -\frac{1}{\sqrt{1-x^2}}$

(3) $\frac{d}{dx}(\tan^{-1}x) = \frac{1}{1+x^2}$

(4) $\frac{d}{dx}(\cot^{-1}x) = -\frac{1}{1+x^2}$

(5) $\frac{d}{dx}(\sec^{-1}x) = \frac{1}{|x|\sqrt{x^2-1}}$

(6) $\frac{d}{dx}(\csc^{-1}x) = -\frac{1}{|x|\sqrt{x^2-1}}$

증명

(1) $y = \sin^{-1}x \ , \ -\frac{\pi}{2} < y < \frac{\pi}{2}$

$\sin^2 y + \cos^2 y = 1$ $\qquad \sin y = x$

$\cos y = \pm\sqrt{1-\sin^2 y} = \pm\sqrt{1-x^2}$ $\qquad \frac{d}{dx}(\sin y) = \frac{d}{dx}(x)$

$-\frac{\pi}{2} < y < \frac{\pi}{2}, \ \cos y > 0$

$\therefore \ \cos y = \sqrt{1-x^2}$

$\cos y \cdot y' = 1$

$y' = \frac{1}{\cos y} = \frac{1}{\sqrt{1-x^2}}$

(2) $y = \cos^{-1}x$, $0 < y < \pi$

$\sin^2 y + \cos^2 y = 1$ $\cos y = x$

$\sin y = \pm\sqrt{1-\cos^2 y} = \pm\sqrt{1-x^2}$ $\frac{d}{dx}(\cos y) = \frac{d}{dx}(x)$

$0 < y < \pi$, $\sin y > 0$

$\therefore$ $\sin y = \sqrt{1-x^2}$

$-\sin y \cdot y' = 1$

$y' = -\frac{1}{\sin y} = -\frac{1}{\sqrt{1-x^2}}$

(3) $y = \tan^{-1}x$, $-\frac{\pi}{2} < y < \frac{\pi}{2}$

$\tan y = x$

$\frac{d}{dx}(\tan y) = \frac{d}{dx}(x)$

$\sec^2 y \cdot y' = 1$

$\tan^2 y + 1 = \sec^2 y$

$y' = \frac{1}{\sec^2 y} = \frac{1}{1+x^2}$

(4) $y = \cot^{-1}x$, $0 < y < \pi$

$\cot y = x$

$\frac{d}{dx}(\cot y) = \frac{d}{dx}(x)$

$-\csc^2 y \cdot y' = 1$

$\cot^2 y + 1 = \csc^2 y$

$y' = -\frac{1}{\csc^2 y} = -\frac{1}{1+x^2}$

(5) $y = \sec^{-1}x$, $0 < y < \pi$, $y \neq \frac{\pi}{2}$

$\sec y = x$

$\frac{d}{dx}(\sec y) = \frac{d}{dx}(x)$

$\sec y \tan y \cdot y' = 1$

$y' = \frac{1}{\sec y \tan y}$ $\qquad$ $\tan^2 y + 1 = \sec^2 y$

$= \pm \frac{1}{x\sqrt{x^2-1}}$ $\qquad$ $\tan y = \pm\sqrt{\sec^2 y - 1}$

$= \frac{1}{|x|\sqrt{x^2-1}}$ $\qquad$ $\tan y = \pm\sqrt{x^2-1}$, $\sec y = x$

(6) $y = \csc^{-1}x$ 단, $-\frac{\pi}{2} < y < \frac{\pi}{2}$, $y \neq 0$

$\csc y = x$

$\frac{d}{dx}(\csc y) = \frac{d}{dx}(x)$ $\qquad$ $\cot^2 y + 1 = \csc^2 y$

$-\csc y \cot y \cdot y' = 1$ $\qquad$ $\cot y = \pm\sqrt{\csc^2 y - 1}$

$y' = -\frac{1}{\csc y \cot y}$ $\qquad \longleftarrow \qquad$ $\cot y = \pm\sqrt{x^2-1}$, $\csc y = x$

$= \pm \frac{-1}{x\sqrt{x^2-1}}$

$= \frac{-1}{|x|\sqrt{x^2-1}}$

예제 3.32

다음을 구하여라.

(1) $\frac{d}{dx}(\sin^{-1}x^2)$　　(2) $\frac{d}{dx}(\tan^{-1}(\sin x))$

풀이

(1) $\frac{d}{dx}(\sin^{-1}x^2) = \frac{1}{\sqrt{1-(x^2)^2}} \cdot 2x = \frac{2x}{\sqrt{1-x^4}}$

(2) $\frac{d}{dx}(\tan^{-1}(\sin x)) = \frac{1}{1+(\sin x)^2} \cdot \cos x = \frac{\cos x}{1+\sin^2 x}$

예제 3.33

주어진 점에서 곡선의 접선의 방정식을 구하여라.

(1) $y = (\cos^{-1}x)^4$, $x = 0$　　(2) $y = x\tan^{-1}(x^2-1)$, $x = \sqrt{2}$

풀이

(1) $y' = 4(\cos^{-1}x)^3 \cdot \frac{-1}{\sqrt{1-x^2}}$

$y'(0) = 4(\cos^{-1}(0))^3 \cdot \frac{-1}{\sqrt{1}} = 4\left(\frac{\pi}{2}\right)^3 \cdot (-1) = -\frac{\pi^3}{2}$

(2) $y' = \tan^{-1}(x^2-1) + x \cdot \frac{1}{1+(x^2-1)^2} \cdot 2x = \tan^{-1}(x^2-1) + \frac{2x^2}{1+(x^2-1)^2}$

$y'(-\sqrt{2}) = \tan^{-1}(1) + \frac{4}{1+1} = \frac{\pi}{4} + 2$

연습문제 3.12

1. y의 도함수를 구하여라.

(1) $y = \sin^{-1}\left(\frac{3}{x^2}\right)$

(2) $y = \cos^{-1}(-3x+2)$

(3) $y = \sin^{-1}(1-x)$

(4) $y = 2\cos^{-1}(\sqrt{x-1})$

(5) $y = \tan^{-1}(\ln x)$

(6) $y = \cot^{-1}\left(\frac{1}{x}\right)$

(7) $y = \ln(x^2+4) - x\tan^{-1}\left(\frac{x}{2}\right)$

(8) $y = \cot^{-1}(\csc x^2)$

(9) $y = \sec^{-1}(2x+1)$

(10) $y = \sin^{-1}((1-x^2)^2)$

(11) $y = \tan^{-1}\sqrt{x^2-1} + \csc^{-1}x,\ x>1$

(12) $y = \sqrt{x^2-1} + \csc^{-1}x,\ \ x>1$

2. 주어진 점에서 곡선의 접선의 방정식을 구하여라.

(1) $y = \sec^{-1}(\sqrt{x})\ ,\ x=4$

(2) $f(x) = (6\tan^{-1}x)^3\ ,\ x = \sqrt{3}$

3.13 역함수 미분

$f(x)$가 정의역(열린구간)에서 미분 가능하고 일대일 대응함수이면

$$\frac{d}{dx}[f^{-1}(x)] = (f^{-1})'(x) = \frac{1}{f'(f^{-1}(x))},\ \left(f'(f^{-1}(x)) \neq 0\right)$$

증명

$f(x)$는 역함수가 존재한다면, 정의역에서 $f(f^{-1}(x)) = x$ 이다.

$$f(f^{-1}(x)) = x \text{에서 } \frac{d}{dx}f(f^{-1}(x)) = 1$$

$$f'(f^{-1}(x)) \cdot \frac{d}{dx}f^{-1}(x) = 1$$

$$\frac{d}{dx}f^{-1}(x) = \frac{1}{f'(f^{-1}(x))}$$

함수 f의 정의역이 구간 I 라 하자. $f'(x)$가 존재하고 구간 I에서 0이 아닌 값을 가질 때, f^{-1}는 f^{-1}의 정의역 내의 모든점에서 미분 가능하며, b가 f^{-1}의 정의역 안에 있는 점일 때, $x = b$에서 $(f^{-1})'$의 값은 점 $a = f^{-1}(b)$에서 f'의 값의 역수이다.

$$(f^{-1})'(b) = \frac{1}{f'(f^{-1}(b))}$$

이다.

예제 3.34

$y = f(x) = x^3 + x - 2$이고 $g(x)$가 $f(x)$의 역함수일 때, $g'(0)$을 구하여라.

풀이

$f'(x) = 3x^2 + 1$, $g'(y) = \dfrac{1}{3x^2+1}$, $x^3 + x - 2 = 0$, $x = 1$

따라서

$$g'(0) = \frac{1}{3(1)^2+1} = \frac{1}{4}$$

예제 3.35

다음을 구하여라.

(1) $x \geq 2$에서 $f(x) = x^3 - 3x^2 - 1$일 때, $x = -1 = f(3)$에서 df^{-1}/dx의 값을 구하여라.

(2) 미분 가능한 함수 $y = f(x)$가 역함수가 존재하고, 이 함수의 그래프 위의 점 $(2,4)$에서 접선의 기울기가 $\dfrac{1}{3}$일 때, $x = 4$에서 df^{-1}/dx의 값을 구하여라.

풀이

(1) $\dfrac{df}{dx} = 3x^2 - 6x \Rightarrow \left.\dfrac{df^{-1}}{dx}\right|_{x=f(3)} = \left.\dfrac{1}{\dfrac{df}{dx}}\right|_{x=3} = \dfrac{1}{9}$

(2) $\left.\dfrac{df^{-1}}{dx}\right|_{x=4} = \left.\dfrac{df^{-1}}{dx}\right|_{x=f(2)} = \left.\dfrac{1}{\dfrac{df}{dx}}\right|_{x=2} = \dfrac{1}{\left(\dfrac{1}{3}\right)} = 3$

연습문제 3.13

1. 다음을 구하여라.

(1) 함수 $f(x)$와 x에 관한 그들의 도함수가 $x=2$와 $x=6$에서 다음 값들을 갖는다고 하자. $g(x)$는 $f(x)$의 역함수일 때, $g'(6)$을 구하여라.

x	$f(x)$	$f'(x)$
2	6	$\frac{1}{3}$
6	8	$\frac{3}{2}$

(2) $f(3)=8$, $f'(3)=5$일 때, $f^{-1'}(8)$을 구하여라.

2. 다음을 구하여라.

(1) $x>2$에서 $f(x)=x^2-4x-5$일 때, $x=0=f(5)$에서 df^{-1}/dx 의 값을 구하여라.

(2) 미분 가능한 함수 $y=g(x)$가 역함수가 존재하고 원점을 지난다고 하자. 원점에서 접선의 기울기가 2일 때, 원점에서 g^{-1} 의 접선의 기울기를 구하여라.

(3) $f(x)=e^x+x+1$, $f(g(x))=x$일 때, $g'(2)$의 값을 구하여라.

Derivative Formulas (도함수 공식)

■ Basic Derivative Formulas (기본 도함수 공식)

$$\frac{d}{dx}(x^n) = nx^{n-1}, \quad \frac{d}{dx}(\sqrt{x}) = \frac{1}{2\sqrt{x}}, \quad \frac{d}{dx}\left(\frac{1}{x}\right) = -\frac{1}{x^2}$$

$$\frac{d}{dx}(f(x) \cdot g(x)) = f'(x)g(x) + f(x)g'(x),$$

$$\frac{d}{dx}\left(\frac{f(x)}{g(x)}\right) = \frac{f'(x)g(x) - f(x)g'(x)}{g^2(x)}$$

$$\frac{d}{dx}f(g(x)) = f'(g(x)) \cdot g'(x)$$

$$\frac{d}{dx}f(g(h(x))) = f'(g(h(x))) \cdot g'(h(x)) \cdot h'(x)$$

$$\frac{d}{dx}(\sqrt{f(x)}) = \frac{1}{2\sqrt{f(x)}} \cdot f'(x)$$

■ Derivatives of Trigonometric Formulas (삼각함수 도함수 공식)

$$\frac{d}{dx}(\sin x) = \cos x \qquad \frac{d}{dx}(\cos x) = -\sin x$$

$$\frac{d}{dx}(\tan x) = \sec^2 x \qquad \frac{d}{dx}(\cot x) = -\csc^2 x$$

$$\frac{d}{dx}(\sec x) = \sec x \tan x \qquad \frac{d}{dx}(\csc x) = -\csc x \cot x$$

■ Derivatives of Inverse Trigonometric Formulas (역 삼각함수 도함수 공식)

$$\frac{d}{dx}(\sin^{-1}x) = \frac{1}{\sqrt{1-x^2}} \qquad \frac{d}{dx}(\cos^{-1}x) = -\frac{1}{\sqrt{1-x^2}}$$

$$\frac{d}{dx}(\tan^{-1}x) = \frac{1}{1+x^2} \qquad \frac{d}{dx}(\cot^{-1}x) = -\frac{1}{1+x^2}$$

$$\frac{d}{dx}(\sec^{-1}x) = \frac{1}{|x|\sqrt{x^2-1}} \qquad \frac{d}{dx}(\csc^{-1}x) = -\frac{1}{|x|\sqrt{x^2-1}}$$

Derivative Formulas (도함수 공식)

■ Derivatives of Exponential and Logarithmic Fuctions Formulas (지수,로그함수 도함수 공식)

$$\frac{d}{dx}(e^x) = e^x$$

$$\frac{d}{dx}(a^x) = a^x \ln a \quad (a \neq 1,\ a > 0)$$

$$\frac{d}{dx}(e^{f(x)}) = e^{f(x)} \cdot f'(x)$$

$$\frac{d}{dx}(a^{f(x)}) = a^{f(x)} \cdot f'(x) \cdot \ln a$$

$$\frac{d}{dx}(\ln x) = \frac{1}{x}$$

$$\frac{d}{dx}(\log_a x) = \frac{1}{x} \cdot \frac{1}{\ln a}$$

$$\frac{d}{dx}(\ln f(x)) = \frac{1}{f(x)} \cdot f'(x)$$

$$\frac{d}{dx}(\log_a f(x)) = \frac{1}{f(x)} \cdot f'(x) \cdot \frac{1}{\ln a}$$

■ Derivatives of Inverse Formulas (역함수 도함수 공식)

$$(f^{-1})'(x) = \frac{1}{f'(f^{-1}(x))},\ f'(f^{-1}(x)) \neq 0$$

CHAPTER 4

도함수의 응용

4.1 임계점과 극값

4.2 오목 · 볼록

4.3 그래프 그리기

4.4 $f(x)$의 그래프와 $f'(x)$, $f''(x)$의 관계

4.5 수직선에 따른 움직임

4.6 곡선을 따라 나타나는 움직임 : 속도와 가속도 벡터

4.7 최적화

4.8 관련된 변화율

4.9 평균값 정리(M.V.T)

4.10 선형화함수

4.11 부정형과 로피탈의 법칙

4.1 임계점과 극값

4.1.1 임계점

함수 f의 정의역에 속하는 내점 중에 f'이 0이거나 정의되지 않는 점을 f의 임계점(critical point)이라고 한다.

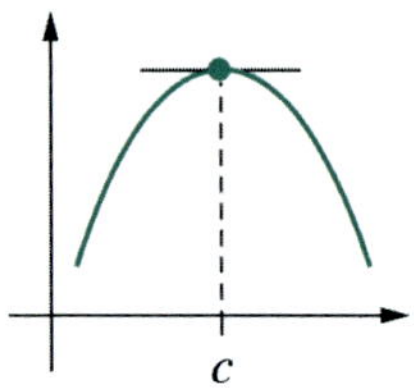

$f'(c)=0$

그림 4.1

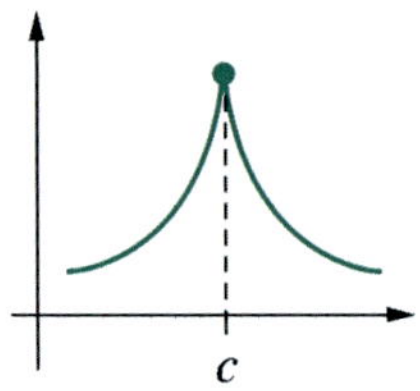

$f'(c)$가 존재하지 않는다.

그림 4.2

예제 4.1

다음 함수에서 임계점을 구하여라.

(1) $y = x^{3/5}(4-x)$ (2) $y = x + 2\sin x,\ [0, 2\pi]$

풀이

(1) $y' = x^{3/5}(-1) + (4-x)\left(\frac{3}{5}x^{-2/5}\right)$

$= -x^{3/5} + \frac{3(4-x)}{5x^{2/5}}$

$= \frac{-5x+3(4-x)}{5x^{2/5}} = \frac{12-8x}{5x^{\frac{2}{5}}}$ 에서

i) $y'=0$이거나

ii) 정의역 범위 내에서 y'이 존재하지 않는 경우가 임계점이다.

i) $12-8x=0 \rightarrow x=\frac{3}{2}$,

ii) $x=0$

그러므로 임계점은 $\frac{3}{2}$ 또는 0이다.

(2) $y' = 1+2\cos x$

$y' = 0 \Rightarrow 1+2\cos x = 0$

$\cos x = -\dfrac{1}{2}$

$\therefore x = \dfrac{2\pi}{3}, \dfrac{4\pi}{3}$

4.1.2 극값, 최댓값과 최솟값

f는 정의역이 D인 함수라고 하자. 만약 D의 모든 점 x에 대해 $f(x) \leq f(c)$인 점 c가 D에 있을 때, f는 점 c에서 최댓값(absolute maximum)을 가진다고 한다.

또, D의 모든 점 x에 대해 $f(x) \geq f(c)$인 점 c가 D에 있을 때, f는 점 c에서 최솟값(absolute minimum)을 가진다고 한다.

함수 f가 정의역의 내점 c를 포함하는 한 열린구간의 모든 x에 대해 $f(x) \leq f(c)$일 때, f는 c에서 극댓값(local maximum)을 가진다고 한다. 함수 f가 정의역의 내점 c를 포함하는 한 열린구간의 모든 x에 대해 $f(x) \geq f(c)$일 때, f는 c에서 극솟값(local minimum)을 가진다고 한다.

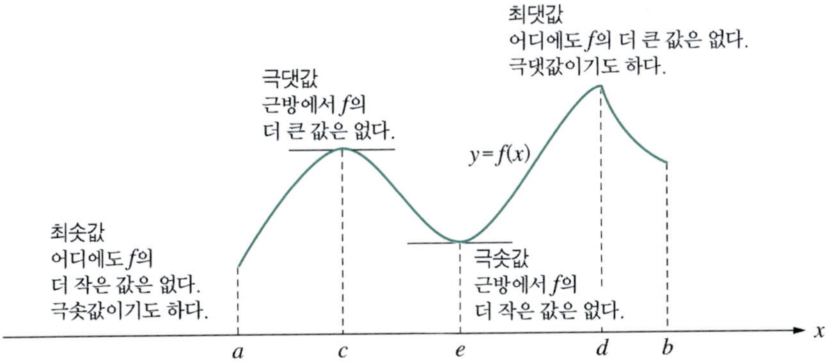

그림 4.3

예제 4.2

각 점(①~⑧)에서 최댓값 또는 최솟값인지와 극대, 극솟값인지를 결정하라.

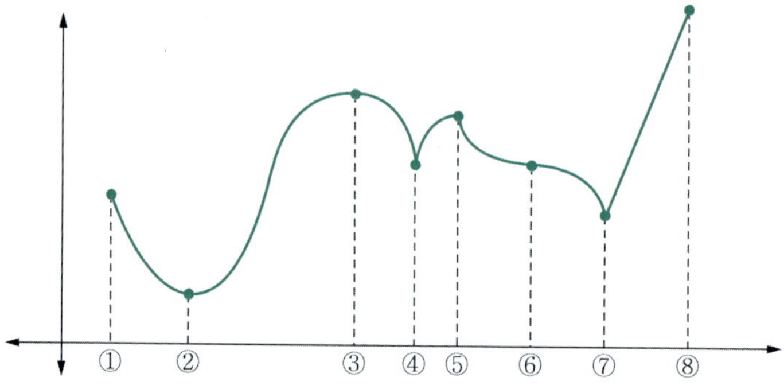

그림 4.4

풀이

(1) 극대
(2) 극소, 최소
(3) 극대
(4) 극소
(5) 극대
(6) 아무것도 아님
(7) 극소
(8) 최대

4.1.3 증가함수와 감소함수

함수 f가 $[a, b]$에서 연속이고 (a, b)에서 미분 가능하다고 하자.

모든 $x \in (a, b)$에서 $f'(x) > 0$이면, f는 $[a, b]$에서 증가한다.

모든 $x \in (a, b)$에서 $f'(x) < 0$이면, f는 $[a, b]$에서 감소한다.

■ $f'(x) > 0 \quad \Leftrightarrow \quad f(x)$의 그래프 유형

그림 4.5

■ $f'(x) < 0 \quad \Leftrightarrow \quad f(x)$의 그래프 유형

그림 4.6

예제 4.3

다음 함수의 증가, 감소하는 구간을 구하여라.

(1) $h(x) = -x^3 + 2x^2$ (2) $f(x) = x^2 \ln x$

풀이

(1) $h(x) = -x^3 + 2x^2 \Rightarrow h'(x) = -3x^2 + 4x = x(4-3x) \Rightarrow x = 0, \dfrac{4}{3}$

$\Rightarrow h' = \underset{\;}{---}\underset{0}{|}+++\underset{4/3}{|}---$, 증가 구간 $\left[0, \dfrac{4}{3}\right]$, 감소 구간 $(-\infty, 0]$, $\left[\dfrac{4}{3}, \infty\right)$

(2) $f(x) = x^2 \ln x$

$\Rightarrow f'(x) = x + 2x\ln x = x(1 + 2\ln x)$

$\Rightarrow x = e^{-1/2} \Rightarrow f' = \underset{0}{[}---\underset{e^{-1/2}}{|}+++$, $\left[e^{-\frac{1}{2}}, \infty\right)$에서 증가, $\left(0, e^{-\frac{1}{2}}\right]$에서 감소

4.1.4 극값에 대한 1계 도함수 판정법

c는 연속함수 f의 임계점이고, f는 c를 포함하는 적당한 구간의 모든 점에서 미분가능하다고 하자.

- c의 왼쪽과 오른쪽에서 f'이 음수에서 양수로 바뀌면, f는 c에서 극솟값을 가진다.
- c의 왼쪽과 오른쪽에서 f'이 양수에서 음수로 바뀌면, f는 c에서 극댓값을 가진다.
- c의 왼쪽과 오른쪽에서 f'이 부호가 바뀌지 않으면(즉, f'이 c의 양쪽에서 동시에 양수이거나 음수이면), f는 c에서 극값을 갖지 않는다.

극댓값

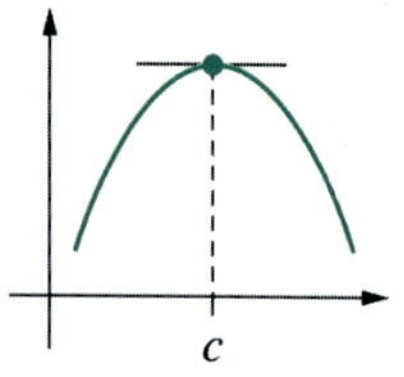

그림 4.7

극솟값

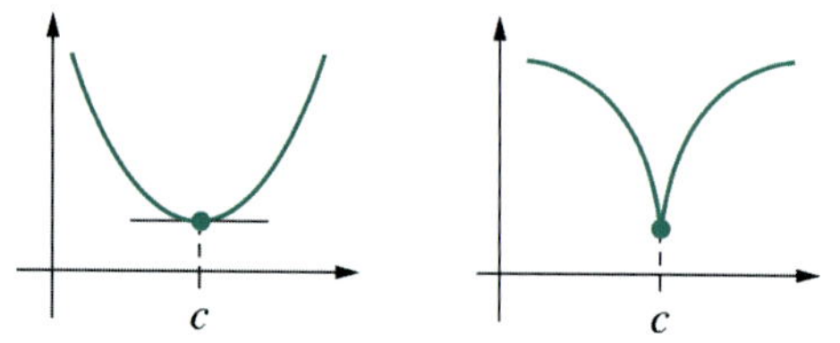

그림 4.8

예제 4.4

다음 함수의 극댓값, 극솟값을 구하여라.

(1) $f(\theta) = 3\theta^2 - 4\theta^3$ (2) $f(x) = x^{\frac{1}{3}}(x+8)$

풀이

(1) $f(\theta) = 3\theta^2 - 4\theta^3 \Rightarrow f'(\theta) = 6\theta - 12\theta^2 = 6\theta(1-2\theta)$

$\Rightarrow \theta = 0, \frac{1}{2} \Rightarrow f' = ---|+++|---,$

$\quad\quad\quad\quad 0 \quad 1/2$

증가구간 $\left[0, \frac{1}{2}\right]$, 감소구간 $(-\infty, 0]$, $\left[\frac{1}{2}, \infty\right)$

$\theta = \frac{1}{2}$에서 극댓값 $f\left(\frac{1}{2}\right) = \frac{1}{4}$, $\theta = 0$에서 극솟값 $f(0) = 0$이다.

(2) $f(x) = x^{1/3}(x+8) = x^{4/3} + 8x^{1/3}$

$\Rightarrow f'(x) = \frac{4}{3}x^{1/3} + \frac{8}{3}x^{-2/3} = \frac{4(x+2)}{3x^{2/3}}$

$\Rightarrow$ 임계점 $x = 0, -2$

$\Rightarrow f' = ---\ |\ +++)(+++,$ $[-2, \infty)$에서 증가, $(-\infty, -2]$에서 감소

$\quad\quad -2 \quad\quad 0$

극솟값 $f(-2) = -6\sqrt[3]{2} \approx -7.56$

4.1.5 극값 정리(최대, 최솟값의 정리)

함수 f가 닫힌구간 $[a,\ b]$에서 연속이면, f는 $[a,\ b]$에서 최댓값 M과 최솟값 m을 가진다. 즉, $[a,\ b]$의 모든 x에 대해 $m \le f(x) \le M$이다.

예제 4.5

주어진 구간에서 함수 $g(x)$의 최댓값과 최솟값을 구하여라

(1) $g(x) = e^{-x^2},\ -2 \le x \le 1$ (2) $g(x) = 4x - 6\sqrt[3]{x^2},\ [-1, 8]$

풀이

(1) $g(x) = e^{-x^2}$

$\Rightarrow g'(x) = -2xe^{-x^2}$

$\Rightarrow x = 0;\ g'(0) = 0,$

$g(0) = 1,\ g(1) = e^{-1},\ g(-2) = e^{-4}$

$\Rightarrow x = 0$에서 최댓값 1,

$x = -2$에서 최솟값 e^{-4}이다.

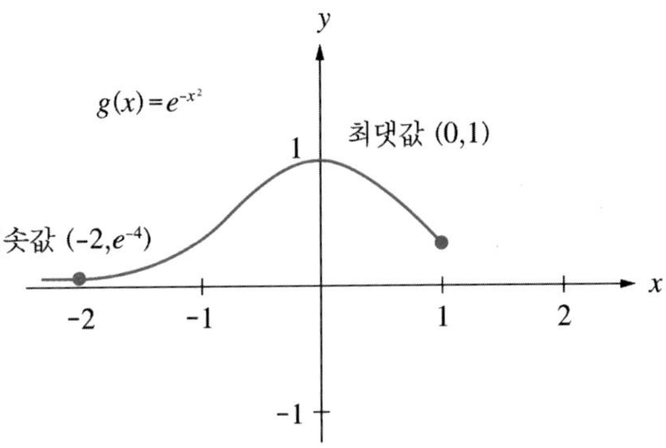

그림 4.9

(2) $y = 4x - 6x^{\frac{2}{3}}$

$y' = 4 - 4x^{-\frac{1}{3}} = 4 - \dfrac{4}{x^{1/3}} = \dfrac{4x^{1/3} - 4}{x^{1/3}} = \dfrac{4(x^{1/3} - 1)}{x^{1/3}}$

$x = 1$에서 $y' = 0$, $x = 0$에서 y' 정의 안됨

최댓값 $= f(8) = 8$

최솟값 $= f(-1) = -10$

x	-1		0		1		8
y'		+	Ø	−	0	+	
y	-10	↗	0	↘	-2	↗	8

그림 4.10

연습문제 4.1

1. 다음 함수에서 임계점을 구하여라.

(1) $y = 6x^2 - x^3$

(2) $y = x^2 + \dfrac{2}{x}$

(3) $y = \sqrt{2x - x^2}$

(4) $y = \sqrt[3]{x}(4 + x)$

(5) $y = x^2 \ln x$

2. 다음 함수들의 감소, 증가구간을 구하여라.

(1) $y = x^4 - 4x^3 + 4x^2$

(2) $h(x) = \ln x + \dfrac{1}{x}$

(3) $y = x + 2\cos x$, $[0, \pi]$

(4) $y = x^3 e^{-x}$

(5) $y = \dfrac{2x}{x^2 + 4}$

3. 다음 함수의 극댓값과 극솟값을 구하여라.

(1) $k(x) = 15t^3 - t^5$

(2) $y = \dfrac{e^x}{x}$

(3) $y = x^2 e^{-x}$

(4) $g(x) = x^{\frac{2}{3}}(x + 5)$

4. 주어진 구간에서 각 함수의 최댓값과 최솟값을 구하여라.

(1) $h(x) = -3x^{\frac{2}{3}}$, $[-1, 1]$

(2) $f(x) = 12x - x^3$, $[-3, 4]$

(3) $y = \dfrac{\ln x}{x}$, $[1, e]$

(4) $y = xe^{-x}$, $[-1, 1]$

(5) $y = x\sqrt{4 - x^2}$, $[0, 2]$

(6) $f(x) = 2\cos x - \cos 2x$, $[0, 2\pi]$

4.2 오목 · 볼록

미분 가능한 함수 $y = f(x)$의 그래프는 열린구간 I 에서

(1) f'가 증가하면, 아래로 볼록(concave up)하다고 한다.

(2) f'가 감소하면, 위로 볼록(concave down)하다고 한다.

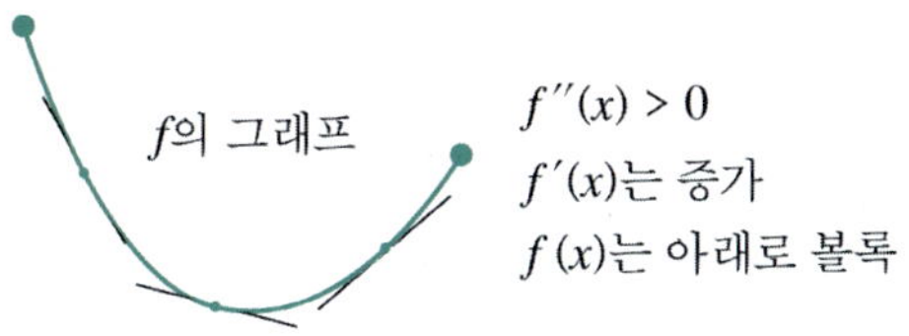

그림 4.11

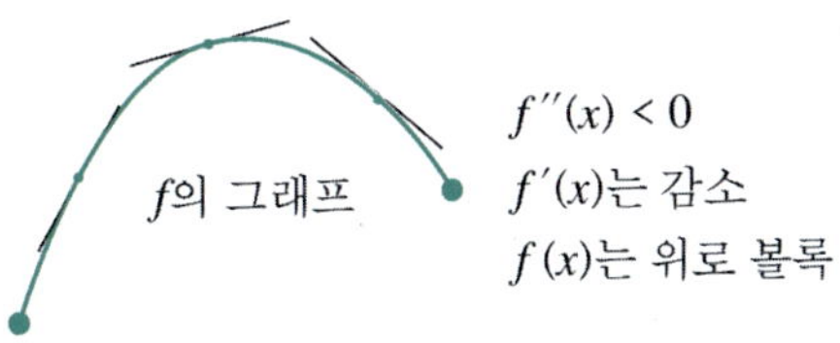

그림 4.12

4.2.1 변곡점

함수의 그래프 위의 점으로 접선이 존재하고 오목, 볼록한 상태가 바뀌는 점$(c, f(c))$을 변곡점이라 한다.

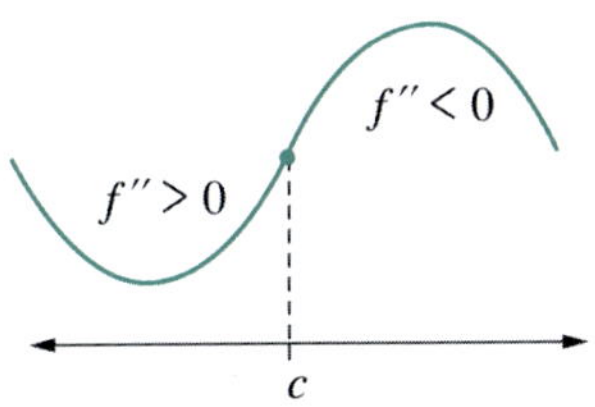

그림 4.13

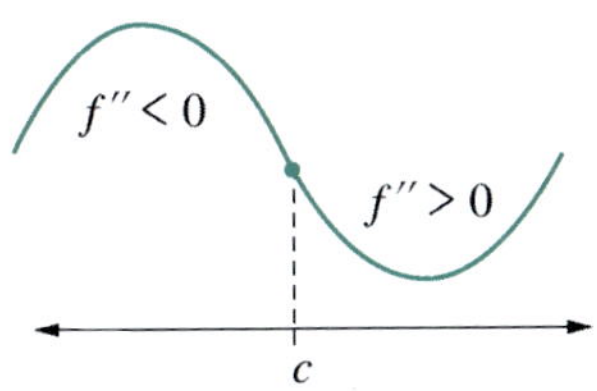

그림 4.14

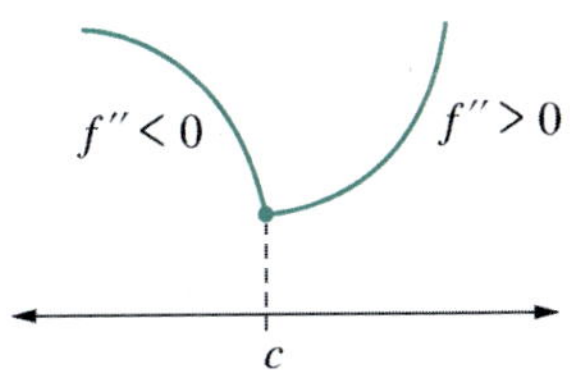

그림 4.15

예제 4.6

다음 함수에서 변곡점과 함수의 극대, 극소를 확인하고 위로 볼록, 아래로 볼록한 구간도 조사하여라.

(1) $y=x^5-5x^4$ (2) $y=\dfrac{e^x}{x}$

풀이

(1) $y=x^5-5x^4$, $y'=5x^4-20x^3$

$y'=5x^3(x-4)$, $y''=20x^3-60x^2$

$y''=20x^2(x-3)$. $(-\infty,0]$, $[4,\infty)$에서 증가,

$[0,4]$에서 감소, $x=0$에서 극댓값 0,

$x=4$에서 극솟값 -256

$(-\infty,3)$에서 위로 볼록,

$(3,\infty)$에서 아래로 볼록.

$x=3$에서 변곡점$(3,f(3))=(3,-162)$을 갖는다.

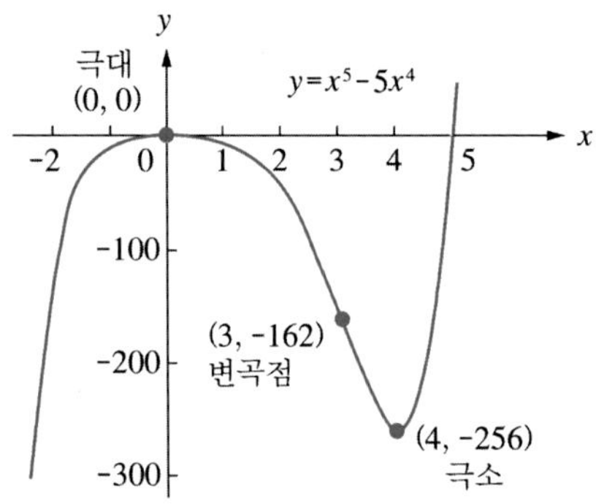

그림 4.16

(2) $y=\dfrac{e^x}{x}$, $\Rightarrow$ $y'=\dfrac{xe^x-e^x}{x^2}$

$\Rightarrow y' = ---\ \underset{0}{|}\ ---\ \underset{1}{|}\ +++$

$\Rightarrow$ $[1,\infty)$에서 증가,

$(-\infty,0)$, $(0,1]$에서 감소

$x=1$ 에서 극솟값 e

$$y''=\frac{x^2(xe^x+e^x-e^x)-(xe^x-e^x)2x}{x^4}$$

$$=\frac{(x^2-2x+2)e^x}{x^3}$$

$\Rightarrow y''=---\ \underset{0}{|}\ +++$

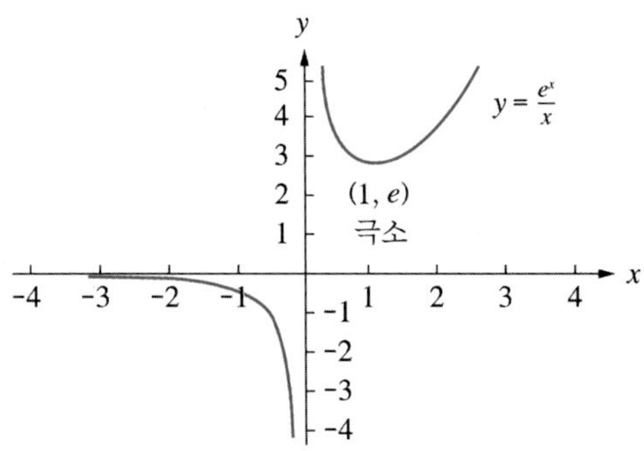

그림 4.17

$\Rightarrow$ $(0,\infty)$에서 아래로 볼록, $(-\infty,0)$에서 위로 볼록, 변곡점은 없다.

예제 4.7

다음을 구하여라.

(1) 삼차함수 $y = x^3 + ax^2 + bx + c$는 $x = -1$에서 극댓값 3, $x = -3$에서 변곡점을 가질 때, a, b, c는?

(2) 삼차함수 $y = ax^3 + bx^2 + c$는 $x = 1$에서 기울기가 -9이고 변곡점이 $(2, -12)$일 때, a, b, c는?

풀이

(1) $f(-1) = 3$, $-1 + a - b + c = 3$, $a - b + c = 4 \cdots\cdots$ ①

$f'(-1) = 0$, $f'(x) = 3x^2 + 2ax + b$

$f(-1) = 3 - 2a + b = 0 \cdots\cdots$ ②, $f''(-3) = 0$

$f''(x) = 6x + 2a$, $f''(-3) = -18 + 2a = 0$

$\therefore a = 9 \cdots\cdots\cdots\cdots$ ③

② $3 - 2(9) + b = 0, \therefore b = 15$

① $9 - 15 + c = 4, \therefore\ c = 10$

(2) $f'(1) = -9$, $f'(x) = 3ax^2 + 2bx$

$f'(x) = 3a + 2b = -9 \cdots\cdots$ ①, $f''(2) = 0$

$f''(x) = 6ax + 2b$, $f''(2) = 12a + 2b = 0 \cdots\cdots$ ②

$f(2) = -12$, $8a + 4b + c = -12 \cdots\cdots$ ③

① $3a + 2b = -9$

② $12a + 2b = 0$

① − ② $-9a = -9, \therefore a = 1$

① $3(1) + 2b = -0$, $2b = -12, b = -6$

③ $8(1) + 4(-6) + c = -12, 8 - 24 + c = -12$, $\therefore c = 4$

$\therefore a = 1\ b = -6\ c = 4$

4.2.2 극값에 대한 2계 도함수 판정법

f''는 $x=c$를 포함하는 열린 구간에서 연속이라고 하자.

(1) $f'(c)=0$이고, $f''(c)<0$이면, f는 $x=c$에서 극댓값을 갖는다.

(2) $f'(c)=0$이고, $f''(c)>0$이면, f는 $x=c$에서 극솟값을 갖는다.

(3) $f'(c)=0$이고, $f''(c)=0$이면, 함수 f는 극댓값이나 극솟값을 가질 수 있으며, 아무 것도 갖지 않을 수도 있다.

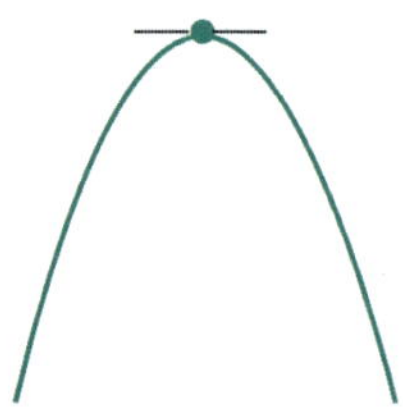

$f'=0,\ f''<0$
$\Rightarrow$ 극대

그림 4.18

$f'=0,\ f''>0$
$\Rightarrow$ 극소

그림 4.19

예제 4.8

함수 $y=x^3-3x+2$에서 극값을 구하여라.

풀이

$$
\begin{aligned}
f'(x)&=3x^2-3\\
&=3(x^2-1)\\
&=3(x+1)(x-1)
\end{aligned}
$$

$f'(x)=0,\ x=-1, 1$

$f''(x)=6x$

$f''(-1)=-6<0$

f는 $x=-1$에서 극대이다.

$\therefore$ 극댓값 $=f(-1)=-1+3+2=4$

$f''(1)=6>0$

f는 $x=1$에서 극소이다.

$\therefore$ 극솟값 $=f(1)=1-3+2=0$

예제 4.9

곡선 $x^2 + y^2 - 2y = 0$에서 2계 도함수 판정법으로 극대, 극솟값을 구하여라.

풀이

$2x + 2y \cdot y' - 2y' = 0$, $y'(y-1) = -x$, $\dfrac{dy}{dx} = \dfrac{-x}{y-1}$, $\dfrac{dy}{dx} = 0 \Rightarrow x = 0$,

$(0)^2 + y^2 - 2y = 0$

$y(y-2) = 0 \Rightarrow y = 0,2$

$\therefore \dfrac{dy}{dx} = 0$에서 $(0,0)$, $(0,2)$

$$\frac{d^2y}{dx^2} = \frac{(-1)(y-1) - (-x)(y')}{(y-1)^2} = \frac{-y+1+xy'}{(y-1)^2}$$

$\left.\dfrac{d^2y}{dx^2}\right|_{(0,0)} = \dfrac{0+1+0}{(0-1)^2} = 1 > 0$, $\therefore$ $(0,0)$에서 극솟값

$\left.\dfrac{d^2y}{dx^2}\right|_{(0,2)} = \dfrac{-2+1+0}{(2-1)^2} = -1 < 0$, $\therefore$ $(0,2)$에서 극댓값

연습문제 4.2

1. 함수 $f(x) = x^3 - 6x^2 + 12$의 변곡점을 구하여라.

2. 다음 함수에서 변곡점과 함수의 극대, 극소를 확인하고 위로 볼록, 아래로 볼록한 구간도 조사하여라.

(1) $y = 4x^3 - x^4$ (2) $y = x^2 \ln x$

3. 다음을 구하여라.

(1) 삼차함수 $y = x^3 + ax^2 + b$가 변곡점이 $(2,\ 8)$일 때, a, b의 값은?

(2) 사차함수 $f(x) = x^4 + ax^2 - b\ln x$는 $x = 1$에서 수평접선과 변곡점을 가질 때 a, b의 값은?

4. 함수의 극값을 2계 도함수 판정법으로 구하여라.

(1) $f(x) = x^3 - 3x^2 - 9x$ (2) $f(x) = 2x\, e^x$

5. 곡선 $3x^2 - 2y^3 + 12x + 28 = 0$에서 다음을 구하여라.

(1) $\dfrac{dy}{dx} = \dfrac{x+2}{y^2}$ 임을 보여라.

(2) $\dfrac{dy}{dx} = 0$인 좌표 P를 구하여라.

(3) 좌표 P에서 $\dfrac{d^2y}{dx^2}$ 을 구하여라.

(4) 좌표 P에서 극대. 극솟값을 판별하여라.

4.3 그래프 그리기

$y=f(x)$의 그래프 그리기는 다음과 같다.

단계 1. y'을 구한다.

단계 2. y''을 구한다.

단계 3. f의 임계점, 극점, 변곡점, y의 절편, 곡선의 오목, 볼록을 결정한다.

단계 4. 그래프를 그린다.

예제 4.10

함수 $y=-2x^3+6x^2-3$의 그래프를 그리고 모든 극소, 극댓값과 변곡점의 좌표를 표시하여라.

풀이

$y=-2x^3+6x^2-3,$

$y'=-6x^2+12x=-6x(x-2)$

$y''=-12x+12=-12(x-1).$

증가 : $[0,2]$ 감소 : $(-\infty,0]$, $[2,\infty)$.

$x=0$에서 극솟값 -3,

$x=2$에서 극댓값 5를 가짐. $(-\infty,1)$에서 아래로 볼록하며 $(1,\infty)$에서 위로 볼록이므로 변곡점은 $(1,1)$이다.

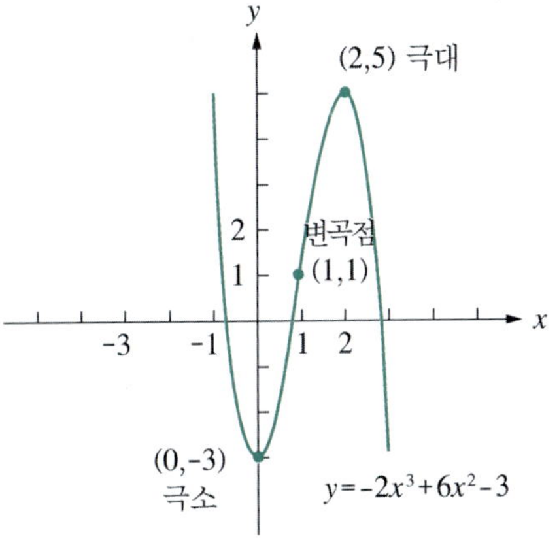

그림 4.20

예제 4.11

함수 $y = \cos x + \sqrt{3}\sin x \ (x \in [0, 2\pi])$에서 극값, 변곡점, 오목, 볼록을 표시하고 그려라.

풀이

$y = \cos x + \sqrt{3}\sin x$,

그리고 $y' = -\sin x + \sqrt{3}\cos x$

$y'' = -\cos x - \sqrt{3}\sin x$.

증가 : $\left[0, \frac{\pi}{3}\right]$, $\left[\frac{4\pi}{3}, 2\pi\right]$,

감소 : $\left[\frac{\pi}{3}, \frac{4\pi}{3}\right]$.

$x = \frac{\pi}{3}$ 에서 극댓값 2, $x = \frac{4\pi}{3}$에서 극솟값 -2를 가진다.

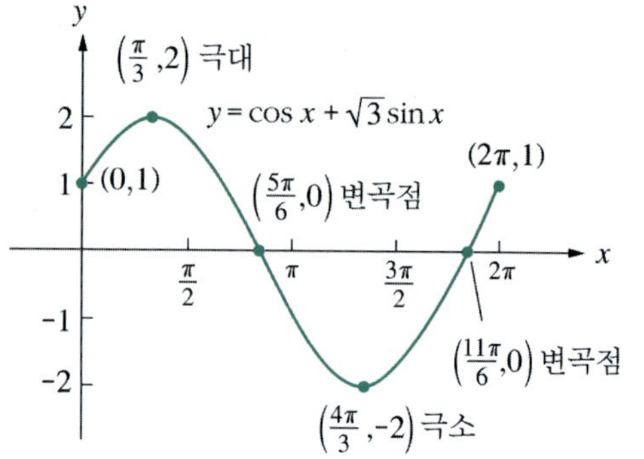

그림 4.21

$\left(0, \frac{5\pi}{6}\right)$, $\left(\frac{11\pi}{6}, 2\pi\right)$에서 위로 볼록, $\left(\frac{5\pi}{6}, \frac{11\pi}{6}\right)$에서 아래로 볼록

$\left(\frac{5\pi}{6}, 0\right)$, $\left(\frac{11\pi}{6}, 0\right)$는 변곡점이다.

1. 다음 함수의 극값, 변곡점, 오목, 볼록을 표시하고 그려라.

(1) $y = x^3 + 3x^2 - 9x + 5$

(2) $y = -2x^3 - 3x^2 + 12x + 4$

(3) $y = x^4 - 4x^3 + 5$

(4) $y = -x^4 + 6x^2 + 1$

(5) $y = x(x+2)^3$

2. 다음 함수의 극값, 변곡점, 오목, 볼록을 표시하고 그려라.

(1) $y = 2x - 3x^{2/3}$

(2) $y = xe^{\frac{1}{x}}$

(3) $y = xe^{-x}$

(4) $y = \dfrac{\ln x}{\sqrt{x}}$

(5) $y = \ln(3 - x^2)$

(6) $y = \dfrac{4}{3}x - \tan x, \ \left(-\dfrac{\pi}{2}, \dfrac{\pi}{2}\right)$

3. 다음 함수의 극값, 변곡점, 오목, 볼록을 표시하고 그려라.

(1) $y = \dfrac{8x}{x^2 + 4}$

(2) $y = \dfrac{x^2 - 3}{x - 2}$

(3) $y = \dfrac{e^x}{1 + e^x}$

(4) $y = \dfrac{x}{\sqrt{x^2 + 1}}$

4.4 $f(x)$의 그래프와 $f'(x)$, $f''(x)$의 관계

$f(x)$와 $f'(x)$, $f''(x)$의 유형에서 오목, 볼록 등의 그래프 유형을 알아본다.

- $f'(x) \geq 0 \Leftrightarrow f(x)$ 증가
- $f'(x)$ 증가 $\Leftrightarrow f''(x) > 0 \Leftrightarrow f(x)$ 아래로 볼록
- $f'(x)$ 감소 $\Leftrightarrow f''(x) < 0 \Leftrightarrow f(x)$ 위로 볼록

f'	+	+	−	−	+	−	0
f''	+	−	+	−	0	0	0
그래프 f							

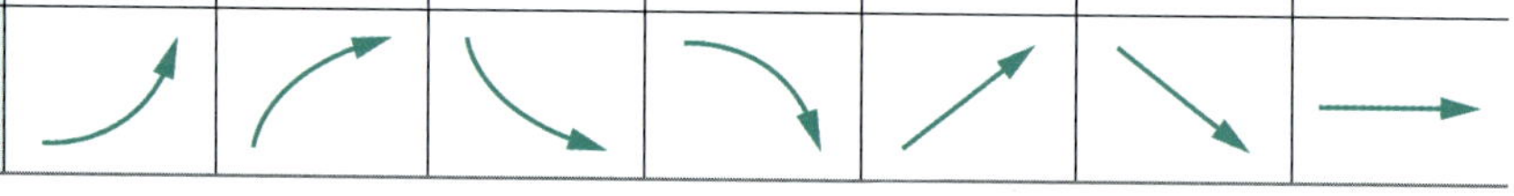

그림 4.22

예제 4.12

문제 (1)–(2)에서 함수 $y = f(x)$의 1계와 2계 도함수의 그래프를 보여준다. 주어진 점 P를 지나는 f의 그래프를 개략적으로 그려라.

(1)

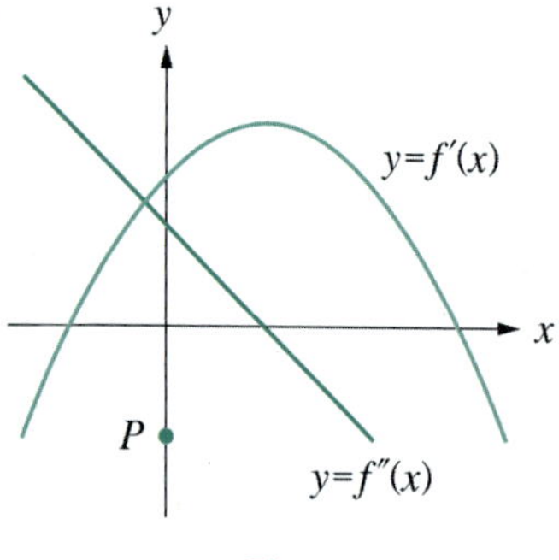

그림 4.23

(2)

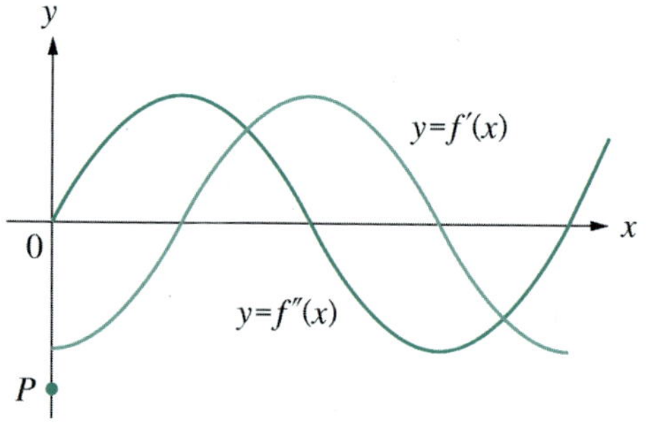

그림 4.24

풀이

(1)

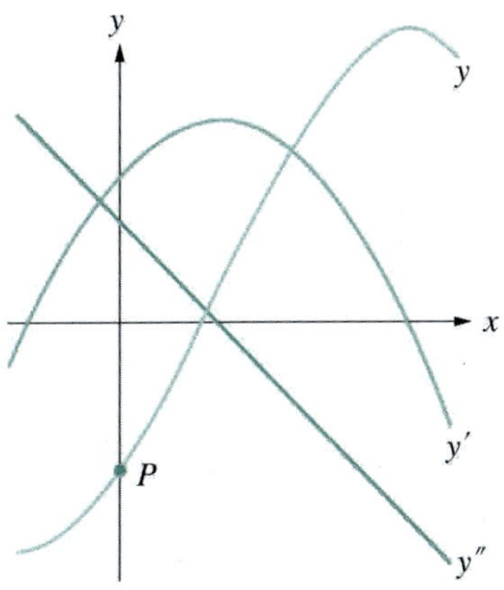

그림 4.25

$y = f''(x) \Rightarrow y'' = \ +++ \mid ---$

$\Rightarrow y = f(x)$는 변곡점을 갖는다.

$y = f'(x) \Rightarrow y' = \ --- \mid +++ \mid ---$

$\Rightarrow y = f(x)$는 극대와 극소를 갖는다.

(2)

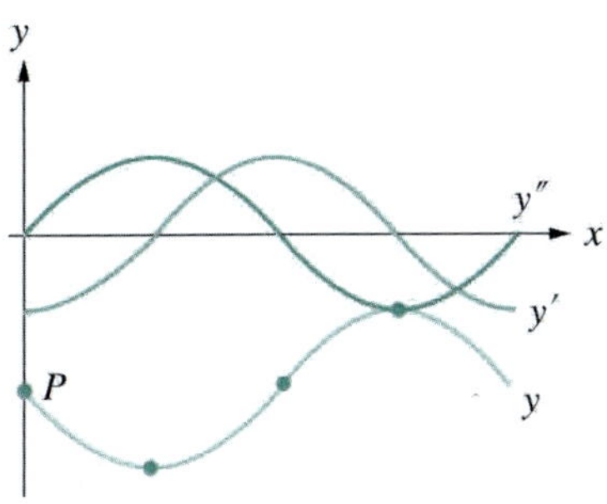

그림 4.26

$y = f''(x) \Rightarrow y'' = \ +++ \mid ----$

$\Rightarrow y = f(x)$는 변곡점을 갖는다.

$y = f'(x) \Rightarrow y' = \ --- \mid +++ \mid ---$

$\Rightarrow y = f(x)$는 극대와 극소를 갖는다.

예제 4.13

f의 그래프의 그림이 다음과 같을 때 물음에 답하시오.

(1) f의 그래프가 증가하는 구간은?

(2) f'이 증가하는 구간은?

(3) f가 극솟값을 갖는 x는?

(4) f의 그래프가 변곡점을 갖는 x는?

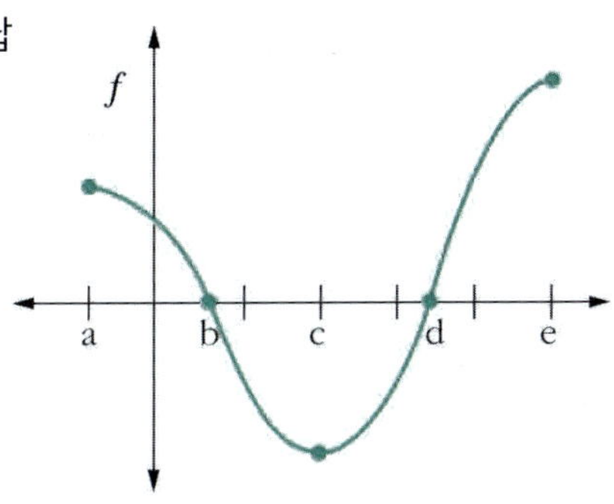

그림 4.27

풀이

(1) $c < x < e$

(2) $f'' > 0$일 때 f'가 증가하므로
$\therefore b < x < d$

(3) $x = c$

(4) $x = b, d$

예제 4.14

아래 그림은 두 번 미분 가능한 함수 $y = f(x)$의 일부 그래프를 보여준다. 표시한 5개의 각 점에서 y'과 y''의 값을 양수, 음수, 0으로 분류하여라.

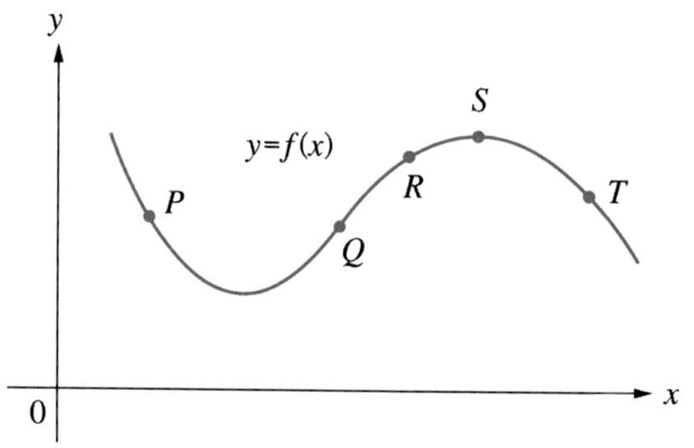

그림 4.28

풀이

점	y'	y''
P	−	+
Q	+	0
R	+	−
S	0	−
T	−	−

연습문제 4.4

1. 문제 (1)–(2)에서 함수 $y=f(x)$의 1계와 2계 도함수의 그래프를 보여준다. 주어진 점 P를 지나는 f의 그래프를 개략적으로 그려라 .

(1)

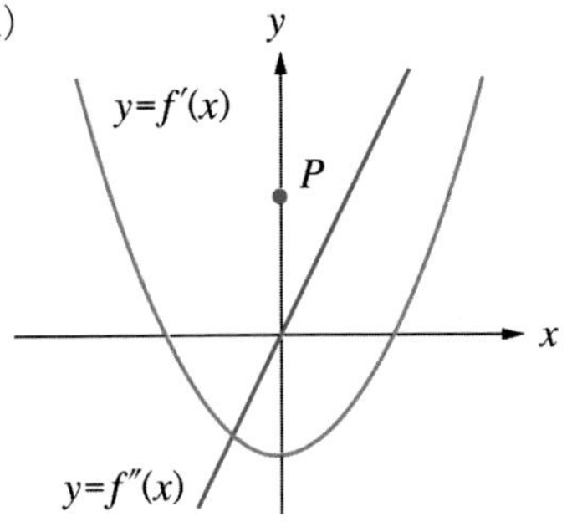

(2)

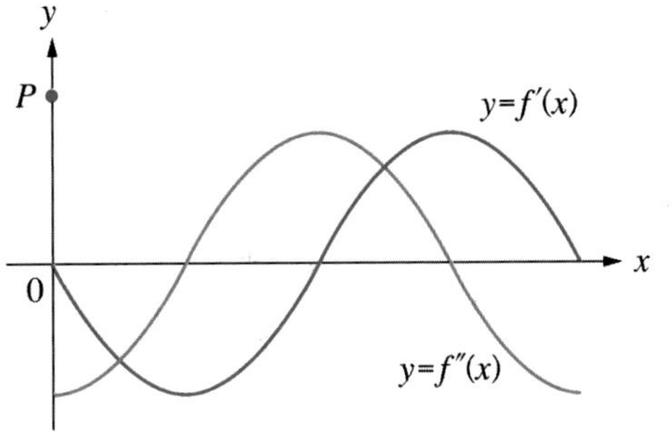

2. f'' 의 그래프가 아래와 같다. 다음을 각각 구하여라.

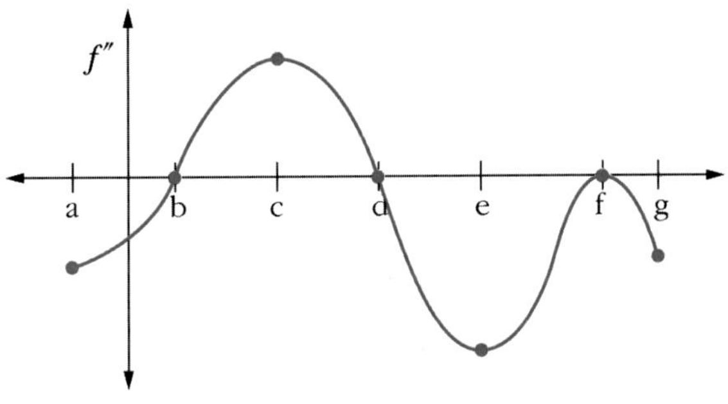

(1) f의 그래프의 변곡점은?

(2) f가 아래로 볼록인 구간은?

(3) f'이 증가하는 구간은?

(4) f'이 극댓값을 갖는 x는?

(5) f'이 위로 볼록인 구간은?

3. f'의 그래프가 아래 그림과 같을 때 다음을 구하여라.

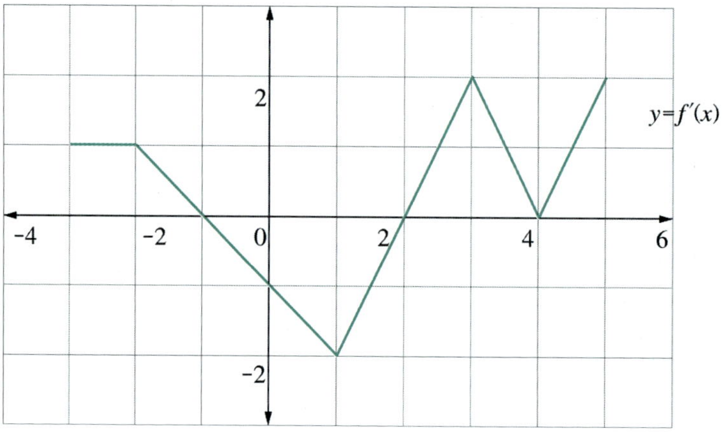

(1) $f'(-1), f'(1), f'(5), f''(-1), f''(1), f''(2), f''(3)$을 구하여라.

(2) 구간 $-1 \leq x \leq 3$에서 f'의 평균변화율은?

(3) f의 그래프가 증가하는 구간은?

(4) f의 그래프가 위로 볼록인 구간은?

(5) f의 그래프의 극대, 극솟점이 되는 x는?

(6) f의 그래프의 변곡점은?

4.5 수직선에 따른 움직임

s는 시각 t에서 수직선 위의 물체 P의 위치를 나타낸다.

어떤 물체가 수직선을 따라 움직인다면, t시각에 P의 속도 v는 $\dfrac{ds}{dt}$로 주어지고, 가속도 a는 $\dfrac{dv}{dt}$ 또는 $\dfrac{d^2s}{dt^2}$에 의해 주어진다. 이 물체의 속력은 v의 크기인 $|v|$이다.

- $v > 0$이면, P는 오른쪽으로 움직이고 이것의 거리 s는 증가한다. $v < 0$이면, P는 왼쪽으로 움직이고 이것의 거리 s는 감소한다.
- $a > 0$이면, v는 증가한다. $a < 0$이면, v는 감소한다.
- a와 v가 모두 양수 또는 모두 음수일 경우, P의 속력 $|v|$이 증가함을 의미한다.
- s가 t의 연속적 함수라면, P가 방향을 바꿀 때 $v = 0$이다. 속도 0은 방향이 바뀌는 것을 꼭 의미하는 것이 아니라는 것을 알아두자.

예제 4.15

거리 $s = 2t^3 - 9t^2 + 12t - 4(t \geq 0)$의 식에 따라 한 물체가 수직선을 따라 움직인다.

(1) 거리 s가 증가하는 모든 t를 구하여라.

(2) 속도가 증가하는 모든 t를 찾아라.

(3) 속력이 증가하는 모든 t를 구하여라.

(4) $t = \dfrac{3}{2}$일 때 속력을 구하여라.

(5) $t = 0$과 $t = 4$사이에서 움직인 총 거리를 구하여라.

풀이

$v = \dfrac{ds}{dt} = 6t^2 - 18t + 12 = 6(t^2 - 3t + 2) = 6(t-2)(t-1)$ 그리고

$a = \dfrac{dv}{dt} = \dfrac{d^2s}{dt^2} = 12t - 18 = 12\left(t - \dfrac{3}{2}\right)$

v의 부호는 다음과 같이 바뀐다.

$$\begin{array}{cc} t<1 \text{ 일 때} & v>0, \\ 1<t<2 \text{ 일 때} & v<0, \\ t>2 \text{ 일 때} & v>0 \end{array}$$

a는

$$t<\frac{3}{2} \text{ 일 때 } a<0,$$
$$t>\frac{3}{2} \text{ 일 때 } a>0$$

(1) $0 \le t < 1$ 또는 $t > 2$일 때, s는 증가한다.

(2) $t > \frac{3}{2}$일 때, v는 증가한다.

(3) 속력 $|v|$는 v와 a 둘 다 양수이거나 둘 다 음수일 때 증가한다. 이는 $t > 2$이거나, $1 < t < \frac{3}{2}$일 때 이다.

(4) $t = \frac{3}{2}$일 때 속력은 $|v| = \left|-\frac{3}{2}\right| = \frac{3}{2}$이다.

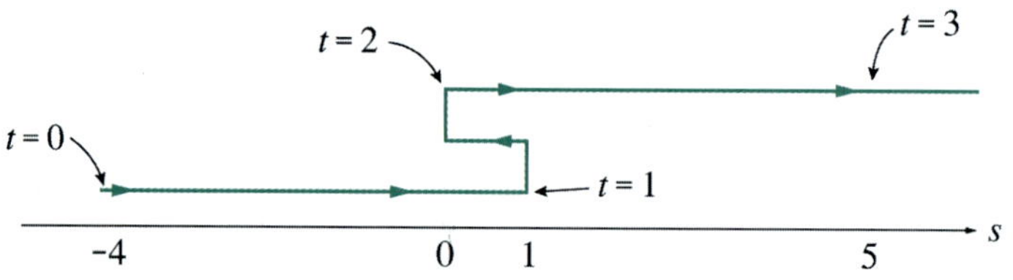

그림 4.29

(5) P의 움직임은 그림 4.30 같이 나타낼 수 있다. $t<1$일 때, P는 오른쪽으로 움직이고, $t=1$에서는 방향을 바꾸고, $1<t<2$일 때는 왼쪽으로 움직이고, $t=2$에서 다시 방향을 바꾸고, 모든 $t>2$에서는 오른쪽으로 움직인다. 어떤 특정한 시각 t에서 P의 위치는 다음 표에서 나타난다.

t	0	1	2	4
s	−4	1	0	28

그림 4.30

따라서 P는 시각 $t=0$과 $t=4$ 사이에서 총 34를 움직인다.

1. $t \geq 0$인 $s(x) = t^3 - 12t + 1$이 수직선을 따라 움직일 때 다음을 구하여라.

(1) 속도와 가속도 함수는?

(2) 속도의 방향이 바뀌는 시각은?

(3) 속도가 증가하는 구간은?

(4) 속력이 감소하는 구간은?

2. $t \geq 0$인 $s(t) = t^3 - 6t^2 + 9t - 3$이 수직선을 따라 움직일 때, 다음을 구하여라.

(1) $t = 1$에서 $t = 2$까지 움직일 때 변위는?

(2) $t = 1$에서 $t = 2$까지 움직일 때 평균속도는?

(3) 속도와 가속도는?

(4) 물체가 언제 정지하는가?

(5) $t = 4$일 때, 물체의 위치, 속력, 가속도를 구하여라.

(6) $t = 0$에서 $t = 2$까지 움직일 때 평균가속도는?

(7) 물체가 양의 방향으로 움직이는 구간은?

(8) 물체의 속도가 감소하는 구간은?

(9) 물체의 속력이 증가하는 구간은?

(10) $t = 0$과 $t = 4$ 사이에서 움직이는 총 거리는?

4.6 곡선을 따라 나타나는 움직임 : 속도와 가속도 벡터

점 P가 시간 t로 표현되는 $P(x(t), y(t))$에 의해 매개함수로 정의되는 곡선을 따라 움직인다면, 원점에서 P까지의 벡터는 x가 벡터의 가로 성분이고 y를 벡터의 세로 성분인 위치 벡터라고 한다. $x(t)$와 $y(t)$의 정의역 안의 모든 t의 값들의 위치 벡터의 집단을 벡터 함수라고 부른다. 벡터는 볼드체 문자 ($\boldsymbol{R}$)또는 이탤릭체 위에 화살표가 써져 있는 ($\overrightarrow{R}$)로 나타낼 것이다. 그러면 위치 벡터 $\overrightarrow{R}(t) = (x(t),\ y(t))$는 i가 $(0, 0)$에서 $(1, 0)$까지의 수평 단위벡터이고, j가 $(0, 0)$에서 $(0, 1)$까지의 수직 단위벡터일 때 이를 이용하여 $\boldsymbol{R} = x(t)i + y(t)j$로도 표기한다. 속도 벡터는 벡터 함수의 미분계수이다.

$$\vec{v}(t) = \frac{dR}{dt} = \frac{dx}{dt}i + \frac{dy}{dt}j \text{ 또는 } \vec{v}(t) = \left(\frac{dx}{dt}, \frac{dy}{dt}\right)$$

$\dfrac{dx}{dt}$와 $\dfrac{dy}{dt}$를 각각 v_x와 v_y로 표기한다.

$\vec{v}(t)$의 기울기는

$$\frac{\frac{dy}{dt}}{\frac{dx}{dt}} = \frac{dy}{dx}$$

곡선의 기울기와 같다. $\vec{v}(t)$의 크기는 벡터의 놈(norm)이다.

$$|\vec{v}(t)| = \sqrt{\left(\frac{dx}{dt}\right)^2 + \left(\frac{dy}{dt}\right)^2} = \sqrt{v_x^2 + v_y^2}$$

따라서, 벡터 $\vec{v}(t)$가 P에서 시작해서 그려진다면, 이것은 P에서 곡선의 접선이 될 것이며 이것의 크기는 P에서 그 물체의 속력이 될 것이다.

가속도 벡터 $\vec{a}(t)$는 $\dfrac{dv}{dt}$ 또는 $\dfrac{d^2R}{dt^2}$이고, R의 성분들의 이계 도함수를 통해 구할 수 있다. 따라서

$$\vec{a}(t) = \frac{d^2x}{dt^2}i + \frac{d^2y}{dt^2}j \text{ 또는 } \vec{a}(t) = \left(\frac{d^2x}{dt^2}, \frac{d^2y}{dt^2}\right)$$

그리고 이것의 크기는 벡터의 놈(norm)이다.

$$|\vec{a}(t)| = \sqrt{\left(\frac{d^2x}{dt^2}\right)^2 + \left(\frac{d^2y}{dt^2}\right)^2} = \sqrt{(a_x^2 + a_y^2)}$$

$\frac{d^2x}{dt^2}$와 $\frac{d^2y}{dt^2}$를 a_x와 a_y로 표기한다.

예제 4.16

한 물체가 방정식 $x = 3\cos t$, $y = 2\sin t$에 따라 움직인다.

(1) 물체의 궤도를 구하는 x와 y로 나타낸 방정식을 찾고 곡선을 그려라.

(2) 시각 t에서의 속도와 가속도 벡터를 구하고 항상 $\vec{a}(t) = -\vec{R}(t)$이라는 것을 보여라.

(3) (a) $t_1 = \frac{\pi}{6}$ (b) $t_2 = \pi$일 때의 $\vec{R}, \vec{v}, \vec{a}$를 찾고 그것들을 그려라.

(4) (a) $t_1 = \frac{\pi}{6}$ (b) $t_2 = \pi$에서 물체의 속력과 가속도 크기를 구하여라.

(5) 시각 t에서의 속도의 크기를 찾아라. 속력은 언제 최대인가? 언제 최소인가?

풀이

(1) $\frac{x^2}{9} = \cos^2 t$이고 $\frac{y^2}{4} = \sin^2 t$이기 때문에, 따라서

$$\frac{x^2}{9} + \frac{y^2}{4} = 1$$

그리고 물체는 $t = 0$일 때, $(3, 0)$에서 출발하여 타원을 따라 시계 반대 방향으로 움직이고 $t = 2\pi$일 때 이 점으로 돌아온다.

(2) $\vec{R} = 3\cos t i + 2\sin t j$, $\vec{v} = -3\sin t i + 2\cos t j$,

$\vec{a} = -3\cos t i - 2\sin t j = -\vec{R}$

그러면 가속도는 항상 타원의 중심을 향한다.

(3) (a) $t_1 = \frac{\pi}{6}$에서,

$$\boldsymbol{R}_1 = \frac{3\sqrt{3}}{2}i + j \qquad \overrightarrow{v_1} = -\frac{3}{2}i + \sqrt{3}j \qquad \overrightarrow{a_1} = -\frac{3\sqrt{3}}{2}i - j$$

(b) $t_2 = \pi$에서,

$$\boldsymbol{R}_2 = -3i \qquad \overrightarrow{v_2} = -2j \qquad \overrightarrow{a_2} = 3i$$

(4)

$t_1 = \frac{\pi}{6}$에서	$t_2 = \pi$에서
$\lvert\overrightarrow{v_1}\rvert = \sqrt{\frac{9}{4}+3} = \frac{\sqrt{21}}{2}$	$\lvert\overrightarrow{v_2}\rvert = \sqrt{0+4} = 2$
$\lvert\overrightarrow{a_1}\rvert = \sqrt{\frac{27}{4}+1} = \frac{\sqrt{31}}{2}$	$\lvert\overrightarrow{a_2}\rvert = \sqrt{9+0} = 3$

(5) 시각 t에서의 속력 $\lvert\overrightarrow{v}(t)\rvert$는

$$\lvert\overrightarrow{v}(t)\rvert = \sqrt{9\sin^2 t + 4\cos^2 t} = \sqrt{4\sin^2 t + 4\cos^2 t + 5\sin^2 t} = \sqrt{4 + 5\sin^2 t}$$

$t = \frac{\pi}{2}$ 또는 $\frac{3\pi}{2}$일 때 속력은 최대이고, $t = 0$ 또는 π일 때, 최소이다.

1. 동점 P의 좌표 x, y가 시각 $t(t \geq 0)$의 함수로써 다음과 같이 주어진다고 한다.

$$x = 2t+1,\ y = 2t-t^2$$

(1) 점 P의 자취를 그림으로 나타내어라.

(2) $t = 2$일 때 점 P의 속도벡터 $\vec{v}(t)$, 가속도벡터 $\vec{a}(t)$ 및 그 크기를 각각 구하여라.

(3) $t = 2$일 때 점 P의 속도벡터의 방향을 구하여라.

2. 시각 t에 따른 위치벡터 $\vec{R}(t) = 3\cos\frac{\pi}{3}ti + 2\sin\frac{\pi}{3}tj$ 에서 다음을 구하여라.

(1) 자취방정식은?

(2) $t = 3$일 때, 속력은?

(3) $t = 3$일 때 가속도의 크기는?

(4) $t = \frac{1}{2}$에서 기울기는?

4.7 최적화

실생활과 관련된 응용문제를 푸는데 문장으로 설명된 문제를 수식화하여 풀이하는 절차는 다음과 같다.

Step 1. 문제를 파악한다. 문제를 이해할 때까지 읽는다. 주어진 양은 무엇인가? 최적화하려는 양은 무엇인가?

Step 2. 그림을 그린다. 문제에 중요할 수 있는 부분을 표시한다.

Step 3. 변수를 도입한다. 그림과 문제의 모든 관계를 방정식 또는 대수적 식으로 나열한다. 모르는 양을 나타내는 변수를 확인한다.

Step 4. 모르는 양의 정의역에서 임계점과 끝점을 조사한다. 함수의 그래프로부터 알 수 있는 사실을 이용한다.

함수의 임계점을 확인하고 분류하기 위해서 1계와 2계 도함수를 이용한다.

예제 4.17

넓이가 16in^2인 직사각형의 둘레는 최소 얼마인가? 이때, 각 변의 길이는 얼마인가?

풀이

ℓ과 w는 직사각형의 가로와 세로라 하자.

$\ell w = 16 \Rightarrow w = 16\ell^{-1} \Rightarrow p(\ell) = 2\ell + 2w = 2\ell + 32\ell^{-1}$

$p'(\ell) = 2 - \dfrac{32}{\ell^2} = \dfrac{2(\ell^2 - 16)}{\ell^2}$

$p'(\ell) = 0 \Rightarrow \dfrac{2(\ell+4)(\ell-4)}{\ell^2} = 0 \Rightarrow \ell = -4$ 또는 $4\ell > 0$이므로 $\ell = 4,\ w = 4 \Rightarrow p(4) = 16$

예제 4.18

다음을 구하여라.

(1) x축에 밑변이 있고 $y=x^2-12$에 내접하는 직사각형의 최대의 면적은?

(2) 곡선 $y=e^{-2x^2}$ 아래 내접하고 x축 위의 직사각형이 다음 그림과 같다. 직사각형의 최대 넓이는?

(3) 반지름이 3㎝인 구에 원뿔이 내접하고 있을 때 이 원뿔의 최대 부피는?

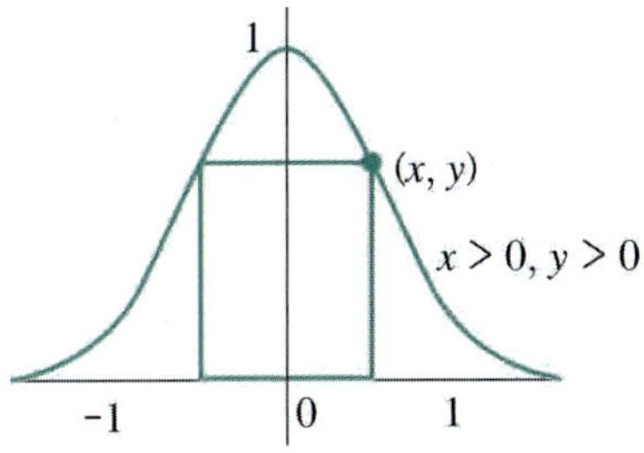

그림 4.31

풀이

(1) $A=2x\cdot(-y)$

$=-2xy=-2x(x^2-12)=-2x^3+24x$

$A'=-6x^2+24=-6(x^2-4),\ x>0$

$A'=0$, $x=2$ 따라서 $A(2)=32$

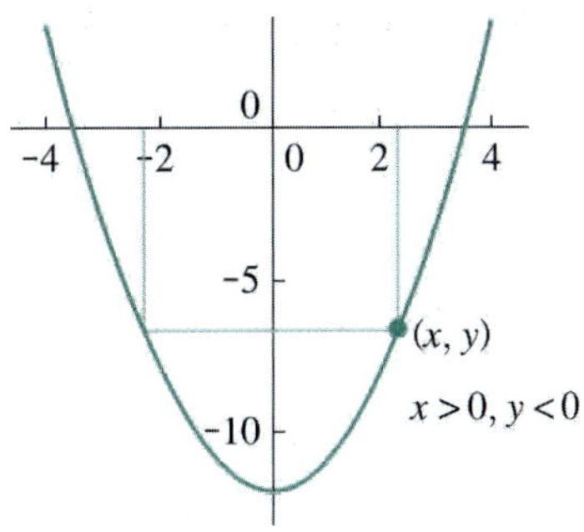

그림 4.32

(2) $A=2x\cdot y=2xe^{-2x^2}$

$A'=2e^{-2x^2}+2xe^{-2x^2}(-4x)=2e^{-2x^2}-8x^2e^{-2x^2}$

$=2e^{-2x^2}(1-4x^2),\ x>0$

$A'=0$, $x=\dfrac{1}{2}$

$A\left(\dfrac{1}{2}\right)=\dfrac{1}{\sqrt{e}}$

(3) $V=\dfrac{1}{3}\pi r^2h,\ r=x=\sqrt{9-y^2},\ h=y+3$

$V(y)=\dfrac{\pi}{3}(9-y^2)(y+3)=\dfrac{\pi}{3}(27+9y-3y^2-y^3)$

$V'(y)=\dfrac{\pi}{3}(9-6y-3y^2)=\pi(1-y)(3+y).$

임계점 $y=1,-3$

$V''(1)=\dfrac{\pi}{3}(-6-6(1))<0\Rightarrow\ y=1$ 에서

최댓값 $V(1)=\dfrac{\pi}{3}(8)(4)=\dfrac{32\pi}{3}\ cm^3$

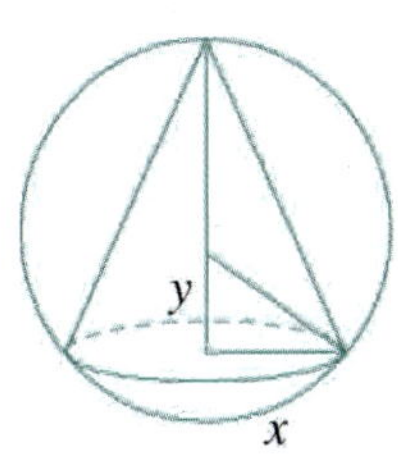

그림 4.33

연습문제 4.7

1. 농장의 한 직사각형 구역을 한 변은 강으로, 나머지 세 변은 단선의 전선 울타리로 둘러치려고 한다. 800m의 전선을 사용할 수 있는데, 둘러칠 수 있는 넓이는 최대 얼마인가? 이때 각 변의 길이는 얼마인가?

2. 다음을 구하여라.

   (1) 두 수의 차가 10이고, 곱이 최소일 때 두 수는?

   (2) 두 양수의 합이 18이고, 한 수와 다른 수의 각각의 제곱의 곱이 최대일 때, 두 수는?

3. 다음을 구하여라.

   가로 8in, 세로 15in인 판지를 네 귀퉁이에서 똑같은 정사각형을 잘라내고 옆면을 접어 올려서 뚜껑이 없는 직육면체 모양의 상자를 만들려고 한다. 이런 방법으로 만들 수 있는 부피가 가장 큰 상자의 각 모서리의 길이는 얼마인가? 이때의 부피는 얼마인가?

4. 다음을 구하여라.

   (1) 500ml의 부피인 밑면이 정사각형이고 뚜껑이 없는 상자를 만들려고 한다. 이 상자의 최소의 겉면적은?

   (2) 부피 1000cm^3인 뚜껑이 없는 원기둥을 만들 때 최소의 겉표면적은?

5. 다음을 구하여라.

   (1) 24cm의 길이를 두 부분으로 절단해서 한 부분은 원으로 구부리고, 다른 부분은 정사각형으로 구부렸다. 둘러싸인 전체 넓이가 최소일 때 원의 둘레의 길이는?

   (2) 20cm 길이의 전선을 두 부분으로 절단해서 한 부분은 정삼각형으로 구부리고 다른 부분은 정사각형으로 구부렸다. 둘러싸인 부분의 전체 넓이가 최소일 때 정삼각형의 한 변의 길이는?

6. 다음을 구하여라.

(1) 반지름이 10㎝인 원에 내접하는 직사각형에서 최대 넓이를 만드는 직사각형의 가로와 세로의 길이는?

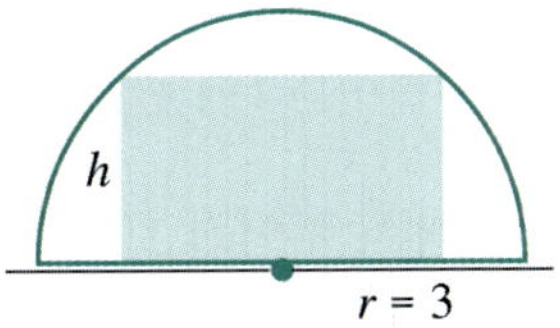

(2) 반지름이 3인 반원에 내접하는 직사각형의 최대 넓이가 되는 가로와 세로의 길이는?

(3) 반지름이 $10\sqrt{3}$ ㎝인 구에 직원기둥이 내접하고 있을 때 이 원기둥의 최대의 부피는?

7. 다음을 구하여라.

(1) 곡선 $y = 2\sqrt{x}$ 위의 점 (x, y)와 점 $A(6, 0)$와의 거리가 최소가 되는 점의 좌표는?

(2) 곡선 $y = \frac{1}{4}x^2 - 1$ 위의 점 (x, y) 중에서 점 $(0, 3)$과 가장 가까운 점의 좌표는?

(3) 점 $(4, 0)$에서 거리가 가장 가까운 쌍곡선 $x^2 - y^2 = -1$의 점을 구하여라.

4.8 관련된 변화율

그림을 그리고 적당한 변수와 상수에 이름을 지정한다. 보통 시간 변수는 t로 놓고, 모든 변수는 t에 관하여 미분 가능하다고 가정한다.

문제에서 주어진 모든 수에 대한 조건을 위에서 정한 변수들을 써서 정리해 본다. 구하고자 하는 것을 쓴다. (주로 변화율이고, 도함수 형태로 쓴다.)

변수들의 관련된 관계식을 구한다. 때로는 2개 이상의 식을 세워 변수의 관계식을 구한 후 변화율을 알고 있는 변수와 변화율을 구하고자 하는 변수가 포함된 하나의 식으로 유도한다. 양변을 t에 관해 미분한다. 구하고자 하는 변화율에 관하여 식을 풀고, 값을 계산한다. 알고 있는 변화율을 이용하여 구하고자 하는 변화율을 구한다.

예제 4.19

정육면체의 한 변의 길이 x가 5m/min로 감소한다. $x=3$일 때 (1) 겉넓이의 변화율과 (2) 부피의 변화율은?

풀이

(1) $S=6x^2, \frac{dx}{dt}=-5\frac{m}{\min} \Rightarrow \frac{ds}{dt}=12x\frac{dx}{dt};\ x=3 \Rightarrow \frac{dS}{dt}=12(3)(-5)=-180\frac{m^2}{\min}$

(2) $V=x^3, \frac{dx}{dt}=-5\frac{m}{\min} \Rightarrow \frac{dV}{dt}=3x^2\frac{dx}{dt};\ x=3 \Rightarrow \frac{dV}{dt}=3(3)^2(-5)=-135\frac{m^3}{\min}$

예제 4.20

원뿔모양의 물탱크에 18π m³/min 의 비율로 물을 채우고 있다. 물탱크는 꼭짓점이 아래를 향하고 있고 높이는 4m이며, 윗면의 반지름은 3m이다. 물의 높이가 2m가 되었을 때, 물의 높이가 증가하는 속력을 구하시오.

풀이

$$\frac{dV}{dt} = 18\pi\ m^3/\text{min}$$

$$\left.\frac{dh}{dt}\right|_{h=2} = ?$$

$$\frac{3}{4} = \frac{r}{h},\ 4r = 3h \cdots\cdots ①$$

$$V = \frac{1}{3}\pi r^2 h \cdots\cdots ②$$

① → ②

$$V = \frac{\pi}{3}\left(\frac{3}{4}h\right)^2 \cdot h = \frac{3\pi}{16}h^3$$

$$\frac{dV}{dt} = \frac{9\pi}{16}h^2 \cdot \frac{dh}{dt}$$

$$18\pi = \frac{9\pi}{16}(2)^2 \cdot \frac{dh}{dt}$$

$$\therefore \left.\frac{dh}{dt}\right|_{h=2} = 8\ m/\text{min}$$

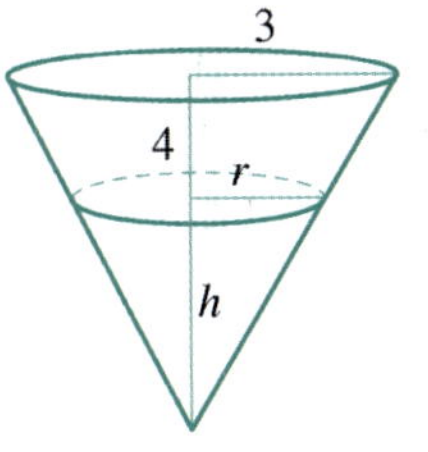

그림 4.34

예제 4.21

자동차 A는 남쪽에서 교차로를 향하여 북쪽으로 $30m/h$로 달리고 있고, 자동차 B는 교차로를 동쪽으로 $50m/h$로 달리고 있다. 자동차 A는 교차로까지 $80m$, 자동차 B는 교차로로부터 $70m$ 떨어져 있을 때, 1시간 후 자동차 A, B 사이의 거리의 변화율은?

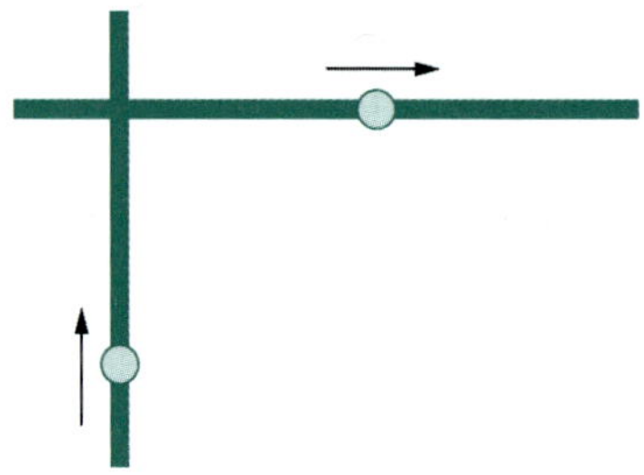

그림 4.35

풀이

$$\frac{dy}{dt}=-30m/h,\ \frac{dx}{dt}=50m/h,\ \left.\frac{dz}{dt}\right|_{t=1}=?$$

$$x^2+y^2=z^2$$

$$2x\frac{dx}{dt}+2y\frac{dy}{dt}=2z\frac{dz}{dt}$$

$$\frac{dz}{dt}=\frac{x\frac{dx}{dt}+y\frac{dy}{dt}}{z}$$

$t=1$일 때, $x=120$,$y=50$

$$z=\sqrt{(120)^2+(50)^2}=130$$

$$\therefore \left.\frac{dz}{dt}\right|_{t=1}=\frac{(120)(50)+(50)(-30)}{130}=\frac{450}{13}m/h$$

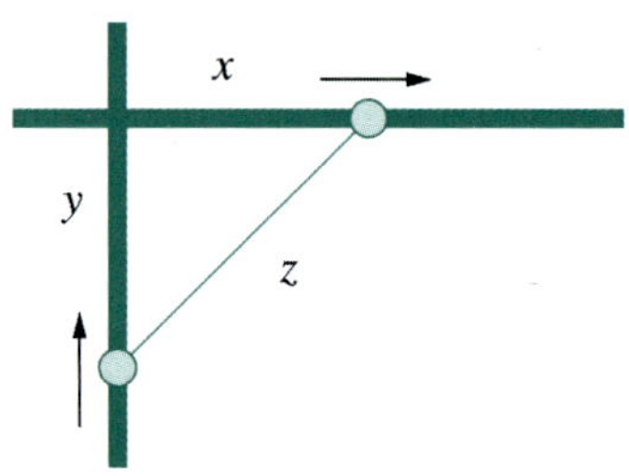

그림 4.36

연습문제 4.8

1. 전압이 V (volts), 전류가 I (amperes), 저항이 R (ohms)인 전기회로에서 $V = IR$이라는 관계식이 성립한다. V는 초당 1 V씩 증가하고 있고, I는 초당 1/3I씩 감소하고 있다고 한다. t가 시간을 나타내는 변수일 때

   (1) dV/dt 값은?

   (2) dI/dt 값은?

   (3) 변화율 dR/dt를 두 변화율 dV/dt와 dI/dt의 식으로 표현하여라.

   (4) $V = 12volt$이고 $I = 2\mathrm{amp}$일 때, dR/dt를 구하여라. R은 증가하는가? 감소하는가?

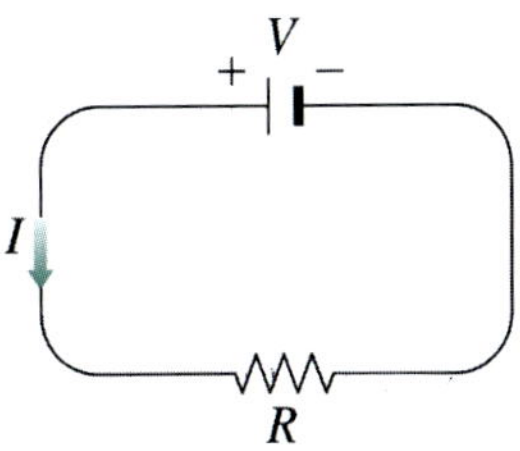

2. 다음을 구하여라.

   (1) 거꾸로 된 원뿔형 탱크 안에 물이 채워져 있다. 16π ㎥/min의 비율로 탱크 밑에서 물이 빠져나오고 있다. 탱크 높이는 6m이고 윗면의 반지름은 45m이다. 물의 높이가 5m일 때 표면적이 감소하는 반지름의 변화율은?

   (2) 둥근 기구 안에 공기를 불어넣을 때, 기구의 부피는 100π $\mathrm{ft}^3/\mathrm{min}$의 비율로 증가한다. 반지름이 5ft일 때 겉표면적의 변화율은?

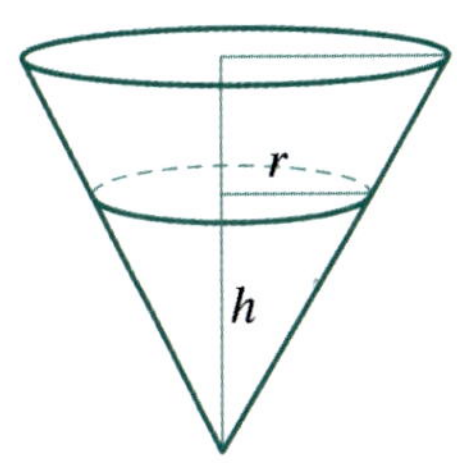

3. 길이가 13ft인 사다리가 벽에 기대어 있다가 미끄러지기 시작하였다. 사다리의 아랫부분이 벽으로부터 12ft가 되었을 때의 변화율이 5ft/sec이었다.

   (1) 벽에 기대어 있는 부분이 내려오는 변화율을 구하여라.

   (2) 사다리와 벽, 그리고 지면이 이루는 삼각형의 넓이의 변화율을 구하여라.

   (3) 사다리와 지면이 이루는 각의 크기 θ의 변화율을 구하여라.

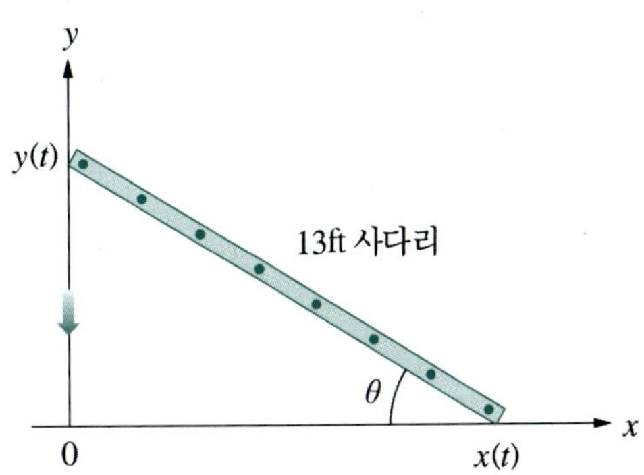

4. 다음을 구하여라.

(1) 그림과 같이 도르래를 이용하여 배를 당기고 있다. 도르래는 밑에서 6ft 높이에 매달려 있고, 줄은 2ft/sec의 비율로 당겨지고 있다.

(a) 배가 선착장 도르래에서 10ft 거리에 있을 때, 배의 속력을 구하여라.

(b) 이때, 그림에서 각 θ의 변화율을 구하여라.

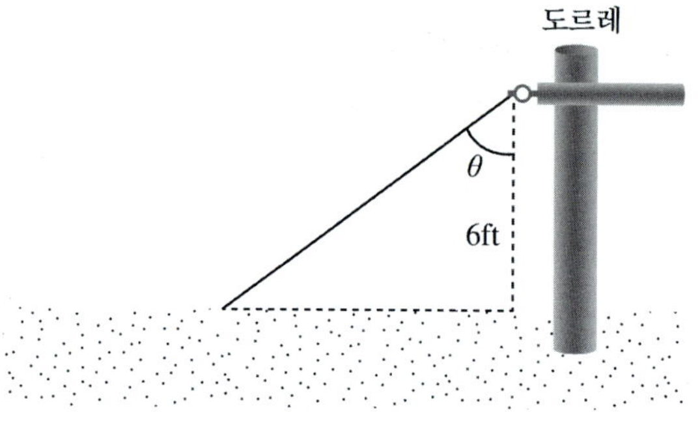

(2) 트랙에서 132ft 떨어진 거리에서 자동차를 촬영하고 있다. 자동차는 180mi/h (264 ft/sec)의 속력으로 달리고 있다. 그림과 같이 자동차가 촬영하고 있는 카메라의 정면을 통과할 때 각 θ의 변화율을 구하여라. 또, 0.5초 후의 변화율을 구하여라.

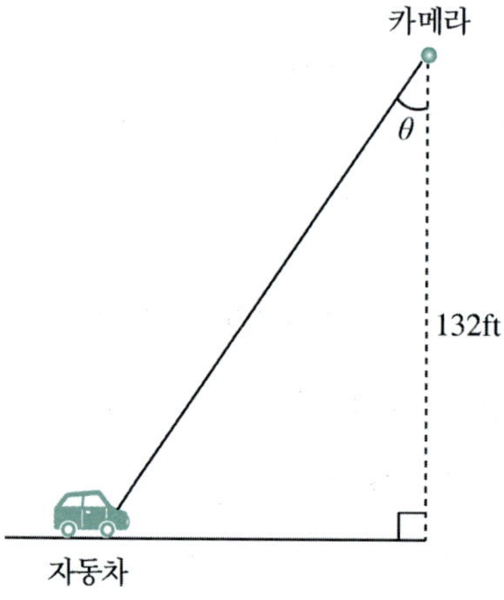

5. 다음을 구하여라.

(1) 키가 6ft인 사람이 3ft/sec의 속력으로 길이 20ft인 가로등을 향해 걷고 있다. 이 사람의 그림자의 길이의 변화율과 그림자 끝이 움직이는 변화율은?

(2) 열기구가 일정한 속력 1ft/sec으로 수직으로 상승하고 있고, 자전거는 일정한 속력 17ft/sec로 달리고 있다. 열기구가 65ft 높이에 이르렀을 때, 자전거가 열기구의 바로 밑을 통과하고 있었다. 그로부터 3초 후에 열기구와 자전거 사이의 거리 $s(t)$의 변화율을 구하여라.

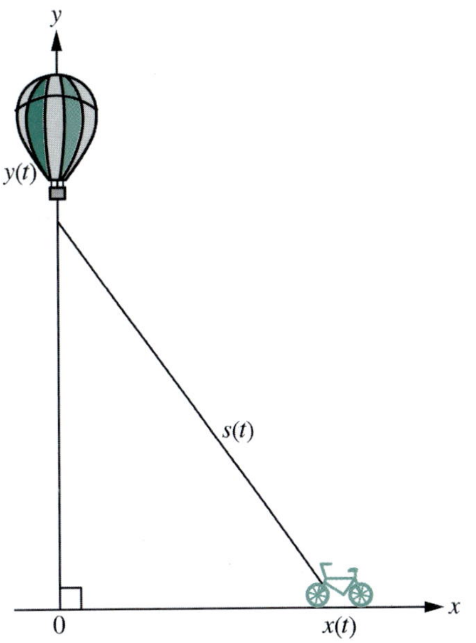

6. 다음을 구하여라.

(1) 두 변의 길이가 각각 7㎝, 8㎝이고 그 사이의 각이 $\frac{\pi}{14}$ $rad/\sec$의 비율로 감소하고 있는 삼각형이 있다. 길이가 고정된 두 변 사이의 각이 $\frac{\pi}{3}$일 때 삼각형의 넓이의 변화율은?

(2) 삼각형의 높이는 2㎝/sec의 비율로 증가하는 반면, 밑변의 길이는 3㎝/sec의 비율로 감소한다. 밑변이 8㎝, 넓이가 40㎝^{2}일 때, 삼각형의 넓이의 변화율은?

4.9 평균값 정리(Mean value theorem)

(1) 평균값 정리

$y=f(x)$가 닫힌구간 $[a,b]$에서 연속이고, 열린구간 (a,b)에서 미분 가능하다고 하자. 그러면 다음을 만족시키는 점 c가 (a,b)에 적어도 1개 이상 존재한다.

$$\frac{f(b)-f(a)}{b-a}=f'(c)$$

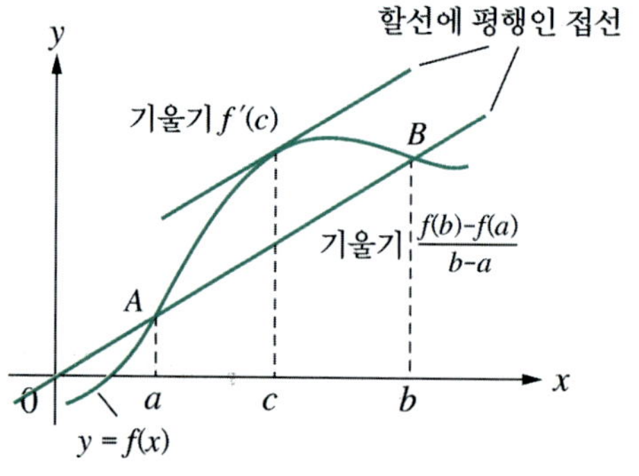

그림 4.37

(2) 롤의 정리

$y=f(x)$가 닫힌구간 $[a,b]$의 모든 점에서 연속이고 열린 구간 (a,b)의 모든 점에서 미분 가능하다고 하자.

만약, $f(a)=f(b)$이면, 다음을 만족하는 점 c가 (a,b)에 적어도 1개 이상 존재한다.

$$f'(c)=0$$

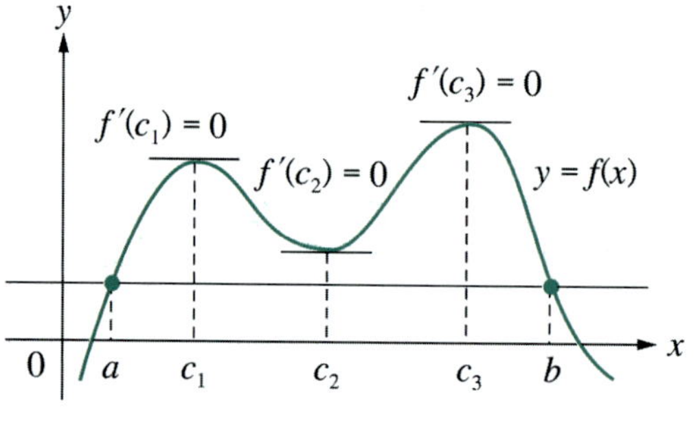

그림 4.38

예제 4.22

함수 $f(x)=x^2-2x$일 때, $f'(c)=\dfrac{f(3)-f(1)}{3-1}$이 성립하는 $c(1<c<3)$을 구하여라.

풀이

$$f'(x)=2x-2,\ \frac{f(3)-f(1)}{3-1}=\frac{3-(-1)}{3-1}=2 \Rightarrow 2c-2=2$$

$\therefore\ c=2$

예제 4.23

주어진 함수와 구간에 대한 평균값 정리의 결론인 다음 식을 만족시키는 c의 값(들)을 구하여라.

$$\frac{f(b)-f(a)}{b-a}=f'(c)$$

(1) $f(x)=\ln(x-1),\ [2,4]$

(2) $g(x)=\begin{cases} x^3, & -2\le x\le 0 \\ x^2, & 0\le x\le 2 \end{cases}$

풀이

(1) $f(x)=\ln(x-1),\ 2\le x\le 4,$

$$f'(c)=\frac{f(4)-f(2)}{4-2} \Rightarrow \frac{1}{c-1}=\frac{\ln 3-\ln 1}{2} \Rightarrow c-1=\frac{2}{\ln 3} \Rightarrow c=1+\frac{2}{\ln 3}\approx 2.820$$

(2) $g(x)=\begin{cases} x^3 & -2\le x\le 0 \\ x^2 & 0<x\le 2 \end{cases},$

$\dfrac{g(2)-g(-2)}{2-(-2)}=g'(c).$

$-2\le x<0,$

$g'(x)=3x^2 \Rightarrow 3=g'(c) \Rightarrow 3c^2=3 \Rightarrow c=\pm 1$

$c=-1,$

$0<x\le 2,$

$g'(x)=2x \Rightarrow 3=g'(c) \Rightarrow 2c=3 \Rightarrow c=\dfrac{3}{2}$

연습문제 4.9

1. 주어진 함수와 구간에 대한 평균값 정리의 결론인 다음 식을 만족시키는 c의 값(들)을 구하여라.

$$\frac{f(b)-f(a)}{b-a}=f'(c)$$

(1) $f(x)=x^2+3x-1,\ [0,1]$

(2) $f(x)=x^{2/3},\ [0,1]$

(3) $f(x)=x+\frac{1}{x},\ [\frac{1}{2},2]$

(4) $f(x)=\sqrt{x-1},\ [1,3]$

(5) $f(x)=\sin^{-1}x,\ [-1,1]$

(6) $f(x)=x^3-x^2,\ [-1,2]$

2. 주어진 함수에 대해 평균값 정리 조건을 주어진 구간에서 만족하는지 판정하여라.

(1) $y=\frac{1}{x},\ [-2,4]$

(2) $y=\frac{x}{|x|},\ [-1,1]$

(3) $y=|x-1|+2,\ [0,2]$

(4) $y=\sqrt[3]{x^2},\ [-1,8]$

4.10 선형화함수

f가 $x=a$에서 미분 가능할 때, 근사함수

$$L(x)=f(a)+f'(a)(x-a)$$

를 a에서 f의 선형화(linearization)함수라고 한다. 함수 f를 L로 근사시키는 식

$$f(x)\approx L(x)$$

을 a에서 f의 표준 선형 근사(standard linear approximation)식이라고 한다. 점 $x=a$를 근사의 중심(center)이라고 한다.

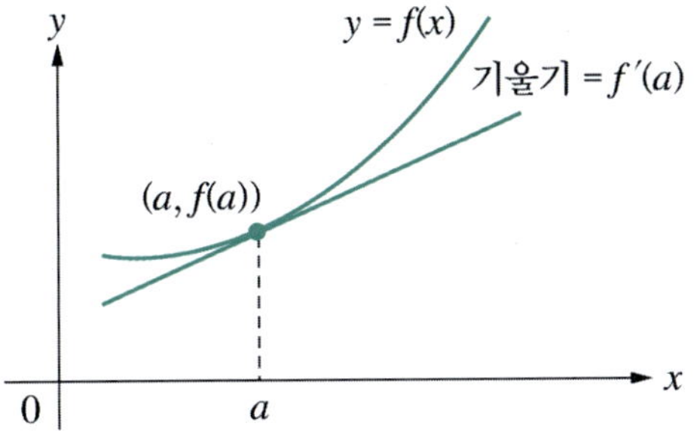

그림 4.39

예제 4.24

$x=a$에서 $f(x)$의 선형화함수를 구하여라.

(1) $f(x)=\sqrt{1+x}$, $a=0$　　(2) $f(x)=\tan x$, $a=\pi$

풀이

(1) $f(0)=1$, $f'(x)=\frac{1}{2}(1+x)^{-1/2}$ 이므로 $f'(0)=1/2$이다.

따라서 선형화함수는 다음과 같다.

$L(x)=f(a)+f'(a)(x-a)=1+\frac{1}{2}(x-0)=1+\frac{x}{2}$

(2) $f(x)=\tan x$

$\Rightarrow f'(x)=\sec^2 x$

$\Rightarrow L(x)=f(\pi)+f'(\pi)(x-\pi)=0+1(x-\pi)=x-\pi$

예제 4.25

다음 값을 추정하기 위해 선형화함수를 이용하여라.

(1) $\sqrt[3]{7.4}$

(2) $\tan^{-1}(1.01)$

풀이

(1) $f(x)=\sqrt[3]{x}$

$f(8)=\sqrt[3]{8}=2 \Rightarrow (8,2)$

$f'(x)=\frac{1}{3}x^{-\frac{2}{3}}$

$f'(8)=\frac{1}{3}(8)^{-\frac{2}{3}}=\frac{1}{3}\cdot\frac{1}{4}=\frac{1}{12}$

$y=\frac{1}{12}(x-8)+2$

$\sqrt[3]{x} \approx \frac{1}{12}(x-8)+2\ ,\ x=8$

$\sqrt[3]{7.4} \approx \frac{1}{12}(-0.6)+2=1.95$

(2) $f(x)=\tan^{-1}x$

$f(1)=\tan^{-1}(1)=\frac{\pi}{4} \Rightarrow \left(1,\frac{\pi}{4}\right)$

$f'(x)=\frac{1}{1+x^2}$

$f'(1)=\frac{1}{2}$

$y-\frac{\pi}{4}=\frac{1}{2}(x-1)$

$y=\frac{1}{2}(x-1)+\frac{\pi}{4}$

$\tan^{-1}x \approx \frac{1}{2}(x-1)+\frac{\pi}{4}\ ,\ x=1$

$\tan^{-1}(1.01) \approx \frac{1}{2}(0.01)+\frac{\pi}{4}$

$\approx \frac{\pi}{4}+0.005\ (0.790)$

연습문제 4.10

1. 선형화함수를 이용하여 다음값의 근삿값을 구하시오.

(1) $\sqrt{16.08}$

(2) $\sqrt[3]{7.4}$

(3) $\sqrt{63}$

(4) $(1.01)^{10}$

(5) $2^{3.99}$

(6) $\tan^{-1}(1.01)$

2. $x=a$에서 $f(x)$의 선형화함수를 구하여라.

(1) $f(x)=x^3-2x+3,\ a=2$

(2) $f(x)=\sqrt{x^2+9},\ a=-4$

(3) $f(x)=x+\dfrac{1}{x},\ a=1$

(4) $f(x)=\sqrt[3]{x},\ a=-8$

4.11 부정형과 로피탈의 법칙

다음 형식의 극한치는 부정형이라고 불린다.

$$\frac{0}{0} \text{ 또는 } \frac{\infty}{\infty},\quad 0 \cdot \infty,\quad \infty - \infty,\quad 0^0,\quad 1^\infty,\quad \infty^0$$

$\frac{0}{0}$ 또는 $\frac{\infty}{\infty}$ 형태의 부정형 극한치를 찾기 위해서 분모와 분자에 있는 미분을 취하는 로피탈의 법칙을 적용한다.

(a) $\lim_{x\to a} f(x) = \lim_{x\to a} g(x) = 0$, $\lim_{x\to a} g'(x) \neq 0$이고 $\lim_{x\to a} \frac{f'(x)}{g'(x)}$가 존재한다면,

$$\lim_{x\to a} \frac{f(x)}{g(x)} = \lim_{x\to a} \frac{f'(x)}{g'(x)}$$

가 성립한다.

(b) $\lim_{x\to a} f(x) = \lim_{x\to a} g(x) = 0$, $\lim_{x\to a} g'(x) \neq 0$이고, (a)의 경우와 똑같은 결과가 따른다.

(c) $\lim_{x\to\infty} f(x) = \lim_{x\to\infty} g(x) = 0$, $\lim_{x\to\infty} g'(x) \neq 0$이고 $\lim_{x\to\infty} \frac{f'(x)}{g'(x)}$가 존재한다면,

$$\lim_{x\to\infty} \frac{f(x)}{g(x)} = \lim_{x\to\infty} \frac{f'(x)}{g'(x)}$$

가 성립한다.

(d) $\lim_{x\to\infty} f(x) = \lim_{x\to\infty} g(x) = \infty$, $\lim_{x\to\infty} g'(x) \neq 0$이고 $\lim_{x\to\infty} \frac{f'(x)}{g'(x)}$가 존재한다면 (c)의 경우와 똑같은 결과가 따른다.

위의 어떤 법칙이든 적용했을 때 $\frac{0}{0}$ 또는 $\frac{\infty}{\infty}$이 나왔다면, 더 이상 부정형이 나오지 않을 때까지 절차를 반복하며, 법칙을 한 번 더 적용해볼 수 있다. $0 \cdot \infty$형과 $\infty - \infty$형은 $\frac{0}{0}$형이나 $\frac{\infty}{\infty}$형으로 변형하여 계산하고 0^0, 1^∞, ∞^0형은 자연로그를 취하여 로피탈 법칙을 적용한다.

예제 4.26

다음 극한을 구하여라.

(1) $\lim_{x\to 3}\frac{x^2-9}{x-3}$

(2) $\lim_{x\to 0}\frac{\tan x}{x}$

(3) $\lim_{x\to -2}\frac{x^3+8}{x^2-4}$

(4) $\lim_{h\to 0}\frac{e^h-1}{h}$

(5) $\lim_{x\to\infty}\frac{x^3-4x^2+7}{3-6x-2x^3}$

(6) $\lim_{x\to\infty}\frac{\ln x}{x}$

(7) $\lim_{x\to\infty}x\sin\frac{1}{x}$

(8) $\lim_{x\to 0}(1+x)^{1/x}$

(9) $\lim_{x\to\infty}x^{1/x}$

풀이

(1) $\lim_{x\to 3}\frac{x^2-9}{x-3}$가 $\frac{0}{0}$의 형식이고, 따라서 $\lim_{x\to 3}\frac{2x}{1}=6$

(2) $\lim_{x\to 0}\frac{\tan x}{x}$가 $\frac{0}{0}$의 형식이고, 따라서 $\lim_{x\to 0}\frac{\sec^2 x}{1}=1$

(3) $\lim_{x\to -2}\frac{x^3+8}{x^2-4}$가 $\frac{0}{0}$의 형식이고, 따라서 $\lim_{x\to -2}\frac{3x^2}{2x}=-3$

(4) $\lim_{h\to 0}\frac{e^h-1}{h}$가 $\frac{0}{0}$의 형식이고, 따라서 $\lim_{h\to 0}\frac{e^h}{1}=1$

(5) $\lim_{x\to\infty}\frac{x^3-4x^2+7}{3-6x-2x^3}$가 $\frac{\infty}{\infty}$의 형식이고, 따라서 $\lim_{x\to\infty}\frac{3x^2-8x}{-6-6x^2}$ 와 같다.

로피탈의 법칙을 두 번 더 적용해 보아라.

$$\lim_{x\to\infty}\frac{6x-8}{-12x}=\lim_{x\to\infty}\frac{6}{-12}=\frac{-1}{2}$$

(6) $\lim_{x\to\infty}\frac{\ln x}{x}$가 $\frac{\infty}{\infty}$의 형식이고, 따라서 $\lim_{x\to\infty}\frac{1/x}{1}=0$ 과 같다.

(7) $\lim_{x\to\infty}x\sin\frac{1}{x}$은 $\infty\cdot 0$의 형식이다. $x\sin\frac{1}{x}=\frac{\sin 1/x}{1/x}$ 이기 때문에 두 번째 형식은 $\frac{0}{0}$의 부정형이다.

$$\lim_{x\to\infty} x\sin\frac{1}{x} = \lim_{x\to\infty}\frac{-\frac{1}{x^2}\cos\frac{1}{x}}{-\frac{1}{x^2}} = \lim_{x\to\infty}\cos\frac{1}{x} = 1$$

(8) $\lim_{x\to 0}(1+x)^{1/x}$은 1^{∞}의 형식이다. $\frac{0}{0}$의 형식인 $\lim_{x\to 0}\ln y = \lim_{x\to 0}\frac{\ln(1+x)}{x}$이다.

$\lim_{x\to 0}\ln y = 1,\ y = e^1 = e$

(9) $\lim_{x\to\infty} x^{1/x}$은 ∞^0의 형식이다. $y = x^{1/x}$이면 $\ln y = \frac{1}{x}\ln x$($x\to\infty$일 때 $\frac{\infty}{\infty}$ 형식이므로)

따라서 $\lim_{x\to\infty}\ln y = \lim_{x\to\infty}\frac{1/x}{1} = 0$이고, $\lim_{x\to\infty} y = e^0 = 1$

연습문제 4.11

1. 다음 문제를 로피탈의 법칙을 사용하여 구하여라.

(1) $\lim_{t \to -3} \frac{t^3 - 4t + 15}{t^2 - t - 12}$

(2) $\lim_{t \to 0} \frac{\sin t^2}{t}$

(3) $\lim_{\theta \to \frac{\pi}{2}} \frac{2\theta - \pi}{\cos(2\pi - \theta)}$

(4) $\lim_{x \to 0} \frac{x^2}{\ln(\sec x)}$

(5) $\lim_{x \to \left(\frac{\pi}{2}\right)} \left(x - \frac{\pi}{2}\right) \sec x$

(6) $\lim_{x \to 0} \frac{x 2^x}{2^x - 1}$

(7) $\lim_{x \to 0^+} \frac{\ln(x^2 + 2x)}{\ln x}$

(8) $\lim_{x \to \infty} (\ln 2x - \ln(x+1))$

(9) $\lim_{x \to 1^+} \left(\frac{1}{x-1} - \frac{1}{\ln x}\right)$

(10) $\lim_{\theta \to 0} \frac{\cos\theta - 1}{e^\theta - \theta - 1}$

(11) $\lim_{x \to 0} \frac{x - \sin x}{x \tan x}$

(12) $\lim_{x \to 1^+} x^{-\frac{1}{(1-x)}}$

(13) $\lim_{x \to \infty} x^{-\frac{1}{\ln x}}$

(14) $\lim_{x \to 0^+} x^x$

(15) $\lim_{x \to 0^+} x^2 \ln x$

CHAPTER 5

적분

5.1 부정적분

$F'(x)=f(x)$일 때 함수 $F(x)$를 $f(x)$의 역도함수(antiderivative)라고 한다. 기호 $\int f(x)dx$가 전통적으로 f의 한 역도함수로서 사용되며, 이를 부정적분(indefinite integral)이라 한다.

$$\int f(x)dx = F(x)+C,\ (F(x)+C)' = F'(x) = f(x)$$

여기에서 C를 적분상수, $\int$를 적분기호, $f(x)$를 피적분함수, x를 적분변수라고 한다.

5.1.1 기본 적분 공식

일반적인 역도함수는 역도함수에 임의의 상수(적분상수)를 더해 얻는다.

(1) $\int kf(x)\,dx = k\int f(x)\,dx \quad (k \neq 0)$

(2) $\int [f(x)+g(x)]\,dx = \int f(x)\,dx + \int g(x)dx$

(3) $\int x^n\,dx = \dfrac{x^{n+1}}{n+1} + C \qquad (n \neq -1)$

(4) $\int \dfrac{dx}{x} = \ln|x| + C$

예제 5.1

다음 부정적분을 구하라.

(1) $\int 7\,dx$

(2) $\int 4x^3\,dx$

(3) $\int \left(x^6 + \frac{1}{x}\right) dx$

(4) $\int (2\sin x + \cos x)^2\,dx + \int (\sin x - 2\cos x)^2 dx$

풀이

(1) $\int 7\,dx = 7x + C$

(2) $\int 4x^3\,dx = x^4 + C$

(3) $\int \left(x^6 + \frac{1}{x}\right) dx = \frac{1}{7}x^7 + \ln|x| + C$

(4) $\int (2\sin x + \cos x)^2 dx + \int (\sin x - 2\cos x)^2 dx$

$= \int [4\sin^2 x + 4\sin x \cos x + \cos^2 x + \sin^2 x - 4\sin x \cos x + 4\cos^2 x]\,dx$

$= \int (5\sin^2 x + 5\cos^2 x)dx \;= \int 5dx \;= 5x + C$

5.1.2 삼각함수의 적분

삼각함수 미분 공식으로부터 적분 공식을 유도할 수 있다.

$$\int \cos x\,dx = \sin x + C \qquad \int \sin x\,dx = -\cos x + C$$

$$\int \tan x\,dx = \ln|\sec x| + C \text{ 또는 } -\ln|\cos x| + C \qquad \int \cot x\,dx = \ln|\sin x| + C \text{ 또는 } -\ln|\csc x| + C$$

$$\int \sec^2 x\,dx = \tan x + C \qquad \int \csc^2 x\,dx = -\cot x + C$$

$$\int \sec x \tan x\,dx = \sec x + C \qquad \int \csc x \cot x\,dx = -\csc x + C$$

$$\int \sec x\,dx = \ln|\sec x + \tan x| + C \qquad \int \csc x\,dx = \ln|\csc x - \cot x| + C$$

예제 5.2

다음 부정적분을 구하여라.

(1) $\int (\sec^2 x - 4\csc x)dx$ (2) $\int \cot^2 x\,dx$

풀이

(1) $\int (\sec^2 x - 4\csc x)dx = \tan x - 4\ln|\csc x - \cot x| + C$

(2) $\int \cot^2 x\,dx = \int (\csc^2 x - 1)dx = -\cot x - x + C$

5.1.3 역 삼각함수의 적분

역삼각함수 미분 공식으로부터 적분 공식을 유도할 수 있다.

(1) $\int \frac{dx}{\sqrt{1-x^2}} = \sin^{-1}x + C$

또는 $\arcsin x + C$

(2) $\int \frac{dx}{1+x^2} = \tan^{-1}x + C$

또는 $\arctan x + C$

(3) $\int \frac{dx}{x\sqrt{x^2-1}} = \sec^{-1}|x| + C$

또는 $\mathrm{arcsec}|x| + C$

예제 5.3

다음 적분을 구하여라.

(1) $\int \frac{3}{x^2+1}dx$

(2) $\int \frac{-7}{x\sqrt{x^2-1}}dx$

풀이

(1) $\int \frac{3}{x^2+1}dx = 3\tan^{-1}x + C$

(2) $\int \frac{-7}{x\sqrt{x^2-1}}dx = -7\sec^{-1}|x| + C$

5.1.4 역 연쇄법칙을 사용한 적분(1)

미분의 연쇄법칙공식(합성함수 미분법)으로부터 다음 적분 공식을 유도할 수 있다.

$$\int (ax+b)^n dx = \frac{1}{a(n+1)}(ax+b)^{n+1} + C \qquad (a,b\text{는 상수})$$

예제 5.4

다음 적분을 구하여라.

(1) $\int \left(\frac{1}{2}x+3\right)^5 dx$

(2) $\int \sqrt{1-3x}\,dx$

풀이

(1) $\int \left(\frac{1}{2}x+3\right)^5 dx = \frac{1}{3}(\frac{1}{2}x+3)^6 + C$

(2) $\int \sqrt{1-3x}\,dx = -\frac{2}{9}(1-3x)^{\frac{3}{2}} + C$

5.1.5 지수함수의 적분

지수함수 미분 공식으로부터 다음 적분 공식을 유도할 수 있다.

(1) $\int e^x\,dx = e^x + C$

(2) $\int a^x\,dx = \frac{a^x}{\ln a} + C \qquad (a > 0,\, a \neq 1)$

예제 5.5

다음 적분을 구하여라.

(1) $\int (e^x + 4)dx$

(2) $\int (5^x - 7^x)dx$

(3) $\int \left(10^x + \frac{10}{x} - \frac{7}{x^3}\right)dx$

풀이

(1) $\int (e^x + 4)dx = e^x + 4x + C$

(2) $\int (5^x - 7^x)dx = \frac{5^x}{\ln 5} - \frac{7^x}{\ln 7} + C$

(3) $\int \left(10^x + \frac{10}{x} - \frac{7}{x^3}\right)dx = \frac{10^x}{\ln 10} + 10\ln|x| + \frac{7}{2}x^{-2} + C$

5.1.6 역 연쇄법칙을 사용한 적분(2)

지수함수, 삼각함수, 미분의 연쇄법칙공식으로부터 다음 적분 공식을 유도할 수 있다.

(1) $\int e^{kx}dx = \frac{1}{k}e^{kx} + C$

(2) $\int a^{kx}dx = \frac{1}{k}\frac{a^{kx}}{\ln a} + C \qquad (k, a$는 상수)

(3) $\int \cos kx\, dx = \frac{1}{k}\sin kx + C$

(4) $\int \sin kx\, dx = -\frac{1}{k}\cos kx + C$

예제 5.6

다음 적분을 구하여라.

(1) $\int (10^{5x} + \sin 2x)dx$

(2) $\int 4^x(4^{2x} + 1)dx$

(3) $\int \sqrt{3^{x+1}}\,dx$

(4) $\int \left[\cos 3x + \sin\left(\frac{x}{2}\right)\right]dx$

풀이

(1) $\int (10^{5x} + \sin 2x)dx = \frac{10^{5x}}{5\ln 10} - \frac{1}{2}\cos 2x + C$

(2) $\int 4^x(4^{2x} + 1)dx = \int (4^{3x} + 4^x)dx = \frac{4^{3x}}{3\ln 4} + \frac{4^x}{\ln 4} + C$

(3) $\int \sqrt{3^{x+1}}\,dx = \int (3^{x+1})^{\frac{1}{2}}dx = \int 3^{\frac{1}{2}x+\frac{1}{2}}dx = \frac{2(3)^{\frac{1}{2}x+\frac{1}{2}}}{\ln 3} + C$

(4) $\int \left[\cos 3x + \sin\left(\frac{x}{2}\right)\right]dx = \frac{1}{3}\sin 3x - 2\cos\left(\frac{x}{2}\right) + C$

5.1.7 배각공식을 사용한 적분

다음 삼각함수 배각공식을 사용하여 여러 삼각함수 적분을 유도할 수 있다.

(1) $\sin 2x = 2\sin x \cos x \quad \Rightarrow \quad \sin x \cos x = \dfrac{1}{2}\sin 2x$

(2) $\cos 2x = 2\cos^2 x - 1 \Rightarrow \cos^2 x = \dfrac{1+\cos 2x}{2} = \dfrac{1}{2} + \dfrac{1}{2}\cos 2x$

(3) $\cos 2x = 1 - 2\sin^2 x \Rightarrow \sin^2 x = \dfrac{1-\cos 2x}{2} = \dfrac{1}{2} - \dfrac{1}{2}\cos 2x$

예제 5.7

다음 적분을 구하여라.

(1) $\displaystyle\int 12\sin 3x \cos 3x\, dx$ (2) $\displaystyle\int \sin^2 3x\, dx$

풀이

(1) $\displaystyle\int 12\sin 3x \cos 3x\, dx = \int 6\sin 6x dx$

$= -\cos 6x + C$

(2) $\displaystyle\int \sin^2 3x\, dx = \int \frac{1-\cos 6x}{2} dx$

$\displaystyle = \int \left(\frac{1}{2} - \frac{1}{2}\cos 6x\right) dx$

$\displaystyle = \frac{1}{2}x - \frac{1}{12}\sin 6x + C$

5.1.8 특별한 분수식의 적분

$y = \ln|f(x)|$을 미분하면 $y' = \dfrac{f'(x)}{f(x)}$이므로 다음을 유도할 수 있다.

$$\int \frac{f'(x)}{f(x)} dx = \ln|f(x)| + C$$

예제 5.8

다음 적분을 구하여라.

(1) $\int \frac{5\sin x}{1+\cos x}dx$ (2) $\int \frac{x}{2x^2+1}dx$

(3) $\int \frac{e^x - e^{-x}}{e^x + e^{-x}}dx$

풀이

(1) $\int \frac{5\sin x}{1+\cos x}dx = -5\ln|1+\cos x| + C$

(2) $\int \frac{x}{2x^2+1}dx = \int \frac{1}{4} \cdot \frac{4x}{2x^2+1}dx$

$= \frac{1}{4}\ln(2x^2+1) + C$

(3) $\int \frac{e^x - e^{-x}}{e^x + e^{-x}}dx = \ln(e^x + e^{-x}) + C$

예제 5.9

$f(x)$를 구하여라.

(1) $\frac{dy}{dx} = 2^x - x^2\sqrt{x} + \sin x$, $y(0) = \frac{1}{\ln 2}$

(2) $y' = \frac{4}{2x-1} + 8(2x+1)^3$, $y(0) = 3$

(3) $f''(x) = e^{\frac{1}{2}x} - 12x + 2$, $f(0) = 1$, $f'(0) = -1$

(4) $\frac{d^2y}{dx^2} = e^{-x} + 6x$, $y(0) = 2$, $y(1) = \frac{1}{e} - 1$

풀이

(1) $\dfrac{dy}{dx}=2^x-x^{\frac{5}{2}}+\sin x$, $y=\dfrac{2^x}{\ln 2}-\dfrac{2}{7}x^{\frac{7}{2}}-\cos x+C$

$y(0)=\dfrac{1}{\ln 2}$: $C=1$, $\therefore y=\dfrac{2^x}{\ln 2}-\dfrac{2}{7}x^{\frac{7}{2}}-\cos x+1$

(2) $y=2\ln|2x-1|+\dfrac{1}{2}\cdot\dfrac{8}{4}(2x+1)^4+C$

$y=2\ln|2x-1|+(2x+1)^4+C$

$y(0)=3$: $C=2$

$\therefore y=2\ln|2x-1|+(2x+1)^4+2$

(3) $f'(x)=2e^{\frac{1}{2}x}-6x^2+2x+C$

$f'(0)=-1$: $C=-3$

$\therefore f'(x)=2e^{\frac{1}{2}x}-6x^2+2x-3$, $f(x)=4e^{\frac{1}{2}x}-2x^3+x^2-3x+D$

$f(0)=1$: $D=-3$

$\therefore f(x)=4e^{\frac{1}{2}x}-2x^3+x^2-3x-3$

(4) $\dfrac{dy}{dx}=-e^{-x}+3x^2+C$, $y=e^{-x}+x^3+Cx+D$

$y(0)=2$: $D=1$

$y(1)=\dfrac{1}{e}-1$: $C=-3$

$\therefore y=e^{-x}+x^3-3x+1$

Integration Formulas (적분 공식)

■ Basic Integration Formulas (기본 적분)

$$\int k\,dx = kx + C \quad (k : \text{상수})$$

$$\int \frac{1}{x}dx = \ln|x| + C$$

$$\int x^n\,dx = \frac{1}{n+1}x^{n+1} + C,\ n \neq -1$$

■ Integration of Exponential Functions (지수함수 적분)

$$\int e^x dx = e^x + C$$

$$\int a^x dx = \frac{a^x}{\ln a} + C \quad (a > 0,\ a \neq 1)$$

■ Integration of Trigonometric Functions (삼각함수 적분)

$$\int \cos x\,dx = \sin x + C$$

$$\int \sin x\,dx = -\cos x + C$$

$$\int \sec^2 x\,dx = \tan x + C$$

$$\int \csc^2 x\,dx = -\cot x + C$$

$$\int \sec x \tan x\,dx = \sec x + C$$

$$\int \csc x \cot x\,dx = -\csc x + C$$

$$\int \tan x\,dx = \ln|\sec x| + C = -\ln|\cos x| + C$$

$$\int \cot x\,dx = \ln|\sin x| + C = -\ln|\csc x| + c$$

$$\int \sec x\,dx = \ln|\sec x + \tan x| + C$$

$$\int \csc x\,dx = \ln|\csc x - \cot x| + C$$

$$\int \sin^2 x\,dx = \int\left(\frac{1}{2} - \frac{1}{2}\cos 2x\right)dx = \frac{1}{2}x - \frac{1}{4}\sin 2x + C$$

$$\int \cos^2 x\,dx = \int\left(\frac{1}{2} + \frac{1}{2}\cos 2x\right)dx = \frac{1}{2}x + \frac{1}{4}\sin 2x + C$$

■ Integration Using Reverse Chain Rule (역 연쇄법칙을 사용한 적분)

$$\int e^{kx}dx = \frac{1}{k}e^{kx} + C,\ \int \sin kx\,dx = -\frac{1}{k}\cos kx + C,\ \int \cos kx\,dx = \frac{1}{k}\sin kx + C$$

$$\int a^{kx}\,dx = \frac{1}{k}\frac{a^{kx}}{\ln a} + C,\ \int (kx+b)^n dx = \frac{1}{n+1}\cdot\frac{1}{k}(kx+b)^{n+1} + C$$

(k, a 그리고 b는 상수)

Integration Formulas (적분 공식)

■ Integration of Special Fractions (특별한 분수 적분)

$$\int \frac{f'(x)}{f(x)} dx = \ln|f(x)| + C$$

■ Integration of Inverse Trigonometric Functions (역 삼각함수 적분)

$$\int \frac{dx}{\sqrt{1-x^2}} = \sin^{-1} x + C$$

$$\int \frac{dx}{\sqrt{a^2-x^2}} = \sin^{-1}\left(\frac{x}{a}\right) + C$$

$$\int \frac{dx}{x^2+1} = \tan^{-1} x + C$$

$$\int \frac{dx}{x^2+a^2} = \frac{1}{a}\tan^{-1}\left(\frac{x}{a}\right) + C$$

$$\int \frac{dx}{x\sqrt{x^2-1}} = \sec^{-1}|x| + C$$

연습문제 5.1

1. 다음 적분을 구하여라.

(1) $\int (3-4x+2x^3)\,dx$

(2) $\int 6x^2\sqrt[3]{x}\,dx$

(3) $\int x^4+\sqrt[3]{x^2}-\frac{2}{x^2}-\frac{1}{3\sqrt[3]{x}}\,dx$

(4) $\int \left(\frac{2}{x}-\frac{1}{x^2}+\frac{1}{2\sqrt{x}}\right)dx$

(5) $\int \frac{1}{\ln 2}\frac{1}{x}dx$

(6) $\int (x-3)(x^2+3x+9)dx$

(7) $\int \frac{x^4}{x^2+1}dx-\int \frac{1}{x^2+1}dx$

(8) $\int (2\sin x+\cos x)^2\,dx+\int (\sin x-2\cos x)^2 dx$

(9) $\int (t+\sqrt{t})(t^2+3)dt$

2. 다음 부정적분을 구하여라.

(1) $\int \frac{(x-2)^3}{x^2}dx$

(2) $\int \sqrt{x}\,(x-2)dx$

(3) $\int \frac{x^3-x-1}{x^2}dx$

(4) $\int \left(x-\frac{1}{2x}\right)^2 dx$

(5) $\int (\sqrt{x}+x)\sqrt[3]{x^2}\,dx$

(6) $\int \frac{(2-y)^2}{4\sqrt{y}}dy$

3. 다음 부정적분을 구하여라.

(1) $\int (5\cos x+\sin x)dx$

(2) $\int (2\tan x+3\cot x)dx$

(3) $\int \frac{1}{\sin x}dx$

(4) $\int (\tan x+3\sin x)dx$

(5) $\int (\sec x\tan x+5\cos x)dx$

(6) $\int (\sec^2 x-4\csc x)dx$

(7) $\int \frac{1}{1-\cos^2 x} dx$

(8) $\int \frac{\sin^2 x}{1-\cos x} dx$

(9) $\int \frac{\sin x}{\cos^2 x} dx$

(10) $\int \frac{\cos x}{\sin^2 x} dx$

(11) $\int \tan^2 x \, dx$

(12) $\int \cot^2 x dx$

(13) $\int \frac{e^x \sin^2 x + 1}{\sin^2 x} dx$

(14) $\int \frac{10^x \cot x - 1}{\cot x} dx$

4. 다음 적분을 구하여라.

(1) $\int \frac{5}{\sqrt{1-x^2}} dx$

(2) $\int \frac{4}{1+x^2} dx$

5. 다음 부정적분을 구하여라.

(1) $\int (2x+1)^3 dx$

(2) $\int (3x-2)^8 dx$

(3) $\int \frac{7}{\sqrt{2x+1}} dx$

(4) $\int \frac{1}{(1-x)^2} dx$

6. 다음 부정적분을 구하여라.

(1) $\int (e^{7x} + e^{3x}) dx$

(2) $\int (e^{-2x} + \cos 2x) dx$

(3) $\int (e^{-2x} + e^{-\frac{1}{3}x}) dx$

(4) $\int (4e^{-x} + 3^{x-1}) dx)$

(5) $\int \cos(3x+5) dx$

(6) $\int \sec 5x \tan 5x \, dx$

(7) $\int (e^x + e^{-x})^2 dx$

(8) $\int (\sec^2 2x + \tan 2x) dx$

7. 다음 적분을 구하여라.

(1) $\int 3\sin x \cos x\, dx$

(2) $\int \sin\frac{\theta}{2}\cos\frac{\theta}{2}\, d\theta$

(3) $\int 8\sin 2x \cos 2x\, dx$

(4) $\int \sin^2\frac{1}{2}x\, dx$

(5) $\int \cos^2 x\, dx$

(6) $\int \cos^2 4x\, dx$

8. 다음 부정적분을 구하여라.

(1) $\int \frac{5\cos x}{\sin x} dx$

(2) $\int \frac{3x^2+1}{x^3+x} dx$

(3) $\int \frac{7}{x+1} dx$

(4) $\int \frac{x}{x^2+1} dx$

(5) $\int \frac{6x}{x^2-4} dx$

(6) $\int \frac{2}{1-3x} dx$

9. $f(x)$를 구하여라.

(1) $f'(x) = 1 + \frac{1}{x}$, $f(1) = 3$

(2) $f'(x) = \frac{8}{1+x^2} + \sec^2 x$, $f(0) = 1$

(3) $f'(x) = \frac{2x}{x^2+4} + \cos^2 x$, $f(0) = 0$

(4) $\frac{d^2y}{dx^2} = \frac{2}{x^3}$, $y(1) = 1$, $y'(1) = 1$

5.2 치환적분

5.2.1 치환적분

$u=g(x)$가 미분 가능한 함수이고 $F'(u)=f(u)$일 때, 합성함수미분법을 사용하면 다음 식이 성립된다.

$$\int f(g(x))g'(x)dx=\int f(u)du=F(u)+C=F(g(x))+C$$

예제 5.10

다음 적분을 계산하여라.

(1) $\int 5\sec^2(5t+1)\,dt$ (2) $\int \cos(7\theta+3)d\theta$

풀이

(1) $u=5t+1$ and $du=5dt$

$$\int \sec^2(5t+1)\cdot 5\,dt=\int \sec^2 u\,du=\tan u+C=\tan(5t+1)+C$$

(2) $$\int \cos(7\theta+3)d\theta=\frac{1}{7}\int \cos(7\theta+3)\cdot 7\,d\theta=\frac{1}{7}\int \cos u\,du$$

$$=\frac{1}{7}\sin u+C=\frac{1}{7}\sin(7\theta+3)+C$$

5.2.2 역 삼각함수의 적분

$$\int \frac{dx}{\sqrt{a^2-x^2}} = \sin^{-1}\left(\frac{x}{a}\right) + C \qquad \int \frac{dx}{a^2+x^2} = \frac{1}{a}\tan^{-1}\left(\frac{x}{a}\right) + C$$

증명

(1) $$\int \frac{dx}{\sqrt{a^2-x^2}} = \int \frac{\frac{1}{a}dx}{\frac{1}{a}\sqrt{a^2-x^2}} = \int \frac{\frac{1}{a}dx}{\sqrt{1-\frac{x^2}{a^2}}} = \sin^{-1}\left(\frac{x}{a}\right) + C$$

(2) $$\int \frac{dx}{a^2+x^2} = \int \frac{\frac{1}{a^2}dx}{\frac{1}{a^2}(a^2+x^2)} = \int \frac{\frac{1}{a}\cdot\frac{1}{a}dx}{1+\frac{x^2}{a^2}} = \frac{1}{a}\tan^{-1}\left(\frac{x}{a}\right) + C$$

예제 5.11

다음 적분을 계산하여라.

(1) $\int \frac{1}{\sqrt{9-x^2}}dx$ (2) $\int \frac{1}{9+4x^2}dx$

풀이

(1) $$\int \frac{1}{\sqrt{9-x^2}}dx = \frac{1}{3}\int \frac{1}{\sqrt{1-(\frac{x}{3})^2}}dx$$
$$= \sin^{-1}\left(\frac{x}{3}\right) + C$$

(2) $$\int \frac{1}{9+4x^2}dx = \int \frac{1}{4}\cdot\frac{1}{\frac{9}{4}+x^2}dx \ , \ a = \frac{3}{2}$$
$$= \frac{1}{4}\cdot\frac{1}{3/2}\tan^{-1}\left(\frac{x}{3/2}\right)$$
$$= \frac{1}{6}\tan^{-1}\left(\frac{2x}{3}\right) + C$$

예제 5.12

$f'(x)=\dfrac{1}{\sqrt{9-4x^2}}$, $f\left(-\dfrac{3}{2}\right)=\dfrac{\pi}{12}$ 일 때, $f(x)$를 구하여라.

풀이

$$\begin{aligned}
f(x) &= \int \frac{1}{\sqrt{9-4x^2}}dx \\
&= \int \frac{1}{2}\cdot\frac{1}{\sqrt{9/4-x^2}}dx \\
&= \frac{1}{2}\sin^{-1}\left(\frac{x}{3/2}\right)+C \\
&= \frac{1}{2}\sin^{-1}\left(\frac{2x}{3}\right)+C
\end{aligned}$$

$$f\left(-\frac{3}{2}\right)=\frac{\pi}{12} \ :\ \frac{\pi}{12}=\frac{1}{2}\sin^{-1}(-1)+C$$

$$\frac{\pi}{12}=\frac{1}{2}\cdot\left(-\frac{\pi}{2}\right)+C$$

$$\frac{\pi}{12}+\frac{\pi}{4}=C$$

$$C=\frac{\pi}{3}$$

$$\therefore f(x)=\frac{1}{2}\sin^{-1}\left(\frac{2x}{3}\right)+\frac{\pi}{3}$$

연습문제 5.2

1. 다음 부정적분을 계산하여라.

(1) $\int x\sqrt[4]{1-x^2}\,dx$

(2) $\int (x^2-2x+3)^{10}(x-1)dx$

(3) $\int \frac{4x^3}{(x^4+1)^2}dx$

(4) $\int \frac{x-3}{\sqrt[4]{x^2-6x}}dx$

(5) $\int \frac{9x^2}{\sqrt{1-x^3}}dx$

(6) $\int \frac{x-2}{\sqrt{4x-x^2}}dx$

(7) $\int 3x\sqrt{7-3x^2}\,dx$

(8) $\int \frac{(1+\sqrt{x})^5}{\sqrt{x}}dx$

(9) $\int \frac{2^{\sqrt{x}}}{\sqrt{x}}dx$

(10) $\int \frac{1}{\sqrt{x}(\sqrt{x}-1)}dx$

2. 다음 부정적분을 구하여라.

(1) $\int \frac{(\ln x)^3}{2x}dx$

(2) $\int \frac{1}{x\ln x}dx$

(3) $\int \frac{\ln x}{x\sqrt{\ln^2 x+1}}dx$

(4) $\int \frac{1}{x\ln x\cdot\ln(\ln x)}dx$

(5) $\int \sin^5\frac{x}{3}\cos\frac{x}{3}dx$

(6) $\int \cos^3 3x\sin 3x\,dx$

(7) $\int e^{\sec\pi x}\sec\pi x\tan\pi x\,dx$

(8) $\int \sec^2\theta\tan^2\theta\,d\theta$

(9) $\int \frac{e^{\sin^{-1}x}}{\sqrt{1-x^2}}dx$

(10) $\int \sec^4\theta\,d\theta$

(11) $\int \frac{1}{(\tan^{-1}x)(1+x^2)}dx$

(12) $\int \frac{\sec^2 2\theta}{1+\tan 2\theta}d\theta$

(13) $\int \frac{\sin(2x+1)}{\cos^2(2x+1)}dx$

(14) $\int \frac{\cos 2x}{\sqrt{1+\sin 2x}}dx$

(15) $\int \sin 2x\, e^{\sin^2 x}\,dx$

(16) $\int \frac{\sin x}{1+\cos^2 x}dx$

연습문제 5.2

3. 다음 부정적분을 계산하여라.

(1) $\displaystyle\int \frac{1}{1+4x^2}dx$

(2) $\displaystyle\int \frac{1}{\sqrt{16-x^2}}dx$

(3) $\displaystyle\int \frac{1}{x^2+2x+2}dx$

(4) $\displaystyle\int \frac{3}{9+x^2}dx$

(5) $\displaystyle\int \frac{2x-1}{\sqrt{4x-4x^2}}dx$

(6) $\displaystyle\int \frac{e^x}{9+e^{2x}}dx$

(7) $\displaystyle\int \frac{2x+1}{4+x^2}dx$

(8) $\displaystyle\int \frac{x+1}{\sqrt{4-x^2}}dx$

(9) $\displaystyle\int \frac{1}{x^2-2x+5}dx$

5.3 부분적분법

모든 미분법에는 연관된 적분법이 있다. 미분의 곱셈 공식에 연관된 적분 공식을 부분적분이라 한다.

5.3.1 부분적분

$$\int u v' \, dx = u v - \int u' v \, dx$$

증명

$$\frac{d}{dx}(uv) = u' v + u v'$$

$$\int \frac{d}{dx}(uv)dx = \int (u' v + uv')dx$$

$$\int \frac{d}{dx}(uv)dx = \int (u'v)dx + \int (uv')dx$$

$$uv = \int u'vdx + \int uv'dx$$

$$\therefore \int uv'dx = uv - \int u'vdx$$

예제 5.13

적분하여라.

(1) $\int x \cdot e^{x} dx$ (2) $\int x \cdot e^{-2x} dx$

풀이

(1) $\int x \cdot e^{x} dx = x \cdot e^{x} - \int 1 \cdot e^{x} dx = xe^{x} - e^{x} + C$

(2) $\int x \cdot e^{-2x} dx = x \cdot \left(-\frac{1}{2}e^{-2x}\right) - \int 1 \cdot \left(-\frac{1}{2}e^{-2x}\right) dx = -\frac{1}{2}xe^{-2x} - \frac{1}{4}e^{-2x} + C$

5.3.2 순환 부분적분

$$\int (\text{지수함수}) \times (\text{삼각함수})\, dx$$

예제 5.14

다음 각 적분을 구하여라.

(1) $\int e^x \cos x\, dx$ (2) $\int e^{2x} \sin x\, dx$

풀이

(1) $$\begin{aligned}\int e^x \cos x\, dx &= e^x \sin x - \int e^x \sin x\, dx \\ &= e^x \sin x - \left[-e^x \cos x - \int -e^x \cos x\, dx\right] \\ &= e^x \sin x + e^x \cos x - \int e^x \cos x\, dx\end{aligned}$$

$\int e^x \cos x dx = I$ 하자

$I = e^x \sin x + e^x \cos x - I$, $2I = e^x(\sin x + \cos x)$

$\therefore I = \dfrac{e^x(\sin x + \cos x)}{2} + C$

(2) $$\begin{aligned}\int e^{2x} \sin x\, dx &= -e^{2x}\cos x + 2\int e^{2x} \cos x dx \\ &= -e^{2x}\cos x + 2\left[e^{2x}\sin x - \int 2e^{2x}\sin x dx\right] \\ &= -e^{2x}\cos x + 2e^{2x}\sin x - 4\int e^{2x}\sin x dx\end{aligned}$$

$\int e^{2x} \sin x dx = I$

$I = -e^{2x}\cos x + 2e^{2x}\sin x - 4I$

$5I = -e^{2x}\cos x + 2e^{2x}\sin x$

$\therefore I = \dfrac{e^{2x}(-\cos x + 2\sin x)}{5} + C$

연습문제 5.3

1. 다음 부정적분을 구하여라.

(1) $\int x\cos x\,dx$

(2) $\int xe^{-\frac{1}{2}x}\,dx$

(3) $\int x\cos 3x\,dx$

(4) $\int x\sin 2x\,dx$

(5) $\int x^2e^x\,dx$

(6) $\int \ln x\,dx$

(7) $\int x^3\ln x\,dx$

(8) $\int \frac{\ln x}{x^2}\,dx$

(9) $\int \frac{\ln x}{\sqrt{x}}\,dx$

(10) $\int \tan^{-1}x\,dx$

(11) $\int x\sec^{-1}x\,dx,\ x>0$

2. 다음 각 적분을 구하여라.

(1) $\int e^{2x}\sin x\,dx$

(2) $\int e^x\cos 2x\,dx$

(3) $\int e^{2x}\cos 3x\,dx$

(4) $\int e^{-2x}\sin 2x\,dx$

3. 다음 부정적분을 구하여라.

(1) $\int x^2e^x\,dx$

(2) $\int x^3e^{-x}\,dx$

(3) $\int x^3e^{-\frac{x}{2}}\,dx$

(4) $\int x^2\cos 3x\,dx$

(5) $\int x^3\sin\frac{1}{2}x\,dx$

5.4 적분의 근사법

5.4.1 직사각형을 이용한 근사방법 (Rectangular Approximation Method : RAM)

이 절에서 영역의 넓이, 그리고 물체가 움직인 거리 등의 근삿값을 구하는 데 유한합을 어떻게 이용할 수 있는지 알아보자.

함수 $f(x)$의 정의역 $I=[a,b]$를 같은 크기로 n등분한 분점을 $a=x_0<x_1<x_2<\cdots<x_{n-1}<x_n=b$라고 하면, 소구간의 크기는 $\Delta x=\dfrac{b-a}{n}$이다.

(1) 왼쪽 합($L(n)$): $f(x_0)\Delta x+f(x_1)\Delta x+\cdots+f(x_{n-1})\Delta x$, 각 소구간에서 f의 왼쪽 끝점을 이용

(2) 오른쪽 합($R(n)$): $f(x_1)\Delta x+f(x_2)\Delta x+\cdots+f(x_n)\Delta x$, 각 소구간에서 f의 오른쪽 끝점을 이용

(3) 중점 합($M(n)$): $f(\dfrac{x_0+x_1}{2})\Delta x+f\left(\dfrac{x_1+x_2}{2}\right)\Delta x+\cdots+f\left(\dfrac{x_{n-1}+x_n}{2}\right)\Delta x$, 각 소구간에서 f의 중점 이용

예제 5.15

적분 $\int_0^2 x^3 dx$ 의 근삿값을 $n=4$일 때 (1) 왼쪽 합($L(4)$), (2) 오른쪽 합($R(4)$), (3) 중점합($M(4)$)을 이용하여 구하여라.

풀이

(1) $L(4)$

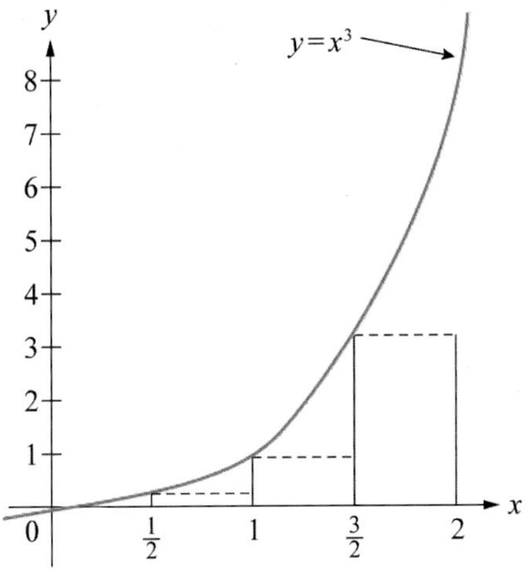

그림 5.1

(2) $R(4)$

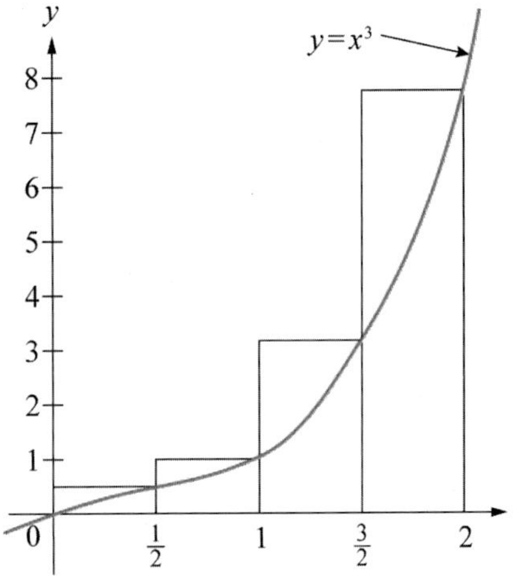

그림 5.2

(3) $M(4)$

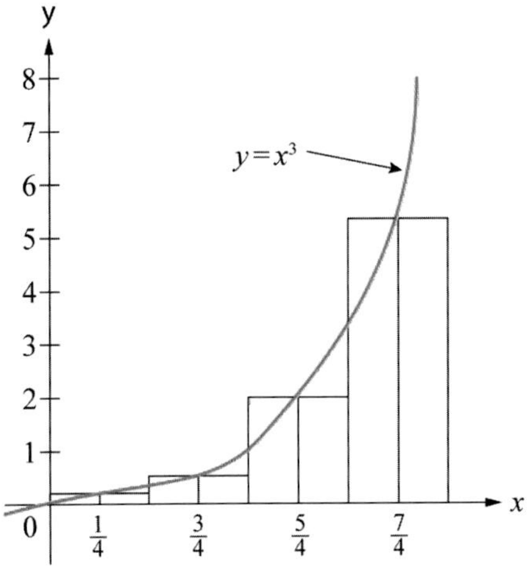

그림 5.3

(1) $L(4)=(0)^3\cdot\frac{1}{2}+\left(\frac{1}{2}\right)^3\cdot\frac{1}{2}+(1)^3\cdot\frac{1}{2}+\left(\frac{3}{2}\right)^3\cdot\frac{1}{2}=\frac{9}{4}$

(2) $R(4)=\left(\frac{1}{2}\right)^3\cdot\frac{1}{2}+(1)^3\cdot\frac{1}{2}+\left(\frac{3}{2}\right)^3\cdot\frac{1}{2}+(2)^3\cdot\frac{1}{2}=\frac{25}{4}$

(3) $M(4)=\left(\frac{1}{4}\right)^3\cdot\frac{1}{2}+\left(\frac{3}{4}\right)^3\cdot\frac{1}{2}+\left(\frac{5}{4}\right)^3\cdot\frac{1}{2}+\left(\frac{7}{4}\right)^3\cdot\frac{1}{2}=\frac{31}{8}$ 또는 $\frac{15.5}{4}$

5.4.2 사다리꼴 근사방법

구간 $[a,b]$ 위의 곡선 아래 면적의 근삿값을 구하는 사다리꼴 근사 공식은 다음과 같다.

$$\begin{aligned} T(n) &= \frac{(L(n)+R(n))}{2}, \qquad h=\frac{b-a}{n} \\ &= \frac{(y_0+y_1)h}{2}+\frac{(y_1+y_2)h}{2}+\frac{(y_2+y_3)h}{2}\cdots+\frac{(y_{n-1}+y_n)h}{2} \\ &= \frac{h\left[(y_0+y_1)+(y_1+y_2)+(y_2+y_3)+(y_{n-1}+y_n)\right]}{2} \\ &= \frac{h}{2}(y_0+2y_1+2y_2+\cdots\cdots+2y_{n-1}+y_n) \end{aligned}$$

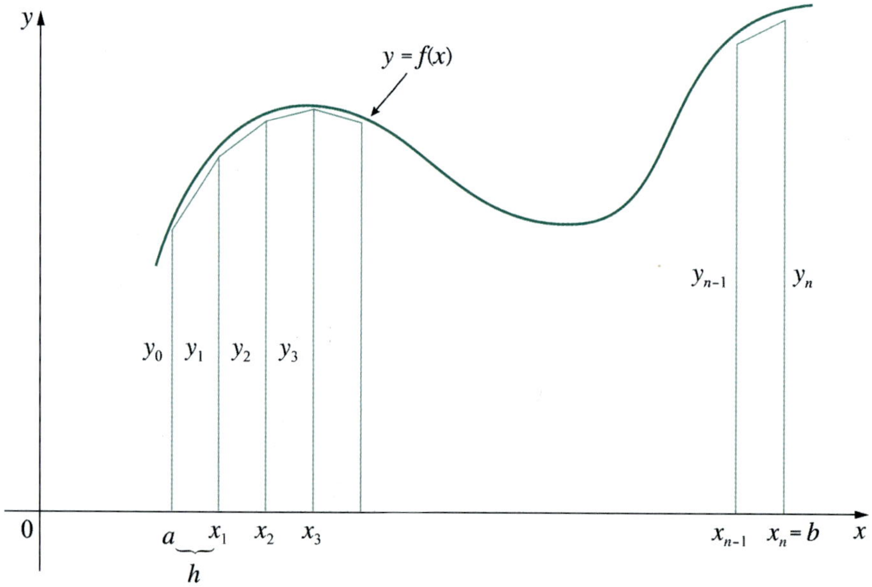

그림 5.4

예제 5.16

적분 $\int_0^2 x^3 dx$의 근삿값을 $n=4$일 때 $T(4)$를 구하여라.

풀이

$$T(4)=\frac{h}{2}[y_0+2y_1+2y_2+2y_3+y_4]=\frac{1/2}{2}\left(0^3+2\left(\frac{1}{2}\right)^3+2(1)^3+2\left(\frac{3}{2}\right)^3+2^3\right)=\frac{17}{4}$$

예제 5.17

다음 표는 자동차 속도계로 1시간을 10분 간격으로 측정한 속도이다.

t	0	10	20	30	40	50	60
v	26	40	55	10	60	32	45

(1) 주어진 구간 위에서 함수의 그래프를 그려라.

(2) $L(6)$, $R(6)$, $T(6)$를 구하여라.

풀이

(1)

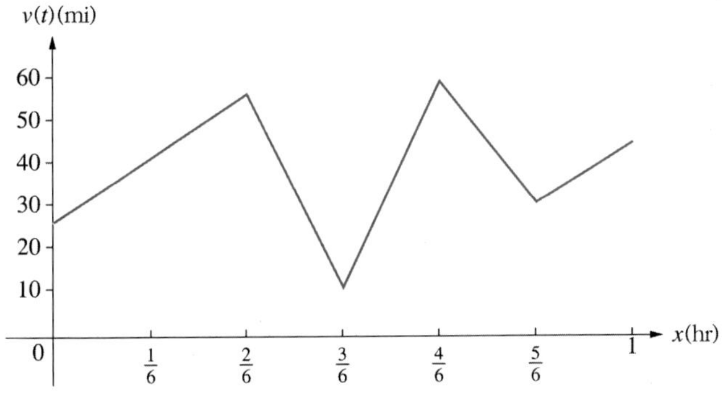

그림 5.5

(2) $L(6)=(26+40+55+10+60+32)\cdot\frac{1}{6}=37\frac{1}{6}\ mi;$

$R(6)=(40+55+10+60+32+45)\cdot\frac{1}{6}=40\frac{1}{3}\ mi;$

$T(6)=\frac{1/6}{2}(26+2\cdot 40+2\cdot 55+2\cdot 10+2\cdot 60+2\cdot 32+45)=38\frac{3}{4}\ mi.$

연습문제 5.4

1. 적분 $y = 4 - x^2$ 의 근삿값을 $n = 4$일 때 $L(4)$, $R(4)$, $M(4)$를 이용하여 구하여라.

(a) L(4)

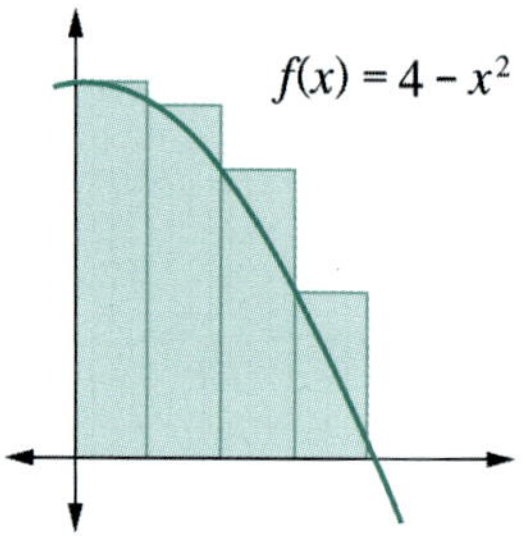

(b) R(4)

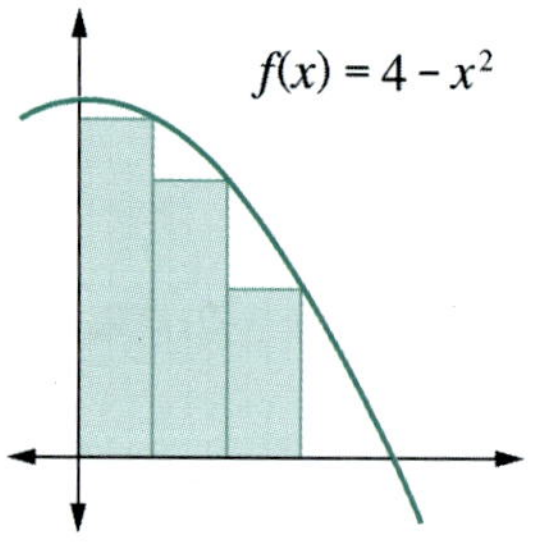

(c) M(4)

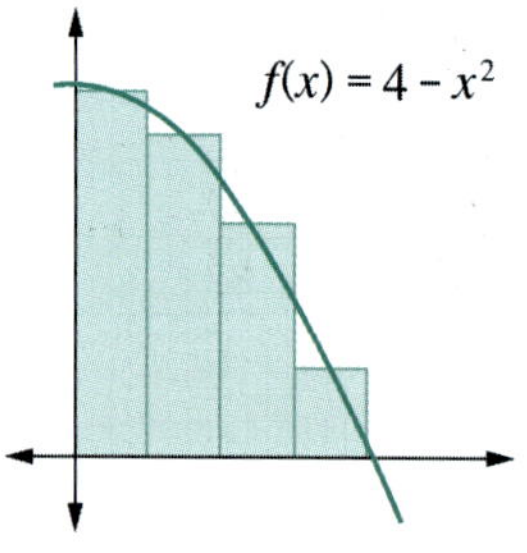

2. 적분 $\int_1^6 \frac{120}{x} dx$ 의 근삿값으로 $L(5)$, $R(5)$, $T(5)$를 구하여라.

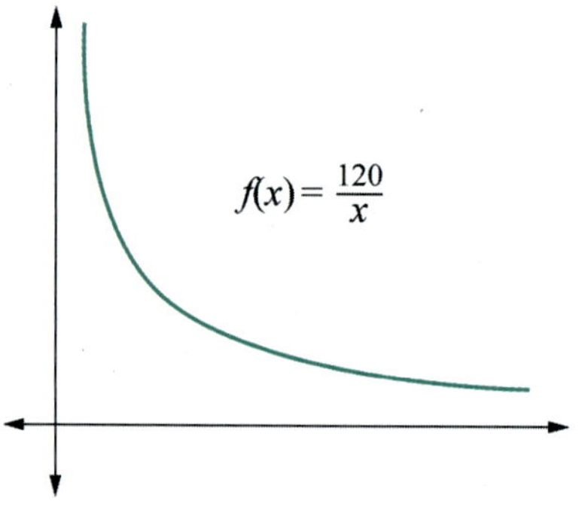

3. 적분 $\int_{0}^{\pi} \sin x \, dx$의 근삿값을 $n=6$일 때 $T(6)$으로 구하여라.

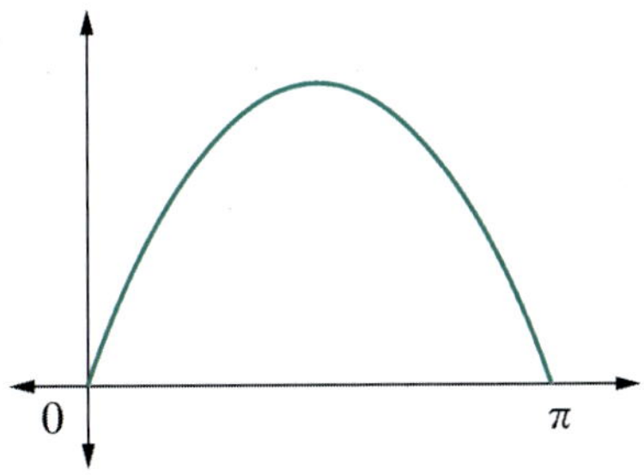

4. 다음 표와 같이 한 탱크에서 원유가 유출되고 있다. 10분 동안 유출되는 총원유의 양의 근삿값을 $L(5)$, $R(5)$, $T(5)$로 구하여라.

t (min)	R(t) (L/min)
0	4
1	6
3	8
6	9
9	7
10	5

5.5 정적분의 정의

함수 $f(x)(\geq 0)$는 $[a,b]$에서 연속이고 같은 간격으로 n등분하였다고 하자. 구간 $[a,b]$에서 곡선 $y=f(x)$의 아래쪽이면서 x축 위에 놓인 영역의 면적은 다음과 같다.

$$\text{면적} = \lim_{n\to\infty}\sum_{k=1}^{n} f(x_k)\Delta x\ ,\ \ \Delta x = \frac{b-a}{n}\ ,\ x_k = a + k\Delta x$$

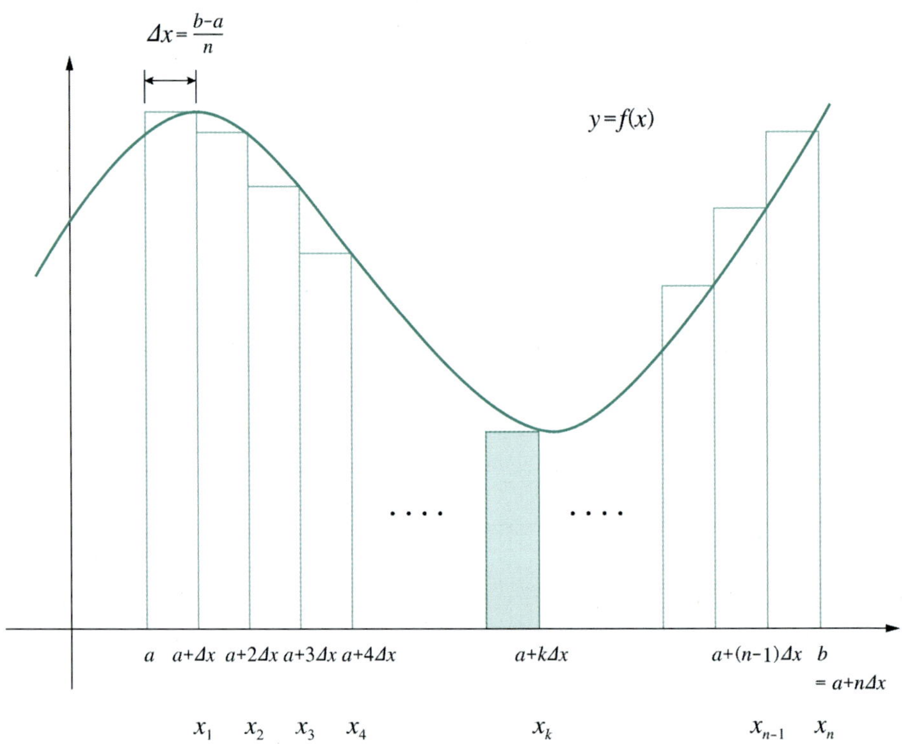

그림 5.6

위의 그림에서 보는 바와 같이 n이 커질수록 더 정확해진다.

리만합(Riemann sum)으로 설명하면 다음과 같다. $f(x)$가 $a \leq x \leq b$에서 정의된 함수일 때 구간 $[a,b]$를 너비 $\Delta x = \dfrac{b-a}{n}, x_k = a + k\Delta x$로 같은 n개의 부분 구간으로 나누자. 이 부분의 끝점을 $x_0(=a),\ x_1,\ x_2,\ \cdots\cdots,\ x_n(=b)$으로 놓는다. 이 부분 구간에서 표본점 x_i^*가 i번째 부분 구간 $[x_{i-1}, x_i]$에 속하도록 표본점

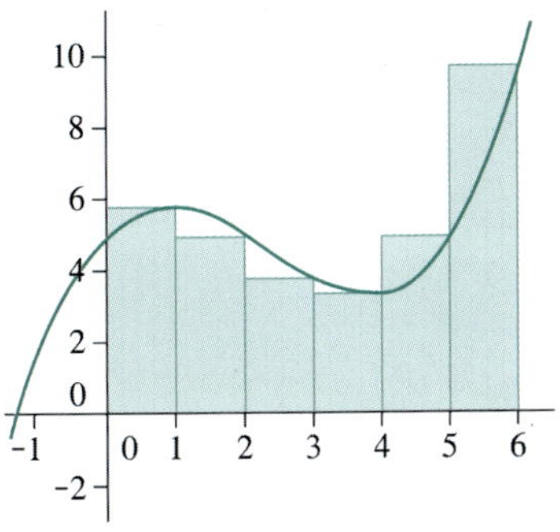

$n = 6$

그림 5.7

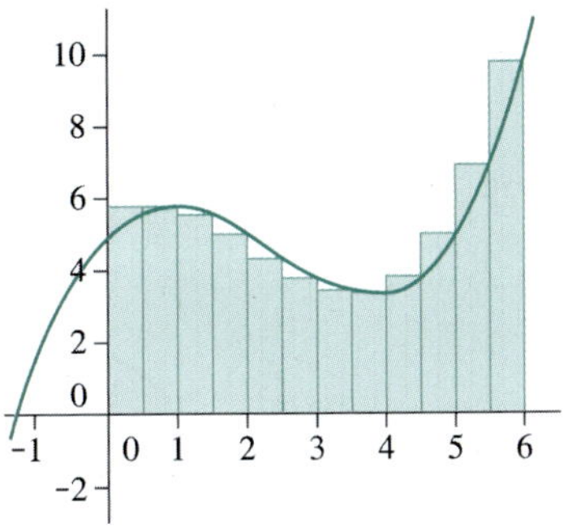

$n = 12$

그림 5.8

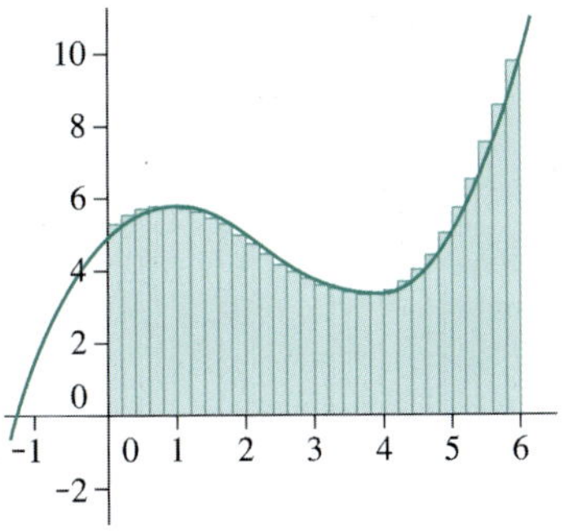

$n = 30$

그림 5.9

$x_1{}^*, x_2{}^*, \cdots\cdots, x_n{}^*$을 택한다. 여기에서 $\sum_{k=1}^{n} f(x_k^*)\Delta x$를 리만합이라고 하고, 리만합의 극한으로 정적분을 정의한다(또는, 임의의 분할에 대해 상합(upper sum)과 하합(lower sum) 사이의 유일한 수를 정적분으로 정의한다). 이때, a에서 b까지 f의 정적분은 다음과 같고, f는 $[a,b]$에서 적분 가능하다고 한다.

$$\int_a^b f(x)\,dx = \lim_{n \to \infty} \sum_{k=1}^{n} f(x_k^*)\Delta x$$

이 정적분의 정의는 $f(x)$가 음의 값을 가질 때도 성립한다. 참고로 $f(x)$가 구간 $[a,\ b]$에서 연속이고 음의 값을 가질 때, $f(x)$의 $[a,\ b]$에서의 정적분은 x축 아래와 f의 그래프 위에 있는 면적에 음의 부호를 붙인 것이다. 5.9절에서 예제와 함께 다룰 것이다.

예제 5.18

정적분의 정의로 $y=16-x^2$와 x축과 구간 1과 3 사이의 면적을 구하여라.

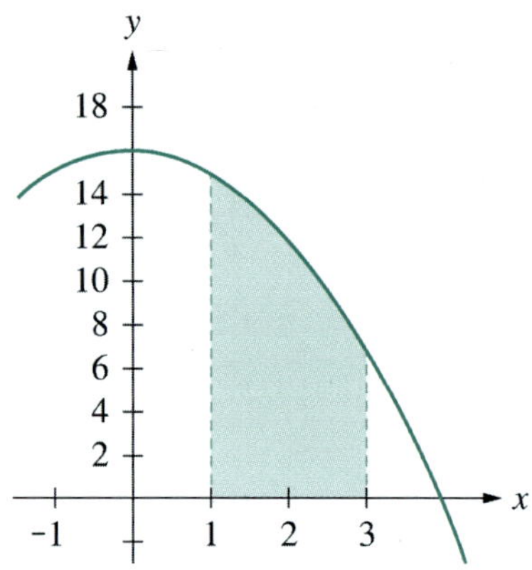

그림 5.10

풀이

$$y=16-x^2,\ [1,3]\left(\triangle x=\frac{2}{n}\right)$$

$$s(n)=\sum_{i=1}^{n} f\left(1+\frac{2i}{n}\right)\left(\frac{2}{n}\right)=\sum_{i=1}^{n}\left[16-\left(1+\frac{2i}{n}\right)^2\right]\left(\frac{2}{n}\right)=\frac{2}{n}\sum_{i=1}^{n}\left[15-\frac{4i^2}{n^2}-\frac{4i}{n}\right]$$

$$=\frac{2}{n}\left[15n-\frac{4}{n^2}\frac{n(n+1)(2n+1)}{6}-\frac{4}{n}\frac{n(n+1)}{2}\right]$$

$$=30-\frac{8}{6n^2}(n+1)(2n+1)-\frac{4}{n}(n+1)$$

$$\text{면적}=\lim_{n\to\infty}s(n)=30-\frac{8}{3}-4=\frac{70}{3}=23\frac{1}{3}$$

연습문제 5.5

1. 다음은 정적분의 정의을 이용하여 주어진 구간에서 x축과 그래프로 둘러싸인 부분의 넓이를 구하여라.

(1) $y=x^2+1,\ [0,3]$ (2) $y=-2x+3,\ [0,1]$

(3) $y=x^3,\ [1,3]$ (4) $y=9-x^2,\ [2,3]$

2. 다음은 정적분의 정의를 이용하여 구하여라.

(1) $\int_1^4 (x^2+2x-5)dx$ (2) $\int_{-2}^0 (x^2+x)dx$

(3) $\int_0^2 (2x-x^3)dx$ (4) $\int_0^1 (x^3-3x^2)dx$

5.6 정적분의 성질

구간 $[a, b]$에서 연속인 함수 $f(x)$의 정적분은 다음과 같다

$$\int_a^b f(x)dx = \lim_{n \to \infty} \sum_{k=1}^{n} f(x_k^*) \triangle x$$

$f(x)$를 피적분함수, a는 하한, b는 상한이라 한다.

■ 정적분의 성질

(1) $\int_b^a f(x)dx = -\int_a^b f(x)dx$

(2) $\int_a^a f(x)dx = 0$

(3) $\int_a^b kf(x)dx = k\int_a^b f(x)dx$

(4) $\int_a^b (f(x) \pm g(x))dx = \int_a^b f(x)dx \pm \int_a^b g(x)dx$

(5) $\int_a^b f(x)dx + \int_b^c f(x)dx = \int_a^c f(x)dx$

(6) (f의 최솟값) $\cdot$ $(b-a) \leq \int_a^b f(x)dx \leq$ (f의 최댓값) $\cdot$ $(b-a)$

(7) 구간 $[a,\ b]$에서 $f(x) \geq g(x) \Rightarrow \int_a^b f(x)dx \geq \int_a^b g(x)dx$

구간 $[a,\ b]$에서 $f(x) \geq 0 \Rightarrow \int_a^b f(x)dx \geq 0$

예제 5.19

f와 h는 적분이 가능이고 $\int_1^9 f(x)dx = -1$, $\int_7^9 f(x)dx = 5$, $\int_7^9 h(x)dx = 4$ 이라 하자. 다음을 구하여라.

(1) $\int_1^9 -2f(x)dx$

(2) $\int_7^9 [f(x)+h(x)]dx$

(3) $\int_7^9 [2f(x)-3h(x)]dx$

(4) $\int_9^1 f(x)dx$

(5) $\int_1^7 f(x)dx$

(6) $\int_9^7 [h(x)-f(x)]dx$

풀이

(1) $\int_1^9 -2f(x)dx = -2\int_1^9 f(x)dx = -2(-1) = 2$

(2) $\int_7^9 [f(x)+h(x)]dx = \int_7^9 f(x)\,dx + \int_7^9 h(x)\,dx = 5+4 = 9$

(3) $\int_7^9 [2f(x)-3h(x)]dx = 2\int_7^9 f(x)dx - 3\int_7^9 h(x)\,dx = 2(5)-3(4) = -2$

(4) $\int_9^1 f(x)\,dx = -\int_1^9 f(x)\,dx = -(-1) = 1$

(5) $\int_1^7 f(x)\,dx = \int_1^9 f(x)\,dx - \int_7^9 f(x)\,dx = -1-5 = -6$

(6) $\int_9^7 [h(x)-f(x)]\,dx = \int_7^9 [f(x)-h(x)]dx = \int_7^9 f(x)\,dx - \int_7^9 h(x)\,dx = 5-4 = 1$

연습문제 5.6

1. $\int_{-1}^{2} f(x)dx = 2,\ \int_{2}^{4} f(z)dz = 3,\ \int_{-1}^{2} g(s)ds = -1,\ \int_{4}^{2} g(x)dx = 4$ 일 때, 다음을 구하여라.

(1) $\int_{-1}^{2} f(t)dt$

(2) $\int_{4}^{2} f(x)dx$

(3) $\int_{4}^{-1} f(y)dy$

(4) $\int_{3}^{3} [3f(x)+2g(x)]dx$

(5) $\int_{-1}^{2} [3f(x)+2g(x)]dx$

(6) $\int_{-1}^{4} [2f(x)-3g(x)]dx$

2. $\int_{a}^{b} e^{x}\cos x\,dx = r,\ \int_{b}^{c} e^{x}\cos x\,dx = s,\ \int_{c}^{a} x^{2}\ln(x+1)dx = p$ 일 때, 다음을 구하여라.

(1) $\int_{b}^{b} e^{x}\cos x\,dx$

(2) $\int_{c}^{a} e^{y}\cos y\,dy$

(3) $\int_{a}^{c} t^{2}\ln(t+1)dt$

(4) $\int_{a}^{c} \left[2e^{x}\cos x - 3x^{2}\ln(x+1)\right]dx$

3. 다음을 구하여라.

(1) $\int_{-2}^{4} f(x)dx = 3,\ \int_{2}^{4} f(x)dx = 2,\ \int_{2}^{5} f(x)dx = 6$ 일 때, $\int_{-2}^{5} f(x)dx$는?

(2) $\int_{6}^{-3} f(x)dx = 4,\ \int_{6}^{-1} f(x)dx = -1,\ \int_{3}^{-3} f(x)dx = -2$ 일 때, $\int_{-1}^{3} f(x)dx$는?

(3) $\int_{3}^{-2} f(x)dx = 2,\ \int_{5}^{-2} f(x)dx = -1,\ \int_{3}^{-3} f(x)dx = -4$ 일 때, $\int_{0}^{2} f(x+3)dx$는?

(4) $\int_{1}^{2} f(x)dx = 3,\ \int_{0}^{4} f(x)dx = 7,\ \int_{4}^{1} f(x)dx = -5$ 일 때 $\int_{1}^{2} f(2x)dx$는?

5.7 미적분의 기본정리 I

$f(x)$는 구간 $[a.b]$에서 연속이고, $F(x)$를 $f(x)$의 역도함수라 하면 다음이 성립한다.

$$\int_a^b f(x)dx = F(b) - F(a)$$

증명

우선 구간 $[a,\ b]$에서 $f(x) \geq 0$이라 하자.

$A(x)$는 a에서 x까지 $f(x)$ 아래의 면적이라 하자.

$$A(x) = \int_a^x f(x)dx \Rightarrow A(a) = 0,\ \ A(b) = \int_a^b f(x)dx \tag{1}$$

$$A'(x) = \lim_{h\to 0}\frac{A(x+h) - A(x)}{h} \tag{2}$$

$$= \lim_{h\to 0}\frac{\triangle A}{h} = \lim_{h\to 0}\frac{\square ABCD\text{의 면적}}{h}$$

$$= \lim_{h\to 0}\frac{\frac{1}{2}[f(x)+f(x+h)]h}{h} = \lim_{h\to 0}\frac{1}{2}[f(x)+f(x+h)]$$

$$= \frac{1}{2}[f(x)+f(x)] = f(x)$$

$$\therefore A'(x) = f(x) \tag{3}$$

$A(x) = F(x) + C$

$x = a,\ A(a) = F(a) + C = 0$

$\therefore C = -F(a)$

$\therefore A(x) = F(x) - F(a)$

$x = b,\ A(b) = F(b) - F(a)$

(1), (2) $\displaystyle\int_a^b f(x)dx = F(b) - F(a)$

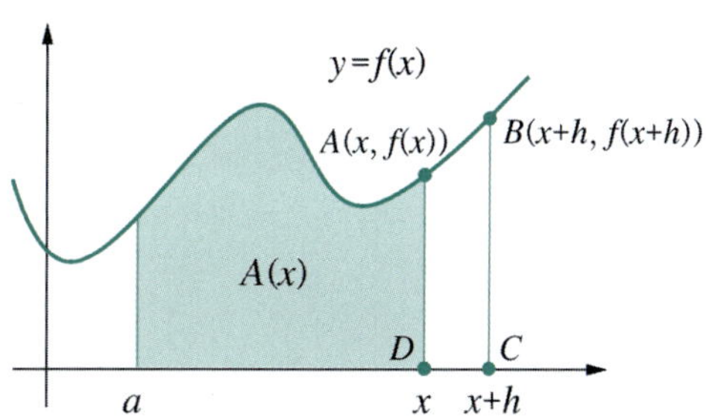

그림 5.11

이것은 함수 $f(x)<0$일 때도 성립함은 유사하게 보일 수 있다.

예제 5.20

다음 적분을 계산하여라.

(1) $\int_{-1}^{2}(3x^2-2x)dx$ (2) $\int_{1}^{2}\frac{x^2+x-2}{2x^2}dx$

풀이

(1) $$\begin{aligned}\int_{-1}^{2}(3x^2-2x)dx &= [x^3-x^2]_{-1}^{2}\\ &=(8-4)-(-1-1)\\ &=6\end{aligned}$$

(2) $$\begin{aligned}\int_{1}^{2}\frac{x^2+x-2}{2x^2}dx &= \frac{1}{2}\int_{1}^{2}\left(1+\frac{1}{x}-\frac{2}{x^2}\right)dx\\ &=\frac{1}{2}\left[x+\ln x+\frac{2}{x}\right]_{1}^{2}\\ &=\frac{1}{2}\ln 2\end{aligned}$$

연습문제 5.7

1. 다음 적분을 계산하여라.

(1) $\int_{-1}^{1}(x^2-x-1)dx$

(2) $\int_{0}^{2}(4+8x-6x^2)dx$

(3) $\int_{4}^{9}\frac{2+x}{2\sqrt{x}}dx$

(4) $\int_{-1}^{8}\frac{1}{\sqrt[3]{x}}dx$

(5) $\int_{1}^{2}\frac{3x-1}{3x}dx$

(6) $\int_{2}^{1}\left(3x+\frac{2}{x}\right)^2 dx$

(7) $\int_{-\frac{\pi}{4}}^{\frac{\pi}{4}}\cos 2x\,dx$

(8) $\int_{0}^{\frac{\pi}{3}}[\tan\theta-\sec\theta\tan\theta]\,d\theta$

2. 다음 적분을 계산하여라.

(1) $\int_{0}^{\ln 2}(e^{2x}+e^{-x})dx$

(2) $\int_{0}^{1}\frac{4x}{x^2+1}dx$

(3) $\int_{-\frac{1}{2}}^{1}\frac{4\,dx}{\sqrt{1-x^2}}$

(4) $\int_{-1}^{\sqrt{3}}\frac{3\,dx}{x^2+1}$

(5) $\int_{1}^{\sqrt{3}}\frac{dx}{\sqrt{4-x^2}}$

(6) $\int_{0}^{\sqrt{3}}\frac{dx}{x^2+9}$

(7) $\int_{0}^{\frac{\pi}{4}}\sin^2 x\,dx$

(8) $\int_{\frac{\pi}{12}}^{\frac{\pi}{6}}\cos^2 2\theta\,d\theta$

5.8 미적분의 기본정리 II

f가 $[a, b]$에서 연속이면 $F(x) = \int_a^x f(t)dt$는 $[a, b]$에서 연속이고 (a, b)에서 미분 가능이고, 그 도함수는 $f(x)$이다 :

$$F'(x) = \frac{d}{dx}\int_a^x f(t)dt = f(x)$$

증명

$$\int f(x)\,dx = F(x) + C$$

$$\frac{d}{dx}\int_a^x f(t)dt = \frac{d}{dx}[F(t)]_a^x = \frac{d}{dx}[F(x) - F(a)] = F'(x) - 0 = f(x)$$

예제 5.21

다음 함수에서 $\frac{dy}{dx}$를 구하여라.

(1) $y = \int_a^x (t^3 + 1)dt$ (2) $y = \int_x^5 3t\sin t\,dt$

풀이

(1) $\frac{dy}{dx} = \frac{d}{dx}\int_a^x (t^3 + 1)dt = x^3 + 1$

(2) $\frac{dy}{dx} = \frac{d}{dx}\int_x^5 3t\sin t\,dt = \frac{d}{dx}\left(-\int_5^x 3t\sin t\,dt\right) = -\frac{d}{dx}\int_5^x 3t\sin t\,dt = -3x\sin x$

$$\frac{d}{dx}\int_{p(x)}^{q(x)} f(t)\,dt = f(q(x))q'(x) - f(p(x))p'(x)$$

증명

$$\int f(x)dx = F(x) + C$$

$$\begin{aligned}\frac{d}{dx}\int_{p(x)}^{q(x)} f(t)dt &= \frac{d}{dx}[F(t)]_{p(x)}^{q(x)} = \frac{d}{dx}[F(q(x)) - F(p(x))] \\ &= F'(q(x))q'(x) - F'(p(x))p'(x) \\ &= f(q(x))q'(x) - f(p(x))p'(x)\end{aligned}$$

예제 5.22

$y = \int_{2x}^{x^2} \frac{t^3}{t^2+1} dt$일 때 $\frac{dy}{dx}$을 구하여라.

풀이

$$\begin{aligned}\frac{dy}{dx} &= \frac{d}{dx}\int_{2x}^{x^2} \frac{t^3}{t^2+1} dt \\ &= \frac{(x^2)^3}{(x^2)^2+1} \cdot 2x - \frac{(2x)^3}{(2x)^2+1} \cdot 2 \\ &= \frac{2x^7}{x^4+1} - \frac{16x^3}{4x^2+1}\end{aligned}$$

예제 5.23

다음을 구하여라.

(1) $\int_{2}^{x} f(t)\,dt = x^2 \sin 3x$ 일 때 $f(\pi)$는?

(2) $A(x) = \int_{4}^{x^2} \frac{1}{1+t^2}\,dt$ 일 때 $A(2)$ 와 $A'(2)$는?

풀이

(1) $f(x) = 2x\sin 3x + 3x^2 \cos 3x$

$f(\pi) = -3\pi^2$

(2) $A(2) = 0$

$A'(x) = \frac{2x}{1+x^4}$

$A'(2) = \frac{4}{17}$

연습문제 5.8

1. 다음을 구하여라.

(1) $\dfrac{d}{dx}\displaystyle\int_0^x e^{-t}\sec^2 t\,dt$ (2) $\dfrac{d}{dx}\displaystyle\int_2^x \sqrt{1+t^2}\,dt$

(3) $\dfrac{d}{dx}\displaystyle\int_3^x \left(y^4+\dfrac{3}{\sqrt{1-y^2}}\right)dy$ (4) $\dfrac{d}{dx}\displaystyle\int_1^x (u-3)\ln|u+1|\,du$

2. 다음 적분을 x에 관하여 미분하여라.

(1) $\displaystyle\int_2^x \sqrt{2+\cos^3 t}\,dt$ (2) $\displaystyle\int_e^x \dfrac{\ln(u)}{u}du$

(3) $\displaystyle\int_\pi^x \dfrac{6}{3+t^4}dt$ (4) $\displaystyle\int_0^x u\cos u\,du$

3. 다음 적분을 x에 관하여 미분하여라.

(1) $\displaystyle\int_{\tan x}^0 \dfrac{dt}{1+t^2}$ (2) $\displaystyle\int_{2x}^{x^2} f(t)dt$

(3) $\displaystyle\int_0^{\sqrt{x}} \cos t\,dt$ (4) $\displaystyle\int_{-x}^{x^2} \sqrt{t^2+1}\,dt$

(5) $\displaystyle\int_{\cos x}^{\sin x} \dfrac{1}{1-t^2}dt$ (6) $\displaystyle\int_{\frac{1}{x}}^{3x} \cos 2t\,dt$

4. $\dfrac{dy}{dx}$를 구하여라.

(1) $y=\displaystyle\int_{\sqrt{x}}^{x^2} \dfrac{e^t}{t}dt$ (2) $y=\displaystyle\int_{x+1}^{\ln x} \ln t\,dt$

(3) $y=\displaystyle\int_{3x}^{\tan x} \dfrac{1}{1-t^2}dt$ (4) $y=\displaystyle\int_{\cos^2 x}^{\sin^2 2x} \cos^2 t\,dt$

5.9 곡선과 x축으로 둘러싸인 면적

구간 $[a, b]$에서 곡선과 x축으로 둘러싸인 면적을 정적분을 이용하여 구할 수 있다.

- 곡선이 x축 위에 있을 때 $(f(x) \geq 0)$

  면적 $= \int_a^b f(x)dx,\ a < b$

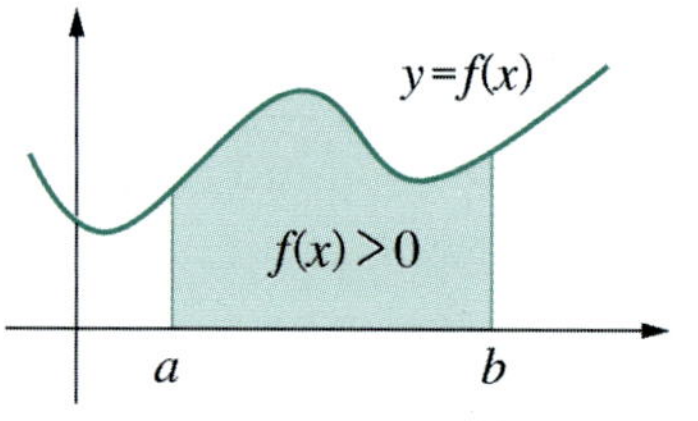

그림 5.12

- 곡선이 x축 아래 있을 때 $(f(x) \leq 0)$

  면적 $= -\int_a^b f(x)dx,\ a < b$

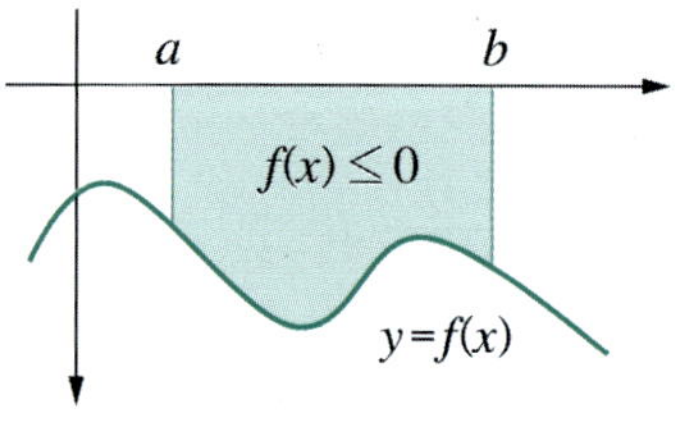

그림 5.13

예제 5.24

구간 $0 \leq x \leq 2$에서 $f(x) = x^2 - 1$의 그래프와 x축으로 둘러싸인 영역의 넓이를 구하여라.

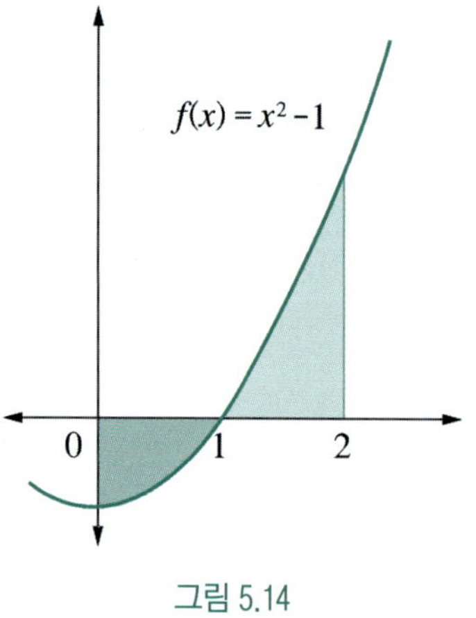

그림 5.14

풀이

$$\text{면적} = -\int_0^1 (x^2-1)dx + \int_1^2 (x^2-1)dx$$
$$= -\left[\frac{1}{3}x^3 - x\right]_0^1 + \left[\frac{1}{3}x^3 - x\right]_1^2$$
$$= -\left[\left(\frac{1}{3}-1\right)-0\right] + \left[\left(\frac{8}{3}-2\right)-\left(\frac{1}{3}-1\right)\right]$$
$$= -\left(-\frac{2}{3}\right) + \left[\frac{2}{3}-\left(-\frac{2}{3}\right)\right] = \frac{2}{3}+\frac{4}{3} = 2$$

예제 5.25

아래 함수 f 의 그래프에서 다음을 구하여라.

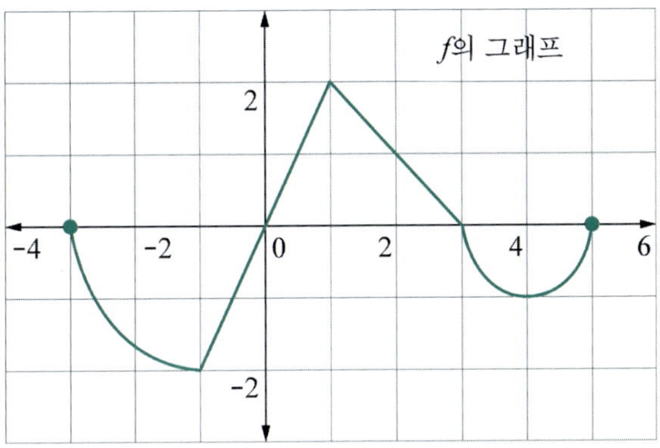

그림 5.15

(1) $\int_1^5 f(x)dx$

(2) $\int_{-3}^0 f(x)dx$

(3) $\int_0^8 f(x-3)dx$

(4) $\int_1^2 f(2x)dx$

풀이

(1) $\int_1^5 f(x)dx = \int_1^3 f(x)dx + \int_3^5 f(x)dx = 2 - \frac{1}{2}\pi(1)^2 = 2 - \frac{\pi}{2}$

(2) $\int_{-3}^0 f(x)dx = \int_{-3}^{-1} f(x)dx + \int_{-1}^0 f(x)dx = -\pi + (-1) = -\pi - 1$

(3) $u = x-3,\ \dfrac{du}{dx}=1,\ du = dx;\ x=0 \Rightarrow u=3,\ x=8 \Rightarrow u=5$

$$\int_0^8 f(x-3)dx = \int_{-3}^5 f(u)du = \int_{-3}^5 f(x)dx$$

$$= \int_{-3}^0 f(x)dx + \int_0^5 f(x)dx$$

$$= (-\pi-1) + \left(3 - \frac{\pi}{2}\right)$$

$$= -\frac{3}{2}\pi + 2$$

(4) $u = 2x,\ \dfrac{du}{dx}=2,\ \dfrac{1}{2}du = dx;\ x=1 \Rightarrow u=2,\ x=2 \Rightarrow u=4$

$$\int_1^2 f(2x)dx = \int_2^4 f(u)\frac{1}{2}du$$

$$= \frac{1}{2}\int_2^4 f(x)dx$$

$$= \frac{1}{2}\left[\int_2^3 f(x)dx + \int_3^4 f(x)dx\right]$$

$$= \frac{1}{2}\left[\frac{1}{2} - \frac{\pi}{4}\right]$$

$$= \frac{1}{4} - \frac{\pi}{8}$$

연습문제 5.9

1. 주어진 범위에서 곡선과 x축으로 둘러싸인 영역의 넓이를 구하여라.

(1) $y=x^2$, $[-1, 2]$

(2) $y=\cos x$, $\left[\frac{\pi}{2}, \pi\right]$

(3) $y=\cot x$, $\left[\frac{\pi}{4}, \frac{\pi}{2}\right]$

(4) $y=4-x^2$, $[1, 3]$

(5) $y=\tan x$, $\left[-\frac{\pi}{4}, \frac{\pi}{3}\right]$

(6) $y=\frac{4}{x^2+4}$, $[-2, 2]$

(7) $y=2\sin x$, $\left[\frac{\pi}{3}, \frac{3\pi}{2}\right]$

(8) $y=x^3-2x^2-3x$, x축

2. $f(x)=\begin{cases}2x+1, & x\le 1\\ x^2+2, & x>1\end{cases}$ 일 때 $\int_{-1}^{3} f(x)dx$ 는?

3. 다음을 구하여라.

(1) $\int_0^3 |x^2-4|\,dx$

(2) $\int_{-1}^3 |x^2-4x|\,dx$

(3) $\int_0^{2\pi} |\cos x|\,dx$

(4) $\int_0^2 |e^x-2|\,dx$

4. f는 미분 가능인 함수로 그래프는 다음 그림과 같다. $g(x)=\int_1^x f(t)dt$일 때, 다음을 구하여라.

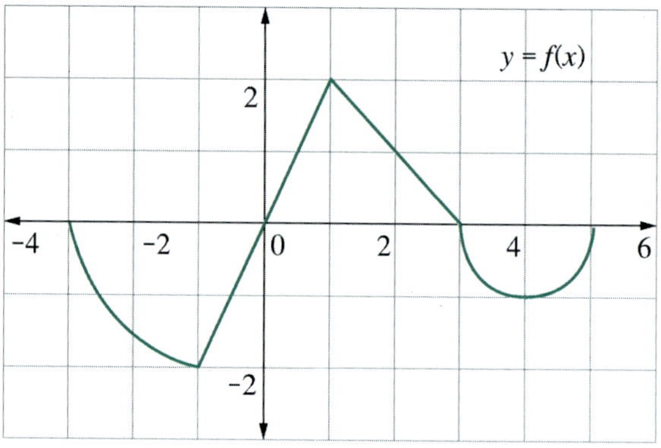

(1) $g(3), g(-3), g'(3), g''(3)$는?

(2) 구간 $-3 \leq x \leq 3$ 에서 g의 평균변화율을 구하여라.

(3) 구간 $-1 \leq x \leq 3$ 에서 g'의 평균변화율을 구하여라.

(4) $x=-1$에서 g의 접선의 방정식은?

(5) 근사선형방정식으로 $g(-1.1)$는?

(6) g가 감소하는 구간은?

(7) g가 아래로 볼록인 구간은?

(8) g가 극댓값을 갖는 x는?

(9) g가 변곡점을 갖는 x는?

(10) 구간 $[-3, 5]$ 에서 g의 최댓값은?

5.10 정적분에서 치환적분, 부분적분, 부분분수 적분, 삼각함수 적분

5.10.1 정적분에서 치환적분

$g'(x)$ 가 구간 $[a, b]$ 에서 연속이고 $f(x)$가 $g(x)$의 치역에서 연속이면 다음이 성립한다.

$$\int_a^b f(g(x)) \cdot g'(x)dx = \int_{g(a)}^{g(b)} f(u)du$$

예제 5.26

(1) $\int_0^2 x(x^2-1)^2 dx$

(2) $\int_2^4 \frac{dx}{x(\ln x)^2}$

(3) $\int_0^{\pi/6} \cos^{-3}2\theta \sin 2\theta d\theta$

(4) $\int_{\sqrt{2}}^2 \frac{\sec^2(\sec^{-1}x)}{x\sqrt{x^2-1}}dx$

풀이

(1) $u = x^2 - 1$, $\frac{du}{dx} = 2x$, $\frac{1}{2}du = x\,dx$

$x = 0, u = -1$

$x = 2, u = 3$

$$\int_0^2 x(x^2-1)^2 dx = \int_{-1}^3 u^2 \frac{1}{2} du = \frac{1}{6}[u^3]_{-1}^3 = \frac{1}{6}(27-(-1)) = \frac{28}{6} = \frac{14}{3}$$

(2) $u = \ln x \Rightarrow du = \frac{1}{x}dx$; $x = 2 \Rightarrow u = \ln 2$, $x = 4 \Rightarrow u = \ln 4$;

$$\int_2^4 \frac{dx}{x(\ln x)^2} = \int_{\ln 2}^{\ln 4} u^{-2} du = \left[-\frac{1}{u}\right]_{\ln 2}^{\ln 4} = -\frac{1}{\ln 4} + \frac{1}{\ln 2}$$

$$= -\frac{1}{2\ln 2} + \frac{1}{\ln 2} = \frac{1}{2\ln 2} = \frac{1}{\ln 4}$$

(3) $u = \cos 2\theta \Rightarrow du = -2\sin 2\theta\, d\theta \Rightarrow -\frac{1}{2}du = \sin 2\theta\, d\theta$;

$\theta = 0 \Rightarrow u = 1, \theta = \frac{\pi}{6} \Rightarrow u = \cos 2\left(\frac{\pi}{6}\right) = \frac{1}{2}$

$$\int_0^{\pi/6} \cos^{-3}2\theta \sin 2\theta \, d\theta = \int_1^{1/2} u^{-3}\left(-\frac{1}{2}du\right) = -\frac{1}{2}\int_1^{1/2} u^{-3}du$$

$$= \left[-\frac{1}{2}\left(\frac{u^{-2}}{-2}\right)\right]_1^{1/2} = \frac{1}{4\left(\frac{1}{2}\right)^2} - \frac{1}{4(1)^2} = \frac{3}{4}$$

(4) $u = \sec^{-1}x$, $du = \dfrac{dx}{x\sqrt{x^2-1}}$; $x = \sqrt{2} \Rightarrow u = \dfrac{\pi}{4}, x = 2 \Rightarrow u = \dfrac{\pi}{3}$

$$\int_{\sqrt{2}}^{2} \frac{\sec^2(\sec^{-1}x)}{x\sqrt{x^2-1}}dx = \int_{\pi/4}^{\pi/3} \sec^2 u \, du,$$

$$= [\tan u]_{\pi/4}^{\pi/3} = \tan\frac{\pi}{3} - \tan\frac{\pi}{4} = \sqrt{3} - 1$$

예제 5.27

$g(x)$는 $[-4, 4]$ 위에서 연속함수이고 $f'(x) = g(x)$일 때 다음 표를 보고 다음을 구하여라.

x	−4	−3	−2	−1	0	1	2	3	4
f	−3	1	−1	0	−2	5	4	6	2

(1) $\displaystyle\int_{-1}^{1} [g(x) + 3x^2]dx$

(2) $\displaystyle\int_{-2}^{2} g(2x)dx$

(3) $\displaystyle\int_{-2}^{2} 3g\left(\frac{x}{2}\right)dx$

(4) $\displaystyle\int_{-2}^{0} xg(x^2)dx$

풀이

(1) $f'(x) = g(x) \Rightarrow \int g(x)dx = f(x) + C$이므로

$$\int_{-1}^{1} [g(x) + 3x^2]dx = [f(x) + x^3]_{-1}^{1} = [f(1) + 1] - [f(-1) - 1] = 6 - (-1) = 7$$

(2) $u = 2x$, $du = 2dx$, $\dfrac{1}{2}du = dx$; $x = -2 \Rightarrow u = -4$, $x = 2 \Rightarrow u = 4$

$$\int_{-2}^{2} g(2x)dx = \int_{-4}^{4} g(u) \cdot \frac{1}{2}du = \int_{-4}^{4} \frac{1}{2}g(x)dx$$

$$= \left[\frac{1}{2}f(x)\right]_{-4}^{4}$$

$$= \frac{1}{2}(f(4) - f(-4))$$

$= \frac{1}{2}(2-(-3)) = \frac{5}{2}$

(3) $u = \frac{x}{2}$, $du = \frac{1}{2}dx$; $x = -2 \Rightarrow u = -1$, $x = 2 \Rightarrow u = 1$

$$\int_{-2}^{2} 3g(\frac{x}{2})dx = \int_{-1}^{1} 3g(u) \cdot 2du$$
$$= \int_{-1}^{1} 6g(x)dx$$
$$= [6f(x)]_{-1}^{1}$$
$$= 6[f(1) - f(-1)]$$
$$= 6(5-0)$$
$$= 30$$

(4) $u = x^2$, $du = 2xdx$, $\frac{1}{2}du = x\,dx$; $x = -2 \Rightarrow u = 4$, $x = 0 \Rightarrow u = 0$

$$\int_{-2}^{0} xg(x^2)dx = \int_{4}^{0} g(u) \cdot \frac{1}{2}du$$
$$= \int_{4}^{0} \frac{1}{2}g(x)dx$$
$$= \left[\frac{1}{2}f(x)\right]_{4}^{0}$$
$$= \frac{1}{2}[f(0) - f(4)]$$
$$= \frac{1}{2}[-2-2] = -2$$

5.10.2 정적분을 위한 부분적분

정적분을 부분적분법을 이용하여 구하는 과정은 다음과 같다.

$$\int_{a}^{b} f'(x)g(x)dx = \Big[f(x)g(x)\Big]_{a}^{b} - \int_{a}^{b} f(x)g'(x)dx$$

증명

곱의 미분법에서 $\{f(x)g(x)\}' = f'(x)g(x) + f(x)g'(x)$이므로 함수 $f(x)g(x)$는 $f'(x)g(x) + f(x)g'(x)$의 한 부정적분이다.

따라서,

$$\int_a^b \left\{ f'(x)g(x) + f(x)g'(x) \right\} dx = \Big[f(x)g(x) \Big]_a^b$$

$$\therefore \int_a^b f'(x)g(x)dx = \Big[f(x)g(x) \Big]_a^b - \int_a^b f(x)g'(x)dx$$

예제 5.28

다음 정적분의 값을 구하시오.

(1) $\displaystyle\int_1^e \ln x\, dx$　　(2) $\displaystyle\int_0^1 xe^{-x} dx$

(3) $\displaystyle\int_0^1 x^2 e^{2x} dx$　　(4) $\displaystyle\int_0^\pi x(\sin x + \cos x)\, dx$

풀이

(1) $f(x) = \ln x$, $g'(x) = 1$로 놓으면

$f'(x) = \dfrac{1}{x}$, $g(x) = x$

$\therefore \displaystyle\int_1^e \ln x\, dx = [x\ln x]_1^e - \int_0^e \frac{1}{x} \cdot x\, dx = e - [x]_1^e = e - (e-1) = 1$

(2) $\displaystyle\int_0^1 xe^{-x}dx = [-xe^{-x}]_0^1 + \int_0^1 e^{-x}dx = -\frac{1}{e} + [-e^{-x}]_0^1 = -\frac{1}{e} + \left(-\frac{1}{e}+1\right) = 1 - \frac{2}{e}$

(3) $$\int_0^1 x^2 e^{2x} dx = \left[x^2 \cdot \frac{1}{2}e^{2x} \right]_0^1 - \int_0^1 xe^{2x}dx$$

$$= \frac{1}{2}e^2 - \left\{ \left[x \cdot \frac{1}{2}e^{2x} \right]_0^1 - \int_0^1 \frac{1}{2}e^{2x}dx \right\}$$

$$= \frac{1}{2}e^2 - \frac{1}{2}e^2 + \frac{1}{2}\left[\frac{1}{2}e^{2x} \right]_0^1 = \frac{1}{4}(e^2 - 1)$$

(4) $$\int_0^\pi (\sin x + \cos x)dx = [x(-\cos x + \sin x)]_0^\pi - \int_0^\pi (-\cos x + \sin x)\, dx$$

$$= \pi - [-\sin x - \cos x]_0^\pi = \pi - 2$$

5.10.3 부분분수에 의한 적분

이 절에서는 유리함수(다항함수들로 이루어진 분수)를 부분분수(partial fraction)로 표현하는 방법을 배운다. 유리함수를 부분분수로 나타내면 적분하기 쉽다. 예를 들어, 유리함수 $(5x-3)/(x^2-2x-3)$은

$$\frac{5x-3}{x^2-2x-3}=\frac{2}{x+1}+\frac{3}{x-3}$$

으로 쓸 수 있다. 위 항등식은 우변의 분수들을 공통분모$(x+1)(x-3)$으로 통분하여 대수적으로 증명할 수 있다. 이렇게 유리함수를 부분분수로 표현할 줄 아는 능력은 또 다른 영역에서도(예를 들면, 미분방정식을 풀기 위해 라플라스 변환을 할 때) 유용하다. 유리함수 $(5x-3)/(x^2-2x-3)$을 적분하려면, 다음과 같이 위 항등식의 우변의 분수들을 적분하여 더하면 된다.

$$\begin{aligned}\int \frac{5x-3}{(x+1)(x-3)}dx &= \int \frac{2}{x+1}dx+\int \frac{3}{x-3}dx \\ &= 2\ln|x+1|+3\ln|x-3|+C\end{aligned}$$

유리함수를 보다 간단한 분수들의 합으로 나타내는 방법을 부분분수법(method of partial fraction)이라 부른다. 위의 예의 경우 부분분수로 나타낸다는 것은

$$\frac{5x-3}{x^2-2x-3}=\frac{A}{x+1}+\frac{B}{x-3} \tag{1}$$

을 만족하는 상수 A, B를 찾는 것과 같다. 분수$A/(x+1)$와 $B/(x-3)$의 분모들은 원래 분모(x^2-2x-3)의 인수들이기 때문에 이 분수들을 부분분수(partial fraction)라 부른다. 적절한 값이 결정되기 전까지 상수 A, B를 미정계수(undetermined coefficients)라 부른다.

A, B를 찾기 위하여 먼저 식 (1)의 양변에 x^2-2x-3을 곱하면

$$5x-3=A(x-3)+B(x+1)=(A+B)x-3A+B$$

를 얻는다. 위 식이 x에 관한 항등식이 되기 위해서는

$$A+B=5, \qquad -3A+B=-3$$

이어야 하고, 이를 풀면 $A=2, B=3$을 찾을 수 있다.

예제 5.29

다음 적분을 구하여라.

(1) $\displaystyle\int \frac{x-1}{x(x-2)}dx$ (2) $\displaystyle\int_0^1 \frac{dx}{(x+1)(x^2+1)}$

풀이

(1) $\dfrac{x-1}{x(x-2)}=\dfrac{A}{x}+\dfrac{B}{x-2}$ 에서 $x-1=A(x-2)+Bx$

$x=0:-1=-2A$, $A=\dfrac{1}{2}$. $x=2:1=2B$, $B=\dfrac{1}{2}$

$\displaystyle\int\left(\frac{1}{2x}+\frac{1}{2(x-2)}\right)dx=\frac{1}{2}\ln|x|+\frac{1}{2}\ln|x-2|+C=\frac{1}{2}\ln|x(x-2)|+C$

(2) $\dfrac{1}{(x+1)(x^2+1)}=\dfrac{A}{x+1}+\dfrac{Bx+C}{x^2+1}\Rightarrow 1=A(x^2+1)+(Bx+C)(x+1)$;

$x=-1\Rightarrow A=\dfrac{1}{2}$;$x^2$의 계수 $=A+B$

$\Rightarrow A+B=0\Rightarrow B=-\dfrac{1}{2}$;

상수$=A+C\Rightarrow A+C=1\Rightarrow C=\dfrac{1}{2}$;

$$\int_0^1\frac{dx}{(x+1)(x^2+1)}=\frac{1}{2}\int_0^1\frac{dx}{x+1}+\frac{1}{2}\int_0^1\frac{(-x+1)}{x^2+1}dx$$

$$=\left[\frac{1}{2}\ln|x+1|-\frac{1}{4}\ln(x^2+1)+\frac{1}{2}\tan^{-1}x\right]_0^1$$

$$=\left(\frac{1}{2}\ln 2-\frac{1}{4}\ln 2+\frac{1}{2}\tan^{-1}1\right)$$

$$-\left(\frac{1}{2}\ln 1-\frac{1}{4}\ln 1+\frac{1}{2}\tan^{-1}0\right)$$

$$=\frac{1}{4}\ln 2+\frac{1}{2}\left(\frac{\pi}{4}\right)=\frac{(\pi+2\ln 2)}{8}$$

연습문제 5.10

1. 치환법으로 적분을 계산하여라.

(1) $\displaystyle\int_0^{\sqrt{3}} \frac{4x}{\sqrt{x^2+1}}dx$　(2) $\displaystyle\int_0^1 t^3(1+t^4)^3 dt$

(3) $\displaystyle\int_1^{e^{\pi/4}} \frac{4\,dt}{t(1+\ln^2 t)}$　(4) $\displaystyle\int_{-1}^1 \frac{5r}{(4+r^2)^2}dr$

(5) $\displaystyle\int_0^{\sqrt[3]{\pi^2}} \sqrt{\theta}\cos^2(\theta^{3/2})d\theta$　(6) $\displaystyle\int_0^{\pi} 5(5-4\cos t)^{1/4}\sin t\,dt$

(7) $\displaystyle\int_0^{\pi/4} (1+e^{\tan\theta})\sec^2\theta\,d\theta$　(8) $\displaystyle\int_0^{2\pi} \frac{\cos z}{\sqrt{4+3\sin z}}dz$

(9) $\displaystyle\int_{-\pi/2}^{\pi/2} \frac{2\cos\theta\,d\theta}{1+(\sin\theta)^2}$　(10) $\displaystyle\int_2^{16} \frac{dx}{2x\sqrt{\ln x}}$

2. 다음 정적분을 구하여라.

(1) $\displaystyle\int_{-1}^1 xe^x dx$　(2) $\displaystyle\int_{\frac{\pi}{3}}^{\frac{\pi}{2}} x\sin x\,dx$

(3) $\displaystyle\int_0^{\frac{\pi}{2}} x^2\sin 2x\,dx$　(4) $\displaystyle\int_1^e x\ln x\,dx$

(5) $\displaystyle\int_1^e \ln x\,dx$　(6) $\displaystyle\int_0^1 \tan^{-1}x\,dx$

(7) $\displaystyle\int_{\frac{1}{2}}^1 \sin^{-1}x\,dx$　(8) $\displaystyle\int_0^4 e^{\sqrt{x}}dx$

(9) $\displaystyle\int_0^{\pi} e^x\sin x\,dx$

연습문제 5.10

3. 다음 적분을 구하여라.

(1) $\displaystyle\int_{\frac{1}{2}}^{1} \frac{y+4}{y^2+y}dy$

(2) $\displaystyle\int \frac{dx}{x^2+2x}$

(3) $\displaystyle\int \frac{y-1}{y+1}dy$

(4) $\displaystyle\int \frac{x+4}{x^2+5x-6}dx$

(5) $\displaystyle\int \frac{dt}{t^3+t^2-2t}$

(6) $\displaystyle\int_0^1 \frac{dx}{(x+1)(x^2+1)}$

(7) $\displaystyle\int \frac{4x\,dx}{(x-1)^2(x+1)}$

(8) $\displaystyle\int \frac{2x^2-x+4}{x(x^2+4)}dx$

5.11 삼각함수 적분

5.11.1 $\sin x$, $\cos x$의 거듭제곱의 적분

피적분함수가 하나 이상의 삼각함수의 거듭제곱을 포함하는 적분을 계산할 때, 적절한 치환이 필요하다. 다음과 같은 형태의 적분

$$\int \sin^m x \cos^n x dx$$

를 계산하는 것이다. 위 식에서 m과 n은 양의 정수이다.

■ 경우1: m 또는 n이 양의 홀수인 경우

m이 홀수인 경우, 먼저 $\sin x$를 하나 분리한다. 다음 $\sin^2 x$를 $1-\cos^2 x$로 바꾸고 $\cos x$를 t로 치환한다. 마찬가지로 n이 홀수인 경우에는 $\cos x$를 하나 분리한 다음 $\cos^2 x$를 $1-\sin^2 x$로 바꾸고, $\sin x$를 t로 치환한다.

예제 5.30

다음을 계산하여라.

(1) $\int \sin^3 x \cos^4 x\, dx$ (2) $\int \sin^3 x \cos^2 x\, dx$

풀이

(1) $t=\cos x, dt=-\sin x\, dx$

$$\begin{aligned}\int \sin^3 x \cos^4 x\, dx &= \int \sin^2 x \cos^4 x (\sin x)\, dx = \int (1-\cos^2 x)\cos^4 x \sin x\, dx \\ &= \int (\cos^4 x - \cos^6 x)\sin x\, dx = \int (t^4 - t^6)(-dt) = \frac{1}{7}t^7 - \frac{1}{5}t^5 + C \\ &= \frac{\cos^7 x}{7} - \frac{\cos^5 x}{5} + C\end{aligned}$$

(2) $\int \sin^3 x \cos^2 x\, dx = \int \sin^2 x \cos^2 x \sin x\, dx = \int (1-\cos^2 x)\cos^2 x \sin x\, dx$

$$= \int (1-t^2)(t^2)(-dt) = \int (t^4 - t^2)dt = \frac{t^5}{5} - \frac{t^3}{3} + C$$

$$= \frac{\cos^5 x}{5} - \frac{\cos^3 x}{3} + C$$

예제 5.31

다음을 계산하여라.

(1) $\int \frac{\cos^3 x}{\sqrt{\sin x}} dx$　　　(2) $\int \cos^5 x\, dx$

풀이

(1) $t = \sin x,\ dt = \cos x\, dx$

$$\int \frac{\cos^3 x}{\sqrt{\sin x}} dx = \int \frac{\cos^2 x \cos x}{\sqrt{\sin x}} dx = \int \frac{(1-\sin^2 x)(\cos x)}{\sqrt{\sin x}} dx$$

$$= \int \frac{(1-t^2)}{\sqrt{t}} dt = \int (t^{-\frac{1}{2}} - t^{\frac{3}{2}})dt = 2t^{\frac{1}{2}} - \frac{2}{5}t^{\frac{5}{2}} + C$$

$$= 2(\sin x)^{\frac{1}{2}} - \frac{2}{5}(\sin x)^{\frac{5}{2}} + C$$

(2) $t = \sin x,\ dt = \cos x\, dx$

$$\int \cos^5 x\, dx = \int \cos^4 x \cos x\, dx = \int (1 - 2t^2 + t^4)dt = t - \frac{2}{3}t^3 + \frac{1}{5}t^5 + C$$

$$= \sin x - \frac{2}{3}\sin^3 x + \frac{1}{5}\sin^5 x + C$$

■ 경우2 : m과 n이 양의 짝수인 경우

거듭제곱의 차수를 줄이기 위해 싸인과 코싸인에 대한 반각공식을 사용한다. 즉 $\sin^2 x = \frac{1}{2}(1-\cos 2x)$, $\cos^2 x = \frac{1}{2}(1+\cos 2x)$을 사용한다.

예제 5.32

$\int \sin^2 x\, dx$를 계산하여라.

풀이

코사인에 대한 반각공식을 사용하면

$$\int \sin^2 x\, dx = \frac{1}{2}\int (1-\cos 2x)dx = \frac{1}{2}x - \frac{1}{4}\sin 2x + C$$

예제 5.33

$\int \cos^4 x\, dx$를 계산하여라.

풀이

코사인에 대한 반각공식을 사용하면

$$\int \cos^4 x\, dx = \int (\cos^2 x)^2 dx = \frac{1}{4}\int (1+\cos 2x)^2 dx = \frac{1}{4}\int (1+2\cos 2x+\cos^2 2x)dx$$

이고, 피적분함수의 마지막 항에 반각공식을 다시 사용하면

$$\int \cos^4 x\, dx = \frac{1}{4}\int [(1+2\cos 2x+\cos^2 2x)]dx = \frac{3}{8}x + \frac{1}{4}\sin 2x + \frac{1}{32}\sin 4x + C$$이다.

5.11.2 $\tan x$와 $\sec x$의 거듭제곱의 적분

이제 다음과 같은 형태의 적분

$$\int \tan^m x \sec^n x\, dx$$

(m과 n은 양의 정수)를 계산하는 방법을 살펴보자.

■ 경우1: m이 양의 홀수인 경우

먼저 $\sec x \tan x$를 하나 분리한다. 다음 $\tan^2 x$를 $\sec^2 x - 1$로 바꾸고 $\sec x = t$로 치환한다. 다음 예제에서 이 경우를 살펴보자.

예제 5.34

다음을 계산하여라.

(1) $\displaystyle\int \frac{\tan^3 x}{\sqrt{\sec x}}dx$ (2) $\displaystyle\int \tan^3 x \sec^3 x\, dx$

풀이

(1) $t = \sec x$, $dt = \sec x \tan x\, dx$

$$\int \frac{\tan^3 x}{\sqrt{\sec x}}dx = \int (\sec x)^{-1/2} \tan^3 x\, dx = \int (\sec x)^{-3/2}(\tan^2 x)(\sec x \tan x)dx$$

$$\int (\sec x)^{-3/2}(\sec^2 x - 1)(\sec x \tan x)dx = \int (t^{1/2} - t^{-3/2})dt = \frac{2}{3}t^{3/2} + 2t^{-1/2} + C$$

$$= \frac{2}{3}(\sec x)^{3/2} + 2(\sec x)^{-1/2} + C$$

(2) $$\int \tan^3 x \sec^3 x\, dx = \int \tan^2 x \sec^2 x(\sec x \tan x)dx = \int (\sec^2 x - 1)\sec^2 x(\sec x \tan x)dx$$

여기서 두 번째 등식에서 $\tan^2 x = \sec^2 x - 1$을 사용하였다.

이제 $\sec x$를 t로 치환하면, $dt = \sec x \tan x\, dx$가 되어

$$\begin{aligned}\int \tan^3 x \sec^3 x\, dx &= \int (\sec^2 x - 1)\sec^2 x(\sec x \tan x)dx \\ &= \int (t^2 - 1)t^2 dt = \int (t^4 - t^2)dt \\ &= \frac{1}{5}t^5 - \frac{1}{3}t^3 + C = \frac{1}{5}\sec^5 x - \frac{1}{3}\sec^3 x + C\end{aligned}$$

■ 경우2: n 이 양의 짝수인 경우

먼저 $\sec^2 x$를 하나 분리한다. 다음 남아있는 $\sec^2 x$를 $1+\tan^2 x$로 바꾸고 $\tan x$를 t로 치환한다.

예제 5.35

다음을 계산하여라.

(1) $\int \sec^4 3x \tan^3 3x \, dx$ (2) $\int \tan^2 x \sec^4 x \, dx$

풀이

(1) $t = \tan 3x,\ dt = 3\sec^2 3x \, dx$

$$\int \sec^4 3x \tan^3 3x \, dx = \int \sec^2 3x \tan^3 3x (\sec^2 3x) dx = \int (1+\tan^2 3x)\tan^3 3x (\sec^2 3x) dx$$
$$= \frac{1}{3}\int (t^3 + t^5) dt = \frac{1}{3}\left(\frac{t^4}{4} + \frac{t^6}{6}\right) + C = \frac{\tan^4 3x}{12} + \frac{\tan^6 3x}{18} + C$$

(2) $\tan x$를 t로 치환하면 $dt = \sec^2 x \, dx$가 되어

$$\int \tan^2 x \sec^4 x \, dx = \int \tan^2 x (1+\tan^2 x) \sec^2 x dx$$
$$= \int t^2(1+t^2) dt = \int (t^2 + t^4) dt$$
$$= \frac{1}{3}t^3 + \frac{1}{5}t^5 + C = \frac{1}{3}\tan^3 x + \frac{1}{5}\tan^5 x + C \text{이다.}$$

5.11.3 $\sin x$와 $\cos x$의 곱

적분 $\int \sin mx \sin nx \, dx$, $\int \sin mx \cos nx \, dx$, $\int \cos mx \cos nx \, dx$는 삼각함수가 응용되는 수학과 자연과학의 여러 분야의 문제에 자주 나타난다.

$$\sin mx \sin nx = \frac{1}{2}[\cos(m-n)x - \cos(m+n)x]$$

$$\sin mx \cos nx = \frac{1}{2}[\sin(m-n)x + \sin(m+n)x]$$

$$\cos mx \cos nx = \frac{1}{2}[\cos(m-n)x + \cos(m+n)x]$$

예제 5.36

다음을 계산하여라.

(1) $\int \sin 5x \cos 4x \, dx$

(2) $\int \cos 4x \cos 6x \, dx$

(3) $\int \sin 3x \sin x \, dx$

풀이

(1)
$$\begin{aligned}\int \sin 5x \cos 4x \, dx &= \frac{1}{2}\int (\sin x + \sin 9x) dx \\ &= \frac{1}{2}\left(-\cos x - \frac{\cos 9x}{9}\right) + C \\ &= -\frac{\cos x}{2} - \frac{\cos 9x}{18} + C\end{aligned}$$

(2)
$$\begin{aligned}\int \cos 4x \cos 6x \, dx &= \int \frac{1}{2}(\cos 2x + \cos 10x) dx \\ &= \frac{1}{4}\sin 2x + \frac{1}{20}\sin 10x + C\end{aligned}$$

(3)
$$\begin{aligned}\int \sin 3x \sin x \, dx &= \int \frac{1}{2}(\cos 2x - \cos 4x) dx \\ &= \frac{1}{4}\sin 2x - \frac{1}{8}\sin 4x + C\end{aligned}$$

연습문제 5.11

1. $\sin x$와 $\cos x$의 거듭제곱꼴의 형태를 적분하여라.

(1) $\int \cos^3 x \sin x \, dx$ (2) $\int \sin^3 x \, dx$

(3) $\int \cos^3 x \, dx$ (4) $\int \cos^2 x \, dx$

(5) $\int 16 \sin^2 x \cos^2 x \, dx$ (6) $\int 8 \cos^3 2\theta \sin 2\theta \, d\theta$

2. $\tan x$와 $\sec x$의 거듭제곱꼴의형태를 적분하여라.

(1) $\int \sec^2 x \tan x \, dx$ (2) $\int \sec^2 x \tan^2 x \, dx$

(3) $\int \sec^4 x \, dx$ (4) $\int \tan^3 x \, dx$

3. $\sin x$와 $\cos x$의 거듭제곱꼴의 형태를 적분하여라.

(1) $\int \sin 3x \cos 2x \, dx$ (2) $\int \cos 3x \cos 4x \, dx$

(3) $\int \sin 3x \sin 2x \, dx$ (4) $\int \cos 3x \sin 2x \, dx$

4. 다음을 적분하여라.

(1) $\int \cos^2 x \sin x \, dx$ (2) $\int \cot^3 x \csc^3 x \, dx$

(3) $\int \cot^2 x \csc^4 x \, dx$ (4) $\int \tan x \sec^4 x \, dx$

(5) $\int \sqrt{\sin x} \cos^5 x \, dx$ (6) $\int \cos^4 x \sin^3 x \, dx$

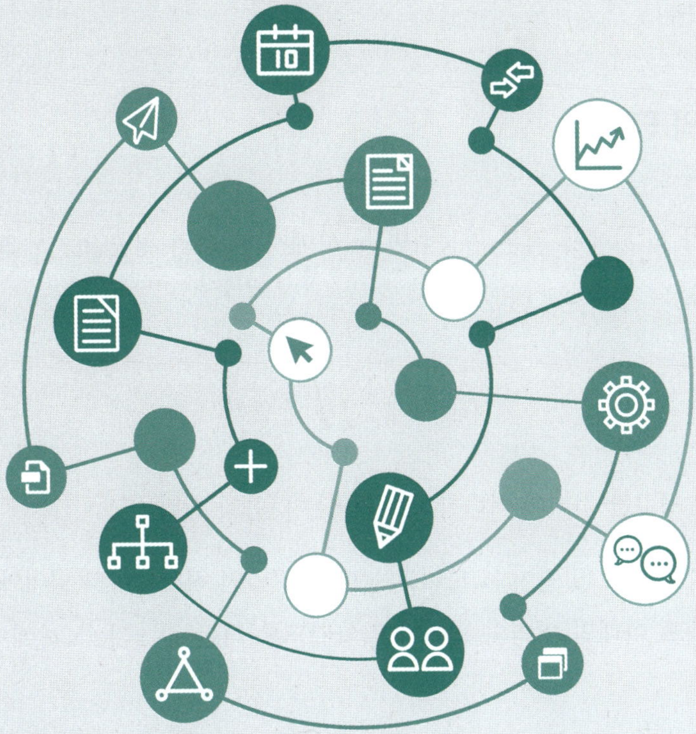

CHAPTER 6

정적분의 응용

6.1 함수의 평균값

함수 $f(x)$가 $[a, b]$에서 적분 가능하면 $[a, b]$에서 $f(x)$의 평균값(f_{avg} 또는 y_{avg})은 다음과 같다.

$$f_{avg} = \frac{1}{b-a}\int_a^b f(x)dx$$

적분에 대한 평균값 정리의 기하학적인 의미는 다음과 같다.

양의 함수 f에 대해, 밑변이 $[a, b]$이고 높이가 $f(c)$인 직사각형의 넓이와 a에서 b까지 f의 그래프 아래의 영역의 넓이가 같아지도록 하는 수 c가 $[a, b]$에 존재한다는 것이다. 즉,

$$(b-a) \cdot f_{avg} = \int_a^b f(x)dx$$

$$\therefore f_{avg} = \frac{1}{b-a}\int_a^b f(x)dx$$

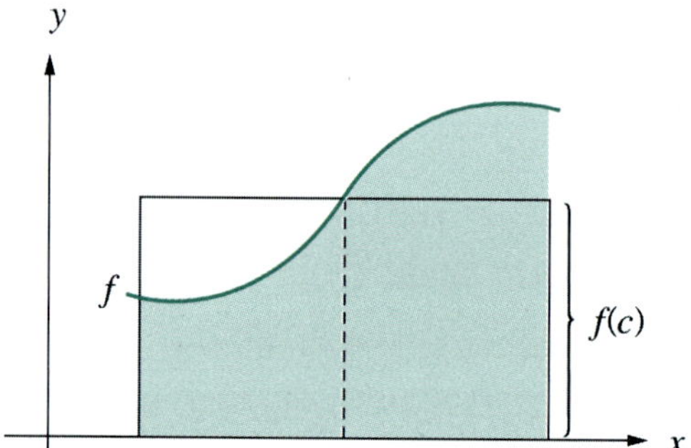

그림 6.1

예제 6.1

주어진 구간에서 다음 함수의 평균값을 구하여라.

(1) $y=(x-3)^2,\ [-1,2]$ (2) $y=\sin x,\ [0,\pi]$

풀이

(1) $y_{avg}=\dfrac{1}{2-(-1)}\displaystyle\int_{-1}^{2} y\,dx=\dfrac{1}{3}\int_{-1}^{2}(x-3)^2\,dx$

$=\dfrac{1}{3}\left[\dfrac{1}{3}(x-3)^3\right]_{-1}^{2}=\dfrac{1}{9}[(-1)^3-(-4)^3]=\dfrac{1}{9}[-1+64]=7$

(2) $y_{avg}=\dfrac{1}{\pi}\displaystyle\int_{0}^{\pi} y\,dx=\dfrac{1}{\pi}\int_{0}^{\pi}\sin x\,dx$

$=\dfrac{1}{\pi}[-\cos x]_0^{\pi}=\dfrac{1}{\pi}(1-(-1))=\dfrac{2}{\pi}$

예제 6.2

다음을 구하여라.

(1) 속도 방정식은 $v(t)=5t-t^2+100$일 때, 구간 $0\le t\le 4$에서 입자의 속도에 대한 평균값을 구하여라.

(2) 정맥주사 투여 후 t시간에 환자 혈액의 양을 $30/(t+1)^2$ mg이라고 할 때, 4시간 동안 평균 혈액의 양은?

풀이

(1) $\dfrac{1}{4-0}\displaystyle\int_{0}^{4}(5t-t^2+100)\,dt=104\dfrac{2}{3}$

(2) $\dfrac{1}{4-0}\displaystyle\int_{0}^{4}\dfrac{30}{(t+1)^2}\,dt\simeq 6\text{ mg}$

연습문제 6.1

1. 주어진 구간에서 다음 함수의 평균값을 구하여라.

(1) $y = x^2 - 1,\ [0,\ \sqrt{3}\,]$

(2) $y = |x| - 1,\ [-1,\ 3]$

(3) $y = \dfrac{20}{x^2 + 1},\ [-1,\ 1]$

(4) $y = e^x - 1,\ [0, \ln 3]$

2. 입자의 속도 $v(t) = 12t^2 + 1$ 일 때, 다음을 구하여라.

(1) 구간 $1 \le t \le 3$에서 입자속도에 대한 평균값은?

(2) 구간 $1 \le t \le 3$에서 입자 가속도에 대한 평균값은?

3. 현재 세계 인구가 60억이고 지금으로부터 t년 뒤 세계 인구가 $P(t) = 6e^{0.024t}$로 계산된다고 가정하자. 이 가정을 기초해서 다음 25년 뒤 평균 세계 인구는 대략 얼마인가? (단위 : 10억 명)

6.2 곡선 사이의 넓이

6.2.1 곡선 $y=f(x)$, $y=g(x)$, $x=a$ 그리고 $x=e$로 유계한 면적

곡선 사이의 넓이를 찾으려면 (그림 6.2), 곡선들이 교차하는 교점을 구한다. 아래 그림에서 $x=a$와 $x=e$ 사이의 $y=f(x)$와 $y=g(x)$ 두 곡선이 점 (c,d)에서 교차한다면 전체 넓이는 다음과 같다.

$$\text{면적}=\int_a^c [f(x)-g(x)]\,dx+\int_c^e [g(x)-f(x)]\,dx \quad \text{단}, a<e$$

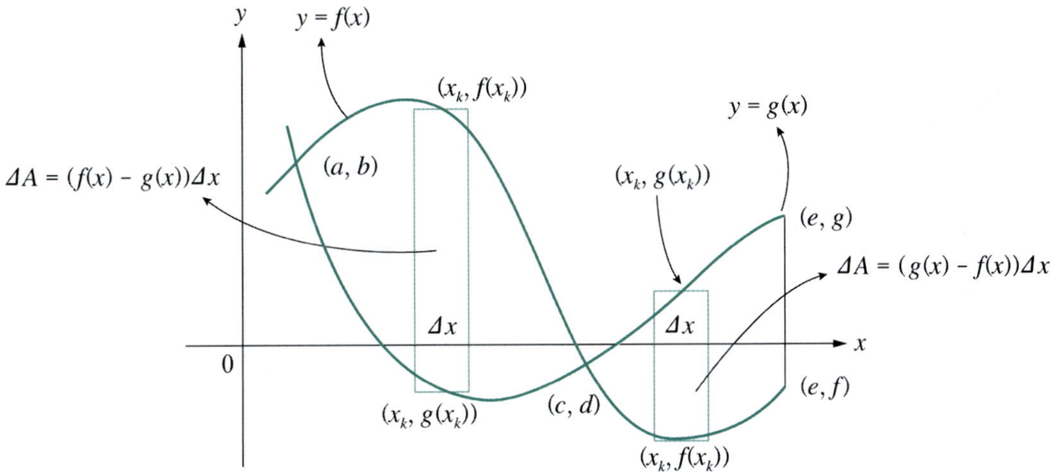

그림 6.2

예제 6.3

곡선 $y = \sin x$, $y = \cos x$와 $x = \frac{\pi}{4}$, $x = \frac{5\pi}{4}$로 유계된 영역의 넓이를 구하여라.

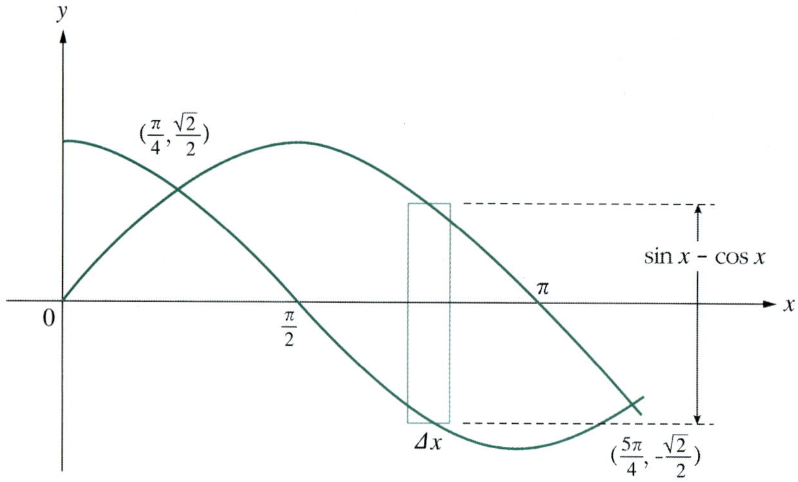

그림 6.3

풀이

$$\int_{\frac{\pi}{4}}^{\frac{5\pi}{4}} (\sin x - \cos x)dx = [-\cos x - \sin x]_{\frac{\pi}{4}}^{\frac{5\pi}{4}} = 2\sqrt{2}$$

예제 6.4

곡선 $y = -x^2 + 3x$, 직선 $y = x$와 구간 $[0, 3]$으로 유계된 영역의 넓이를 구하여라.

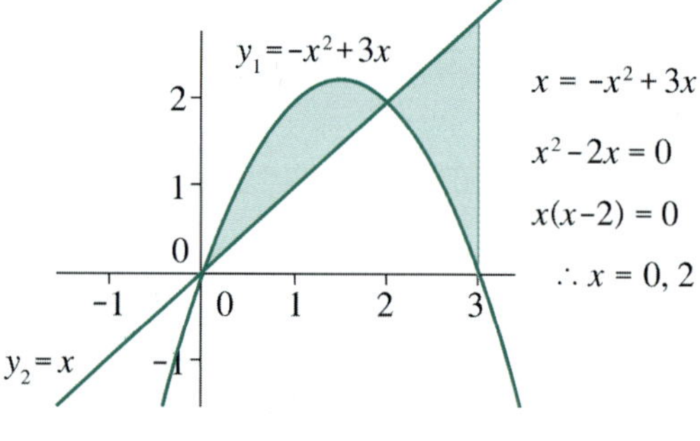

그림 6.4

풀이

$$
\begin{aligned}
\text{면적} &= \int_0^2 (y_1 - y_2)dx + \int_2^3 (y_2 - y_1)\,dx \\
&= \int_0^2 (-x^2 + 3x - x)\,dx + \int_2^3 (x + x^2 - 3x)dx \\
&= \int_0^2 (-x^2 + 2x)\,dx + \int_2^3 (x^2 - 2x)dx \\
&= \left[-\frac{1}{3}x^3 + x^2\right]_0^2 + \left[\frac{1}{3}x^3 - x^2\right]_2^3 = \frac{4}{3} + \frac{4}{3} = \frac{8}{3}
\end{aligned}
$$

6.2.2 곡선 $x = f(y), x = g(y)$와 $y = c,\ \ y = d$으로 유계된 면적

곡선 $x = f(y), x = g(y)$와 $y = c,\ \ y = d$로 유계되고, f와 g는 연속이며 $c \leq y \leq d$ 에서 $f(y) \geq g(y)$일 때, 그 영역의 넓이는 다음과 같다(그림 6.5).

$$
\text{면적} = \int_c^d (x_1 - x_2)\,dy = \int_c^d [f(y) - g(y)]\,dy \quad \text{단, } c < d
$$

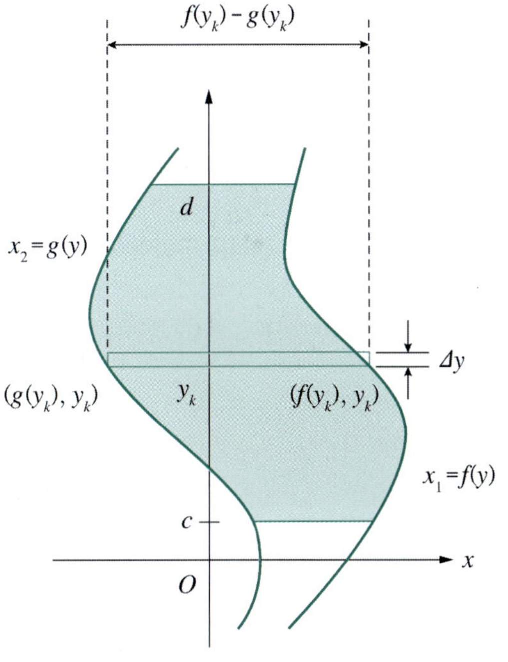

그림 6.5

예제 6.5

곡선 $x=y^2$ 과 $x=y+2$로 둘러싸인 영역의 면적을 구하여라.

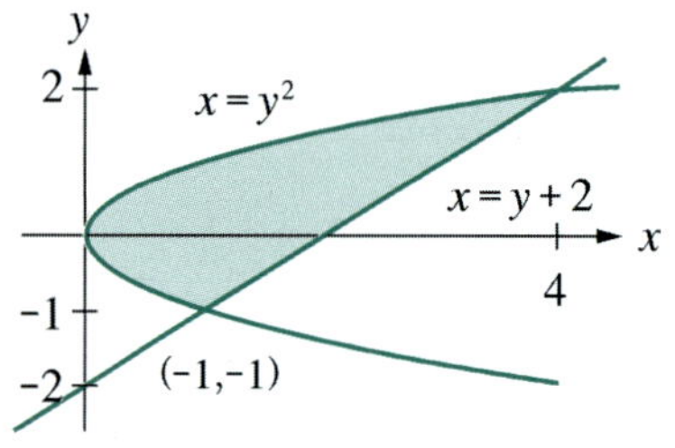

그림 6.6

풀이

$y^2=y+2 \Rightarrow (y+1)(y-2)=0$

$\Rightarrow c=-1,\ d=2; f(y)-g(y)=(y+2)-y^2$

$$\Rightarrow \text{면적} = \int_{-1}^{2}(y+2-y^2)\,dy = \left[\frac{y^2}{2}+2y-\frac{y^3}{3}\right]_{-1}^{2}$$

$$=\left(\frac{4}{2}+4-\frac{8}{3}\right)-\left(\frac{1}{2}-2+\frac{1}{3}\right)=6-\frac{8}{3}-\frac{1}{2}+2-\frac{1}{3}=\frac{9}{2}$$

예제 6.6

다음 곡선으로 둘러싸인 영역을 그리고, 면적을 구하여라.

(1) $y=\ln x, y=\sqrt{-x},\ y=0,\ y=1$　　(2) $y=e^{-x}, y=\frac{1}{x},\ y=1,\ y=e$

풀이

(1)

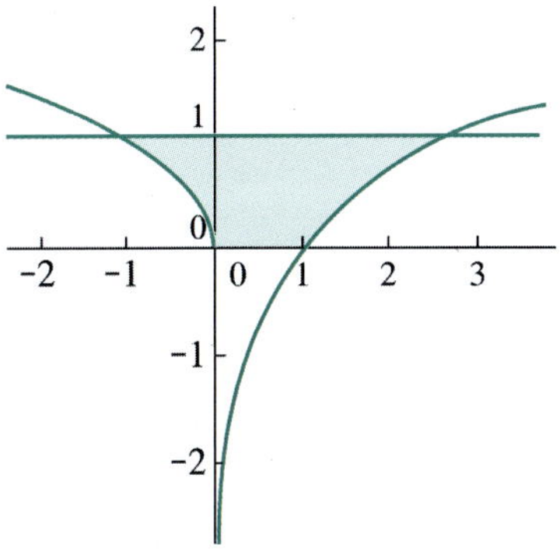

$y = \ln x_1$

$\Rightarrow x_1 = e^y$

$y = \sqrt{-x}$

$\Rightarrow x_2 = -y^2$

그림 6.7

$$\text{면적} = \int_0^1 (x_1 - x_2)dy = \int_0^1 (e^y + y^2)dy$$

$$= \left[e^y + \frac{1}{3}y^3\right]_0^1 = \left(e + \frac{1}{3}\right) - (1-0) = e - \frac{2}{3}$$

(2)

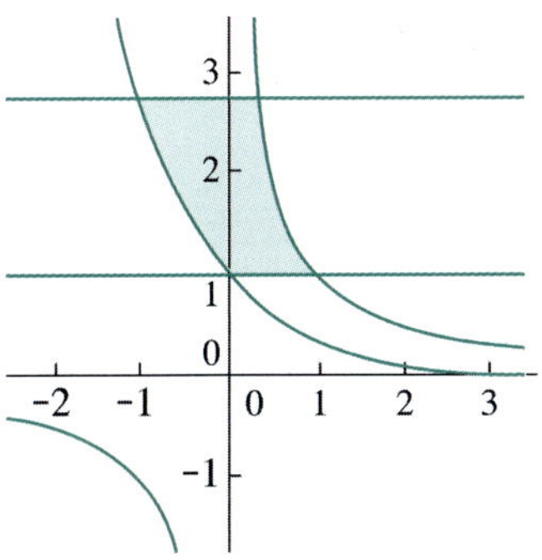

$y = \dfrac{1}{x_1}$

$\Rightarrow x_1 = \dfrac{1}{y}$

$y = e^{-x_2}$

$\Rightarrow x_2 = -\ln y$

그림 6.8

$$\text{면적} = \int_1^e (x_1 - x_2)dy = \int_1^e \left(\frac{1}{y} + \ln y\right)dy$$

$$= [\ln|y| + y\ln y - y]_1^e$$

$$= (\ln e + e\ln e - e) - (\ln 1 + \ln 1 - 1)$$

$$= 1 - (-1) = 2$$

연습문제 6.2

1. 다음 곡선으로 둘러싸인 영역을 그리고, 그 영역의 넓이를 구하여라.

(1) $y = x^4,\ y = 8x$

(2) $y = -x^2 + 3x,\ y = -x,\ x = 0,\ x = 3$

(3) $y = 2\sin x,\ y = \sin 2x,\ x = 0,\ x = \pi$

(4) $y = e^x,\ y = \sin x,\ x = 0,\ x = \pi$

(5) $y = \sec^2 x,\ y = \tan^2 x,\ x = -\frac{\pi}{4},\ x = \frac{\pi}{4}$

(6) $y = \sin x,\ y = \sin 2x,\ x = 0,\ x = \pi$

2. 다음 곡선과 직선 또는 곡선과 곡선으로 둘러싸인 영역의 넓이를 구하여라.

(1) $y = x^2 - 2x,\ y = x$

(2) $y = \frac{10}{x^2+1},\ y = 5$

(3) $y = \frac{2}{x},\ x + y = 3$

(4) $y = x^3 - 2x,\ y = x^2$

(5) $y = x^3 - 4x,\ y = 3x - 6$

(6) $y = |x^2 - 4|,\ y = (x^2/2) + 4$

3. 다음 곡선으로 둘러싸인 영역을 그리고 면적을 구하여라.

(1) $x = 2y^2,\ x = 0,\ y = 3$

(2) $y^2 = x,\ x + y = 2$

(3) $x - y^2 = 0,\ x + 2y^2 = 3$

(4) $x = y^2 - 4y,\ x = -y^2 + 2y$

(5) $y = \sqrt{x-1},\ y = x,\ y = 0,\ y = 2$

(6) $y = e^x,\ y = \sqrt{x},\ y = 1,\ y = e$

6.3 단면을 알 때에 입체의 부피

6.3.1 절단면이 x축에 수직일 때 입체의 부피

S가 xy 평면 영역 위와 곡면 $z=f(x, y)$ 아래에 놓여 있으며 평면 $x=a$와 $x=b$로 둘러싸인 입체라고 하자. x를 지나고 x축에 수직인 절단면의 면적이 $A(x)$일 때, S의 부피 V는 다음과 같다.

$$V=\int_a^b A(x)dx \quad \text{단, } a<b$$

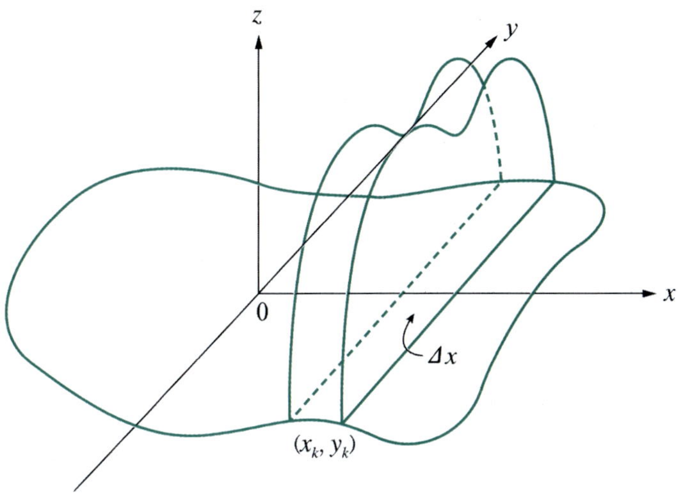

그림 6.9

예제 6.7

입체는 원 $x^2+y^2=9$를 밑면으로 하며 y축과 평행한 단면이 정사각형일 때 입체의 부피를 구하여라.

풀이

$\Delta V=(2y)^2\Delta x=4y^2\Delta x=4(9-x^2)\Delta x$

$$V=2\int_0^3 4(9-x^2)\,dx=8\int_0^3(9-x^2)dx=8\left(9x-\frac{x^3}{3}\right)\Big|_0^3=144$$

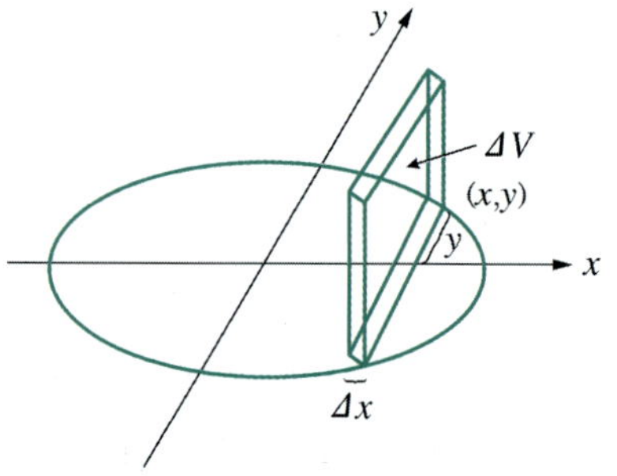

그림 6.10

6.3.2 절단면이 y축에 수직일 때 입체의 부피

S가 직선 $y=c$ 와 $y=d$로 둘러싸인 입체라고 하자. y를 지나고 y축에 수직인 절단면의 면적이 $A(y)$일 때, S의 부피 V는 다음과 같다.

$$V=\int_c^d A(y)dy \qquad \text{단, } c<d$$

예제 6.8

$y=0$과 $y=2$에서 y축에 수직인 평면 사이에 입체가 놓여있다. y축에 수직인 절단면이 그것의 지름이 y축에서 포물선 $x=\sqrt{5}\,y^2$까지 닿아있는 원반일 때 입체의 부피를 구하여라.

풀이

$$A(y)=\pi\left(\frac{\text{지름}}{2}\right)^2=\frac{\pi}{4}(\sqrt{5}\,y^2-0)^2=\frac{5\pi}{4}y^4;$$

$$c=0,\ d=2;\ V=\int_c^d \frac{5\pi}{4}y^4dy$$

$$=\left[\left(\frac{5\pi}{4}\right)\left(\frac{y^5}{5}\right)\right]_0^2=\frac{\pi}{4}(2^5-0)=8\pi$$

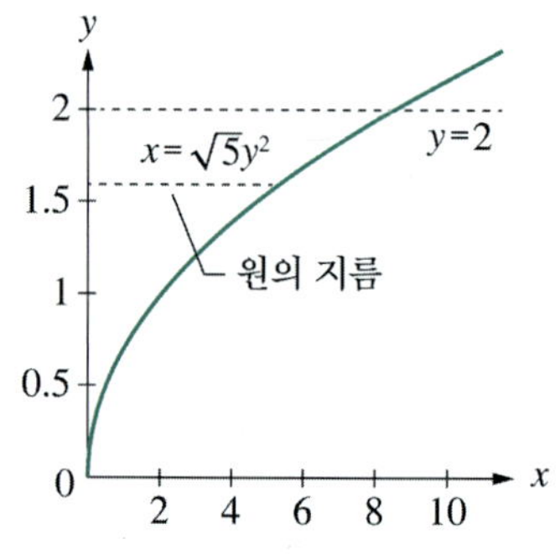

그림 6.11

1. 다음을 구하여라.

(1) 입체의 밑면이 곡선 $x=y^2$, 직선 $x=3$로 둘러싸인 영역일 때 x축에 수직인 절단면이 정사각형일 때 입체의 부피는?

(2) $x=-1$과 $x=1$에서 x축에 수직인 평면 사이에 입체가 놓여있다. x축에 수직인 절단면이 지름이 포물선 $y=x^2$ 에서 $y=2-x^2$ 까지 닿아있는 원반일 때 입체의 부피를 구하여라.

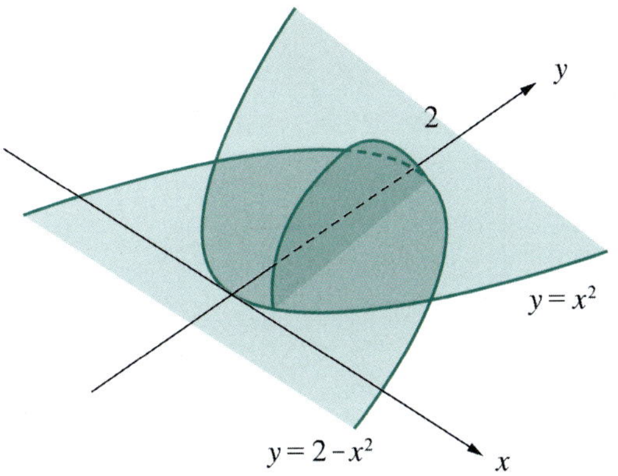

(3) 입체의 밑면이 직선 $x=0$과 직선 $x=\pi$, x축, 그리고 곡선 $y=2\sqrt{\sin x}$ 로 둘러싸인 영역이다. x축에 수직인 절단면이 그림과 같이 밑변이 x축과 그 곡선 사이에 놓여 있는 정삼각형일 때 입체의 부피를 구하여라.

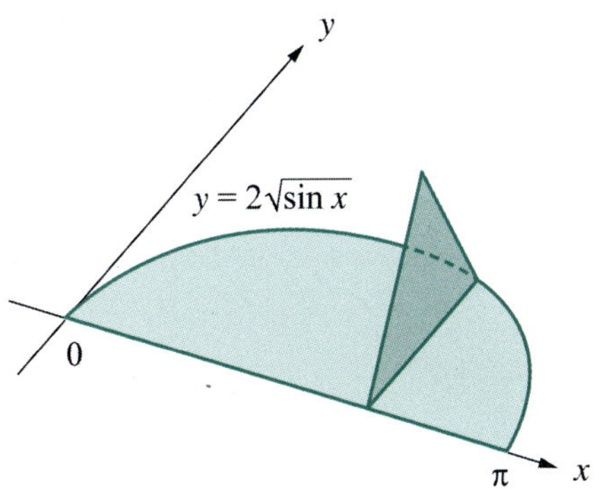

2. 다음을 구하여라.

(1) 입체의 밑면이 $y = x^2$ 과 $y = 1$로 둘러싸인 영역이다. y축에 수직인 절단면이 직사각형이고 높이가 밑변의 4배일 때 입체의 부피를 구하여라.

(2) 입체의 밑면이 원반 $x^2 + y^2 \leq 1$이다. $y = -1$ 과 $y = 1$ 사이에 있고 y축에 수직인 평면에 의하여 생기는 절단면의 길이가 같은 두 변 중의 한 변이 원반에 놓여있는 이등변삼각형일 때 입체의 부피를 구하여라.

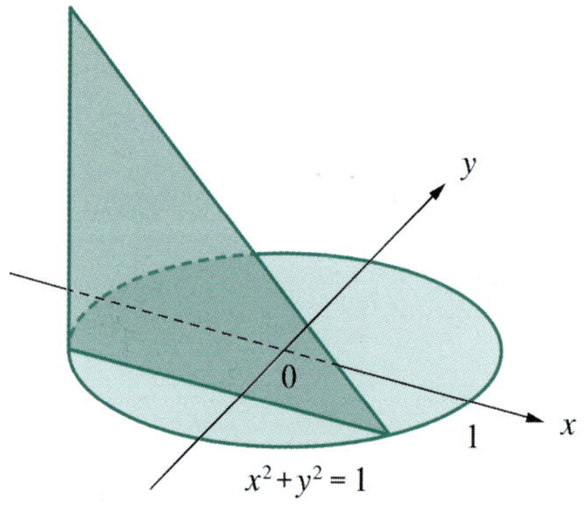

(3) 입체의 밑면이 $y = \sqrt{x}$ 와 $y = \frac{1}{2}x$로 둘러싸인 영역이다. 이때, y축에 수직인 절단면이 반원일 때 입체의 부피를 구하여라.

6.4 회전체의 부피 : 원판방법, 와셔방법, 쉘방법

6.4.1 원판방법

- x축 둘레로 회전한 부피 : $V=\pi\int_a^b r^2dx$
- y축 둘레로 회전한 부피 : $V=\pi\int_c^d r^2dy$

x축과 곡선으로 둘러싸인 영역은 그림 6.12에서와 같이 x축 둘레로 회전한다. 이때 만들어지는 회전체의 절단면은 반지름이 r인 원판이고 부피를 구하기 위해서는 이 원판에 높이가 Δx인 원기둥을 고려하면 된다.

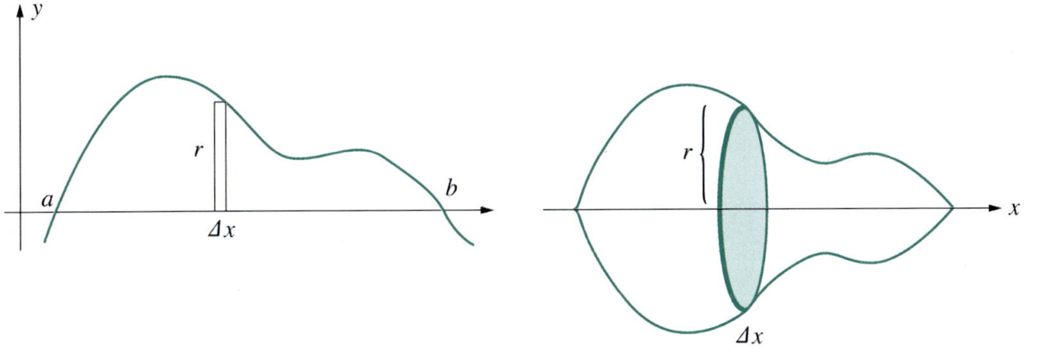

그림 6.12

그러므로,

$\Delta V=\pi r^2\Delta x$이고, 리만합의 극한이 정적분임을 이용하면 회전체의 부피

$$V=\pi\int_a^b r^2dx$$

예제 6.9

곡선 $y = \sqrt{r^2 - x^2}$, $y = 0$으로 둘러싸인 영역을 x축 둘레로 회전하여 생기는 입체의 부피를 구하라.

풀이

$$V = \int_{-r}^{r} \pi y^2 dx$$

$$= \pi \int_{-r}^{r} (r^2 - x^2) dx$$

$$= \pi \left[r^2 x - \frac{x^3}{3} \right] \Big|_{-r}^{r} = \frac{4}{3}\pi r^3$$

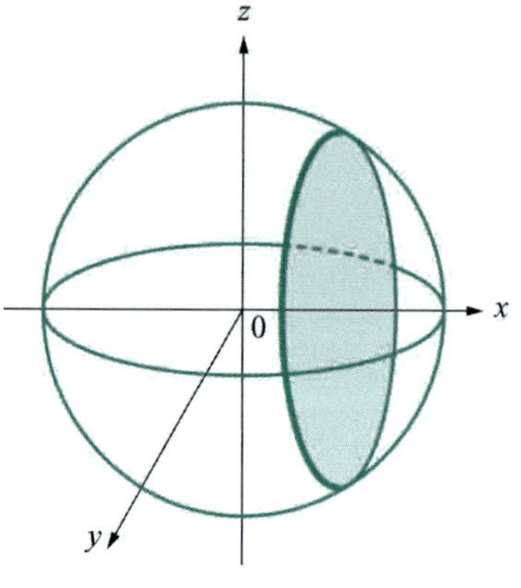

그림 6.13

예제 6.10

포물선 $y = x^2, x = 2$으로 둘러싸인 영역을 수직인 직선 $x = 2$ 둘레로 회전하여 생긴 입체의 부피를 구하여라.

풀이

$$r = 2 - x$$

$$\Delta V = \pi (2 - x)^2 \Delta y$$

$$V = \pi \int_0^4 (2 - x)^2 dy$$

$$= \pi \int_0^4 (2 - \sqrt{y})^2 dy$$

$$= \frac{8\pi}{3}$$

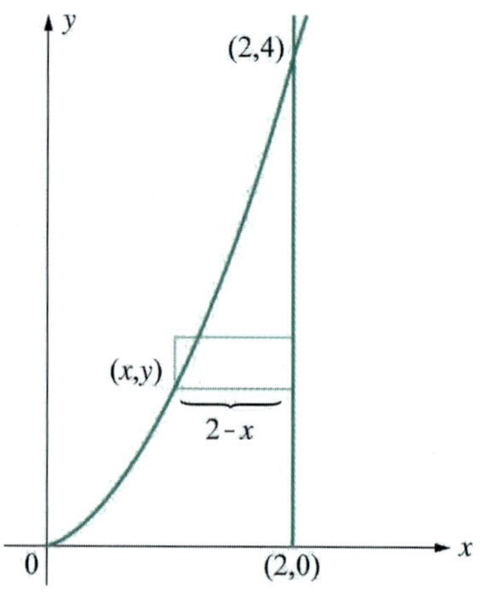

그림 6.14

6.4.2 와셔방법

입체의 부피를 구하기 위해선 회전되는 영역이 회전축에 접하거나 교차하지 않으면 그 회전체는 구멍을 갖게 된다(그림 6.15). 회전축에 수직인 절단면들은 원판에 구멍이 있는 와셔(그림 6.15)이다.

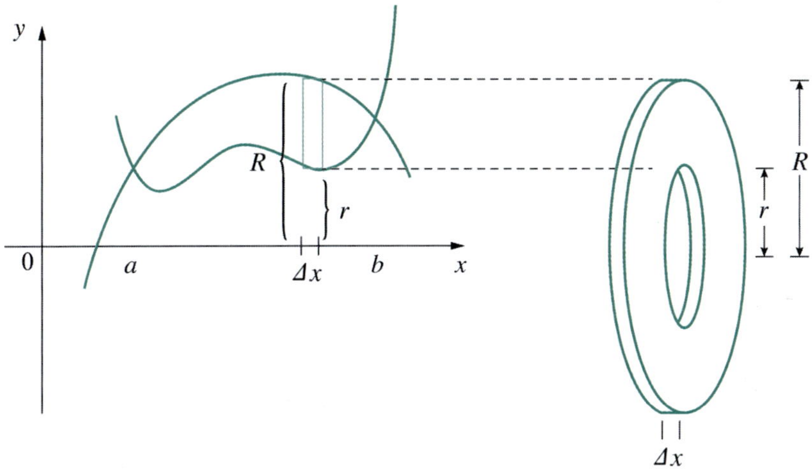

그림 6.15

와셔의 크기는 큰 반지름과 작은 반지름의 사이 부분을 통해 구할 수 있다. 따라서, 그 와셔의 넓이는 $A(x) = \pi R^2 - \pi r^2$이다. 그러므로 입체의 부피는

$$V = \int_a^b A(x)\,dx = \int_a^b (\pi R^2 - \pi r^2)\,dx = \pi\int_a^b (R^2 - r^2)\,dx$$

이다.

$$V = \pi\int_a^b (R^2 - r^2)\,dx$$

단, $\Delta V = \pi R^2 \Delta x - \pi r^2 \Delta x = \pi(R^2 - r^2)\Delta x$이다.

- x축 둘레로 회전 : $V = \pi\int_a^b (R^2 - r^2)dx = \pi\int_a^b [f(x)^2 - g(x)^2]\,dx$
- y축 둘레로 회전 : $V = \pi\int_c^d (R^2 - r^2)dy = \pi\int_c^d [f(y)^2 - g(y)^2]\,dy$

예제 6.11

곡선 $y=x^2$ 과 직선 $y=2x$ 사이의 영역을 x축을 중심으로 회전시킬 때 생기는 입체의 부피를 구하라.

풀이

와셔

$R=y_1=2x$

$r=y_2=x^2$

$\triangle V=\pi({y_1}^2-{y_2}^2)\triangle x$

$$V=\pi\int_0^2({y_1}^2-{y_2}^2)dx$$

$$=\pi\int_0^2((2x)^2-(x^2)^2)dx$$

$$=\frac{64\pi}{15}$$

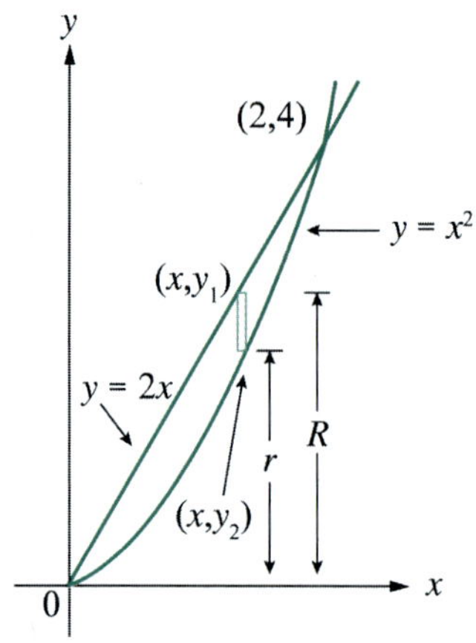

그림 6.16

예제 6.12

직선 $y=2x$, $y=0$, $x=1$ 사이의 영역을 직선 $x=2$를 중심으로 회전시킬 때 생기는 입체의 부피를 구하여라.

풀이

$r(y)=1$, $R(y)=2-\frac{y}{2}$

$$\Rightarrow V=\int_0^2\pi([R(y)]^2-[r(y)]^2)\,dy$$

$$=\pi\int_0^2\left(\left(2-\frac{y}{2}\right)^2-1^2\right)dy$$

$$=\pi\left[\frac{1}{12}y^3-y^2+3y\right]_0^2$$

$$=\frac{8}{3}\pi$$

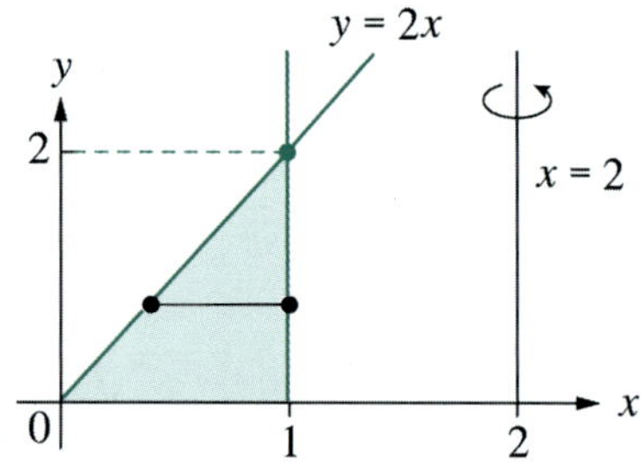

그림 6.17

6.4.3 쉘 방법(Method of Cylindrical Shell)

원기둥형 쉘은 원기둥의 바깥 껍질이라고 여겨질 수 있다. 이것의 부피는 원기둥에서 이 껍질이 벗겨져 쫙 펴졌을 때의 직사각형 입체의 부피이다. 예를 들자면, 그림 6.18에 보여지는 두 곡선 사이의 영역이 y축 주위로 회전하며 생기는 회전체의 부피를 생각해보자.

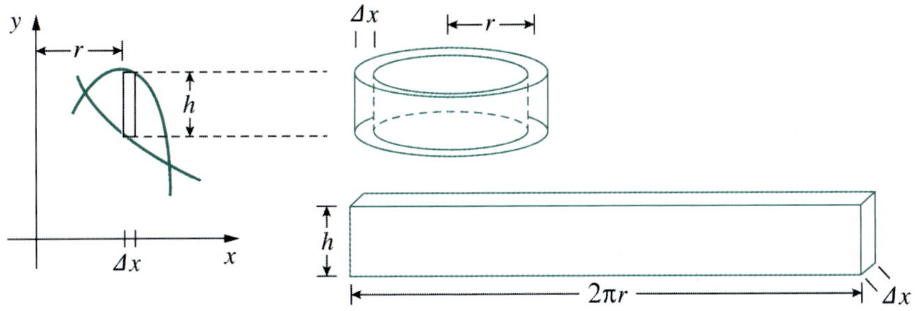

그림 6.18

이 쉘의 반지름 r은 축에서 직사각형 조각까지의 거리이고 높이는 직사각형 조각의 높이 h이다. 쉘이 풀려서 직사각형으로 펼쳐졌을 때, 이것의 길이는 원기둥의 원주 $2\pi r$이다. 이것의 높이는 원기둥의 높이 h이며, 이것의 두께는 직사각형 조각의 두께 Δx이다. $\Delta V = 2\pi rh\Delta x$이고 부피는 다음과 같다.

$$V = \int_a^b (\text{원주})(\text{높이})\,dx = 2\pi \int_a^b rh\,dx$$

예제 6.13

$y = 3x - x^2$와 $y = x$로 제한된 영역이 y축 주위로 회전됐다. 입체의 부피를 구하여라.

풀이

그림 6.19을 보자.

$$\Delta V = 2\pi x(y_2 - y_1)\Delta x = 2\pi x(2x - x^2)\Delta x$$

$$V = 2\pi \int_0^2 (2x^2 - x^3)dx = \frac{8\pi}{3}$$

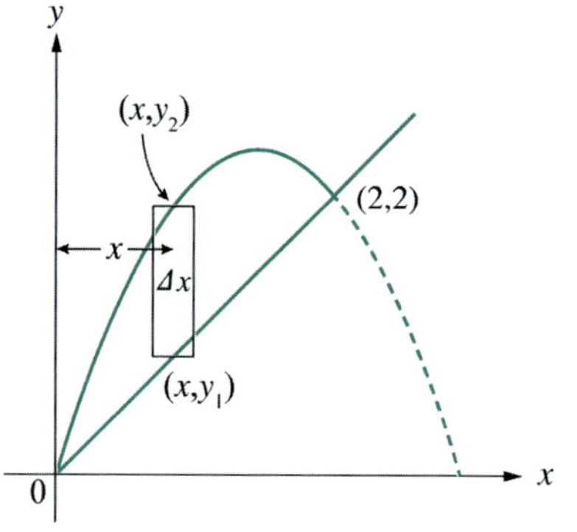

그림 6.19

예제 6.14

$y = x^2$와 $y = 2x$로 제한된 영역이 x축 주위로 회전했을 때 생기는 부피를 구하여라.

풀이

그림 6.20에 보여지는 바와 같이 곡선들은 원점과 (2, 4)에서 교차한다. 두 함수를 구분하기 위해 (x_1, y)를 직선의 점으로 놓고 (x_2, y)를 포물선의 점으로 놓는다는 걸 유의하자.

$$r = y$$

$$h = x_2 - x_1, \ \Delta V = 2\pi y(x_2 - x_1)\Delta y$$

$$V = 2\pi \int_0^4 y(x_2 - x_1)dy = 2\pi \int_0^4 y\left(\sqrt{y} - \frac{y}{2}\right)dy = \frac{64\pi}{15}$$

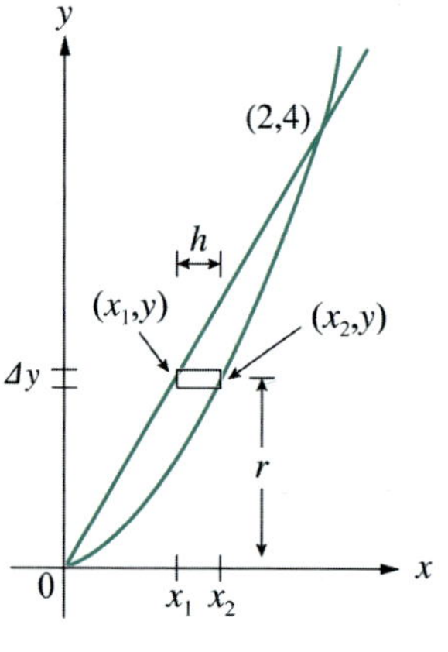

그림 6.20

연습문제 6.4

1. 다음 곡선으로 유계된 영역을 x축을 중심으로 회전시킬 때 생기는 입체의 부피를 구하여라.

(1) $y = x^2,\ x = 2,\ y = 0$

(2) $y = \sin x, x = 0, x = \pi,\ y = 0$

(3) $y = e^{-x}, y = 0, x = 0, x = 1$

(4) $y = x - x^2, y = 0$

2. 다음 곡선으로 유계된 영역을 y축을 중심으로 회전시킬 때 생기는 입체의 부피를 구하여라.

(1) $y = e^{-x^2},\ y = \dfrac{1}{e}$

(2) $\dfrac{x^2}{9} + \dfrac{y^2}{4} = 1$ (타원)

(3) $x = -y^2 + 2y,\ x = 0$

(4) $x = 2/\sqrt{y+1},\ x = 0,\ y = 0,\ y = 3$

3. 다음 그래프로 둘러싸인 영역을 x축을 중심으로 회전시킬 때 생기는 입체의 부피를 구하여라.

(1) $y = \sqrt{\dfrac{\ln x}{x}},\ x = 1,\ x = e,\ y = 0$

(2) $y = x^2,\ y^2 = 8x$

(3) $y = \dfrac{6}{\sqrt{x^2+1}},\ y = 3$

(4) $y = \sin x,\ \ y = \dfrac{1}{2},\ \ x = \dfrac{\pi}{6},\ x = \dfrac{\pi}{2}$

4. 다음 그래프로 둘러싸인 영역을 y축을 중심으로 회전시킬 때 생기는 입체의 부피를 구하여라.

(1) $y = x^2, x = 2, \ y = 0$ (2) $y = \dfrac{1}{2}x^2, \ y = -x$

(3) $y = x^3, \ y^2 = 32x$ (4) $y = \ln x, \ y = \sqrt{x}, \ y = 0, \ y = 1$

5. 포물선 $y = x^2$ 와 $y = 1$ 사이의 영역을 다음 지정된 축을 중심으로 회전시킬 때 생기는 입체의 부피를 구하여라.

(1) 직선 $y = 1$ (2) 직선 $y = 2$

(3) 직선 $y = -1$

6. 직선 $y = 2x, \ y = 0, \ x = 1$ 사이의 영역을 다음 지정된 축을 중심으로 회전시킬 때 생기는 입체의 부피를 구하여라.

(1) 직선 $x = 1$ (2) 직선 $x = 2$

7. $y = x^2$과 $x = 2$, 그리고 $y = 0$으로 제한된 영역이 직선 $x = 2$ 주위로 회전할 때 생기는 입체의 부피를 구하여라.

8. $x = 12(y^2 - y^3), \ x = 0$으로 제한된 영역을 x축으로 회전할 때 생기는 입체의 부피를 구하여라.

9. $y = x - x^3$과 $y = 0, \ x \geq 0$으로 제한된 영역을 y축으로 회전할 때 생기는 입체의 부피를 구하여라.

6.5 수직선상에 따른 운동

수직선의 고정된 점으로부터 수직선을 따라 움직이는 입자 P의 시각 t에서의 위치 s가 방정식 $s = f(t)$로 주어진다면, 시각 t에서 P의 속도와 가속도는 각각

$$v = \frac{ds}{dt} \text{ 그리고 } a = \frac{dv}{dt} = \frac{d^2s}{dt^2} \text{ 이다.}$$

여기서 가속도로부터 속도를 알아내고, 속도로부터 입자의 위치를 알아내기 위해 정적분을 적용할 것이다. 입자 P가 연속함수인 $v(t)$의 속도를 가지고 있다면, $t=a$부터 $t=b$까지의 입자 위치의 최종 변화 또는 변위는 미적분의 기본정리로 인하여 다음과 같다.

$$\int_a^b v(t)\,dt$$

입자가 시간 $t=a$부터 $t=b$까지 움직인 전체 거리는 속력의 정적분이다.

$$\int_a^b |v(t)|\,dt$$

예를 들어, 구간에 따른 속도가 다음과 같다하자.

$$\begin{array}{ll} a \le t \le c & v(t) \ge 0 \\ c \le t \le d & v(t) \le 0 \\ d \le t \le b & v(t) \ge 0 \end{array}$$

시간 구간 $t=a$부터 $t=b$까지의 전체 움직인 거리는 다음과 같다.

$$\int_a^c v(t)\,dt - \int_c^d v(t)\,dt + \int_d^b v(t)\,dt$$

■ 현위치 함수 = 초기위치 + 위치

$$s(t) = s(a) + \int_a^t v(t)dt$$

■ 나중속도 = 초가속도 + 속도의 변화량

$$v(t) = v(a) + \int_a^t a(t)dt$$

예제 6.15

어떤 입자가 직선을 따라 움직이고 있고 속도가 $v(t) = 2t + 3$이다. 초기위치는 $s(1) = 2$일 때, 위치함수 $s(t)$를 구하여라.

풀이

- 방법 1

$s(t) = \int v(t)dt = \int (2t+3)dt = t^2 + 3t + C$

$s(1) = 2 : (1)^2 + 3(1) + C = 2, C = -2$

$\therefore s(t) = t^2 + 3t - 2$

- 방법 2

$$s(t) = s(1) + \int_1^t v(t)dt = 2 + \int_1^t (2t+3)dt$$
$$= 2 + [t^2 + 3t]_1^t = 2 + (t^2 + 3t) - (1+3)$$
$$= t^2 + 3t - 2$$

예제 6.16

입자가 $a(t) = 2\sin 2t$, $v(0) = 3$, $s(0) = -2$를 따라 움직일 때, 이 입자의 위치를 구하여라.

풀이

$$v(t)=v(0)+\int_0^t 2\sin 2t\,dt=3+[-\cos 2t]_0^t$$
$$=3-\cos 2t-(-1)=4-\cos 2t$$

$$s(t)=s(0)+\int_0^t (4-\cos 2t)\,dt=-2+\left[4t-\frac{1}{2}\sin 2t\right]_0^t$$
$$=-2+4t-\frac{1}{2}\sin 2t$$

■ 시각 a에서 시각 b까지 변위

$$\int_a^b v(t)dt=[s(t)]_a^b=s(b)-s(a)$$

■ 시각 a에서 시각 b까지 속도의 변화량

$$\int_a^b a(t)dt=[v(t)]_a^b=v(b)-v(a)$$

■ 시각 a에서 시각 b까지 움직인 거리

$$\int_a^b |v(t)|\,dt$$

예제 6.17

한 입자가 시각 t에서 $v(t)=6t^2-18t+12$인 속도로 움직일 때 $0\le t\le 4$에서 입자의 변위와 움직인 거리를 구하여라.

풀이

$$\text{변위}=\int_0^4 v(t)dt=\int_0^4 (6t^2-18t+12)dt=(2t^3-9t^2+12t)\Big|_0^4$$
$$=128-144+48=32$$

$$v(t)=6t^2-18t+12=6(t-1)(t-2),$$

$$t<1, \quad v>0;$$
$$1<t<2, v<0;$$
$$2<t, \quad v>0$$

$$\text{거리}=\int_0^4 |v(t)|dt=\int_0^1 v(t)dt-\int_1^2 v(t)dt+\int_2^4 v(t)dt=34$$

예제 6.18

입자가 곡선 $a(t)=e^{t-1}$, $v(1)=0$, $0\le t\le 2$를 따라 움직일 때, 주어진 구간에서 변위와 움직인 거리를 구하여라.

풀이

$$v(t)=v(1)+\int_1^t e^{t-1}dt=0+[e^{t-1}]_1^t=e^{t-1}-1$$

$$\text{변위}=\int_0^2 v(t)dt=\int_0^2(e^{t-1}-1)dt=[e^{t-1}-t]_0^2$$
$$=(e^1-2)-(e^{-1})=e-2-\frac{1}{e}$$

$$\text{거리}=\int_0^2|v(t)|dt$$
$$=-\int_0^1(e^{t-1}-1)\,dt+\int_1^2(e^{t-1}-1)dt$$
$$=-[e^{t-1}-t]_0^1+[e^{t-1}-t]_1^2$$
$$=-[(1-1)-e^{-1}]+[e-2-(1-1)]$$
$$=e^{-1}+e-2=\frac{1}{e}+e-2$$

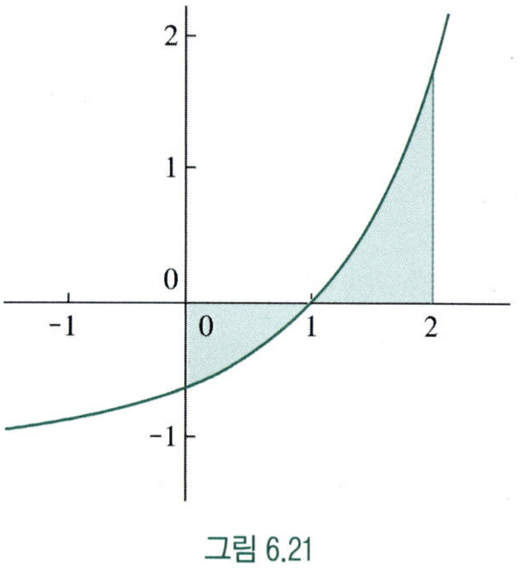

그림 6.21

1. 입자가 주어진 조건에 따라 움직일 때, 이 입자의 위치를 구하여라.

(1) $v(t) = 3t^2 + 2t,\ s(0) = 2$

(2) $v(t) = 4\cos 2t,\ s(\pi) = -3$

(3) $v(t) = \dfrac{1}{\sqrt{1+t}},\ s(3) = 1$

(4) $v(t) = \dfrac{\ln t}{t},\ s(1) = 2$

(5) $a(t) = 6t - 3,\ v(1) = 2,\ s(0) = 2$

2. 입자가 다음 조건을 따라 움직일 때, 주어진 구간에서 위치와 움직인 거리를 구하여라.

(1) $v(t) = 1 - \cos t,\ 0 \le t \le \dfrac{5\pi}{6}$

(2) $v(t) = 4t^3 - 4t,\ 0 \le t \le 2$

(3) $a(t) = 6t - 6,\ v(0) = 0,\ 0 \le t \le 3$

3. 그림은 다람쥐가 $t = 0$일 때, 빌딩 A에서 출발하여, 빌딩 B에 연결된 직선 와이어를 따라 $0 \le t \le 18$에서 움직이는 속도를 나타내는 그래프이다. 다음을 각각 구하여라.

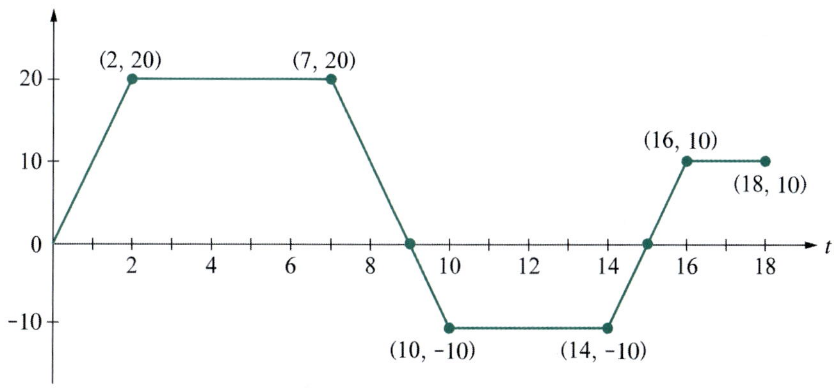

(1) 시간의 구간 $0 < t < 18$에서 다람쥐가 언제 방향을 바꾸는가?

(2) 시간의 구간 $0 \le t \le 18$에서 빌딩 A로부터 언제 가장 멀리 있으며 그때 A에서 거리는?

(3) 시간의 구간 $0 \le t \le 18$에서 총 움직인 거리는?

(4) 시간의 구간 $7 < t < 10$에서 가속도 $a(t)$, 속도 $v(t)$, 위치 $x(t)$를 구하여라.

6.6 평면 곡선을 따른 운동

곡선 위를 움직이는 입자 P의 시각 t에서의 위치가 매개 방정식 $x=x(t)$, $y=y(t)$로 주어졌다면, 위치 벡터 $\overrightarrow{R}$, 속도 벡터 $\vec{v}$, 가속도 벡터 $\vec{a}$는 다음과 같다. (단, $i=(1,0)$, $j=(0,1)$)

$$\overrightarrow{R}=x\,i+yj$$

$$\vec{v}(t)=\frac{dR}{dt}=\frac{dx}{dt}i+\frac{dy}{dt}j=v_x i+v_y j$$

$$\vec{a}(t)=\frac{d^2R}{dt^2}=\frac{dv}{dt}=\frac{d^2x}{dt^2}i+\frac{d^2y}{dt^2}j=a_x i+a_y j$$

$\overrightarrow{R}$, $\vec{v}(t)$, 그리고 $\vec{a}(t)$의 수직, 수평 방향의 성분은 각각 상응하는 벡터 i와 j의 계수로 주어진다. $\vec{v}(t)$의 기울기는 $\frac{dy}{dx}=\frac{\frac{dy}{dt}}{\frac{dx}{dt}}$, 속력 $|\vec{v}(t)|$는 다음과 같다.

$$|\vec{v}(t)|=\sqrt{\left(\frac{dx}{dt}\right)^2+\left(\frac{dy}{dt}\right)^2}$$

$v(t)$는 입자의 속도이고, 속도 벡터는 진로의 접선이다. $\vec{a}(t)$의 기울기는 $\frac{d^2y}{dt^2}/\frac{d^2x}{dt^2}$이다. t_1부터 t_2까지 입자가 움직인 거리는 다음과 같이 주어졌다.

$$\int_{t_1}^{t_2}|\vec{v}(t)|\,dt=\int_{t_1}^{t_2}\sqrt{\left(\frac{dx}{dt}\right)^2+\left(\frac{dy}{dt}\right)^2}\,dt$$

예제 6.19

곡선 위를 움직이는 입자의 시각 t일 때, 속도는 $\vec{v}(t) = ti - (1-t)j$이다. $t = 0$일 때 입자는 $(0, 1)$에 있다.

(1) 시각 t에서 입자의 위치 벡터 $\vec{R}$은? (2) $t = 2$일 때 가속도는?

(3) 입자의 속력이 최소일 때 t는?

풀이

(1) $\vec{R} = \frac{t^2}{2}i + \frac{t^2 - 2t + 2}{2}j$

(2) $\vec{a}(t) = i + j$(모든 t에서)

(3) $\vec{v}(t) = ti + (t-1)j$

$$|\vec{v}(t)| = \sqrt{t^2 + (t-1)^2} = \sqrt{2t^2 - 2t + 1} = \sqrt{2\left(t - \frac{1}{2}\right)^2 + \frac{1}{2}}$$

$t = \frac{1}{2}$일 때 최소이다.

예제 6.20

한 입자의 가속도는 $\vec{a}(t) = e^{-t}i + e^t j$로 주어졌다. $t = 0$일 때, 그 입자는 $\vec{v}(0) = 2i$인 속도를 갖는다. 그러면 시각 t에서의 속도 벡터는?

풀이

$t = 0$, $\vec{v}(0) = 2i + 0j$

$\vec{a}(t) = e^{-t}i + e^t j$,

$\vec{v}(t) = (-e^{-t} + C_1)i + (e^t + C_2)j$

$t = 0$일 때, $-e^{-0} + C_1 = 2$, $C_1 = 3$

$t = 0$일 때, $e^0 + C_2 = 0$, $C_2 = -1$

$\vec{v}(t) = (-e^{-t} + 3)i + (e^t - 1)j$

연습문제 6.6

1. 입자 $P(x, y)$가 곡선을 따라 움직이며 이것의 가속도는 다음과 같다.

$$\vec{a}(t) = -4\cos 2t\,i - 2\sin t\,j \quad \left(-\frac{\pi}{2} \le t \le \frac{\pi}{2}\right)$$

t=0일 때, 입자는 $\dfrac{dx}{dt} = 0$와 $\dfrac{dy}{dt} = 2$로써, (1, 0)에 위치해 있다. 다음을 구하여라.

(1) 임의의 시각 t에서의 위치 벡터 $\vec{R}$을 찾아라.

(2) 입자의 경로의 매개 방정식을 찾고 P의 경로를 식별하라.

2. 한 입자의 속도는 $(3-e^{-t})i + (e^{t}-1)j$로 주어졌다. $t = 0$일 때, 그 입자는 $(1, 2)$에 있다. 입자의 시각 t에서의 위치 벡터 $\vec{R}$은?

6.7 호의 길이

함수 $y=f(x)$가 구간 $[a, b]$에서 연속의 함수라면, $x=a$인 점에서 $x=b$인 점까지의 $y=f(x)$ 곡선의 호의 길이 s는 다음과 같다.

$$s = \int_a^b \sqrt{1+\left(\frac{dy}{dx}\right)^2}\, dx$$

함수 $x=g(y)$가 구간 $[c, d]$에서 연속의 함수라면, $y=c$에서 $y=d$까지의 $x=g(y)$에 의해 주어지는 곡선의 호의 길이 s는 다음과 같다.

$$s = \int_c^d \sqrt{1+\left(\frac{dx}{dy}\right)^2}\, dy$$

곡선이 매개변수방정식 $x=x(t)$와 $y=y(t)$로 표현되고, $[t_a, t_b]$에서 연속이라면, (그리고 곡선이 교차하지 않는다면), $t=t_a$부터 $t=t_b$ 까지의 호의 길이는 다음과 같다.

$$s = \int_{t_a}^{t_b} \sqrt{\left(\frac{dx}{dt}\right)^2+\left(\frac{dy}{dt}\right)^2}\, dt$$

$$ds^2 = dx^2 + dy^2$$

예제 6.21

다음을 구하여라.

(1) 소수점 이하 세 자리까지, $y=x^{3/2}$의 $x=1$부터 $x=8$까지의 호의 길이를 찾아라.

(2) 소수점 이하 세 자리까지, $y=0$부터 $y=1$까지 곡선 $x=2+2y^{\frac{3}{2}}$의 길이를 찾아라.

(3) 시각 t에 입자의 위치(x, y)는 $x=t^2$와 $y=\dfrac{t^3}{3}-t$로 매개로 주어졌다. $t=1$와 $t=2$ 사이에서 입자가 움직인 거리를 찾아라.

(4) $x=0$부터 $x=\dfrac{\pi}{3}$까지의 $y=\ln\sec x$의 호의 길이를 찾아라.

풀이

(1) 여기는 $\dfrac{dy}{dx}=\dfrac{3}{2}x^{1/2}$

$$s=\int_1^8\sqrt{1+\frac{9}{4}x}\,dx\approx 22.803$$

(2) $(x-2)^2=2y^{3/2}$, $\dfrac{dx}{dy}=3y^{1/2}$

$$s=\int_0^1\sqrt{1+9y}\,dy=2.268=2.268$$

(3) $dx=2t\,dt$이고 $dy=(t^2-1)\,dt$이다.

$\sqrt{\left(\dfrac{dx}{dt}\right)^2+\left(\dfrac{dy}{dt}\right)^2}=\sqrt{4t^2+t^4-2t^2+1}$ 이므로

$$s=\int_1^2\sqrt{(t^2+1)^2}\,dt=\int_1^2(t^2+1)\,dt\ =\frac{t^3}{3}+t\Big|_1^2=\frac{10}{3}$$

(4) $\dfrac{dy}{dx}=\dfrac{\sec x\tan x}{\sec x}$

$$s=\int_0^{\pi/3}\sqrt{1+\tan^2 x}\,dx=\int_0^{\pi/3}\sec x\,dx=\ln(\sec x+\tan x)\Big|_0^{\pi/3}=\ln(2+\sqrt{3})$$

연습문제 6.7

1. 매개변수 곡선의 길이를 구하여라.

(1) $x = 1-t,\ y = 2+3t,\ -\dfrac{2}{3} \le t \le 1$

(2) $x = t^3,\ y = \dfrac{3t^2}{2},\ 0 \le t \le \sqrt{3}$

(3) $x = \dfrac{(2t+3)^{\frac{3}{2}}}{3},\ y = \dfrac{2t+t^2}{2},\ 0 \le t \le 3$

(4) $x = e^t - t,\ y = 4e^{\frac{t}{2}},\ 0 \le t \le 3$

(5) $x = e^t \cos t,\ y = e^t \sin t,\ 0 \le t \le \pi$

(6) 사이클로이드 $x = a(\theta - \sin\theta),\ y = a(1-\cos\theta),\ 0 \le \theta \le 2\pi$의 한 호의 길이를 구하여라.

6.8 이상 적분

6.8.1 함수는 연속이지만 적분구간이 유한하지 않은 경우

■ 이상 적분의 예

$$\int_0^{\infty}\frac{dx}{\sqrt[3]{x+1}};\qquad \int_1^{\infty}\frac{dx}{x};\qquad \int_{-\infty}^{\infty}\frac{dx}{a^2+x^2};\qquad \int_{-\infty}^{0}e^{-x}dx;$$

적분구간이 유한하지 않은 이상 적분은 다음과 같이 극한으로 계산한다.

$$\int_a^{\infty}f(x)dx=\lim_{b\to\infty}\int_a^b f(x)dx$$

단, $[a, b]$에서 f는 연속이다. 우변의 극한값이 존재한다면, 좌변의 이상 적분은 수렴한다고 말한다. 우변의 극한값이 존재하지 않으면, 이 이상 적분이 발산한다고 말한다.

예제 6.22

다음을 적분하여라.

(1) $\int_1^{\infty}\frac{1}{x^2}dx$

(2) $\int_0^{\infty}\frac{dy}{e^y}$

(3) $\int_{-\infty}^{0}e^{-x}dx$

(4) $\int_0^{\infty}\cos x\,dx$

풀이

(1) $\int_1^{\infty}\frac{1}{x^2}dx=\lim_{b\to\infty}\int_1^b x^{-2}dx=\lim_{b\to\infty}-(\frac{1}{b}-1)=1$

주어진 적분은 1로 수렴한다. 그림 6.22에서, $\int_1^{\infty}\frac{dx}{x^2}$을 x축 위와, $x=1$, $y=\frac{1}{x^2}$ 곡선 밑의 넓이로 해석한다.

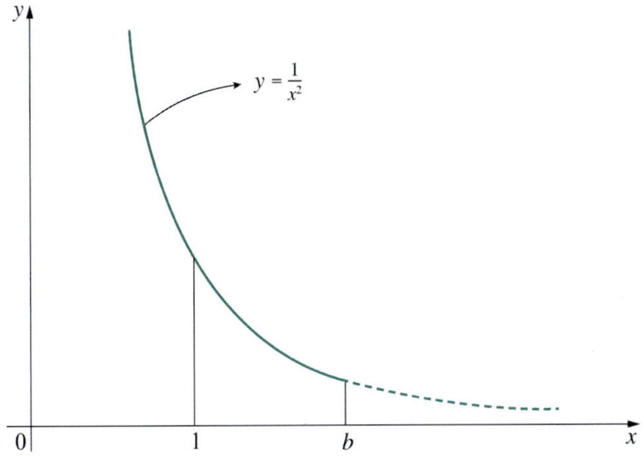

그림 6.22

(2) $\int_0^\infty \frac{dy}{e^y} = \lim_{b\to\infty}\int_0^b e^{-y}dy = \lim_{b\to\infty}(-(e^{-b}-1)) = 1$

(3) $\int_{-\infty}^0 e^{-x}dx = \lim_{b\to-\infty} -e^{-x} \mid_b^0 = \lim_{b\to-\infty}(-(1-e^{-b})) = +\infty$. 발산한다.

(4) $\int_0^\infty \cos x\, dx = \lim_{b\to\infty} \sin x|_0^b = \lim_{b\to\infty} \sin b$.

이 극한값은 ($\sin b$는 $b\to\infty$ 일 때 -1과 1 사이 값을 가진다) 존재하지 않으므로 주어진 적분은 발산한다.

6.8.2 $f(x)$가 적분구간은 유한하나, $x=c$, $a \le c \le b$에서 불연속점을 가지는 경우

■ 이상 적분 예

$$\int_0^1 \frac{dx}{x}; \quad \int_1^2 \frac{dx}{(x-1)^n}; \quad \int_{-1}^1 \frac{dx}{1-x^2};$$

$$\int_0^2 \frac{x}{\sqrt{4-x^2}}dx; \quad \int_\pi^{2\pi} \frac{dx}{1+\sin x}; \quad \int_{-1}^2 \frac{dx}{x(x-1)^2};$$

이상 적분은 두 종류에 모두 속하는 경우가 있다.

$$\int_0^{\infty} \frac{dx}{x}; \qquad \int_0^{\infty} \frac{dx}{\sqrt{x+x^4}}; \qquad \int_{-\infty}^{1} \frac{dx}{\sqrt{1-x}};$$

함수가 불연속점을 갖는 이상 적분은 다음과 같이 다뤄진다.

$f(x)$가 a로 접근할 때, $f(x)=\infty$이거나 $f(x)=-\infty$일 때, $\int_a^b f(x)dx$를 $\lim_{k\to a^+}\int_k^b f(x)dx$으로 계산한다. 주어진 적분은 극한값의 존재 여부에 따라 수렴하거나 발산한다. f가 b에서 불연속점을 가진다면, $\int_a^b f(x)dx$를 $\lim_{k\to b^-}\int_a^k f(x)dx$으로 계산한다. 주어진 적분은 극한값의 존재 여부에 따라 수렴하거나 발산한다. 피적분 함수가 적분 구간 $(a<c<b)$ 사이 안쪽의 점 c에서 불연속점을 가진다면,

$$\int_a^b f(x)dx = \lim_{k\to c^-}\int_a^k f(x)dx + \lim_{m\to c^+}\int_m^b f(x)dx$$

이다. 이때, 이상 적분은 극한값이 두 개 다 존재해야만 수렴한다. 어느 하나라도 존재하지 않으면, 이상 적분은 발산한다고 판정한다.

예제 6.23

다음을 적분하여라.

(1) $\int_0^1 \frac{dx}{\sqrt[3]{x}}$ (2) $\int_0^2 \frac{dx}{(x-1)^{2/3}}$

(3) $\int_2^3 \frac{dt}{(3-t)^2}$ (4) $\int_{-2}^2 \frac{dx}{x^2}$

풀이

(1) $\int_0^1 \frac{dx}{\sqrt[3]{x}} = \lim_{k\to 0^+}\int_k^1 x^{-1/3}dx = \lim_{k\to 0^+}\frac{3}{2}x^{2/3}\Big|_k^1 = \lim_{k\to 0^+}\frac{3}{2}(1-k^{2/3}) = \frac{3}{2}$

그림 6.23에서, 이 적분을 $y=\frac{1}{\sqrt[3]{x}}$ 밑과 $x=1$ 왼쪽으로의 제 1사분면 넓이로 해석한다.

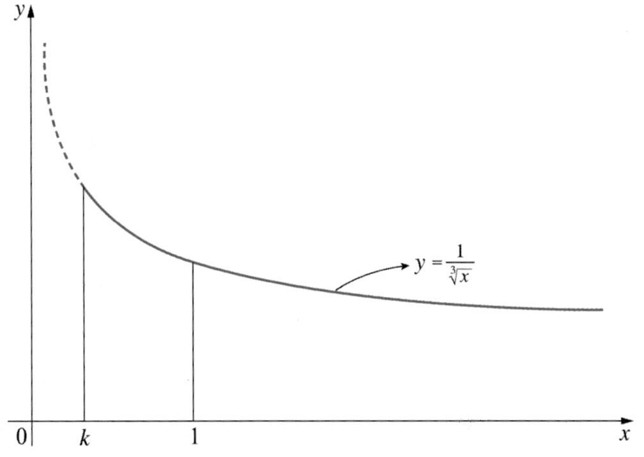

그림 6.23

(2) $\int_0^2 \frac{dx}{(x-1)^{2/3}} = \lim_{k\to1^-}\int_0^k (x-1)^{-2/3}dx + \lim_{m\to1^+}\int_m^2 (x-1)^{-2/3}dx$

$= \lim_{k\to1^-} 3(x-1)^{1/3}|_0^k + \lim_{m\to1^+} 3(x-1)^{1/3}|_m^2 = 3(0+1)+3(1-0)=6$

(3) $\int_2^3 \frac{dt}{(3-t)^2} = \lim_{k\to3^-} -\int_2^k (3-t)^{-2}(-dt) = \lim_{k\to3^-}\frac{1}{3-t}|_2^k = +\infty$, 발산한다.

(4) $\int_{-2}^2 \frac{dx}{x^2} = \lim_{k\to0^-}\int_{-2}^k x^{-2}dx + \lim_{m\to0^+}\int_m^2 x^{-2}dx$

$= \lim_{k\to0^-} -\frac{1}{x}|_{-2}^k + \lim_{m\to0^+} -\frac{1}{x}|_m^2$ 극한값은 존재하지 않는다. 발산한다.

연습문제 6.8

1. 이상 적분을 구하여라.

(1) $\displaystyle\int_0^{\infty} \frac{dx}{x^2+1}$

(2) $\displaystyle\int_{-1}^{1} \frac{dx}{x^{\frac{2}{3}}}$

(3) $\displaystyle\int_{-\infty}^{-2} \frac{2\,dx}{x^2-1}$

(4) $\displaystyle\int_{-\infty}^{\infty} \frac{2x\,dx}{(x^2+1)^2}$

(5) $\displaystyle\int_0^{\infty} \frac{dx}{(1+x)\sqrt{x}}$

(6) $\displaystyle\int_{-\infty}^{0} \theta e^{\theta}\,d\theta$

(7) $\displaystyle\int_0^{1} x\ln x\,dx$

(8) $\displaystyle\int_1^{2} \frac{ds}{s\sqrt{s^2-1}}$

(9) $\displaystyle\int_{-1}^{\infty} \frac{d\theta}{\theta^2+5\theta+6}$

(10) $\displaystyle\int_0^{\frac{\pi}{2}} \tan\theta\,d\theta$

(11) $\displaystyle\int_0^{\ln 2} x^{-2}e^{-\frac{1}{x}}\,dx$

(12) $\displaystyle\int_{-1}^{1} \ln|x|\,dx$

CHAPTER 7

행렬과 행렬식

7.1 행렬의 연산

7.1.1 행렬의 뜻

행렬이란 자연수 m과 n에 대하여 mn개의 실수(또는 복소수)를 직사각형의 꼴로 늘어놓은 것이며, 행렬을 나타낼 때에는 흔히 대문자 A, B, $C \cdots$ 를 쓰고, 행렬의 성분을 문자로 나타낼 때에는 소문자 a, b, c, $\cdots$를 쓴다. 또 (i, j)성분을 a_{ij}와 같이 두 개의 첨자 i, j를 써서 각각 행과 열의 위치를 밝혀 나타내는 경우가 있다. 이를테면 위의 2×3 행렬 A는 아래와 같이 나타낼 수 있고, 이를

$$A = [a_{ij}], \ \ i = 1, 2 \quad j = 1, 2, 3$$

$$A = \begin{bmatrix} a_{11} & a_{12} & a_{13} \\ a_{21} & a_{22} & a_{23} \end{bmatrix}$$

이라고 쓰기도 한다. 또 굳이 행렬의 꼴을 밝힐 필요가 없을 때에는 간단히 $A = [a_{ij}]$라고 쓰기도 한다. 일반적으로 $\mathrm{m} \times \mathrm{n}$ 행렬은 다음과 같이 나타낼 수 있다.

$$\begin{bmatrix} a_{11} & a_{12} & a_{13} & \cdots & a_{1j} & \cdots & a_{1n} \\ a_{21} & a_{22} & a_{23} & \cdots & a_{2j} & \cdots & a_{2n} \\ a_{31} & a_{32} & a_{33} & \cdots & a_{3j} & \cdots & a_{3n} \\ \cdots & \cdots & \cdots & \cdots & \cdots & \cdots & \cdots \\ a_{i1} & a_{i2} & a_{i3} & \cdots & a_{ij} & \cdots & a_{in} \\ \cdots & \cdots & \cdots & \cdots & \cdots & \cdots & \cdots \\ a_{m1} & a_{m2} & a_{m3} & \cdots & a_{mj} & \cdots & a_{mn} \end{bmatrix}$$

특히 m=n 일 때는 A를 n의 정방행렬이라 한다. 이때 수 a_{11}, a_{22}, $\cdots$ a_{nn}을 A의 주대각선성분이라 한다. 행렬 A의 원소가 모두 실수일 때 A를 실행렬이라 하고, 행렬 A의 원소가 복소수일 때 A를 복소행렬이라 한다. 또 모든 원소가 0으로 되어 있는 행렬을 영행렬이라 하고 O로 나타낸다.

예제 7.1

행렬 $A=[a_{ij}]$에서 a_{ij}가 다음과 같을 때, 행렬 A를 구하여라.

(1) $2i+3j-4$(단, $i=1,\ 2,\ j=1,\ 2,\ 3$)

(2) $(-1)^{i+j}+i^2+j$(단, $i,\ j=1,\ 2$)

풀이

(1) $i=1,\ 2$이고 $j=1,\ 2,\ 3$이므로 구하는 행렬은 2×3행렬이다.

$a_{ij}=2i+3j-4$이므로

$a_{11}=2\cdot1+3\cdot1-4=1,\ a_{12}=2\cdot1+3\cdot2-4=4,\ a_{13}=2\cdot1+3\cdot3-4=7$

$a_{21}=2\cdot2+3\cdot1-4=3,\ a_{22}=2\cdot2+3\cdot2-4=6,\ a_{23}=2\cdot2+3\cdot3-4=9$

$A=\begin{bmatrix}1&4&7\\3&6&9\end{bmatrix}$

(2) $i=1,\ 2$이고 $j=1,\ 2$이므로 구하는 행렬은 2×2행렬이다.

$a_{ij}=(-1)^{i+j}+i^2+j$이므로

$a_{11}=(-1)^{1+1}+1^2+1=3,\ a_{12}=(-1)^{1+2}+1^2+2=2$

$a_{21}=(-1)^{2+1}+2^2+1=4,\ a_{22}=(-1)^{2+2}+2^2+2=7$

$A=\begin{bmatrix}3&2\\4&7\end{bmatrix}$

7.1.2 행렬의 연산

(1) 행렬의 덧셈, 뺄셈

$A=[a_{ij}],\ B=[b_{ij}]$를 모두 $m\times n$형의 행렬이라 할 때 A와 B의 합 $C=[c_{ij}]$를

$$c_{ij}=a_{ij}+b_{ij}(1\le i\le m,\ 1\le j\le n)$$

와 같이 정의한다. 즉 C는 A와 B의 대응하는 원소를 더함으로써 얻어진다.

이것을 더 구체적으로 나타내면

$$A=\begin{bmatrix} a_{11} & a_{12} & \cdots & a_{1n} \\ a_{21} & a_{22} & \cdots & a_{2n} \\ \cdots & \cdots & \cdots & \cdots \\ a_{m1} & a_{m2} & \cdots & a_{mn} \end{bmatrix} \qquad B=\begin{bmatrix} b_{11} & b_{12} & \cdots & b_{1n} \\ b_{21} & b_{22} & \cdots & b_{2n} \\ \cdots & \cdots & \cdots & \cdots \\ b_{m1} & b_{m2} & \cdots & b_{mn} \end{bmatrix} \text{에 대하여}$$

$$A+B=\begin{bmatrix} a_{11}+b_{11} & a_{12}+b_{12} & \cdots & a_{1n}+b_{1n} \\ a_{21}+b_{21} & a_{22}+b_{22} & \cdots & a_{2n}+b_{2n} \\ \cdots\cdots & \cdots\cdots & \cdots\cdots & \cdots\cdots \\ a_{m1}+b_{m1} & a_{m2}+b_{m2} & \cdots & a_{mn}+b_{mn} \end{bmatrix}$$

예제 7.2

다음 두 행렬의 합을 구하여라.

(1) $\begin{bmatrix} 1 & 3 \\ 2 & 4 \end{bmatrix}+\begin{bmatrix} 5 & 6 \\ 7 & 8 \end{bmatrix}$

(2) $\begin{bmatrix} -1 & 3 & 5 \\ -2 & 4 & 6 \end{bmatrix}+\begin{bmatrix} 1 & 0 & -3 \\ 2 & 4 & -2 \end{bmatrix}$

풀이

(1) 준식 $=\begin{bmatrix} 1+5 & 3+6 \\ 2+7 & 4+8 \end{bmatrix}=\begin{bmatrix} 6 & 9 \\ 9 & 12 \end{bmatrix}$

(2) 준식 $=\begin{bmatrix} -1+1 & 3+0 & 5+(-3) \\ -2+2 & 4+4 & 6+(-2) \end{bmatrix}=\begin{bmatrix} 0 & 3 & 2 \\ 0 & 8 & 4 \end{bmatrix}$

(2) 행렬의 스칼라곱

행렬 $A=[a_{ij}]$의 각 원소 a_{ij}를 모두 k배(k는 실수)한 것을 원소로 하는 행렬을 A의 k배라고 하고 kA라 쓴다.

즉, 행렬 A가

$$A=\begin{bmatrix} a_{11} & a_{12} & \cdots & a_{1n} \\ a_{21} & a_{22} & \cdots & a_{2n} \\ \cdots & \cdots & \cdots & \cdots \\ a_{m1} & a_{m2} & \cdots & a_{mn} \end{bmatrix} \text{이라 하면} \qquad kA=\begin{bmatrix} ka_{11} & ka_{12} & \cdots & ka_{1n} \\ ka_{21} & ka_{22} & \cdots & ka_{2n} \\ \cdots & \cdots & \cdots & \cdots \\ ka_{m1} & ka_{m2} & \cdots & ka_{mn} \end{bmatrix}$$

이다.

예제 7.3

$P=\begin{bmatrix}1&2\\1&1\end{bmatrix}$, $Q=\begin{bmatrix}0&2\\2&0\end{bmatrix}$일 때, 행렬 $\begin{bmatrix}2&6\\4&2\end{bmatrix}$를 실수 x, y를 써서 $xP+yQ$의 꼴로 나타내어라.

풀이

$\begin{bmatrix}2&6\\4&2\end{bmatrix}=x\begin{bmatrix}1&2\\1&1\end{bmatrix}+y\begin{bmatrix}0&2\\2&0\end{bmatrix}$으로 놓고, 우변을 정리하면,

$\begin{bmatrix}2&6\\4&2\end{bmatrix}=\begin{bmatrix}x&2x+2y\\x+2y&x\end{bmatrix}$

행렬의 상등의 정의로부터

$x=2,\ 2x+2y=6,\ x+2y=4,\ x=2$

이 네 식을 동시에 만족하는 x, y는 $x=2, y=1$이다.

예제 7.4

행렬 $A=\begin{bmatrix}1&2&4\\-3&0&-1\\2&1&2\end{bmatrix}$와 $B=\begin{bmatrix}2&0&0\\1&-4&3\\-1&3&2\end{bmatrix}$에서 (1) $3A$, (2) $-B$, (3) $3A-B$를 구하라.

풀이

(1) $3A=3\begin{bmatrix}1&2&4\\-3&0&-1\\2&1&2\end{bmatrix}=\begin{bmatrix}3(1)&3(2)&3(4)\\3(-3)&3(0)&3(-1)\\3(2)&3(1)&3(2)\end{bmatrix}=\begin{bmatrix}3&6&12\\-9&0&-3\\6&3&6\end{bmatrix}$

(2) $-B=(-1)\begin{bmatrix}2&0&0\\1&-4&3\\-1&3&2\end{bmatrix}=\begin{bmatrix}-2&0&0\\-1&4&-3\\1&-3&-2\end{bmatrix}$

(3) $3A-B=\begin{bmatrix}3&6&12\\-9&0&-3\\6&3&6\end{bmatrix}-\begin{bmatrix}2&0&0\\1&-4&3\\-1&3&2\end{bmatrix}=\begin{bmatrix}1&6&12\\-10&4&-6\\7&0&4\end{bmatrix}$

(3) 행렬의 상등

두 행렬 A, B가 각각 $m\times n$ 행렬일 때, 곧 행렬 A와 행렬 B의 행의 개수와 열의 개수가 각각 같을 때, A와 B는 같은 꼴이라 하며 두 행렬 A, B가 같은 꼴이고 대응하

는 성분이 모두 같을 때 행렬 A와 B는 상등이다 또는 같다고 하고 $A = B$로 나타낸다. 즉 $m \times n$ 행렬 A와 $r \times s$ 행렬 B가

$$A = \begin{bmatrix} a_{11} & a_{12} & \cdots & a_{1n} \\ a_{21} & a_{22} & \cdots & a_{2n} \\ \cdots & \cdots & \cdots & \cdots \\ a_{m1} & a_{m2} & \cdots & a_{mn} \end{bmatrix} \qquad B = \begin{bmatrix} b_{11} & b_{12} & \cdots & b_{1s} \\ b_{21} & b_{22} & \cdots & b_{2s} \\ \cdots & \cdots & \cdots & \cdots \\ b_{r1} & b_{r2} & \cdots & b_{rs} \end{bmatrix}$$

일 때

$$m = r,\ n = s \quad a_{ij} = b_{ij}\ (i = 1,\ 2,\ ....m;\ j = 1,\ 2,\ ....n)$$

이 성립된다면 A와 B는 상등이라고 한다.

예제 7.5

다음 등식을 만족하는 x, y , a, b의 값을 구하여라.

$$\begin{bmatrix} x-1 & 0 \\ y+1 & y \end{bmatrix} = \begin{bmatrix} 2 & a-2 \\ 1 & b+2 \end{bmatrix}$$

풀이

행렬의 상등의 정의로부터

$x-1=2,\ 0=a-2,\ y+1=1,\ y=b+2$

$x=3,\ y=0,\ a=2,\ b=-2$

예제 7.6

다음 등식을 만족하는 x, y, z의 값을 구하여라.

$$\begin{bmatrix} x-y+z \\ 3x+2y-z \\ 2x+y-3z \end{bmatrix} = \begin{bmatrix} 2 \\ 4 \\ -5 \end{bmatrix}$$

풀이

$x-y+z=2$

$3x+2y-z=4$

$2x+y-3z=-5$ 에서 $x=1,\ y=2,\ z=3$

7.1.3 행렬의 곱셈

(1) 행렬의 곱

행렬 A의 열의 개수와 행렬 B의 행의 개수가 같을 때, A의 제i행과 B의 제j열의 대응하는 위치에 있는 성분을 차례로 곱하여 더한 것을 $(i,\ j)$성분으로 하는 행렬을 A와 B의 곱이라 하고, AB로 나타낸다. A가 $m\times n$ 행렬이고 B가 $n\times r$ 행렬일 때 AB는 $m\times r$ 행렬이 된다.

예제 7.7

다음 계산을 하여라.

(1) $\begin{bmatrix} 5 & 7 \end{bmatrix}\begin{bmatrix} 3 \\ 2 \end{bmatrix}$

(2) $\begin{bmatrix} 3 \\ 2 \end{bmatrix}\begin{bmatrix} 1 & 4 \end{bmatrix}$

(3) $\begin{bmatrix} 8 & -1 \\ 3 & 5 \end{bmatrix}\begin{bmatrix} 2 & 0 \\ 4 & -3 \end{bmatrix}$

(4) $\begin{bmatrix} 1 & 2 & 3 \\ -1 & 0 & 1 \\ 3 & -2 & 4 \end{bmatrix}\begin{bmatrix} -2 & 0 & 4 \\ 1 & -1 & 2 \\ 2 & 1 & -3 \end{bmatrix}$

풀이

(1) $\begin{bmatrix} 5 & 7 \end{bmatrix}\begin{bmatrix} 3 \\ 2 \end{bmatrix}=\begin{bmatrix} 5\cdot 3+7\cdot 2 \end{bmatrix}=29$

(2) $\begin{bmatrix} 3 \\ 2 \end{bmatrix}\begin{bmatrix} 1 & 4 \end{bmatrix}=\begin{bmatrix} 3\cdot 1 & 3\cdot 4 \\ 2\cdot 1 & 2\cdot 4 \end{bmatrix}=\begin{bmatrix} 3 & 12 \\ 2 & 8 \end{bmatrix}$

(3) $\begin{bmatrix} 8 & -1 \\ 3 & 5 \end{bmatrix}\begin{bmatrix} 2 & 0 \\ 4 & -3 \end{bmatrix}=\begin{bmatrix} 8\cdot 2+(-1)\cdot 4 & 8\cdot 0+(-1)\cdot(-3) \\ 3\cdot 2+5\cdot 4 & 3\cdot 0+5\cdot(-3) \end{bmatrix}=\begin{bmatrix} 12 & 3 \\ 26 & -15 \end{bmatrix}$

(4) $\begin{bmatrix} 1 & 2 & 3 \\ -1 & 0 & 1 \\ 3 & -2 & 4 \end{bmatrix}\begin{bmatrix} -2 & 0 & 4 \\ 1 & -1 & 2 \\ 2 & 1 & -3 \end{bmatrix}=\begin{bmatrix} -2+2+6 & 0-2+3 & 4+4-9 \\ 2+0+2 & 0+0+1 & -4+0-3 \\ -6-2+8 & 0+2+4 & 12-4-12 \end{bmatrix}=\begin{bmatrix} 6 & 1 & -1 \\ 4 & 1 & -7 \\ 0 & 6 & -4 \end{bmatrix}$

예제 7.8

다음 등식을 만족하는 x, y의 값을 구하여라.

$$\begin{bmatrix} x & y \\ 2 & 1 \end{bmatrix}\begin{bmatrix} x & 0 \\ y & x \end{bmatrix} = 2\begin{bmatrix} 10 & 6-x \\ 3 & 0 \end{bmatrix} + \begin{bmatrix} 5 & 2x \\ 4 & x \end{bmatrix}$$

풀이

준식에서 $\begin{bmatrix} x^2+y^2 & xy \\ 2x+y & x \end{bmatrix} = \begin{bmatrix} 25 & 12 \\ 10 & x \end{bmatrix}$

$x^2+y^2 = 25 \sim$ ① $\qquad xy = 12 \sim$ ②

$2x+y = 10 \sim$ ③ $\qquad$ ①, ③을 연립하여 풀면

$x=3$, $y=4$ 또는 $x=5$, $y=0$ 이 중에서 ②를 만족하는 것은 $x=3$, $y=4$

예제 7.9

다음 등식을 만족하는 x, y의 값을 구하여라.

(1) $\begin{bmatrix} x & 0 \\ 1 & y \end{bmatrix}\begin{bmatrix} -1 & 1 \\ x & y \end{bmatrix} = \begin{bmatrix} -1 & 1 \\ 2y & 2 \end{bmatrix}$

(2) $\begin{bmatrix} 2 & -2 \\ 3 & -1 \end{bmatrix}\begin{bmatrix} 1 & 2 \\ x & y \end{bmatrix} = \begin{bmatrix} 1 & 2 \\ x & y \end{bmatrix}\begin{bmatrix} 2 & -2 \\ 3 & -1 \end{bmatrix}$

풀이

(1) $x=1$, $y=-1$

(2) $x=-3$, $y=4$

(2) 단위행렬

$n \times n$ 행렬과 같은 정사각행렬 중에서 왼쪽 위에서 오른쪽 아래로의 대각선위의 성분이 모두 1이고, 그 이외의 성분은 모두 0인 행렬을 단위행렬이라 한다.

단위행렬은 흔히 I 또는 E로 나타내지만 이 책에서는 I로 나타내기로 한다.

단위행렬 I에는 다음 성질이 있다.

A, I가 같은 꼴의 정사각행렬일 때, $AI = IA = A$, $I^2 = I$, $I^3 = I, \ldots, I^n = I$

7.1.4 특수행렬

(1) 전치행렬

$$A = [a_{ij}] = \begin{bmatrix} a_{11} & a_{12} & \ldots & a_{1n} \\ a_{21} & a_{22} & \ldots & a_{2n} \\ \ldots & \ldots & \ldots & \ldots \\ a_{m1} & a_{m2} & \ldots & a_{mn} \end{bmatrix}$$

의 행과 열을 바꾸어서 생기는 행렬을 A의 전치행렬이라 하고, A^T로 나타낸다.

즉,

$$A^T = [a_{ji}] = \begin{bmatrix} a_{11} & a_{21} & \ldots & a_{m1} \\ a_{12} & a_{22} & \ldots & a_{m2} \\ \ldots & \ldots & \ldots & \ldots \\ a_{1n} & a_{2n} & \ldots & a_{mn} \end{bmatrix}$$

예제 7.10

다음 행렬들의 전치행렬을 구하라.

(1) $A = \begin{bmatrix} 2 \\ 8 \end{bmatrix}$

(2) $B = \begin{bmatrix} 1 & 2 & 3 \\ 4 & 5 & 6 \\ 7 & 8 & 9 \end{bmatrix}$

(3) $C = \begin{bmatrix} 1 & 2 & 0 \\ 2 & 1 & 0 \\ 0 & 0 & 1 \end{bmatrix}$

(4) $D = \begin{bmatrix} 0 & 1 \\ 2 & 4 \\ 1 & -1 \end{bmatrix}$

풀이

(1) $A^T = [2\ 8]$

(2) $B^T = \begin{bmatrix} 1 & 4 & 7 \\ 2 & 5 & 8 \\ 3 & 6 & 9 \end{bmatrix}$

(3) $C^T = \begin{bmatrix} 1 & 2 & 0 \\ 2 & 1 & 0 \\ 0 & 0 & 1 \end{bmatrix}$

(4) $D^T = \begin{bmatrix} 0 & 2 & 1 \\ 1 & 4 & -1 \end{bmatrix}$

예제 7.11

$A = \begin{bmatrix} 2 & 1 & -2 \\ -1 & 0 & 3 \\ 0 & -2 & 1 \end{bmatrix}$, $B = \begin{bmatrix} 3 & 1 \\ 2 & -1 \\ 3 & 0 \end{bmatrix}$일 때 $(AB)^T = B^T A^T$임을 보여라.

풀이

$$AB = \begin{bmatrix} 2 & 1 & -2 \\ -1 & 0 & 3 \\ 0 & -2 & 1 \end{bmatrix}\begin{bmatrix} 3 & 1 \\ 2 & -1 \\ 3 & 0 \end{bmatrix} = \begin{bmatrix} 2 & 1 \\ 6 & -1 \\ -1 & 2 \end{bmatrix}$$

$$(AB)^T = \begin{bmatrix} 2 & 6 & -1 \\ 1 & -1 & 2 \end{bmatrix}$$

$B^T A^T = \begin{bmatrix} 3 & 2 & 3 \\ 1 & -1 & 0 \end{bmatrix}\begin{bmatrix} 2 & -1 & 0 \\ 1 & 0 & -2 \\ -2 & 3 & 1 \end{bmatrix} = \begin{bmatrix} 2 & 6 & -1 \\ 1 & -1 & 2 \end{bmatrix}$이므로

$(AB)^T = B^T A^T$이다.

(2) 대칭행렬, 교대행렬

$A^T = A$일 때, 행렬 $A = [a_{ij}]$를 대칭행렬이라 한다.

즉, A가 $a_{ij} = a_{ji}$를 만족하는 정방행렬이면 A는 대칭행렬이다.

만약 A가 대칭행렬이면 A의 원소는 A의 주 대각선에 관해서 대칭이다.

또, $A^T = -A$일 때 행렬 $A = [a_{ij}]$를 교대행렬이라 한다.

즉, A가 $a_{ij} = -a_{ji}$를 만족하는 정방행렬이면 A는 교대행렬이다.

예제 7.12

$A=\begin{bmatrix}1 & 3\\ 0 & -2\\ -2 & -1\end{bmatrix}$일 때 AA^T을 구하고 이것이 대칭행렬임을 보여라.

풀이

$$AA^T=\begin{bmatrix}1 & 3\\ 0 & -2\\ -2 & -1\end{bmatrix}\begin{bmatrix}1 & 0 & -2\\ 3 & -2 & -1\end{bmatrix}=\begin{bmatrix}10 & -6 & -5\\ -6 & 4 & 2\\ -5 & 2 & 5\end{bmatrix}$$

$AA^T=(AA^T)^T$ 즉 AA^T는 대칭행렬이다.

예제 7.13

$A=\begin{bmatrix}1 & -1 & 1\\ -1 & 2 & 0\\ 1 & 0 & 3\end{bmatrix}$, $B=\begin{bmatrix}1 & 2 & 3\\ 2 & 4 & 5\\ 3 & 5 & 6\end{bmatrix}$, $C=\begin{bmatrix}0 & 1\\ -1 & 0\end{bmatrix}$에서 A와 B는 대칭행렬이고, C는 교대행렬이다.

연습문제 7.1

1. 다음 주어진 행렬들의 (a) $A+B$, (b) $A-B$, (c) $2A$, (d) $2A-B$를 구하라.

(1) $A=\begin{bmatrix}1 & -1\\2 & -1\end{bmatrix},\ B=\begin{bmatrix}2 & -1\\-1 & 8\end{bmatrix}$ (2) $A=\begin{bmatrix}6 & -1\\2 & 4\\-3 & 5\end{bmatrix},\ B=\begin{bmatrix}1 & 4\\-1 & 5\\1 & 10\end{bmatrix}$

2. 다음 행렬방정식에서 $x,\ y,\ z$를 구하라.

$$4\begin{bmatrix}x & y\\z & -1\end{bmatrix}=2\begin{bmatrix}y & z\\-x & 1\end{bmatrix}+2\begin{bmatrix}4 & x\\5 & -x\end{bmatrix}$$

3. 만약 다음 행렬들의 곱이 정의되어진다면 (a) AB와 (b) BA를 구하라.

(1) $A=\begin{bmatrix}1 & 2\\4 & 2\end{bmatrix},\ B=\begin{bmatrix}2 & -1\\-1 & 8\end{bmatrix}$ (2) $A=\begin{bmatrix}1 & -1 & 7\\2 & -1 & 8\\3 & 1 & -1\end{bmatrix},\ B=\begin{bmatrix}1 & 1 & 2\\2 & 1 & 1\\1 & -3 & 2\end{bmatrix}$

4. 다음 행렬방정식의 $a,\ b,\ c,\ d$를 구하라.

$$\begin{bmatrix}1 & 2\\3 & 4\end{bmatrix}\begin{bmatrix}a & b\\c & d\end{bmatrix}=\begin{bmatrix}6 & 3\\19 & 2\end{bmatrix}$$

5. AB와 BA를 구하라.

(1) $A=\begin{bmatrix}2 & 0\\0 & -3\end{bmatrix},\ B=\begin{bmatrix}-5 & 0\\0 & 4\end{bmatrix}$ (2) $A=\begin{bmatrix}2 & 1\\-3 & 4\\1 & 6\end{bmatrix},B=\begin{bmatrix}0 & -1 & 0\\4 & 0 & 2\\8 & -1 & 7\end{bmatrix}$

6. $A=\begin{bmatrix}-4 & 0\\ 1 & -5\\ -3 & 2\end{bmatrix}$, $B=\begin{bmatrix}1 & 2\\ -2 & 1\\ 4 & 4\end{bmatrix}$일 때 X를 구하라.

(1) $3X+2A=B$

(2) $X-3A+2B=0$

7. $A=\begin{bmatrix}1 & 2\\ 0 & -1\end{bmatrix}$, $I=\begin{bmatrix}1 & 0\\ 0 & 1\end{bmatrix}$일 때 다음을 계산하라.

(1) A^2

(2) $A(I+A)$

8. 다음 행렬들의 $(a)\,A^T$, $(b)\,A^TA$, $(c)\,AA^T$를 구하라.

(1) $A=\begin{bmatrix}6 & 0\\ 0 & -4\\ 7 & 5\end{bmatrix}$

(2) $A=\begin{bmatrix}2 & -1 & 3\\ 4 & 3 & -5\end{bmatrix}$

9. 행렬 $A=\begin{bmatrix}1 & 0 & 0\\ 0 & -1 & 0\\ 0 & 0 & 1\end{bmatrix}$에 대한 다음 거듭제곱을 구하라.

(1) A^{19}

(2) A^{20}

7.2 연립1차방정식과 역행렬

7.2.1 연립1차방정식

n개의 미지수를 갖는 1차방정식은 다음과 같은 형태의 방정식이다.

$$a_1x_1 + a_2x_2 + \cdots + a_nx_n = b$$

여기서 $a_1,\ a_2,\ \ldots,\ a_n$과 b는 실수이고 $x_1,\ x_2,\ \ldots,\ x_n$은 변수이다.

$$\begin{aligned} a_{11}x_1 + a_{12}x_2 + \cdots + a_{1n}x_n &= b_1 \\ a_{21}x_1 + a_{22}x_2 + \cdots + a_{2n}x_n &= b_2 \\ &\vdots \\ a_{m1}x_1 + a_{m2}x_2 + \cdots + a_{mn}x_n &= b_m \end{aligned} \tag{1}$$

여기서 a_{ij}와 $b_i(i=1,\ 2, \ldots m, j=1,\ 2, \ldots, n)$들은 모두 실수이고, $x_j(j=1,\ 2, \ldots n)$들은 변수이다.

앞으로 연립방정식 (1)을 $m \times n$ 연립방정식이라 부르기로 한다. 다음은 연립1차방정식의 예이다.

$$\text{(a)}\ \begin{aligned} x_1 + 2x_2 &= 5 \\ 2x_1 + 3x_2 &= 8 \end{aligned} \qquad \text{(b)}\ \begin{aligned} x_1 - x_2 + x_3 &= 2 \\ 2x_1 + x_2 - x_3 &= 4 \end{aligned}$$

(a)는 2×2연립방정식, (b)는 2×3연립방정식이다. 우리는 다음의 연립방정식을 생각해보자.

$$\begin{aligned} x - 4y + 3z &= 5 \\ -x + 3y - z &= -3 \\ 2x - 4z &= 6 \end{aligned}$$

이 연립방정식에서 계수들로 이루어지는 3×3 행렬은

$$\begin{bmatrix} 1 & -4 & 3 \\ -1 & 3 & -1 \\ 2 & 0 & -4 \end{bmatrix}$$

이다.

이 행렬을 연립방정식 3×3 계수행렬(coefficient matrix)이라 한다. 위 계수행렬에 연립방정식의 우변에 있는 수들을 첨가하면 새로운 행렬

$$\begin{bmatrix} 1 & -4 & 3 & 5 \\ -1 & 3 & -1 & -3 \\ 2 & 0 & -4 & 6 \end{bmatrix}$$

을 얻는다. 이 새로운 행렬을 확대행렬(augmented matrix)이라 한다. 또한 식 (1)의 계수행렬은

$$A = \begin{bmatrix} a_{11} & a_{12} & \cdots & a_{1n} \\ a_{21} & a_{22} & \cdots & a_{2n} \\ \cdots & \cdots & \cdots & \cdots \\ a_{m1} & a_{m2} & \cdots & a_{mn} \end{bmatrix}$$

이고 식 (1)의 확대행렬은

$$B = \begin{bmatrix} a_{11} & a_{12} & \cdots & a_{1n} & b_1 \\ a_{21} & a_{22} & \cdots & a_{2n} & b_2 \\ \cdots & \cdots & \cdots & \cdots & \cdots \\ a_{m1} & a_{m2} & \cdots & a_{mn} & b_n \end{bmatrix}$$

이다.

앞 절에서 동치인 연립일차방정식을 얻는데 쓰이는 최솟값의 연산을 살펴보면 다음과 같다.

- 두 방정식의 순서를 바꾼다.
- 어느 한 방정식에 0 아닌 상수를 곱한다.
- 어느 한 방정식에 상수를 곱하여 다른 방정식에 더한다.

예제 7.14

(1) 첫째 행과 둘째 행의 순서를 바꾼다.

원래의 행렬	새로 얻은 동치인 행렬	기호
$\begin{bmatrix} 0 & 1 & 3 & 4 \\ -1 & 2 & 0 & 3 \\ 2 & -3 & 4 & 1 \end{bmatrix}$	$\begin{bmatrix} -1 & 2 & 0 & 3 \\ 0 & 1 & 3 & 4 \\ 2 & -3 & 4 & 1 \end{bmatrix}$	$R_1 \leftrightarrow R_2$

(2) 첫째 행에 1/2을 곱한다.

원래의 행렬	새로 얻은 동치인 행렬	기호
$\begin{bmatrix} 2 & -4 & 6 & -2 \\ 1 & 3 & -3 & 0 \\ 5 & -2 & 1 & 2 \end{bmatrix}$	$\begin{bmatrix} 1 & -2 & 3 & -1 \\ 1 & 3 & -3 & 0 \\ 5 & -2 & 1 & 2 \end{bmatrix}$	$\frac{1}{2}R_1 \rightarrow R_1$

(3) 첫째 행에 −2를 곱하여 셋째 행에 더한다.

원래의 행렬	새로 얻은 동치인 행렬	기호
$\begin{bmatrix} 1 & 2 & -4 & 3 \\ 0 & 3 & -2 & -1 \\ 2 & 1 & 5 & -2 \end{bmatrix}$	$\begin{bmatrix} 1 & 2 & -4 & 3 \\ 0 & 3 & -2 & -1 \\ 0 & -3 & 13 & -8 \end{bmatrix}$	$R_3 + (-2)R_1 \rightarrow R_3$

예제 7.15

다음 연립방정식을 기본행 연산을 사용하여 풀어라.

연립일차방정식	대응확대행렬
$\begin{aligned} x - 2y + 3z &= 9 \\ -x + 3y &= -4 \\ 2x - 5y + 5z &= 17 \end{aligned}$	$\begin{bmatrix} 1 & -2 & 3 & 9 \\ -1 & 3 & 0 & -4 \\ 2 & -5 & 5 & 17 \end{bmatrix}$

풀이

첫째 방정식을 둘째 방정식에 더한다.

$$\begin{aligned} x-2y+3z&=9 \\ y+3z&=5 \\ 2x-5y+5z&=17 \end{aligned}$$

첫째 행을 둘째 행에 더한다.

$$\begin{bmatrix} 1 & -2 & 3 & 9 \\ 0 & 1 & 3 & 5 \\ 2 & -5 & 5 & 17 \end{bmatrix} R_2+R_1 \to R_2$$

첫째 방정식에 -2를 곱하여 셋째 방정식에 더한다.

$$\begin{aligned} x-2y+3z&=9 \\ y+3z&=5 \\ -y-z&=-1 \end{aligned}$$

첫째 행에 -2를 곱하여 셋째 행에 더한다.

$$\begin{bmatrix} 1 & -2 & 3 & 9 \\ 0 & 1 & 3 & 5 \\ 0 & -1 & -1 & -1 \end{bmatrix} R_3+(-2)R_1 \to R_3$$

둘째 방정식을 셋째 방정식에 더한다.

$$\begin{aligned} x-2y+3z&=9 \\ y+3z&=5 \\ 2z&=4 \end{aligned}$$

둘째 행을 셋째 행에 더한다.

$$\begin{bmatrix} 1 & -2 & 3 & 9 \\ 0 & 1 & 3 & 5 \\ 0 & 0 & 2 & 4 \end{bmatrix} R_3+R_2 \to R_3$$

셋째 방정식에 1/2을 곱한다.

$$\begin{aligned} x-2y+3z&=9 \\ y+3z&=5 \\ z&=2 \end{aligned}$$

셋째 행에 1/2을 곱한다.

$$\begin{bmatrix} 1 & -2 & 3 & 9 \\ 0 & 1 & 3 & 5 \\ 0 & 0 & 1 & 2 \end{bmatrix} (\frac{1}{2})R_3 \to R_3$$

이제 해를 구하려면 역대입법을 쓰면 된다.

$x=1,\ y=-1,\ z=2$

예제 7.15의 마지막 행렬을 행사다리꼴이라 한다. 사다리란 말은 행렬의 0 아닌 성분이 계단식으로 분포됨을 가리킨다. 행사다리꼴이 되려면 다음 조건을 만족해야 한다.

정의 7.1

다음 조건을 만족하는 행렬을 행사다리꼴(row echelon form)이라 한다.

(1) 모든 성분이 0인 행은 행렬의 아래쪽에 있다.

(2) 0아닌 성분을 포함하는 행에서 처음 나타나는 0 아닌 성분은 1이다(이를 선두의 1이라 한다).

(3) 0 아닌 성분을 포함하는 행들에 있어서, 위의 행의 선두의 1이 아래 행의 선두의 1보다 왼쪽에 있어야 한다.

선두의 1이 있는 열에서 선두의 1 위 아래 성분이 모두 0인 행사다리꼴은 기약행사사다리꼴(reduced row echelon form)이라 한다.

예제 7.16

다음 행렬들은 행사다리꼴이다.

(1) $\begin{bmatrix} 1 & 2 & -1 & 4 \\ 0 & 1 & 0 & 3 \\ 0 & 0 & 1 & -2 \end{bmatrix}$ (2) $\begin{bmatrix} 0 & 1 & 0 & 5 \\ 0 & 0 & 1 & 3 \\ 0 & 0 & 0 & 0 \end{bmatrix}$

(3) $\begin{bmatrix} 1 & -5 & 2 & -1 & 3 \\ 0 & 0 & 1 & 3 & -2 \\ 0 & 0 & 0 & 1 & 4 \\ 0 & 0 & 0 & 0 & 1 \end{bmatrix}$ (4) $\begin{bmatrix} 1 & 0 & 0 & -1 \\ 0 & 1 & 0 & 2 \\ 0 & 0 & 1 & 3 \\ 0 & 0 & 0 & 0 \end{bmatrix}$

(2), (4)의 행렬은 기약행사다리꼴(reduced row echelon form)이다.

다음 행렬들은 행사다리꼴이 아니다.

(5) $\begin{bmatrix} 1 & 2 & -3 & 4 \\ 0 & 2 & 1 & -1 \\ 0 & 0 & 1 & -3 \end{bmatrix}$ (6) $[1]$

모든 행렬은 어떤 행사다리꼴인 행렬과 행동치가 된다. 행사다리꼴과 역대입법을 써서 연립방정식의 해를 구하려면 다음과 같이 하면 된다.

(1) 주어진 연립방정식의 확대행렬을 쓴다.

(2) 확대행렬을 행사다리꼴로 바꾸기 위해서 기본행연산들을 적용한다.

(3) 행사다리꼴인 행렬에 대응하는 연립일차방정식으로 바꾸고 역대입법을 써서 해를 구한다.

예제 7.17

다음 방정식을 풀어라.

$$x_2 + x_3 - 2x_4 = -3$$
$$x_1 + 2x_2 - x_3 = 2$$
$$2x_1 + 4x_2 + x_3 - 3x_4 = -2$$
$$x_1 - 4x_2 - 7x_3 - x_4 = -19$$

풀이

이 연립방정식의 확대행렬은 다음과 같다.

$$\begin{bmatrix} 0 & 1 & 1 & -2 & -3 \\ 1 & 2 & -1 & 0 & 2 \\ 2 & 4 & 1 & -3 & -2 \\ 1 & -4 & -7 & -1 & -19 \end{bmatrix}$$

첫째 열 제일 위의 성분이 선두의 1이 되도록 하고 그 아래 성분은 0이 되게 한다.

$$\begin{bmatrix} 1 & 2 & -1 & 0 & 2 \\ 0 & 1 & 1 & -2 & -3 \\ 2 & 4 & 1 & -3 & -2 \\ 1 & -4 & -7 & -1 & -19 \end{bmatrix} \qquad R_1 \leftrightarrow R_2$$

$$\begin{bmatrix} 1 & 2 & -1 & 0 & 2 \\ 0 & 1 & 1 & -2 & -3 \\ 0 & 0 & 3 & -3 & -6 \\ 1 & -4 & -7 & -1 & -19 \end{bmatrix} \qquad R_3 + (-2)R_1 \rightarrow R_3$$

$$\begin{bmatrix} 1 & 2 & -1 & 0 & 2 \\ 0 & 1 & 1 & -2 & -3 \\ 0 & 0 & 3 & -3 & -6 \\ 0 & -6 & -6 & -1 & -21 \end{bmatrix} \qquad R_4 + (-1)R_1 \rightarrow R_4$$

이제 첫째 열은 우리가 원하던 형태가 되었으므로 둘째 열을 변형시킨다.

$$\begin{bmatrix} 1 & 2 & -1 & 0 & 2 \\ 0 & 1 & 1 & -2 & -3 \\ 0 & 0 & 3 & -3 & -6 \\ 0 & 0 & 0 & -13 & -39 \end{bmatrix} \qquad R_4 + (6)R_2 \rightarrow R_4$$

셋째 열을 변형시키기 위해서 셋째 행에 1/3을 곱한다.

$$\begin{bmatrix} 1 & 2 & -1 & 0 & 2 \\ 0 & 1 & 1 & -2 & -3 \\ 0 & 0 & 1 & -1 & -2 \\ 0 & 0 & 0 & -13 & -39 \end{bmatrix} \qquad \left(\frac{1}{3}\right)R_3 \rightarrow R_3$$

마찬가지로 넷째 열을 변형시키기 위해서는 넷째 행에 $-\frac{1}{13}$을 곱한다.

$$\begin{bmatrix} 1 & 2 & -1 & 0 & 2 \\ 0 & 1 & 1 & -2 & -3 \\ 0 & 0 & 1 & -1 & -2 \\ 0 & 0 & 0 & 1 & 3 \end{bmatrix} \qquad \left(-\frac{1}{13}\right)R_4 \to R_4$$

이에 대응하는 연립1차방정식은 다음과 같다.

$$x_1 + 2x_2 - x_3 = 2$$
$$x_2 + x_3 - 2x_4 = -3$$
$$x_3 - x_4 = -2$$
$$x_4 = 3$$

역대입법을 적용하면 해 $x_1 = -1,\ x_2 = 2,\ x_3 = 1,\ x_4 = 3$이 얻어진다.

행렬을 행사다리꼴 형태로 바꾸는 방법을 가우스소거법이라 한다.

연립일차방정식을 풀 때 해가 없는 경우도 있음을 명심해야 한다. 소거하는 과정에서 마지막 성분을 제외하고 모두 0이 얻어지면 더 이상 진행할 필요가 없으며 주어진 연립방정식이 해를 갖지 않는다는 결론을 내리면 된다.

예제 7.18

다음 연립방정식을 풀어라.

$$x_1 - x_2 + 2x_3 = 4$$
$$x_1 + x_3 = 6$$
$$2x_1 - 3x_2 + 5x_3 = 4$$
$$3x_1 + 2x_2 - x_3 = 1$$

풀이

이 연립방정식의 확대행렬은 다음과 같다.

$$\begin{bmatrix} 1 & -1 & 2 & 4 \\ 1 & 0 & 1 & 6 \\ 2 & -3 & 5 & 4 \\ 3 & 2 & -1 & 1 \end{bmatrix}$$

이 확대행렬에 가우스 소거법을 적용한다.

$$\begin{bmatrix} 1 & -1 & 2 & 4 \\ 0 & 1 & -1 & 2 \\ 2 & -3 & 5 & 4 \\ 3 & 2 & -1 & 1 \end{bmatrix} \qquad R_2+(-1)R_1 \rightarrow R_2$$

$$\begin{bmatrix} 1 & -1 & 2 & 4 \\ 0 & 1 & -1 & 2 \\ 0 & -1 & 1 & -4 \\ 3 & 2 & -1 & 1 \end{bmatrix} \qquad R_3+(-2)R_1 \rightarrow R_3$$

$$\begin{bmatrix} 1 & -1 & 2 & 4 \\ 0 & 1 & -1 & 2 \\ 0 & -1 & 1 & -4 \\ 0 & 5 & -7 & -11 \end{bmatrix} \qquad R_4+(-3)R_1 \rightarrow R_4$$

$$\begin{bmatrix} 1 & -1 & 2 & 4 \\ 0 & 1 & -1 & 2 \\ 0 & 0 & 0 & -2 \\ 0 & 5 & -7 & -11 \end{bmatrix} \qquad R_3+R_2 \rightarrow R_3$$

셋째 행을 보면 마지막 성분을 제외하고 모두 0이다. 이는 원래의 연립일차방정식의 해가 없다는 것을 뜻한다. 연립방정식으로 바꾸어 보면 그 이유가 분명해진다.

$$\begin{aligned} x_1 - x_2 + 2x_3 &= 4 \\ x_2 - x_3 &= 2 \\ 0 &= -2 \\ 5x_2 - 7x_3 &= -11 \end{aligned}$$

셋째 방정식은 성립할 수 없으므로 이 연립방정식은 해를 갖지 않는다.

7.2.2 동차연립일차방정식

이 절의 마지막 주제는 상수항이 0인 일차방정식으로 이루어진 연립방정식이다. 이런 연립방정식을 동차라고 한다. 예를 들어 미지수가 n개인 m개의 방정식으로 이루어진 동차연립방정식은 다음과 같은 형태이다.

$$\begin{gathered} a_{11}x_1 + a_{12}x_2 + a_{13}x_3 + \dots + a_{1n}x_n = 0 \\ a_{21}x_1 + a_{22}x_2 + a_{23}x_3 + \dots + a_{2n}x_n = 0 \\ a_{31}x_1 + a_{32}x_2 + a_{33}x_3 + \dots + a_{3n}x_n = 0 \\ \vdots \\ a_{m1}x_1 + a_{m2}x_2 + a_{m3}x_3 + \dots + a_{mn}x_n = 0 \end{gathered}$$

동차연립일차방정식이 항상 적어도 하나의 해를 갖는다는 것은 쉽게 보일 수 있다. 모든 미지수가 0을 취하면 동차연립방정식의 모든 방정식이 만족된다. 이런 해를 자명한 해라고 한다. 예를 들면 세 미지수 x_1, x_2, x_3의 세 개의 방정식으로 이루어진 동차연립방정식은 $x_1 = 0,\ x_2 = 0,\ x_3 = 0$ 이라는 자명한 해를 갖는다.

예제 7.19

다음 연립일차방정식을 풀어라.

$$x_1 - x_2 + 3x_3 = 0$$
$$2x_1 + x_2 + 3x_3 = 0$$

풀이

확대행렬

$$\begin{bmatrix} 1 & -1 & 3 & 0 \\ 2 & 1 & 3 & 0 \end{bmatrix}$$

에 기약행사다리꼴 소거법을 적용하면

$$\begin{bmatrix} 1 & -1 & 3 & 0 \\ 0 & 3 & -3 & 0 \end{bmatrix} \qquad R_2 + (-2)R_1 \to R_2$$

$$\begin{bmatrix} 1 & -1 & 3 & 0 \\ 0 & 1 & -1 & 0 \end{bmatrix} \qquad (\frac{1}{3})R_2 \to R_2$$

$$\begin{bmatrix} 1 & 0 & 2 & 0 \\ 0 & 1 & -1 & 0 \end{bmatrix} \qquad R_1 + R_2 \to R_1$$

을 얻는다. 이 행렬에 대응하는 연립1차방정식은 $x_1 + 2x_3 = 0,\ x_2 - x_3 = 0$이고 매개변수 $x_3 = t$를 쓰면 $x_1 = -2t,\ x_2 = t,\ x_3 = t,\ t$는 임의의 실수를 얻는다. 그러므로 이 연립방정식은 무수히 많은 해를 가지며 그중 하나는 $t = 0$일 때 얻어지는 자명한 해이다.

행렬을 기약행사다리꼴 형태로 만드는 방법을 가우스조르단 방법이라 한다.

정리 7.1

모든 동차연립일차방정식은 항상 해를 갖는다. 연립일차방정식의 방정식의 개수가 미지수의 개수보다 적으면 반드시 무수히 많은 해를 갖는다.

예제 7.20

다음 연립방정식을 풀어라.

$$2x_1 + 2x_2 - x_3 + x_5 = 0$$
$$-x_1 - x_2 + 2x_3 - 3x_4 + x_5 = 0$$
$$x_1 + x_2 - 2x_3 - x_5 = 0$$
$$x_3 + x_4 + x_5 = 0$$

풀이

이것의 확대행렬은

$$\begin{bmatrix} 2 & 2 & -1 & 0 & 1 & 0 \\ -1 & -1 & 2 & -3 & 1 & 0 \\ 1 & 1 & -2 & 0 & -1 & 0 \\ 0 & 0 & 1 & 1 & 1 & 0 \end{bmatrix}$$

이고 이것은 기약행사다리꼴 행렬과 동치이다. 이것에 대응되는 방정식은

$$x_1 + x_2 + x_5 = 0$$
$$x_3 \quad + x_5 = 0$$
$$x_4 = 0$$

이것을 풀면

$$x_1 = -x_2 - x_5$$
$$x_3 = -x_5$$
$$x_4 = 0$$

따라서 $x_{2,}$ x_5에 임의의 실수 s, t를 준다면 해는 다음과 같다.

$$x_1 = -s-t,\ x_2 = s,\ x_3 = -t,\ x_4 = 0,\ x_5 = t$$

7.2.3 역행렬

$n \times n$ 행렬 A에 대하여 $AB = BA = I_n$을 만족하는 $n \times n$ 행렬 B가 존재할 때 A는 가역이라고 한다. 이때 I_n은 크기가 n인 단위행렬이고 행렬 B는 A의 역행렬이라고 한다. 역행렬이 존재하지 않는 행렬은 가역이 아니라고 한다.

정의 7.2

A가 가역이면 그 역행렬은 유일하다. A의 역행렬을 A^{-1}로 표현한다.

■ 가우스–조르단 소거법을 이용하여 역행렬 구하기

A를 크기가 n인 정방행렬이라고 하자.

(1) 주어진 행렬 A를 왼쪽에 두고 $n \times n$ 단위행렬을 오른쪽에 두어 크기가 $n \times 2n$인 $[A : I]$를 쓴다. 행렬 A와 I는 점선을 이용하여 구분한다. 이 과정을 A와 I의 연결이라고 한다.

(2) 가능하다면 A를 단위행렬 I가 될 때까지 전체 행렬 $[A : I]$에 행에 관한 기본 연산을 사용한다. 그 결과는 $[I : A^{-1}]$일 것이다. 만약 가능하지 않다면 A는 가역이 아니다.

(3) $AA^{-1} = I = A^{-1}A$임을 확인한다.

예제 7.21

다음 행렬의 역행렬을 구하라.

$$A = \begin{bmatrix} 1 & -1 & 0 \\ 1 & 0 & -1 \\ -6 & 2 & 3 \end{bmatrix}$$

풀이

행렬 A에 단위행렬을 연결하여 다음 행렬을 얻는다.

$$[A : I] = \left[\begin{array}{ccc|ccc} 1 & -1 & 0 & 1 & 0 & 0 \\ 1 & 0 & -1 & 0 & 1 & 0 \\ -6 & 2 & 3 & 0 & 0 & 1 \end{array}\right]$$

행에 관한 기본 연산을 통하여 $[I : A^{-1}]$를 다음과 같이 구한다.

$$\begin{bmatrix} 1 & -1 & 0 & 1 & 0 & 0 \\ 0 & 1 & -1 & -1 & 1 & 0 \\ -6 & 2 & 3 & 0 & 0 & 1 \end{bmatrix} \qquad R_2+(-1)R_1 \to R_2$$

$$\begin{bmatrix} 1 & -1 & 0 & 1 & 0 & 0 \\ 0 & 1 & -1 & -1 & 1 & 0 \\ 0 & -4 & 3 & 6 & 0 & 1 \end{bmatrix} \qquad R_3+(6)R_1 \to R_3$$

$$\begin{bmatrix} 1 & -1 & 0 & 1 & 0 & 0 \\ 0 & 1 & -1 & -1 & 1 & 0 \\ 0 & 0 & -1 & 2 & 4 & 1 \end{bmatrix} \qquad R_3+(4)R_2 \to R_3$$

$$\begin{bmatrix} 1 & -1 & 0 & 1 & 0 & 0 \\ 0 & 1 & -1 & -1 & 1 & 0 \\ 0 & 0 & 1 & -2 & -4 & -1 \end{bmatrix} \qquad (-1)R_3 \to R_3$$

$$\begin{bmatrix} 1 & -1 & 0 & 1 & 0 & 0 \\ 0 & 1 & 0 & -3 & -3 & -1 \\ 0 & 0 & 1 & -2 & -4 & -1 \end{bmatrix} \qquad R_2+R_3 \to R_2$$

$$\begin{bmatrix} 1 & 0 & 0 & -2 & -3 & -1 \\ 0 & 1 & 0 & -3 & -3 & -1 \\ 0 & 0 & 1 & -2 & -4 & -1 \end{bmatrix} \qquad R_1+R_2 \to R_1$$

그러므로 A는 가역이고 그 역행렬은

$$A^{-1} = \begin{bmatrix} -2 & -3 & -1 \\ -3 & -3 & -1 \\ -2 & -4 & -1 \end{bmatrix}$$

이다. $AA^{-1} = I = A^{-1}A$를 통하여 역행렬임을 확인할 수 있다.

예제 7.22

$A = \begin{bmatrix} 1 & 2 & 0 \\ 3 & -1 & 2 \\ -2 & 3 & -2 \end{bmatrix}$는 가역이 아님을 보여라.

풀이

$$[A : I] = \begin{bmatrix} 1 & 2 & 0 & 1 & 0 & 0 \\ 3 & -1 & 2 & 0 & 1 & 0 \\ -2 & 3 & -2 & 0 & 0 & 1 \end{bmatrix}$$

가우스-조르단 소거법을 사용한다.

$$\begin{bmatrix} 1 & 2 & 0 & 1 & 0 & 0 \\ 0 & -7 & 2 & -3 & 1 & 0 \\ -2 & 3 & -2 & 0 & 0 & 1 \end{bmatrix} \qquad R_2+(-3)R_1 \to R_2$$

$$\begin{bmatrix} 1 & 2 & 0 & 1 & 0 & 0 \\ 0 & -7 & 2 & -3 & 1 & 0 \\ 0 & 7 & -2 & 2 & 0 & 1 \end{bmatrix} \qquad R_3+(2)R_1 \to R_3$$

두 번째 행을 세 번째 행에 더함으로써 왼쪽 행렬에 0으로 된 행이 생기는 것을 알 수 있다.

$$\begin{bmatrix} 1 & 2 & 0 & 1 & 0 & 0 \\ 0 & -7 & 2 & -3 & 1 & 0 \\ 0 & 0 & 0 & -1 & 1 & 1 \end{bmatrix} \qquad R_3+R_2 \to R_3$$

행렬의 A 부분에 0으로만 된 행이 생겼기 때문에 행렬 $[A:I]$를 $[I:A^{-1}]$ 형태의 행렬로 표시할 수 없다. 이것이 바로 A의 역행렬이 존재하지 않는다는 것을 의미한다.

3×3행렬이나 그보다 큰 행렬에 대한 역행렬을 구할 때는 가우스-조르단 소거법이 매우 유용하다. 그러나 2×2행렬의 경우는 가우스-조르단 소거법보다는 역행렬에 대한 공식을 사용하는 것이 편할 수도 있다.

$A=\begin{bmatrix} a & b \\ c & d \end{bmatrix}$일 때, A가 가역이기 위한 필요충분조건은 $ad-bc\neq0$이며 역행렬은 다음과 같이 주어진다.

$$A^{-1}=\frac{1}{ad-bc}\begin{bmatrix} d & -b \\ -c & a \end{bmatrix}$$

AA^{-1}을 구하여 역행렬을 확인할 수 있다.

예제 7.23

가능하다면 다음 행렬들의 역행렬을 구하라.

(1) $A=\begin{bmatrix} 3 & -1 \\ -2 & 2 \end{bmatrix}$ (2) $B=\begin{bmatrix} 3 & -1 \\ -6 & 2 \end{bmatrix}$

풀이

(1) $A^{-1}=\frac{1}{4}\begin{bmatrix} 2 & 1 \\ 2 & 3 \end{bmatrix}=\begin{bmatrix} \frac{1}{2} & \frac{1}{4} \\ \frac{1}{2} & \frac{3}{4} \end{bmatrix}$

(2) $ad-bc=(3)(2)-(-1)(-6)=0$, 즉 B는 가역이 아니다.

정리 7.2

A가 가역이면 일차연립방정식 $A\mathrm{x} = b$는 유일한 해, $\mathrm{x} = A^{-1}b$를 갖는다.

증명

A는 가역이므로 다음과 같다.

$$A\mathrm{x} = b$$
$$A^{-1}A\mathrm{x} = A^{-1}b$$
$$I\mathrm{x} = A^{-1}b$$
$$\mathrm{x} = A^{-1}b$$

예제 7.24

다음 각 연립방정식의 해를 역행렬을 이용하여 구하라.

(1) $2x+3y+z=-1$
$3x+3y+z=1$
$2x+4y+z=-2$

(2) $2x+3y+z=4$
$3x+3y+z=8$
$2x+4y+z=5$

(3) $2x+3y+z=0$
$3x+3y+z=0$
$2x+4y+z=0$

풀이

먼저 각 연립방정식의 계수행렬을 구한다.

$$A=\begin{bmatrix} 2 & 3 & 1 \\ 3 & 3 & 1 \\ 2 & 4 & 1 \end{bmatrix}$$

가우스-조르단 소거법을 이용하여 A^{-1}을 구한다.

$$A^{-1}=\begin{bmatrix}-1 & 1 & 0\\ -1 & 0 & 1\\ 6 & -2 & -3\end{bmatrix}$$

각 연립방정식의 해를 얻기 위하여 다음 행렬 곱을 구한다.

(1) $\mathrm{x}=A^{-1}b=\begin{bmatrix}-1 & 1 & 0\\ -1 & 0 & 1\\ 6 & -2 & -3\end{bmatrix}\begin{bmatrix}-1\\ 1\\ -2\end{bmatrix}=\begin{bmatrix}2\\ -1\\ -2\end{bmatrix}$이므로 해는 $x=2,\ y=-1,\ z=-2$이다.

(2) $\mathrm{x}=A^{-1}b=\begin{bmatrix}-1 & 1 & 0\\ -1 & 0 & 1\\ 6 & -2 & -3\end{bmatrix}\begin{bmatrix}4\\ 8\\ 5\end{bmatrix}=\begin{bmatrix}4\\ 1\\ -7\end{bmatrix}$이므로 해는 $x=4,\ y=1,\ z=-7$이다.

(3) $\mathrm{x}=A^{-1}b=\begin{bmatrix}-1 & 1 & 0\\ -1 & 0 & 1\\ 6 & -2 & -3\end{bmatrix}\begin{bmatrix}0\\ 0\\ 0\end{bmatrix}=\begin{bmatrix}0\\ 0\\ 0\end{bmatrix}$이므로 해는 $x=0,\ y=0,\ z=0$이다.

연습문제 7.2

1. 다음 확대행렬에 대응하는 연립일차방정식의 해집합을 구하라.

(1) $\begin{bmatrix} 1 & 0 & 0 \\ 0 & 1 & 2 \end{bmatrix}$

(2) $\begin{bmatrix} 1 & -1 & 0 & 3 \\ 0 & 1 & -2 & 1 \\ 0 & 0 & 1 & -1 \end{bmatrix}$

(3) $\begin{bmatrix} 1 & 2 & 0 & 1 & 4 \\ 0 & 1 & 2 & 1 & 3 \\ 0 & 0 & 1 & 2 & 1 \\ 0 & 0 & 0 & 1 & 4 \end{bmatrix}$

2. 가우스 소거법과 함께 역대입법을 쓰거나 가우스-조르단 소거법을 써서 연립일차방정식을 풀어라.

(1) $x + 2y = 7$
$2x + y = 8$

(2) $x_1 - 3x_3 = -2$
$3x_1 + x_2 - 2x_3 = 5$
$2x_1 + 2x_2 + x_3 = 4$

(3) $x_1 + x_2 - 5x_3 = 3$
$x_1 - 2x_3 = 5$
$2x_1 - x_2 - x_3 = 0$

(4) $3x + 3y + 12z = 6$
$x + y + 4z = 2$
$-x + 2y + 8z = 4$
$2x + 5y + 20z = 10$

3. 주어진 계수행렬에 대응하는 동차연립일차방정식을 풀어라.

(1) $\begin{bmatrix} 1 & 0 & 0 \\ 0 & 1 & 1 \\ 0 & 0 & 0 \end{bmatrix}$

(2) $\begin{bmatrix} 1 & 0 & 0 & 1 \\ 0 & 0 & 1 & 0 \\ 0 & 0 & 0 & 0 \end{bmatrix}$

연습문제 7.2

4. 행렬 $A=\begin{bmatrix}1 & k & 2\\ -3 & 4 & 1\end{bmatrix}$에 대하여

(1) A가 연립일차방정식의 확대행렬일 때, 해를 갖도록 하는 k값을 구하라.

(2) A가 동차연립방정식의 계수행렬일 때, 해를 갖도록 하는 k값을 구하라.

5. 다음 행렬들의 역행렬을 구하라.

(1) $\begin{bmatrix}1 & 2\\ 3 & 7\end{bmatrix}$

(2) $\begin{bmatrix}1 & 1 & 1\\ 3 & 5 & 4\\ 3 & 6 & 5\end{bmatrix}$

(3) $\begin{bmatrix}1 & 1 & 2\\ 3 & 1 & 0\\ -2 & 0 & 3\end{bmatrix}$

6. 다음 각 연립방정식을 풀기 위해서 역행렬을 사용하라.

(1) $-x+y=4$

$-2x+y=0$

(2) $3x_1+2x_2+2x_3=0$

$2x_1+2x_2+2x_3=5$

$-4x_1+4x_2+3x_3=2$

7. 다음 행렬이 그것의 역행렬과 같기 위한 x를 구하라.

$$A=\begin{bmatrix}3 & x\\ -2 & -3\end{bmatrix}$$

8. 다음으로부터 A를 구하라.

$$(2A)^{-1} = \begin{bmatrix} 1 & 2 \\ 3 & 4 \end{bmatrix}$$

9. 다음 행렬이 가역임을 보이고 그것의 역행렬을 구하라.

$$A = \begin{bmatrix} \sin\theta & \cos\theta \\ -\cos\theta & \sin\theta \end{bmatrix}$$

10. 행렬 $A = \begin{bmatrix} 1 & 0 \\ 2 & 3 \end{bmatrix}$일 때, A^3, A^{-3} 그리고 $A^2 - 2A + I$를 계산하라.

11. 주어진 연립방정식의 해를 모두 구하라.

(1) $x + y + 2z = -1$
$x + 2y + z = -5$
$3x + y + z = 3$

(2) $x + y + z = 1$
$x + y - 2z = 3$
$2x + y + z = 2$

7.3 행렬식

7.3.1 행렬식의 여인자(여인수) 전개

A가 $n \times n$ 행렬일 때, A의 행렬식이란 A에 대응하는 하나의 수이며, 이것을 det(A)로 표시한다. 행렬식은 "여인자(cofactor)" 아니면 "치환(permutation)"을 가지고 정의하는 것이 보통인데, 여기서는 여인자를 가지고 정의하기로 한다. 먼저 2×2 행렬 A에 대한 행렬식부터 정의한다.

정의 7.3

$A = [a_{ij}]$를 2×2 행렬이라고 하자. 이때 A의 행렬식(determinant)은 다음과 같이 정의한다.

$$\det(A) = a_{11}a_{22} - a_{12}a_{21}$$

편의상 행렬식은 다음과 같이 표시하기도 한다.

$$\det(A) = \begin{vmatrix} a_{11} & a_{12} \\ a_{21} & a_{22} \end{vmatrix}$$

예제 7.25

다음 행렬의 행렬식을 구하여라.

$$A = \begin{bmatrix} 1 & 2 \\ -1 & 3 \end{bmatrix}, \quad B = \begin{bmatrix} 4 & 1 \\ 2 & 1 \end{bmatrix}, \quad C = \begin{bmatrix} 3 & 4 \\ 6 & 8 \end{bmatrix}$$

풀이

$$\det(A) = \begin{vmatrix} 1 & 2 \\ -1 & 3 \end{vmatrix} = 1 \cdot 3 - 2(-1) = 5$$

$$\det(B) = \begin{vmatrix} 4 & 1 \\ 2 & 1 \end{vmatrix} = 4 \cdot 1 - 1 \cdot 2 = 2$$

$$\det(C) = \begin{vmatrix} 3 & 4 \\ 6 & 8 \end{vmatrix} = 3 \cdot 8 - 4 \cdot 6 = 0$$

정의 7.4

$A=[a_{ij}]$를 $n\times n$ 행렬이라고 하자. A에서 r번째 행과 s번째 열을 제거해서 얻는 $(n-1)\times(n-1)$ 행렬을 M_{rs}로 표시하고, M_{rs}를 A의 소행렬(minor matrix)이라고 한다. 또 det(M_{rs})를 $(r,\ s)$원 a_{rs}의 소행렬식이라 하고, 특히

$C_{ij}=(-1)^{i+j}\det(M_{ij})$

를 $(i,\ j)$원 a_{ij}의 여인자라고 한다.

예제 7.26

다음 행렬 A에 대하여 소행렬 $M_{11},\ M_{23},\ M_{32}$를 구하여라. 또 여인자 $C_{11}, C_{23},\ C_{32}$를 계산하여라.

$$A=\begin{bmatrix}1 & -1 & 2\\ 2 & 3 & -3\\ 4 & 5 & 1\end{bmatrix}$$

풀이

A에서 1행과 1열을 제거하면 M_{11}을 얻는다. 즉,

$$M_{11}=\begin{bmatrix}3 & -3\\ 5 & 1\end{bmatrix}$$

마찬가지로, 소행렬 M_{23}, M_{32}는 각각 다음과 같다.

$$M_{23}=\begin{bmatrix}1 & -1\\ 4 & 5\end{bmatrix},\qquad M_{32}=\begin{bmatrix}1 & 2\\ 2 & -3\end{bmatrix}$$

위에서 얻은 소행렬에 대응하는 여인자 $C_{ij}=(-1)^{i+j}\det(M_{ij})$를 구하면 각각 다음과 같다.

$$C_{11}=(-1)^{1+1}\begin{vmatrix}3 & -3\\ 5 & 1\end{vmatrix}=3+15=18$$

$$C_{23}=(-1)^{2+3}\begin{vmatrix}1 & -1\\ 4 & 5\end{vmatrix}=-(5+4)=-9$$

$$C_{32}=(-1)^{3+2}\begin{vmatrix}1 & 2\\ 2 & -3\end{vmatrix}=-(-3-4)=7$$

이제 여인자를 써서 행렬식을 정의하자.

정의 7.5

$A=[a_{ij}]$를 $n\times n$ 행렬이라고 하자. 이때 A의 행렬식을 다음과 같이 정의한다.

$\det(A)=a_{1j}C_{1j}+a_{2j}C_{2j}+\cdots+a_{nj}C_{nj}$ (j열에 의한 여인자 전개)

$\det(A)=a_{i1}C_{i1}+a_{i2}C_{i2}+\cdots+a_{in}C_{in}$ (i행에 의한 여인자 전개)

단, C_{ij}는 a_{ij}의 여인자이다($1\le i\le n,\ 1\le j\le n$).

행렬식은 정방행렬에 대해서만 정의된다. 예를 들어, A가 3×3 행렬이면 $\det(A)=a_{11}C_{11}+a_{12}C_{12}+a_{13}C_{13}$이다. 여인자 C_{11}, C_{12}, C_{13}는 정의 7.4로부터 구하면 된다.

마찬가지로, 4×4 행렬의 행렬식은 4개의 3×3 행렬식의 합으로 표시된다. 이때 각각의 3×3 행렬식은 또 3개의 2×2 행렬식의 합이다.

예제 7.27

다음 행렬 A의 행렬식 $\det(A)$를 계산하라.

$$A=\begin{bmatrix}3&2&1\\2&1&-3\\4&0&1\end{bmatrix}$$

풀이

행렬 A는 3×3 행렬이므로, 정의 7.5에서 $n=3$이라 하면 $\det(A)$는 다음과 같다.

$$\begin{aligned}\det(A)&=a_{11}C_{11}+a_{12}C_{12}+a_{13}C_{13}\\&=3\begin{vmatrix}1&-3\\0&1\end{vmatrix}-2\begin{vmatrix}2&-3\\4&1\end{vmatrix}+\begin{vmatrix}2&1\\4&0\end{vmatrix}\\&=3(1)-2(14)+1(-4)=-29\end{aligned}$$

예제 7.28

행렬 A가 다음과 같을 때, $\det(A)$를 계산하라.

$$A = \begin{bmatrix} 1 & 2 & 0 & 2 \\ -1 & 2 & 3 & 1 \\ -3 & 2 & -1 & 0 \\ 2 & -3 & -2 & 1 \end{bmatrix}$$

풀이

A는 4×4 행렬이므로, 정의 7.5에서 $n=4$로 놓으면 $\det(A)$는 다음과 같다.

$$\det(A) = a_{11}C_{11} + a_{12}C_{12} + a_{13}C_{13} + a_{14}C_{14} = C_{11} + 2C_{12} + 2C_{14}$$

이것들을 구하면 다음과 같다.

$$C_{11} = (-1)^{1+1}\begin{vmatrix} 2 & 3 & 1 \\ 2 & -1 & 0 \\ -3 & -2 & 1 \end{vmatrix} = 2\begin{vmatrix} -1 & 0 \\ -2 & 1 \end{vmatrix} - 3\begin{vmatrix} 2 & 0 \\ -3 & 1 \end{vmatrix} + 1\begin{vmatrix} 2 & -1 \\ -3 & -2 \end{vmatrix} = -15$$

$$C_{12} = (-1)^{1+2}\begin{vmatrix} -1 & 3 & 1 \\ -3 & -1 & 0 \\ 2 & -2 & 1 \end{vmatrix} = -\left(-1\begin{vmatrix} -1 & 0 \\ 2 & 1 \end{vmatrix} - 3\begin{vmatrix} -3 & 0 \\ 2 & 1 \end{vmatrix} + 1\begin{vmatrix} -3 & -1 \\ 2 & -2 \end{vmatrix}\right) = -18$$

$$C_{14} = (-1)^{1+4}\begin{vmatrix} -1 & 2 & 3 \\ -3 & -2 & -1 \\ 2 & -3 & -2 \end{vmatrix} = -\left(-1\begin{vmatrix} 2 & -1 \\ -3 & -2 \end{vmatrix} - 2\begin{vmatrix} -3 & -1 \\ 2 & -2 \end{vmatrix} + 3\begin{vmatrix} -3 & 2 \\ 2 & -3 \end{vmatrix}\right) = -6$$

따라서 $\det(A) = C_{11} + 2C_{12} + 2C_{14} = -15 - 36 - 12 = -63$

7.3.2 행렬식과 역행렬

행렬 A의 여인자 C_{ij}는 A의 i행과 j열을 제거하여 만든 행렬의 행렬식의 $(-1)^{i+j}$ 배이다. A가 정방행렬이면 A의 여인자 행렬은 다음과 같다.

$$\begin{bmatrix} C_{11} & C_{12} \cdots & C_{1n} \\ C_{21} & C_{22} \cdots & C_{2n} \\ \vdots & \vdots & \vdots \\ C_{n1} & C_{n2} \cdots & C_{nn} \end{bmatrix}$$

이 행렬의 전치행렬을 A의 수반행렬이라 하고 $adj(A)$로 표시한다.

$$adj(A)=\begin{bmatrix} C_{11} & C_{21} & \cdots & C_{n1} \\ C_{12} & C_{22} & \cdots & C_{n2} \\ \vdots & \vdots & & \vdots \\ C_{1n} & C_{2n} & \cdots & C_{nn} \end{bmatrix}$$

예제 7.29

행렬 $A=\begin{bmatrix} -1 & 3 & 2 \\ 0 & -2 & 1 \\ 1 & 0 & -2 \end{bmatrix}$의 수반행렬을 구하라.

풀이

여인자 C_{11}은 다음과 같이 주어진다.

$$\begin{bmatrix} -1 & 3 & 2 \\ 0 & -2 & 1 \\ 1 & 0 & -2 \end{bmatrix} \to C_{11}=(-1)^2\begin{vmatrix} -2 & 1 \\ 0 & -2 \end{vmatrix}=4$$

이 과정을 계속하여 A의 여인자 행렬을 얻는다.

$$\begin{bmatrix} \begin{vmatrix} -2 & 1 \\ 0 & -2 \end{vmatrix} & -\begin{vmatrix} 0 & 1 \\ 1 & -2 \end{vmatrix} & \begin{vmatrix} 0 & -2 \\ 1 & 0 \end{vmatrix} \\ -\begin{vmatrix} 3 & 2 \\ 0 & -2 \end{vmatrix} & \begin{vmatrix} -1 & 2 \\ 1 & -2 \end{vmatrix} & -\begin{vmatrix} -1 & 3 \\ 1 & 0 \end{vmatrix} \\ \begin{vmatrix} 3 & 2 \\ -2 & 1 \end{vmatrix} & -\begin{vmatrix} -1 & 2 \\ 0 & 1 \end{vmatrix} & \begin{vmatrix} -1 & 3 \\ 0 & -2 \end{vmatrix} \end{bmatrix}=\begin{bmatrix} 4 & 1 & 2 \\ 6 & 0 & 3 \\ 7 & 1 & 2 \end{bmatrix}$$

이 행렬의 전치행렬은 A의 수반행렬이다.

$$adj(A)=\begin{bmatrix} 4 & 6 & 7 \\ 1 & 0 & 1 \\ 2 & 3 & 2 \end{bmatrix}$$

정리 7.3

A가 $n\times n$ 가역행렬이면

$$A^{-1}=\frac{1}{\det(A)}adj(A)$$

이다.

증명

A와 그것의 수반행렬의 곱은 A의 행렬식과 I_n의 곱과 같다는 것을 먼저 증명한다. 곱

$$A[adj(A)] = \begin{bmatrix} a_{11} & a_{12} & \cdots & a_{1n} \\ a_{21} & a_{22} & \cdots & a_{2n} \\ \vdots & \vdots & & \vdots \\ a_{i1} & a_{i2} & \cdots & a_{in} \\ \vdots & \vdots & & \vdots \\ a_{n1} & a_{n2} & \cdots & a_{nn} \end{bmatrix} \begin{bmatrix} C_{11} & C_{21} & C_{j1} & \cdots & C_{n1} \\ C_{12} & C_{22} & C_{j2} & \cdots & C_{n2} \\ \vdots & \vdots & \vdots & & \vdots \\ C_{1n} & C_{2n} & C_{jn} & \cdots & C_{nn} \end{bmatrix}$$

을 생각하자. 이 곱의 i행과 j열의 성분은

$$a_{i1}C_{j1} + a_{i2}C_{j2} + \ \cdots \ + a_{in}C_{jn}$$

이다. $i = j$이면 이 합은 i행에 의한 A의 여인자 전개이다. 이는 이 합이 A의 행렬식이라는 것을 의미한다. 다른 한편으로는 $i \neq j$이면 그 합은 0이다. 그러므로

$$A[adj(A)] = \begin{bmatrix} \det(A) & 0 & \cdots & 0 \\ 0 & \det(A) & \cdots & 0 \\ \vdots & \vdots & & \vdots \\ 0 & 0 & \cdots & \det(A) \end{bmatrix} = \det(A)I$$

A가 가역이므로 $\det(A) \neq 0$이고

$$\frac{1}{\det(A)} A[adj(A)] = I$$

또는

$$A\left[\frac{1}{\det(A)} adj(A)\right] = I$$

양변에 A^{-1}를 곱하면

$$A^{-1}A\left[\frac{1}{\det(A)} adj(A)\right] = A^{-1}$$

이고

$$\frac{1}{\det(A)}\ adj(A) = A^{-1}$$

이다. A가 2×2행렬

$$A = \begin{bmatrix} a & b \\ c & d \end{bmatrix}$$

이면 A의 수반행렬은 단순히

$$adj(A) = \begin{bmatrix} d & -b \\ -c & a \end{bmatrix}$$

이다. 더욱이 A가 가역행렬이면 정리 7.3으로부터

$$A^{-1} = \frac{1}{|A|} adj(A) = \frac{1}{ad-bc}\begin{bmatrix} d & -b \\ -c & a \end{bmatrix}$$

예제 7.30

$A = \begin{bmatrix} -1 & 3 & 2 \\ 0 & -2 & 1 \\ 1 & 0 & -2 \end{bmatrix}$의 수반행렬을 사용하여 A의 역행렬을 구하여라.

풀이

이 행렬의 행렬식 $|A|=3$이다. A의 수반행렬을 사용하여 A^{-1}를 구하면

$$A^{-1} = \frac{1}{|A|} adj(A) = \frac{1}{3}\begin{bmatrix} 4 & 6 & 7 \\ 1 & 0 & 1 \\ 2 & 3 & 2 \end{bmatrix} = \begin{bmatrix} \frac{4}{3} & 2 & \frac{7}{3} \\ \frac{1}{3} & 0 & \frac{1}{3} \\ \frac{2}{3} & 1 & \frac{2}{3} \end{bmatrix}$$

이다. 양변에 A를 곱해 보면 이 행렬이 A^{-1}임을 확인할 수 있다.

$$AA^{-1} = \begin{bmatrix} -1 & 3 & 2 \\ 0 & -2 & 1 \\ 1 & 0 & -2 \end{bmatrix}\begin{bmatrix} \frac{4}{3} & 2 & \frac{7}{3} \\ \frac{1}{3} & 0 & \frac{1}{3} \\ \frac{2}{3} & 1 & \frac{2}{3} \end{bmatrix} = \begin{bmatrix} 1 & 0 & 0 \\ 0 & 1 & 0 \\ 0 & 0 & 1 \end{bmatrix}$$

예제 7.31

$A=\begin{bmatrix}3 & 2 & -1\\ 1 & 6 & 3\\ 2 & -4 & 0\end{bmatrix}$ 의 수반행렬을 사용하여 A의 역행렬을 구하여라.

풀이

$A=\begin{bmatrix}3 & 2 & -1\\ 1 & 6 & 3\\ 2 & -4 & 0\end{bmatrix}$ 이라 할 때, A의 각 성분의 여인자는

$$C_{11}=12,\ C_{12}=6,\ C_{13}=-16$$
$$C_{21}=4,\quad C_{22}=2,\ C_{23}=16$$
$$C_{31}=12,\ C_{32}=-10,\ C_{33}=16$$

따라서, A의 여인자행렬은

$$\begin{bmatrix}12 & 6 & -16\\ 4 & 2 & 16\\ 12 & -10 & 16\end{bmatrix}$$

이고, A의 전치여인자행렬 즉, A의 수반행렬은 다음과 같다.

$$adj(A)=\begin{bmatrix}12 & 4 & 12\\ 6 & 2 & -10\\ -16 & 16 & 16\end{bmatrix}$$

$\det(A)=64$이므로, 따라서 A^{-1}은 다음과 같다.

$$A^{-1}=\frac{1}{\det(A)}adj(A)=\frac{1}{64}\begin{bmatrix}12 & 4 & 12\\ 6 & 2 & -10\\ -16 & 16 & 16\end{bmatrix}=\begin{bmatrix}\frac{12}{64} & \frac{4}{64} & \frac{12}{64}\\ \frac{6}{64} & \frac{2}{64} & -\frac{10}{64}\\ -\frac{16}{64} & \frac{16}{64} & \frac{16}{64}\end{bmatrix}$$

연습문제 7.3

1. 행렬의 행렬식을 구하여라.

(1) $\begin{bmatrix} 1 \end{bmatrix}$

(2) $\begin{bmatrix} 2 & 1 \\ 3 & 4 \end{bmatrix}$

(3) $\begin{bmatrix} 5 & 2 \\ -6 & 3 \end{bmatrix}$

(4) $\begin{bmatrix} \lambda-3 & 2 \\ 4 & \lambda-1 \end{bmatrix}$

2. 행렬의 행렬식을 구하기 위하여 여인자 전개를 사용하라.

(1) $\begin{bmatrix} 1 & 4 & -2 \\ 3 & 2 & 0 \\ -1 & 4 & 3 \end{bmatrix}$

(2) $\begin{bmatrix} x & y & 1 \\ 2 & 3 & 1 \\ 0 & -1 & 1 \end{bmatrix}$

(3) $\begin{bmatrix} 2 & 6 & 6 & 2 \\ 2 & 7 & 3 & 6 \\ 1 & 5 & 0 & 1 \\ 3 & 7 & 0 & 7 \end{bmatrix}$

(4) $\begin{bmatrix} 5 & 3 & 0 & 6 \\ 4 & 6 & 4 & 12 \\ 0 & 2 & -3 & 4 \\ 0 & 1 & -2 & 2 \end{bmatrix}$

3. 행렬식이 0이 되도록 하는 λ의 값을 구하라.

(1) $\begin{vmatrix} \lambda-1 & -4 \\ -2 & \lambda+1 \end{vmatrix}$

(2) $\begin{vmatrix} \lambda+1 & 0 & 0 \\ 4 & \lambda & 3 \\ 2 & 8 & \lambda+5 \end{vmatrix}$

4. 행렬 A의 수반행렬을 구하라. 가능하면 A의 역행렬도 구하라.

(1) $A = \begin{bmatrix} 1 & 2 \\ 3 & 4 \end{bmatrix}$

(2) $A = \begin{bmatrix} 1 & 0 & 0 \\ 0 & 2 & 6 \\ 0 & -4 & -12 \end{bmatrix}$

(3) $A = \begin{bmatrix} -3 & -5 & -7 \\ 2 & 4 & 3 \\ 0 & 1 & -1 \end{bmatrix}$

5. 다음의 행렬의 역행렬을 구하라.

(1) $\begin{bmatrix} 1 & 2 & -1 \\ -1 & 1 & 2 \\ 2 & -1 & 1 \end{bmatrix}$

(2) $\begin{bmatrix} 1 & 2 & -1 \\ 2 & 2 & -1 \\ -1 & -1 & 1 \end{bmatrix}$

6. 다음 선형연립방정식 중 0이 아닌 해를 갖는 것을 찾아라.

(1) $x-2y+z=0$
$2x+3y+z=0$
$3x+y+2z=0$

(2) $x+2y+w=0$
$x+2y+3z=0$
$z+2w=0$

(3) $x+y-z=0$
$2x+y+2z=0$
$3x-y+z=0$

(4) $x+y+2z+w=0$
$2x-y+z-w=0$
$3x+y+2z+3w=0$
$z+w=0$

연습문제 해답

CHAPTER 1

연습문제 1.1

1. (1) 정의역: $-1<x\le 5$

치역: $1<y\le 3$

(2) 정의역: $x\ne 2$

치역: $y\ne -1$

(3) 정의역: $x\in R$

치역: $y>-2$

(4) 정의역: $x\ne\pm 2$

치역: $y\le -1$ or $y>0$

2. (1) $D: x\ge 2$, $R: y\ge 0$

(2) $D: x\le 4$, $R: y\ge 0$

(3) $D: x\in R$, $R: y\le \dfrac{25}{12}$

(4) $D: x\ne 2$, $R: y\ne 1$

3. (1) $(3)^2-3(3)+4+1=9-9+5=5$

(2) $(2x)^2-3(2x)+4=4x^2-6x+4$

(3) $(x-2)^2-3(x-2)+4$

$=x^2-4x+4-3x+6+4=x^2-7x+14$

(4) $\dfrac{(x+2)^2-3(x+2)+4-[x^2-3x+4]}{2}$

$=\dfrac{x^2+4x+4-3x-6+4-x^2+3x-4}{2}$

$=\dfrac{4x-2}{2}=2x-1$

4. $\{(0,0),(1,1),(2,2),(9,2)\}$

5. (1) $f(g(5))=f(2)=3$

(2) $g(f(3))=g(5)=2$

(3) $f(g(x))=f(\sqrt{x-1})=2(\sqrt{x-1})-1$

$=2\sqrt{x-1}-1$

(4) $g(f(x))=g(2x-1)=\sqrt{(2x-1)-1}$

$=\sqrt{2x-2}$

6. (1) $g(f(4))=g\left(\dfrac{4}{-3}\right)=-\dfrac{3}{4}$

(2) $f(f(-2))=f\left(\dfrac{-2}{3}\right)=\dfrac{\left(-\frac{2}{3}\right)\cdot 3}{\left(1+\frac{2}{3}\right)\cdot 3}$

$=\dfrac{-2}{3+2}=-\dfrac{2}{5}$

(3) $f(g(x))=f\left(\dfrac{1}{x}\right)=\dfrac{\left(\frac{1}{x}\right)\cdot x}{\left(1-\frac{1}{x}\right)\cdot x}=\dfrac{1}{x-1}$

(4) $g(f(x))=g\left(\dfrac{x}{1-x}\right)=\dfrac{1}{\frac{x}{1-x}}=\dfrac{1-x}{x}$

7. (1) $y=3x-2,\Rightarrow x=3y-2$

$x+2=3y,\ y=\dfrac{1}{3}x+\dfrac{2}{3}$

$\therefore f^{-1}(x)=\dfrac{1}{3}x+\dfrac{2}{3}$

(2) $y=x^3-5,\ \Rightarrow x=y^3-5$

$x+5=y^3,\ y=\sqrt[3]{x+5}$

$\therefore f^{-1}(x)=\sqrt[3]{x+5}$

(3) $y=2(x-4)^2+1\ (x\ge 4, y\ge 1)$

$\Rightarrow x=2(y-4)^2+1$

$x-1=2(y-4)^2,$

$\dfrac{x-1}{2}=(y-4)^2\ (x\ge 1, y\ge 4)$

$y-4=\pm\sqrt{\dfrac{x-1}{2}},$

$\therefore f^{-1}(x)=\sqrt{\dfrac{x-1}{2}}+4(x\ge 1)$

(4) $y=\dfrac{x-2}{2x-3},\qquad \Rightarrow x=\dfrac{y-2}{2y-3},$

$x(2y-3)=y-2$

$2xy-3x=y-2,\ 2xy-y=3x-2$

$y(2x-1)=3x-2,\ y=\dfrac{3x-2}{2x-1}$

$\therefore f^{-1}(x)=\dfrac{3x-2}{2x-1}$

8. (1) $f^{-1}(5)=x,\quad 5=f(x),\quad 5=2x^3-11,$

$16=2x^3$

$8=x^3,\ \therefore x=2$

(2) $f^{-1}(2)=x,\ 2=f(x),\ 2=\sqrt[3]{x-5}+4,$

$-2=\sqrt[3]{x-5}$

$-8=x-5, \therefore x=-3$

(3) $g(f(x))=x \Rightarrow f(x)=g^{-1}(x)$,

$y=\dfrac{6}{n+1}$,

$x=\dfrac{6}{y+1}$, $y=\dfrac{6}{x}-1$

(4) $f(g(x))=x \Rightarrow g(x)=f^{-1}(x)$,

$f(x)=(x+3)^3-2, y=(x+3)^3-2$

$\Rightarrow x=(y+3)^3-2, x+2=(y+3)^3$,

$y+3=\sqrt[3]{x+2}$

$y=\sqrt[3]{x+2}-3$,

$\therefore f^{-1}(x)=g(x)=\sqrt[3]{x+2}-3$

연습문제 1.2

1. (1) $(\sqrt[3]{64})^2=4^2=16$

(2) $-\dfrac{1}{(27)^{2/3}}=-\dfrac{1}{(\sqrt[3]{27})^2}=-\dfrac{1}{9}$

(3) $\left(\dfrac{16}{81}\right)^{\frac{3}{4}}=\left(\sqrt[4]{\dfrac{16}{81}}\right)^3=\left(\dfrac{2}{3}\right)^3=\dfrac{8}{27}$

(4) $-32^{-\frac{4}{5}}=-\dfrac{1}{(\sqrt[5]{32})^4}=-\dfrac{1}{16}$

2. (1) $a^2b^{-2}=\dfrac{a^2}{b^2}$

(2) $\dfrac{x^3}{4y^5}$

(3) $\dfrac{-9\cdot 16a^{-4}b^3}{36a^{-4}b^6}=-4b^{-3}=-\dfrac{4}{b^3}$

(4) $\dfrac{1}{(3m^3n^2)^2}\left(\dfrac{9m^2}{n^2}\right)^2=\dfrac{1}{9m^6n^4}\cdot\dfrac{81m^4}{n^4}$

$=\dfrac{9}{m^2n^8}$

3. (1) $\left(x^{\frac{1}{3}}\right)^3=(-4)^3$

$x=-64$

(2) $\left(x^{-\frac{3}{2}}\right)^{-\frac{2}{3}}=27^{-\frac{2}{3}}$

$x=\dfrac{1}{27^{2/3}}=\dfrac{1}{9}$

(3) $\left[(2x+3)^{\frac{3}{4}}\right]^{\frac{4}{3}}=27^{\frac{4}{3}}$

$2x+3=(\sqrt[3]{27})^4$

$2x+3=81$

$2x=78, \quad \therefore x=39$

(4) $\left(x^{\frac{1}{3}}\right)^2=9$

$x^{\frac{1}{3}}=\pm 3$

$\left(x^{\frac{1}{3}}\right)^3=(\pm 3)^3$

$x=\pm 27$

4. (1) $3^2\cdot 3^{-x}=3^{3(1+x)}$

$2-x=3+3x$

$-4x=1$

$x=-\dfrac{1}{4}$

(2) $2\cdot 2^{3(x-1)}=\dfrac{2^{1/2}}{2^{2x}}$

$2^{1+3x-3}=2^{\frac{1}{2}-2x}$

$3x-2=\dfrac{1}{2}-2x$

$5x=\dfrac{5}{2}, \quad \therefore x=\dfrac{1}{2}$

(3) $\left(\dfrac{4}{5}\right)^{-3x}=\left(\dfrac{5}{4}\right)^{2x-1}$

$\left(\dfrac{5}{4}\right)^{3x}=\left(\dfrac{5}{4}\right)^{2x-1}$

$3x=2x-1$

$x=-1$

(4) $2^{-4}\cdot 2^{3(x+2)}=\left(2^{\frac{2}{3}}\right)^x$

$2^{-4+3x+6}=2^{\frac{2}{3}x}$

$3x+2=\dfrac{2}{3}x$

$9x+6=2x$

$7x=-6, \quad \therefore x=-\dfrac{6}{7}$

5. (1) $5^x=t$

$t^2=26t+25$

$(t-1)(t-25)=0$

$t = 1, 25$

$5^x = 1, 25$

$\therefore x = 0, 2$

(2) $2^x = t$

$2t^2 - 9t + 4 = 0$

$(2t-1)(t-4) = 0$

$t = \frac{1}{2}, 4$

$2^x = \frac{1}{2}, 4$

$\therefore x = -1, 2$

(3) $2^x = t$

$t^2 + 6t - 40 = 0$

$(t-4)(t+10) = 0$

$t = 4, -10$

$2^x = 4, -10$

$2^x > 0$이므로, $2^x = 4$,

$\therefore x = 2$

(4) $3^x = t$

$3t = \frac{9}{t} + 26$

$3t^2 = 9 + 26t$

$3t^2 - 26t - 9 = 0$

$(3t+1)(t-9) = 0$

$t = -\frac{1}{3}, 9$

$3^x = -\frac{1}{3}, 9$

$3^x > 0$이므로, $3^x = 9$

$\therefore x = 2$

6. (1)

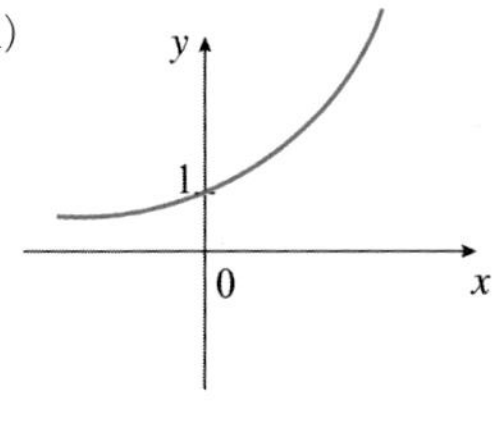

(2) $y = e^x \to y = e^x - 2$

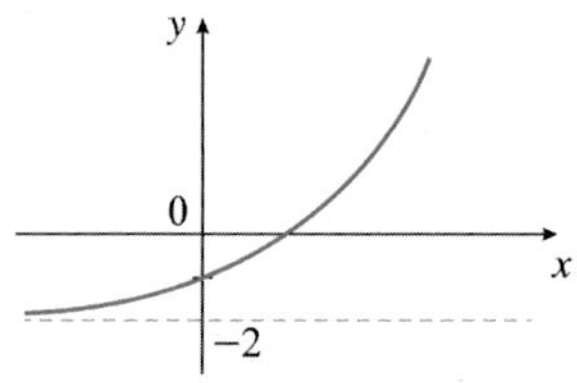

(3) $y = 3^x \to y = -3^x$

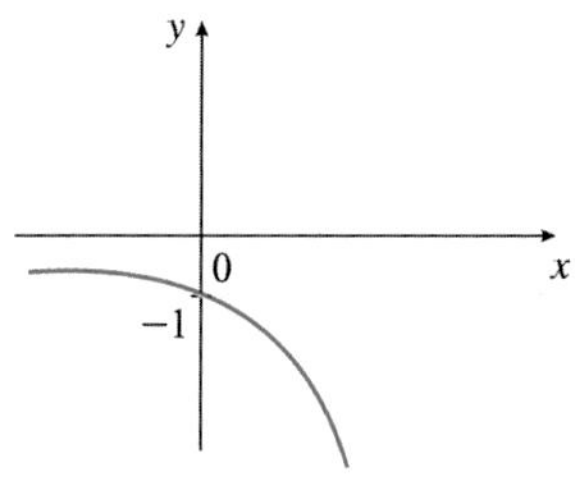

(4) $y = e^x \to y = e^{-x} \to y = e^{-x} + 2$

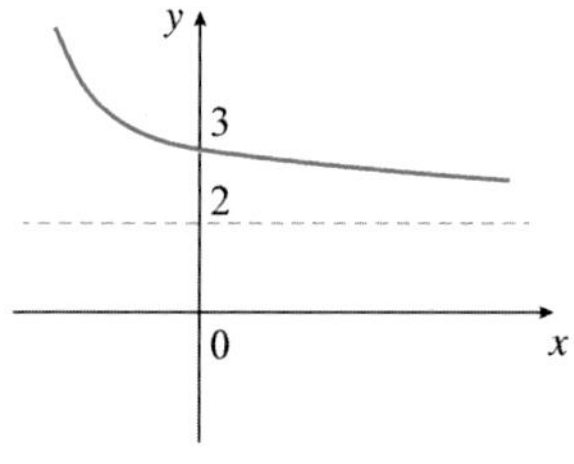

(5) $y = 3^x \to y = 2(3)^x \to y = 2(3)^{x-1}$

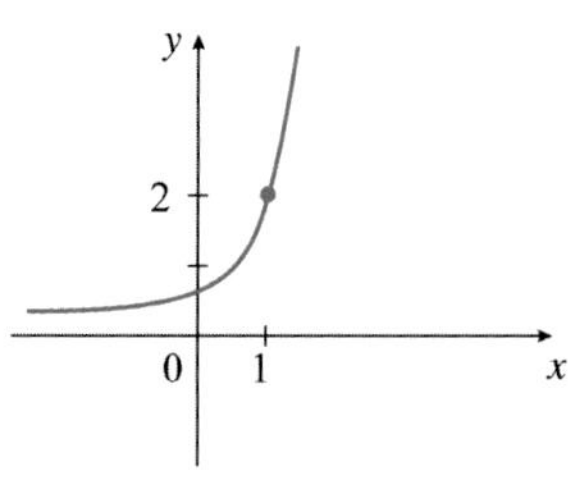

(6) $y = e^x \to y = -e^x \to y = -e^{x-3} + 2$

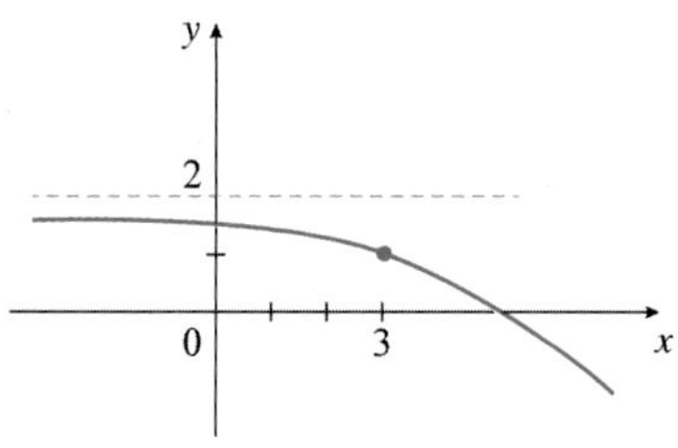

(7) $y=2^x \to y=3(2)^x \to y=3(2)^{x-1}-2$

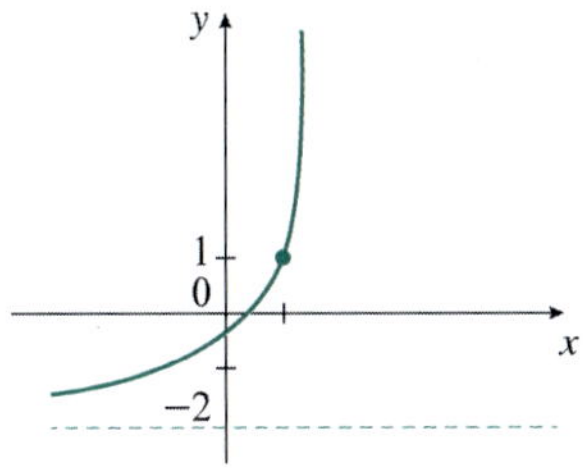

(8) $y=3^x \to y=3^{-x} \to$

$y=-3^{-x} \to y=-3^{-(x-2)}+1$

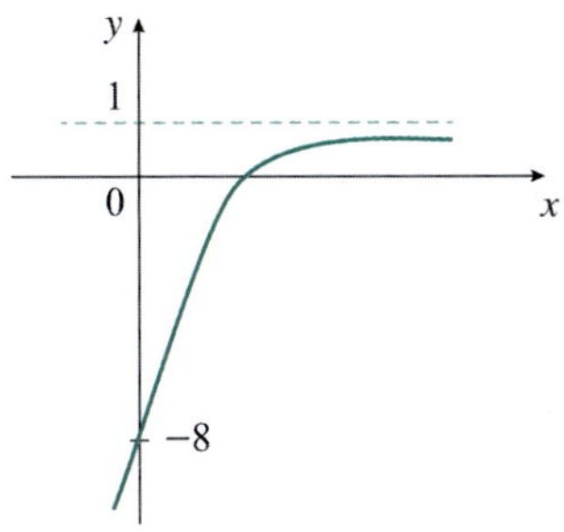

연습문제 1.3

1. (1) 3 (2) -2

(3) $\frac{1}{2}$ (4) $-\frac{1}{2}$

2. (1) $x=3$ (2) $x=\frac{1}{3}$

(3) $x=1$ (4) $x=e^3$

3. (1) 3 (2) -1

(3) $\frac{1}{3}$ (4) $-\frac{1}{2}$

4. (1)

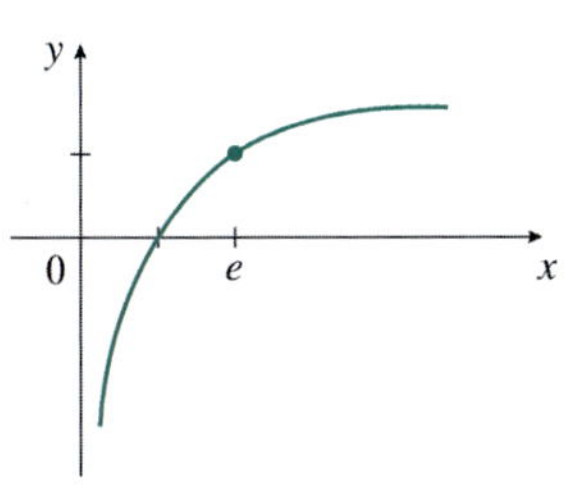

(2) $y=\ln x \to y=\ln(-x) \to y=\ln(-x)+1$

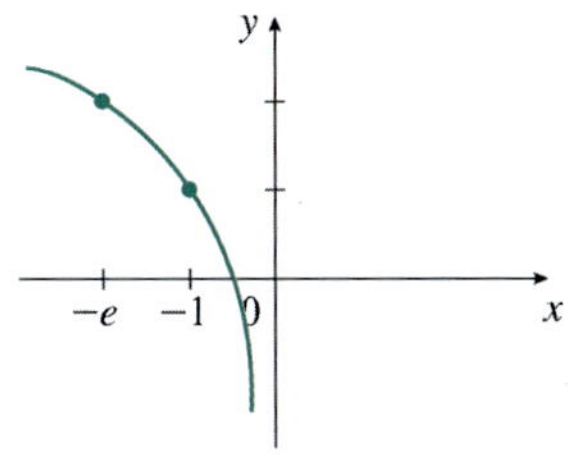

(3) $y=\log_2 x \to y=-\log_2 x$

$\to y=-\log_2(x-1)+2$

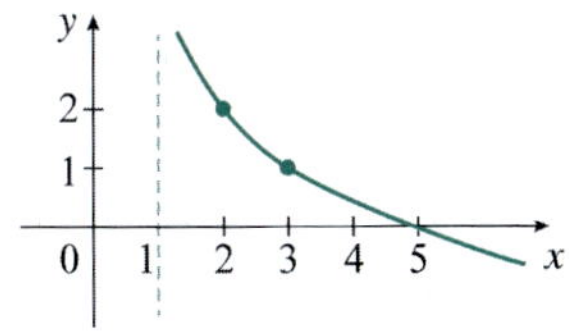

(4) $y=\log_2 x \to y=2\log x$

$\to y=2\log_2(x+4)-2$

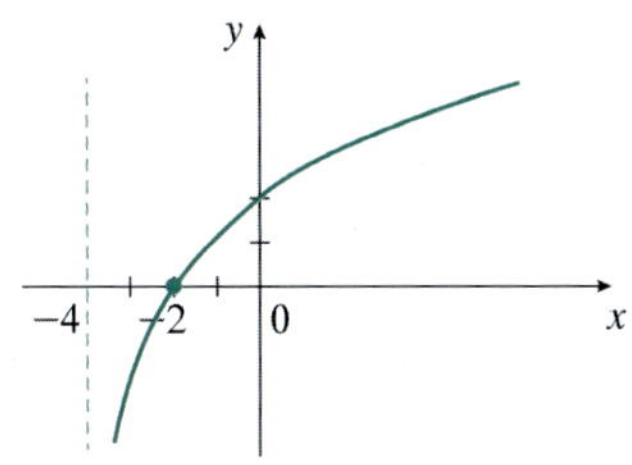

5. (1) $y=3(5)^x$

$\Rightarrow x=3(5)^y$

$\frac{x}{3}=5^y, \quad \therefore y=\log_5\left(\frac{x}{3}\right)$

$\therefore f^{-1}(x)=\log_5\left(\frac{x}{3}\right)$

(2) $y=e^{-x}$

$\Rightarrow x=e^{-y}$

$-y=\log_e x$

$y=-\ln x$

$\therefore f^{-1}(x)=-\ln x$

(3) $f^{-1}(x)=1+\log_3\left(\frac{x-4}{2}\right)$

(4) $y=-e^{x+3}+1$

$\Rightarrow x=-e^{y+3}+1$

$e^{y+3}=1-x$

$y+3=\log_e(1-x)$

$y=\ln(1-x)-3$

$\therefore f^{-1}(x)=\ln(1-x)-3$

6. (1) $\log_6 36=2$

(2) $\log\left(\dfrac{50\cdot 4}{2}\right)=\log 100=2$

(3) $\log_7\left(35\cdot\dfrac{14}{5}\cdot\dfrac{1}{2}\right)=\log_7 49=2$

(4) $\log 2+\log 2-\log 40=\log\left(\dfrac{2\cdot 2}{40}\right)$

$=\log\left(\dfrac{1}{10}\right)=-1$

7. (1) $\log 4+\log a^2-\log 9-\log b^3$

$=\log 4+2\log a-\log 9-3\log b$

(2) $\log_b b^2+\log_b(x+1)^{\frac{1}{2}}-\log_b(x-1)^3$

$=2\log_b b+\dfrac{1}{2}\log_b(x+1)-3\log_b(x-1)$

$=2+\dfrac{1}{2}\log_b(x+1)-3\log_b(x-1)$

(3) $\ln(2x-1)^{\frac{1}{4}}+\ln(x-1)^{\frac{1}{2}}-\ln(x+1)^{\frac{1}{2}}$

$-\ln(5-x)^{\frac{1}{2}}$

$=\dfrac{1}{4}\ln(2x-1)+\dfrac{1}{2}\ln(x-1)-\dfrac{1}{2}\ln(x+1)$

$-\dfrac{1}{2}\ln(5-x)$

(4) $\ln e^x+\ln(\cos x)-\ln(x^2+x)^{\frac{1}{2}}$

$=x\ln e+\ln(\cos x)-\dfrac{1}{2}\ln(x^2+x)$

$=x+\ln(\cos x)-\dfrac{1}{2}\ln(x^2+x)$

8. (1) $\log 5^{2x}=\log 8^{x+1}$

$2x\log 5=(x+1)\log 8$

$2x\log 5=x\log 8+\log 8$

$2x\log 5-x\log 8=\log 8\, x(2\log 5-\log 8)=\log 8$

$\therefore x=\dfrac{\log 8}{2\log 5-\log 8}$ $\left(\text{또는 } \dfrac{\log 8}{\log(25/8)}\right)$

(2) $\ln e^x=\ln 4^{2-x}$

$x\ln e=(2-x)\ln 4$

$x=2\ln 4-x\ln 4$

$x+x\ln 4=2\ln 4$

$x(1+\ln 4)=2\ln 4$

$\therefore x=\dfrac{2\ln 4}{1+\ln 4}$ $\left(\text{or } \dfrac{\ln 16}{\ln(4e)}\right)$

(3) $\log(5(4)^x)=\log 3^{2x+1}$

$\log 5+\log 4^x=(2x+1)\log 3$

$\log 5+x\log 4=2x\log 3+\log 3$

$x\log 4-2x\log 3=\log 3-\log 5$

$x(\log 4-2\log 3)=\log 3-\log 5$

$\therefore x=\dfrac{\log 3-\log 5}{\log 4-2\log 3}$ $\left(\text{or } \dfrac{\log(3/5)}{\log(4/9)}\right)$

(4) $\log(4(3)^{x-2})=\log 5^{2x}$

$\log 4+\log 3^{x-2}=2x\log 5$

$\log 4+(x-2)\log 3=2x\log 5$

$\log 4+x\log 3-2\log 3=2x\log 5$

$x\log 3-2x\log 5=2\log 3-\log 4$

$x(\log 3-2\log 5)=2\log 3-\log 4$

$\therefore x=\dfrac{2\log 3-\log 4}{\log 3-2\log 5}$ $\left(\text{or } \dfrac{\log(9/4)}{\log(3/25)}\right)$

9. (1) $\log_2(2x+4)-\log_2(x-1)=3$

$\log_2\left(\dfrac{2x+4}{x-1}\right)=\log_2 8$

$2x+4=8(x-1)$

$2x+4=8x-8$

$-6x=-12$

$\therefore x=2$

(2) $\ln\left(\dfrac{x}{x+1}\right)=1$

$\dfrac{x}{x+1}=e$

$x=e(x+1)$

$x=ex+e$

$x-ex=e$

$x(1-e)=e$

$\therefore x=\dfrac{e}{1-e}$

(3) $\log_3 x = t$

$t^2 = 2t$

$t(t-2) = 0$

$t = 0, 2$

$\log_3 x = 0, 2$

$x = 3^0, 3^2$

$\therefore x = 1, 9$

(4) $2(\ln x)^2 - 5\ln x + 2 = 0$

$\ln x = t$

$2t^2 - 5t + 2 = 0$

$(2t-1)(t-2) = 0$

$t = \frac{1}{2}, 2$

$\ln x = \frac{1}{2}, 2 \Rightarrow \therefore x = e^{\frac{1}{2}}, e^2$

(5) $\log(3x-2) = \log 2(x+2)$

$3x - 2 = 2(x+2)$

$3x - 2 = 2x + 4$

$\therefore x = 6$

(6) $\ln\left(\frac{3-x}{x+5}\right) = \ln 3$

$3 - x = 3(x+5)$

$3 - x = 3x + 15$

$-4x = 12$

$\therefore x = -3$

연습문제 1.4

1. 각을 나타내는 동경을 그리면 다음과 같다.

(1)

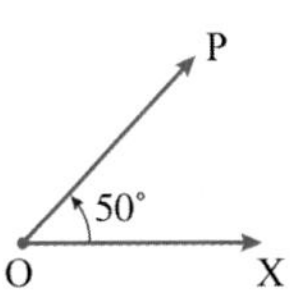

(2)

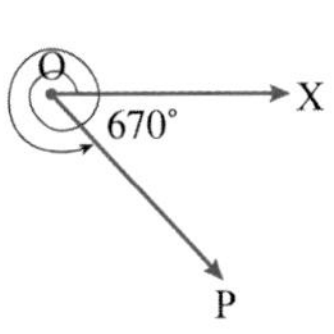

(3)

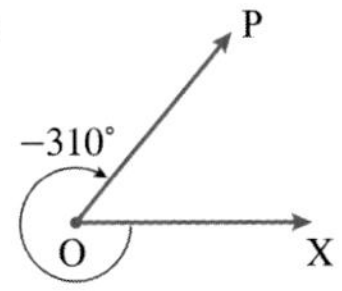

(4)

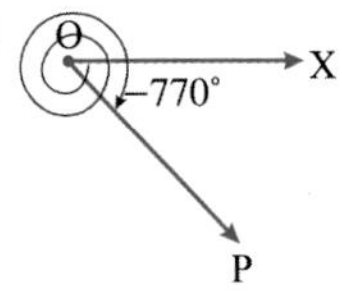

2. (1) $-\frac{\sqrt{3}}{2}$　(2) $-\frac{\sqrt{3}}{2}$

(3) $\frac{1}{2}$　(4) $\frac{\sqrt{3}}{2}$

(5) -1　(6) 0

3. (1) 30°, 330°　(2) 135°, 225°

(3) 60°, 120°　(4) 225°, 315°

(5) 45°, 225°　(6) 150°, 330°

4. (1) π　(2) $-\frac{2}{3}\pi$

(3) $\frac{5}{3}\pi$　(4) $\frac{5}{12}\pi$

5. (1) 120°　(2) 240°

(3) −330°　(4) 105°

6. (1) $\frac{1}{2}$　(2) 0

(3) -1　(4) $-\frac{\sqrt{2}}{2}$

(5) $-\sqrt{2}$　(6) 2

(7) 0　(8) $\frac{1}{2}$

7. (1) $\frac{\pi}{3}, \frac{2}{3}\pi$　(2) $\frac{2}{3}\pi, \frac{4}{3}\pi$

(3) $\frac{5}{4}\pi, \frac{7}{4}\pi$　(4) $\frac{3}{4}\pi, \frac{7}{4}\pi$

(5) $\frac{3}{4}\pi, \frac{5}{4}\pi$　(6) $\frac{2}{3}\pi, \frac{5}{3}\pi$

(7) 0　(8) $\frac{\pi}{2}, \frac{3}{2}\pi$

8. (1) 진폭 $=3$, $P=\dfrac{2\pi}{2}=\pi$

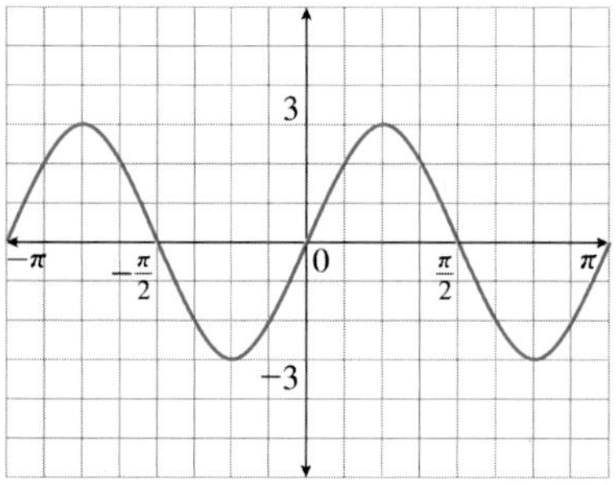

(2) 진폭 $=\dfrac{1}{2}$, $P=\dfrac{2\pi}{\pi}=2$

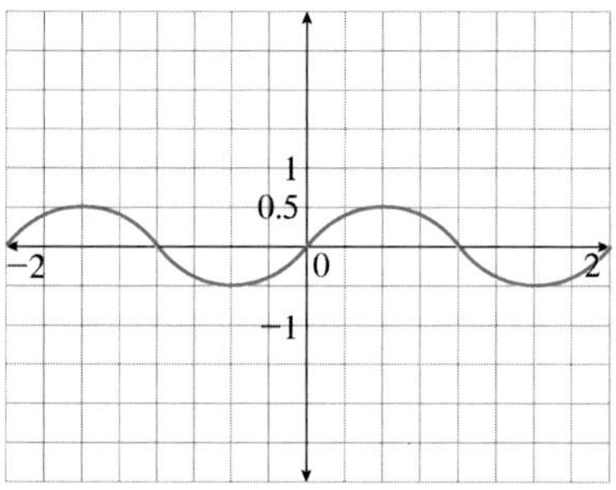

(3) 진폭 $=4$, $P=\dfrac{2\pi}{1/2}=4\pi$

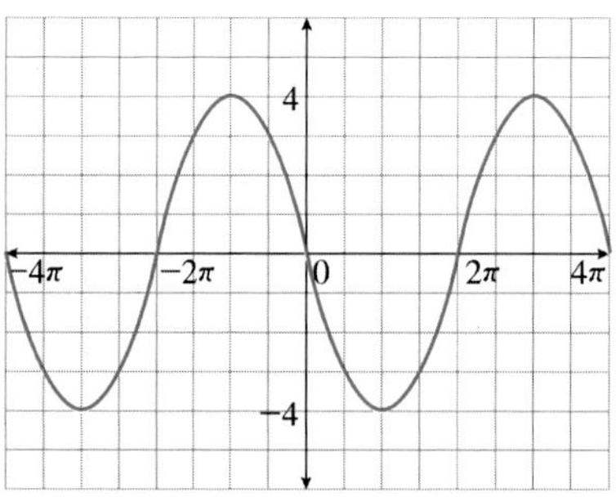

(4) 진폭 $=3$, $P=\dfrac{2\pi}{\pi/3}=6$

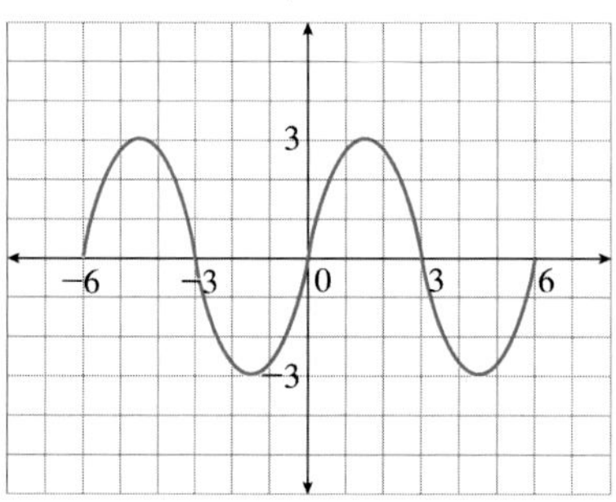

9. (1) 진폭 $=3$, $P=\dfrac{2\pi}{3}$

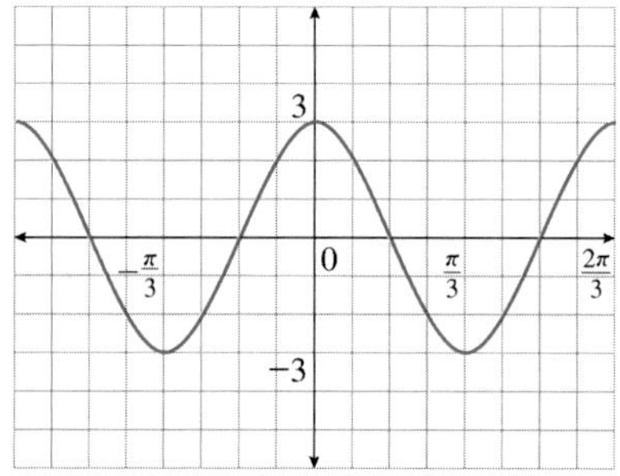

(2) 진폭 $=2$, $P=\dfrac{2\pi}{2\pi}=1$

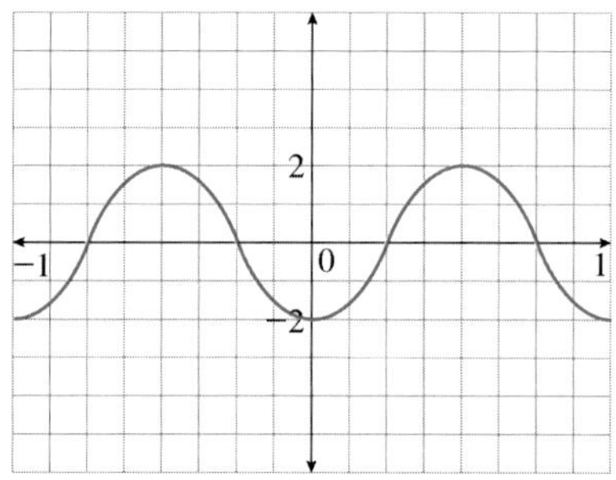

(3) 진폭 $=6$, $P=\dfrac{2\pi}{2/3}=3\pi$

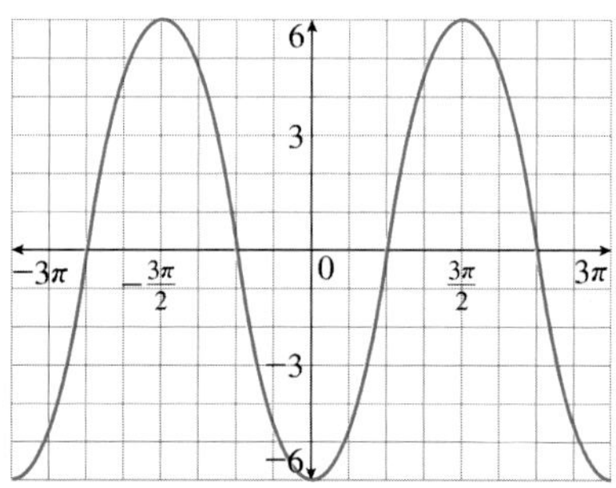

(4) 진폭 $=2$, $P=\dfrac{2\pi}{\pi/2}=4$

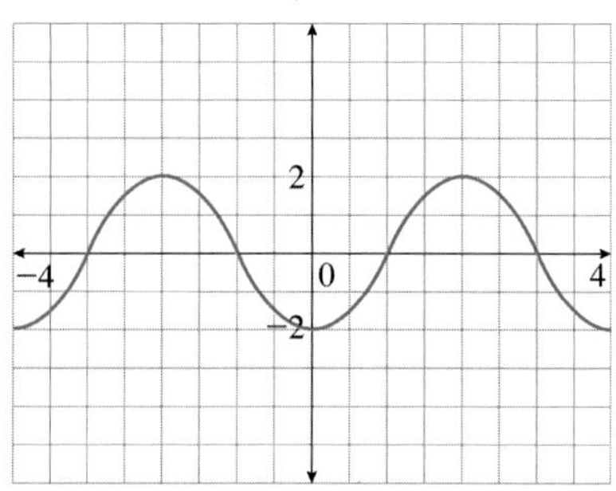

10. (1) 진폭 = 없음, $P=\dfrac{\pi}{2}$

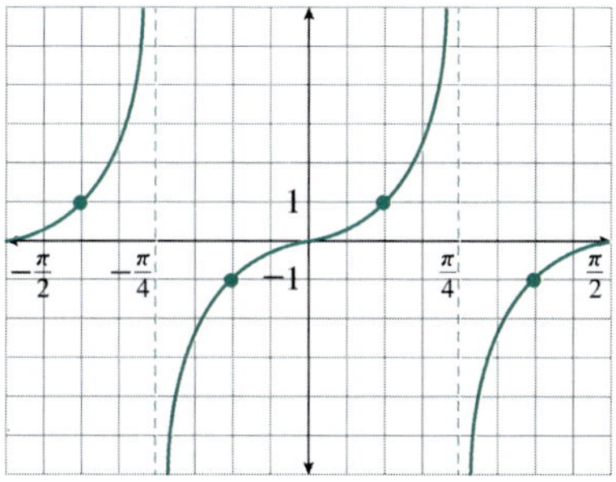

(2) 진폭 = 없음, $P=\dfrac{\pi}{1/2}=2\pi$

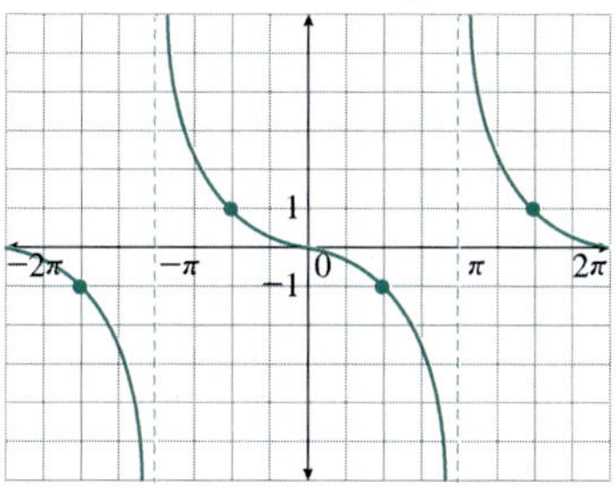

(3) 진폭 = 없음, $P=\dfrac{\pi}{1/3}=3\pi$

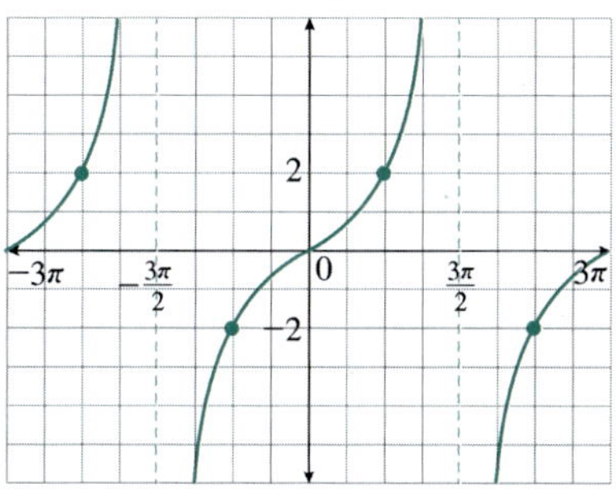

(4) 진폭 = 없음, $P=\dfrac{\pi}{\pi/2}=2$

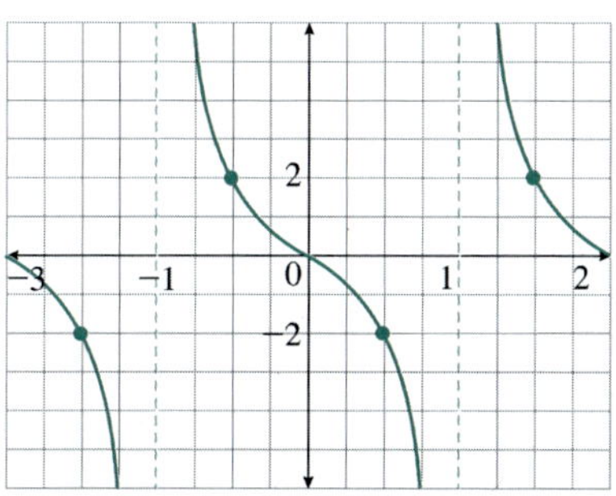

11. (1) $-\dfrac{\pi}{3}$　(2) $\dfrac{\pi}{2}$

(3) $\sin\left(-\dfrac{\pi}{6}\right)$　(4) $\cos\left(-\dfrac{\pi}{2}\right)=-\dfrac{1}{2}=0$

12. (1) $\dfrac{5}{6}\pi$　(2) $\dfrac{1}{2}\pi$

(3) $\cos\left(\dfrac{2\pi}{3}\right)$　(4) $\tan(0)=-\dfrac{1}{2}=0$

13. (1) $\dfrac{\pi}{6}$

(2) 0

(3) $\tan\left(-\dfrac{\pi}{6}\right)=-\dfrac{1}{\sqrt{3}}$

(4) $\cos\left(-\dfrac{\pi}{3}\right)=\dfrac{1}{2}$

CHAPTER 2

연습문제 2.1

1. (1) (a) −1　(b) 1

(c) DNE　(d) DNE

(2) (a) $+\infty$　(b) 2

(c) DNE　(d) −2

(3) (a) $-\infty$　(b) $-\infty$

(c) $-\infty$　(d) 1

(4) (a) 0　(b) 0

(c) 0　(d) 0

2. (1)

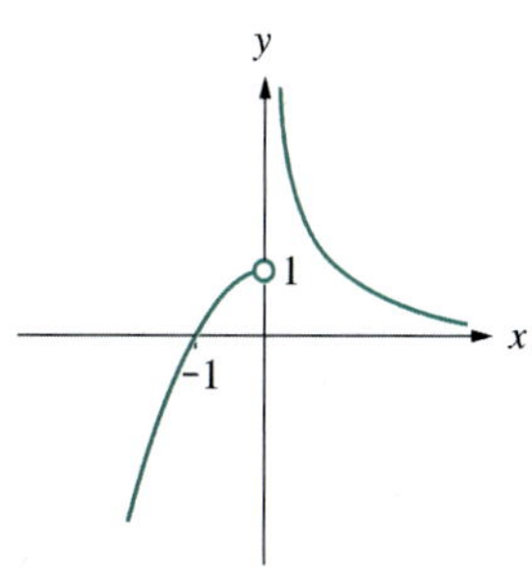

(a) 1

(b) $+\infty$

(c) DNE

(d) 1

(2)

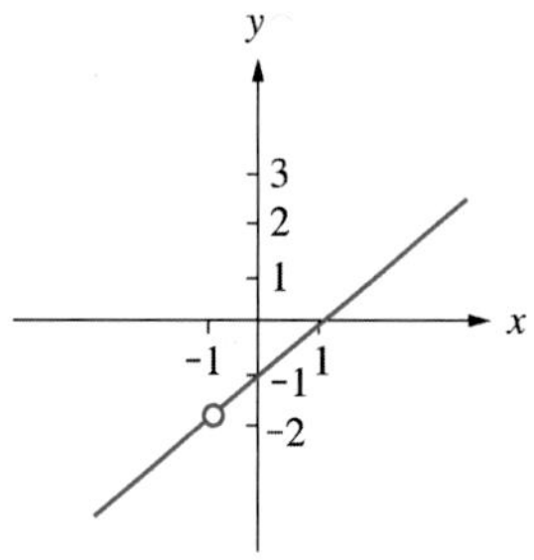

(a) -2
(b) -2
(c) -2
(d) 3

(3)

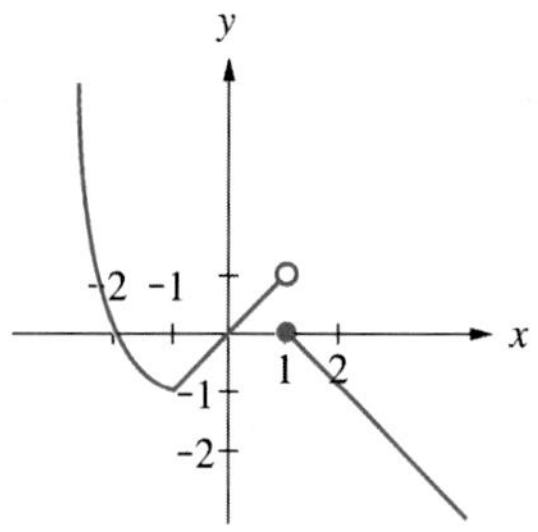

(a) -1
(b) -1
(c) -1
(d) 1
(e) 0
(f) DNE

(4)

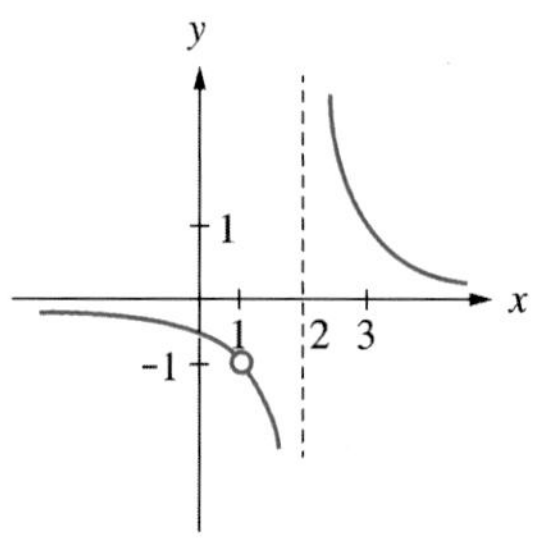

(a) -1
(b) -1
(c) -1
(d) 1

3. (1) c^3+4c^2-3

(2) $\frac{1}{2}$

4. (1) -10

(2) $\lim_{x\to c}2f(x)g(x)=2\left[\lim_{x\to c}f(x)\right]\left[\lim_{x\to c}g(x)\right]$
$=2(5)(-2)=-20$

(3) -1

(4) $\lim_{x\to c}\frac{f(x)}{f(x)-g(x)}=\frac{\lim_{x\to c}f(x)}{\lim_{x\to c}f(x)-\lim_{x\to c}g(x)}$
$=\frac{5}{5-(-2)}=\frac{5}{7}$

5. (1) $\frac{3}{2}$

(2) $\lim_{x\to 4}\frac{x(x-4)}{(x-1)(x-4)}=\lim_{x\to 4}\frac{x}{(x-1)}=\frac{4}{3}$

(3) $\frac{3}{8}$

(4) $\lim_{x\to 2}\frac{(x-2)(x^2+2x+4)}{(x-2)(x-1)}$
$=\lim_{x\to 2}\frac{x^2+2x+4}{x-1}$
$=\frac{4+4+4}{1}=12$

(5) $-\frac{1}{2}$

(6) $\lim_{x\to 2}\frac{(x-2)(x^2-4)}{x^2(x-2)}=\lim_{x\to 2}\frac{(x^2-4)}{x^2}$
$=\frac{0}{4}=0$

(7) 4

(8) $\lim_{x\to 1}\frac{x^3+3x^2+3x+1-8}{x-1}$
$=\lim_{x\to 1}\frac{x^3+3x^2+3x-7}{x-1}$
$=\lim_{x\to 1}\frac{(x-1)(x^2+4x+7)}{x-1}$
$=\lim_{x\to 1}(x^2+4x+7)=1+4+7=12$

6. (1) $\frac{1}{2}$

(2) $\lim_{x\to 4}\frac{(x-4)(2+\sqrt{x})}{(2-\sqrt{x})(2+\sqrt{x})}$
$=\lim_{x\to 4}\frac{(x-4)(2+\sqrt{x})}{4-x}=\lim_{x\to 4}\frac{(2+\sqrt{x})}{-1}$
$=-4$

(3) 4

(4) $\lim_{x\to 3}\frac{(\sqrt{x+1}-2)(\sqrt{x+1}+2)(\sqrt{x-2}+1)}{(\sqrt{x-2}-1)(\sqrt{x+1}+2)(\sqrt{x-2}+1)}$
$=\lim_{x\to 3}\frac{(x+1-4)(\sqrt{x-2}+1)}{(x-2-1)(\sqrt{x+1}+2)}$
$=\lim_{x\to 3}\frac{(x-3)(\sqrt{x-2}+1)}{(x-3)(\sqrt{x+1}+2)}$
$=\lim_{x\to 3}\frac{(\sqrt{x-2}+1)}{(\sqrt{x+1}+2)}=\frac{1+1}{2+2}=\frac{1}{2}$

(5) -3

7. (1) -2 (2) $-\frac{1}{54}$

8. (1) (a) $\lim_{x\to1^+}\frac{\sqrt{2x}(x+1)}{|x+1|}=\lim_{x\to1^+}\frac{\sqrt{2x}(x+1)}{(x+1)}$

$(|x-1|=x-1\ ,\ x>1)$

$=\lim_{x\to1^+}\sqrt{2x}=\sqrt{2}$

(b) $\lim_{x\to1^-}\frac{\sqrt{2x}(x-1)}{|x-1|}=\lim_{x\to1^-}\frac{\sqrt{2x}(x-1)}{-(x-1)}$

$(|x-1|=-(x-1),\ x<1)$

$=\lim_{x\to1^-}-\sqrt{2x}=-\sqrt{2}$

(2) (a) $\lim_{t\to4^+}(t-\lfloor t\rfloor)=4-4=0$

(b) $\lim_{t\to4^-}(t-\lfloor t\rfloor)=4-3=1$

9. (1) $\frac{3}{0^-}=-\infty$

(2) $\frac{-1}{0^-}=+\infty$

(3) $\frac{-16}{0^+}=-\infty$

(4) DNE $\left(\lim_{x\to2^-}\frac{1}{x-2}=-\infty,\lim_{x\to2^+}\frac{1}{x-2}=+\infty\right)$

(5) ∞ (6) $\frac{-1}{0^+}=-\infty$

(7) $+\infty$ (8) $\frac{1}{0^+}=+\infty$

(9) $+\infty$ (10) $-\infty$

(11) $+\infty$

10. (1) $a=4, b=0$

(2) $\lim_{x\to1}\frac{x^2-a}{x-1}$ 이 $\left(\frac{0}{0}\right)$ 이기에

$\lim_{x\to1}(x^2-a)=0$

$1^2-a=0,\ \therefore a=1$

$\lim_{x\to1}\frac{x^2-1}{x-1}=b$

$\lim_{x\to1}(x+1)=b$

$\therefore b=2$

(3) $a=4, b=4\sqrt{2}$

(4) $\lim_{x\to2}\frac{2-x}{ax^2+x-6}$ 이 $\left(\frac{0}{0}\right)$ 이므로

$\lim_{x\to2}(ax^2+x-6)=0$

$a(2)^2+(2)-6=0$

$4a=4$

$\lim_{x\to2}\frac{2-x}{x^2+x-6}=b$

$\lim_{x\to2}\frac{2-x}{(x-2)(x+3)}=b$

$\lim_{x\to2}\frac{-1}{x+3}=b$

$\therefore a=1$ $\therefore b=-\frac{1}{5}$

연습문제 2.2

1. (1) $-1\le\cos\left(\frac{1}{x}\right)\le1$

$-x^2\le x^2\cos\left(\frac{1}{x}\right)\le x^2$

$\lim_{x\to0}(-x^2)=\lim_{x\to0}x^2=0$

압축정리에 의해 $\lim_{x\to0}x^2\cos\left(\frac{1}{x}\right)=0$

(2) $-1\le\sin x\le1$

$-\frac{1}{x}\le\frac{\sin x}{x}\le\frac{1}{x}$

$\lim_{x\to\infty}\left(-\frac{1}{x}\right)=\lim_{x\to\infty}\left(\frac{1}{x}\right)=0$

$\lim_{x\to\infty}\frac{\sin x}{x}=0$

2. (1) 1

(2) $\lim_{x\to-1}(-6x-4)=\lim_{x\to-1}(x^4+x^2)=2$

$\lim_{x\to-1}f(x)=2$

(3) $\sqrt{5}$

3. (1) 1

(2) $\lim_{x\to0}\frac{\sin2x}{2x}\cdot\frac{2}{3}=1\cdot\frac{2}{3}=\frac{2}{3}$

(3) $\frac{3}{4}$

(4) $\lim_{x\to 0}\dfrac{\dfrac{\sin 5x}{5x}\cdot 5x}{\dfrac{\sin 2x}{2x}\cdot 2x}=\lim_{x\to 0}\dfrac{5x}{2x}=\dfrac{5}{2}$

(5) $\left(\lim_{x\to 0}\dfrac{\sin 2x}{2x}\right)^3=\left(\lim_{x\to 0}\dfrac{\sin 2x}{2x}\cdot 2\right)^3$

$=(1\cdot 2)^3=8$

(6) $\lim_{x\to 0}\left(\dfrac{\sin 3x}{\sin 2x}\right)^2=\lim_{x\to 0}\left(\dfrac{\dfrac{\sin 3x}{3x}\cdot 3x}{\dfrac{\sin 2x}{2x}\cdot 2x}\right)^2$

$=\left(\lim_{x\to 0}\dfrac{3x}{2x}\right)^2=\left(\dfrac{3}{2}\right)^2=\dfrac{9}{4}$

(7) 2

(8) $\lim_{x\to 0}\dfrac{\tan 3x}{3x}\cdot\dfrac{3}{2}$

$1\cdot\dfrac{3}{2}=\dfrac{3}{2}$

(9) $\dfrac{3}{8}$

(10) $\left(\lim_{x\to 0}\dfrac{\tan 3x}{2x}\right)^3=\left(\lim_{x\to 0}\dfrac{\tan 3x}{3x}\cdot\dfrac{3}{2}\right)^3=\left(\dfrac{3}{2}\right)^3$

$=\dfrac{27}{8}$

(11) $\dfrac{2}{3}$

(12) $\lim_{x\to 0}\dfrac{\sin^2 x}{x^2}\cdot\sin x=1\cdot 0=0$

(13) 0

(14) $\lim_{x\to 0^+}\dfrac{\sin x\sqrt{x}\sqrt{x}}{\sin\sqrt{x}\cdot x}=\lim_{x\to 0^+}\sqrt{x}=0$

(15) 1

(16) 0

(17) $\lim_{x\to 0}\dfrac{\sin(1-\cos x)}{(1-\cos x)}\cdot\dfrac{(1-\cos x)}{x^2}$

$=\lim_{x\to 0}\dfrac{(1-\cos x)(1+\cos x)}{x^2(1+\cos x)}$

$=\lim_{x\to 0}\dfrac{\sin^2 x}{x^2(1+\cos x)}$

$=\lim_{x\to 0}\left(\dfrac{\sin x}{x}\right)^2\cdot\dfrac{1}{1+\cos x}=1\cdot\dfrac{1}{1+1}=\dfrac{1}{2}$

4. (1) e^3

(2) $\left[\lim_{x\to\infty}\left(1+\dfrac{3}{x}\right)^{\frac{x}{3}}\right]^3=e^3$

(3) e^3

(4) $\left[\lim_{x\to-\infty}\left(1+\dfrac{2}{3x}\right)^{\frac{3x}{2}}\right]^{\frac{2}{3}}=e^{\frac{2}{3}}$

(5) $e^{\frac{3}{2}}$

(6) $\lim_{n\to\infty}P\left[\left(1+\dfrac{r}{n}\right)^{\frac{r}{n}}\right]^{rt}=Pe^{rt}$

(7) e^3

(8) $\left[\lim_{x\to 0}\left(1+\dfrac{x}{2}\right)^{\frac{x}{2}}\right]^{\frac{1}{4}}=e^{\frac{1}{4}}$

(9) e^3

(10) $\left[\lim_{x\to 0}\left(1+\dfrac{x}{-2}\right)^{\frac{-2}{x}}\right]^{-\frac{1}{2}}=e^{-\frac{1}{2}}$

(11) e^6

(12) $\lim_{x\to\infty}\left(2+\dfrac{1}{x}\right)^{3x}=(2+0)^{\infty}=\infty$

5. (1) $e^x-1=t$

$e^x=1+t$

$x=\ln(1+t)$

$x\to 0,\ \ t\to 0$

$=\lim_{x\to 0}\dfrac{e^x-1}{x}=\lim_{t\to 0}\dfrac{t}{\ln(1+t)}$

$=\lim_{t\to 0}\dfrac{1}{\dfrac{1}{t}\ln(1+t)}=\lim_{t\to 0}\dfrac{1}{\ln(1+t)^{\frac{1}{t}}}$

$=\dfrac{1}{\ln e}=1$

(2) $\log_a e$

연습문제 2.3

1. (1) ∞

(2) $\lim_{x\to\infty}\dfrac{\dfrac{3x^3+4}{x^3}}{\dfrac{2x^3-3x+5}{x^3}}=\lim_{x\to\infty}\dfrac{3+\dfrac{4}{x^3}}{2-\dfrac{3}{x^2}+\dfrac{5}{x^3}}$

$=\dfrac{3+0}{2-0+0}=\dfrac{3}{2}$

(3) 0

(4) $\lim_{x\to\infty}\dfrac{\frac{3x^2+1}{x^2}}{\frac{5x^2-2}{x^2}}=\lim_{x\to\infty}\dfrac{3+\frac{1}{x^2}}{5-\frac{2}{x^2}}$

$=\dfrac{3+0}{5-0}=\dfrac{3}{5}$

(5) 1

(6) $\lim_{x\to-\infty}\dfrac{\frac{2x^4-4x}{x^5}}{\frac{x^5+9x-5}{x^5}}=\lim_{x\to-\infty}\dfrac{\frac{2}{x}-\frac{4}{x^4}}{1+\frac{9}{x^4}-\frac{5}{x^5}}$

$=\dfrac{0-0}{1+0-0}=0$

(7) ∞ (8) 1

(9) -1 (10) $\dfrac{1}{2}$

(11) 3

2. (1) $y=\dfrac{2}{5}$ (2) $y=-\dfrac{1}{2}$

(3) $y=0$ (4) $y=0$

(5) $y=-2$

3. (1) (a) $x=3$

(b) $\lim_{x\to3^-}y=-\infty$

$\lim_{x\to3^+}y=+\infty$

(2) (a) $x=-2$

(b) $\lim_{x\to-2^-}y=\lim_{x\to-2^-}\left(\dfrac{x^2}{x+2}\right)=\dfrac{4}{0^-}=-\infty$

$\lim_{x\to-2^+}y=\lim_{x\to-2^+}\left(\dfrac{x^2}{x+2}\right)=\dfrac{4}{0^+}=+\infty$

(3) (a) $x=0$

(b) $\lim_{x\to0^-}y=+\infty$

$\lim_{x\to0^+}y=+\infty$

(4) (a) $x=\pm1$

(b) $\lim_{x\to-1^-}\left(\dfrac{x^2}{1-x^2}\right)=\dfrac{1}{0^-}=-\infty$

$\lim_{x\to-1^+}\left(\dfrac{x^2}{1-x^2}\right)=\dfrac{1}{0^+}=+\infty$

$\lim_{x\to1^-}\left(\dfrac{x^2}{1-x^2}\right)=\dfrac{1}{0^+}=+\infty$

$\lim_{x\to1^+}\left(\dfrac{x^2}{1-x^2}\right)=\dfrac{1}{0^-}=-\infty$

(5) (a) $x=\pm2$

(b) $\lim_{x\to-2^-}y=-\infty$

$\lim_{x\to-2^+}y=+\infty$

$\lim_{x\to2^-}y=-\infty$

$\lim_{x\to2^+}y=+\infty$

(6) (a) $x=2$

(b) 정의역 : $x<2$

$\lim_{x\to2^-}\left(\dfrac{x}{\sqrt{2-x}}+3\right)=\dfrac{2}{0^+}+3=+\infty$

4. (1) (a) $\therefore y=2$

$y=-2$

(b) $\therefore |x|-1=0\Rightarrow\therefore x=\pm1$

$|x|=\begin{cases}x & ,\text{if}\, x\geq0\\ -x & ,\text{if}\, x\leq0\end{cases}$

(3) (a) $\therefore y=5$

$y=-2$

(b) $4^x-1=0$

$4^x=1$

$\therefore x=0$

5. (1) $\lim_{x\to\left(\frac{\pi}{2}\right)^-}\tan x=+\infty$

(2) $\lim_{x\to\left(\frac{\pi}{2}\right)^+}\sec x=-\infty$

(3) $\lim_{x\to0^-}\csc x=-\infty$

(4) $\lim_{x\to0^+}\cot x=+\infty$

(5) $\lim_{x\to0^+}\ln x=-\infty$

(6) $\lim_{x\to2^-}\log_3(2-x)=-\infty$

6. (1) 0

(2) $+\infty$

(3) $=e^{-\infty}=0$

(4) $=(0.9)^{+\infty}=0$

(5) $=e^{+\infty}=+\infty$

(6) $=\dfrac{1}{\ln(0^+)}=\dfrac{1}{-\infty}=0$

(7) $=\left(\dfrac{3^{-\infty}+1}{3^{-\infty}-1}\right)=\dfrac{0+1}{0-1}=-1$

(8) $-\dfrac{\pi}{2}$

7. (1) DNE

(2) $-1\le \sin x\le 1\Rightarrow -\dfrac{1}{x}\le\dfrac{\sin x}{x}\le\dfrac{1}{x}$

$\Rightarrow \lim_{x\to\infty}\left(-\dfrac{1}{x}\right)=\lim_{x\to\infty}\left(\dfrac{1}{x}\right)=0$

$\Rightarrow$ 압축정리에의해 $\lim_{x\to\infty}\dfrac{\sin x}{x}=0.$

(3) DNE

(4) $\lim_{x\to\infty}x\sin\dfrac{1}{x}=\lim_{x\to\infty}\dfrac{\sin\left(\frac{1}{x}\right)}{\frac{1}{x}}=1$

$(\because As\ x\to\infty,\ \dfrac{1}{x}\to 0)$

8. (1) $\dfrac{3}{\sqrt{2}}$

(2) $\lim_{x\to\infty}\dfrac{\frac{x+3}{\sqrt{x^2}}}{\frac{\sqrt{x^2+1}+2}{\sqrt{x^2}}}=\lim_{x\to\infty}\dfrac{\frac{x}{|x|}+\frac{3}{|x|}}{\sqrt{1+\frac{1}{x}}+\frac{2}{|x|}}$

$=\lim_{x\to\infty}\dfrac{\frac{x}{x}+0}{\sqrt{1+0}+0}=\dfrac{1}{1}=1$

(3) 1

(4) $\lim_{x\to\infty}\dfrac{\frac{\sqrt{x^2-1}+3}{\sqrt{x^2}}}{\frac{2x}{\sqrt{x^2}}}$

$=\lim_{x\to\infty}\dfrac{\sqrt{1-\frac{1}{x^2}}+\frac{3}{|x|}}{\frac{2x}{|x|}}$

$=\dfrac{\sqrt{1-0}+0}{\lim_{x\to\infty}\frac{2x}{x}}=\dfrac{1}{2}$

9. (1) $\dfrac{5}{2}$

(2) $\lim_{x\to-\infty}\dfrac{(\sqrt{x^2+x}+x)(\sqrt{x^2+x}-x)}{(\sqrt{x^2+x}-x)}$

$=\lim_{x\to-\infty}\dfrac{x^2+x-x^2}{\sqrt{x^2+x}-x}=\lim_{x\to-\infty}\dfrac{x}{\sqrt{x^2+x}-x}$

$=\dfrac{1}{-\sqrt{1+0}-1}=-\dfrac{1}{2}$

(3) $-\dfrac{3}{4}$

(4) $\lim_{x\to\infty}\dfrac{(2x-\sqrt{4x^2+x})(2x+\sqrt{4x^2+x})}{(2x+\sqrt{4x^2+x})}$

$=\lim_{x\to\infty}\dfrac{4x^2-(4x^2+x)}{2x+\sqrt{4x^2+x}}$

$=\lim_{x\to\infty}\dfrac{-x}{2x+\sqrt{4x^2+x}}$

$=\lim_{x\to\infty}\dfrac{\frac{-x}{\sqrt{x^2}}}{\frac{2x}{\sqrt{x^2}}+\frac{\sqrt{4x^2+x}}{\sqrt{x^2}}}$

$=\lim_{x\to\infty}\dfrac{\frac{-x}{|x|}}{\frac{2x}{|x|}+\sqrt{4+\frac{1}{x}}}$

$=\dfrac{-1}{2+\sqrt{4+0}}=-\dfrac{1}{4}$

연습문제 2.4

1. (1) (a) $\lim_{x\to-3}f(x)\ne f(-3)$

(b) 극한이 존재하지 않는 불연속

(2) (a) $\lim_{x\to-1^-}f(x)\ne\lim_{x\to-1^+}f(x)$

(b) 점프 불연속

(3) (a) $f(1)=DNE$

(b) 극한이 존재하지 않는 불연속

(4) (a) $\lim_{x\to3^-}f(x)\ne\lim_{x\to3^+}f(x)$

(b) 점프 불연속

(5) (a) $\lim_{x\to5}f(x)=DNE,\ f(5)=DNE$

(b) 무한대 불연속

2. (1) 7 (2) $\dfrac{8}{5}$

3. (1) $k=4$

(2) $k=0$

4. (1) 3 또는 -2

(2) -2 또는 0

(3) $a=\frac{5}{2}, b=-\frac{1}{2}$

(4) $a=-\frac{3}{2}, b=-\frac{3}{2}$

5. (1) $x^3-3x-8=0$

$f(x)=x^3-3x-8$

$f(2)=8-6-8=-6<0$

$f(3)=27-9-8=10>0$

$\therefore f(2)<0<f(3)$

I.V.T.에 의하여 $f(c)=0$인 c가 $2<c<3$에 적어도 하나 존재한다.

(2) $x^3+x^2-2x-6=0$

$f(x)=x^3+x^2-2x-6=0$

$f(1)=1+1-2-6=-6<0$

$f(2)=8+4-4-6=2>0$

$\therefore f(1)<0<f(2)$

I.V.T에 의하여 $f(c)=0$인 c가 $1<c<2$에 적어도 하나 존재한다.

6. (1) $f(x)=x^4+x^3-9x+1$로 놓으면 $f(x)$는 다항함수이므로 구간 $[1,3]$에서 연속이다.
또, $f(1)=-6<0$, $f(3)=82>0$
따라서 중간값의 정리에 의하여 $f(x)=0$은 구간 $(1,3)$에서 적어도 하나의 실근을 가진다.

(2) $f(x)=x-\cos x$로 놓으면 $f(x)$는 구간 $\left[0, \frac{\pi}{2}\right]$에서 연속이다.
또, $f(0)=0-\cos 0=-1<0$,
$f\left(\frac{\pi}{2}\right)=\frac{\pi}{2}>0$
따라서 중간값의 정리에 의하여 $f(x)=0$은 구간 $\left(0, \frac{\pi}{2}\right)$에서 적어도 하나의 실근을 가진다.

(3) $f(x)=(x-1)\sin x+\sqrt{2}\cos x-1$로 놓으면 $f(x)$는 구간 $\left[0, \frac{\pi}{2}\right]$에서 연속이다.
또, $f(0)=\sqrt{2}-1>0$, $f\left(\frac{\pi}{2}\right)=\frac{\pi}{2}-2<0$
따라서 중간값의 정리에 의하여 $(x-1)\sin x+\sqrt{2}\cos x=1$은 구간 $\left(0, \frac{\pi}{2}\right)$에서 적어도 하나의 실근을 가진다.

CHAPTER 3

연습문제 3.1

1. (1) a^2+ab+b^2

(2) $\frac{f(4)-f(2)}{4-2}=\frac{24-8}{2}=8$

(3) $-\frac{4}{\pi}$

(4) $\frac{-1}{a(a+h)}$

2. (1) (a) $f'(1)=4$

(b) $y-3=4(x-1)$

(2) (방법 1)

(a) $$f'(2)=\lim_{x\to2}\frac{f(x)-f(2)}{x-2}=\lim_{x\to2}\frac{x^2-6x+8}{x-2}=\lim_{x\to2}\frac{(x-2)(x-4)}{(x-2)}=-2$$

(b) $y+8=-2(x-2)$

(방법 2)

$$f'(2)=\lim_{h\to0}\frac{f(2+h)-f(2)}{h}=\lim_{h\to0}\frac{(2+h)^2-6(2+h)-(-8)}{h}=\lim_{h\to0}\frac{4+4h+h^2-12-6h+8}{h}=\lim_{h\to0}\frac{h^2-2h}{h}=\lim_{h\to0}(h-2)=-2$$

(3) (a) $f'(-1)=3$

(b) $y+1=3(x+1)$

(4) (방법 1)

(a) $f'(1)=\lim_{x\to1}\frac{f(x)-f(1)}{x-1}$

$=\lim_{x\to1}\frac{\left(\frac{1}{x+1}-\frac{1}{2}\right)\cdot2(x+1)}{(x-1)\cdot2(x+1)}$

$=\lim_{x\to1}\frac{2-(x+1)}{x-1\cdot2(x+1)}$

$=\lim_{x\to1}\frac{1-x}{(x-1)\cdot2(x+1)}$

$=\lim_{x\to1}\frac{-1}{2(x+1)}=-\frac{1}{4}$

(b) $y-\frac{1}{2}=-\frac{1}{4}(x-1)$

(방법 2)

$f'(1)=\lim_{h\to0}\frac{f(1+h)-f(1)}{h}$

$=\lim_{h\to0}\frac{\left(\frac{1}{h+2}-\frac{1}{2}\right)\cdot2(h+2)}{h\cdot2(h+2)}$

$=\lim_{h\to0}\frac{2-(h+2)}{h\cdot2(h+2)}$

$=\lim_{h\to0}\frac{-h}{h\cdot2(h+2)}=-\frac{1}{4}$

(5) (a) $f'(6)=\frac{1}{4}$

(b) $y-2=\frac{1}{4}(x-6)$

3. $f(x)$

$=(x-1)^2+1$ and $f(x+h)=(x+h-1)^2+1$

$\Rightarrow f'(x)=\lim_{h\to0}\frac{[(x+h-1)^2+1]-[(x-1)^2+1]}{h}$

$=\lim_{h\to0}\frac{(x^2+2xh+h^2-2x-2h+1+1)-(x^2-2x+1+1)}{h}$

$=\lim_{h\to0}\frac{2xh+h^2-2h}{h}=\lim_{h\to0}(2x+h-2)$

$=2(x-1)$; $f'(-1)=-4$, $f'(0)=-2$, $f'(2)=2$

4. (1) $f'(x)=\frac{-3}{2(3x-2)\sqrt{3x-2}}$

(2) $f'(x)=\lim_{h\to0}\frac{f(x+h)-f(x)}{h}$

$=\lim_{h\to0}\frac{(x+h)^3-2(x+h)-(x^3-2x)}{h}$

$=\lim_{h\to0}\frac{x^3+3x^2h+3xh^2+h^3-2x-2h-x^3+2x}{h}$

$=\lim_{h\to0}(3x^2+3xh+h^2-2)$

$=3x^2-2$

(3) $f'(x)=1+\frac{1}{x^2}$

(4) $f'(x)=\frac{3}{(x+1)^2}$

연습문제 3.2

1. (1) T (2) T
(3) F (4) T
(5) F (6) F
(7) T (8) F
(9) T (10) T
(11) T (12) T
(13) F (14) T
(15) T (16) F
(17) T (18) F
(19) T (20) F
(21) T

연습문제 3.3

1. (1) $y'=0$ (2) $y'=0$

(3) $y'=-20x^3$ (4) $y=x^{\frac{4}{5}}$

$y'=\frac{4}{5}x^{-\frac{1}{5}}$

(5) $y'=6x^{-4}$ (6) $y=2x^{-\frac{1}{2}}$

$y'=-x^{-\frac{3}{2}}=-\frac{1}{x^{3/2}}$

2. (1) $y'=6x-5$

(2) $y'=15x^2-\frac{1}{\sqrt{x}}$

(3) $y=1+\frac{1}{x}+2x^{-2}$

$y' = 0 - \frac{1}{x^2} - 4x^{-3} = -\frac{1}{x^2} - \frac{4}{x^3}$

(4) $y = 2\sqrt{x} + \frac{2}{x}$

$y' = \frac{1}{\sqrt{x}} - \frac{2}{x^2}$

(5) $y' = 2x^{-2} - 8x^{-3}$

(6) $y' = -12x^{-2} + 12x^{-4} - 4x^{-5}$

3. (1) $y = 1 + 5x^{-1} - x^{-2}$

$y' = -5x^{-2} + 2x^{-3}$

(2) $y = 2x^{5/2} - 3x - x^{-1/2}$

$y' = 5x^{3/2} - 3 + \frac{1}{2}x^{-3/2} = 5x^{3/2} - 3 + \frac{1}{2x^{3/2}}$

(3) $y = 3x^{-1} + 2x - x^2$

$y' = -3x^{-2} + 2 - 2x = -\frac{3}{x^2} + 2 - 2x$

(4) $f(x) = 12x^{5/3} - 6x^{2/3}$

$f'(x) = 20x^{2/3} - 4x^{-1/3} = 20x^{2/3} - \frac{4}{x^{1/3}}$

(5) $f(x) = x^{\frac{3}{2}}(x - 3x^2) = x^{5/2} - 3x^{7/2}$

$f'(x) = \frac{5}{2}x^{3/2} - \frac{21}{2}x^{5/2}$

4. (1) $y = 2x + 5$

(2) $y = -2x + 9$

(3) $f(1) = 4 - 1 = 3 \Rightarrow (1,3)$

$f'(x) = 4 \cdot \frac{1}{2\sqrt{x}} + \frac{1}{x^2} = \frac{2}{\sqrt{x}} + \frac{1}{x^2}$

$f'(1) = 3$

$\therefore y - 3 = 3(x-1)$

(4) $g(4) = \frac{8}{16} + \frac{2}{2} = \frac{1}{2} + 1 \Rightarrow (4, \frac{3}{2})$

$g(x) = 8x^{-2} + 2x^{-1/2}$

$g'(x) = -16x^{-3} - x^{-3/2} = \frac{-16}{x^3} - \frac{1}{x\sqrt{x}}$

$g'(4) = -\frac{16}{64} - \frac{1}{4\sqrt{4}} = -\frac{1}{4} - \frac{1}{8} = -\frac{3}{8}$

$\therefore y - \frac{3}{2} = -\frac{3}{8}(x-4)$

5. (1) $y = ax^2 + bx + c$ 에서

$\Rightarrow 0 = a(0) + b(0) + c \Rightarrow c = 0$;

$y = ax^2 + bx$

$(1,2) \Rightarrow 2 = a + b;\ y' = 2ax + b$

$x = 0 \Rightarrow 1 = 2a(0) + b \Rightarrow b = 1.\ a + b = 2$

$\Rightarrow a = 1.\ a = b = 1 \quad c = 0 \quad y = x^2 + x.$

(2) $y = cx - x^2 \quad (1,0) \Rightarrow 0 = c(1) - 1 \Rightarrow c = 1 \Rightarrow$

$y = x - x^2,$

$y' = 1 - 2x,\ x = 1 \Rightarrow y' = 1 - 2 = -1.$

$y = x - x^2,\ y = x^2 + ax + b$ 에서

$y' = 2x + a \Rightarrow$

$-1 = 2 \cdot 1 + a \Rightarrow a = -3$

$\Rightarrow y = x^2 - 3x + b.$

$0 = 1 - 3 + b \Rightarrow b = 2.$

$a = -3,\ b = 2,\ c = 1$

$y = x^2 - 3x + 2,\ y = x - x^2$

6. (1) $g'(x) = \begin{cases} 2x - 3 & x \geq 0 \\ a & x < 0 \end{cases}$,

$\lim_{x \to 0^-} (2x - 3) = -3,$

$\lim_{x \to 0^-} a = a \Rightarrow a = -3$

(2) $f'(x) = \begin{cases} a & x \geq -1 \\ 2bx & x < -1 \end{cases}$, $\lim_{x \to -1^+} a,$

$\lim_{x \to -1^-} (2bx) = -2b,$

$\Rightarrow a = -2b,\ \lim_{x \to -1^+} (ax + b) = -a + b,$

$\lim_{x \to -1^-} (bx^2 - 3) = b - 3 \Rightarrow -a + b = b - 3$

$\Rightarrow a = 3 \Rightarrow 3 = -2b \Rightarrow b = -\frac{3}{2}$

(3) $a = -\frac{1}{4},\ b = -3$

(4) $a = -\frac{1}{2},\ b = 1$

연습문제 3.4

1. (1) $y' = -5x^4 + 12x^2 - 2x - 3$

(2) $y' = \frac{3}{4}x^{-\frac{1}{4}} + 3x^{-4} + \frac{11}{4}x^{\frac{7}{4}} + x^{-2}$

2. $f(4) = 0 \Rightarrow \therefore (4,0)$

$$y' = \left(1 - \frac{1}{\sqrt{x}}\right)(x^2 - 6x + 2) + (x - 2\sqrt{x})(2x - 6)$$

$$f'(4) = \left(1 - \frac{1}{2}\right)(16 - 24 + 2) + 0 = \frac{1}{2}(-6) = -3$$

$$\therefore y = -3(x-4)$$

3. (1) 13 (2) −7

(3) $\frac{7}{25}$ (4) 20

(3) $15 - 8\pi$ (4) $\frac{37}{6}$

연습문제 3.5

1. (1) $\frac{-19}{(3x-2)^2}$

(2) $y' = \frac{-3(3x^2+x) - (4-3x)(6x+1)}{(3x^2+x)^2}$

$= \frac{9x^2 - 24x - 4}{(3x^2+x)^2}$

(3) $\frac{-6(x^2-2)}{(x-1)^2(x-2)^2}$

(4) $y' = \frac{\frac{1}{2\sqrt{x}}(\sqrt{x}+1) - (\sqrt{x}-1)\frac{1}{2\sqrt{x}}}{(\sqrt{x}+1)^2}$

$= \frac{1}{\sqrt{x}(\sqrt{x}+1)^2}$

2. (1) $y' = \frac{1 \cdot (2x-1) - (1+x) \cdot 2}{(2x-1)^2}$

$= \frac{-3}{(2x-1)^2}$

$f'(1) = -3$

$\therefore y - 2 = -3(x-1)$

(2) $f(4) = \frac{4}{2-3} = -4 \Rightarrow (4, -4)$

$$y' = \frac{1 \cdot (\sqrt{x}-3) - x \cdot \frac{1}{2\sqrt{x}}}{(\sqrt{x}-3)^2}$$

$$f'(4) = \frac{(2-3) - 4 \cdot \frac{1}{4}}{(2-3)^2} = \frac{-1-1}{1} = -2$$

$\therefore\ y + 4 = -2(x-4)$

3. (1) $\frac{2}{3}$ (2) $2\pi + 5$

연습문제 3.6

1. (1) $y' = -27(4-3x)^8$

(2) $y' = 4(3x^2 - \sqrt{x})^3\left(6x - \frac{1}{2\sqrt{x}}\right)$

(3) $y' = 4\left(\frac{x^2}{8} + x - \frac{1}{x}\right)\left(\frac{x}{4} + 1 + \frac{1}{x^2}\right)$

(4) $y' = \frac{2-2x}{3(2x-x^2)^{2/3}}$

2. (1) $y' = \frac{12}{(2-3x)^5}$

(2) $y' = 3(2x+1)^2(3x-4)^4(16x-3)$

(3) $y' = 2(2-5x)^3(3x^2+1)^2$
$(-75x^2 + 18x - 10)$

(4) $y' = -\frac{2(x+1)(x+2)}{(2x+1)^4}$

3. (1) $y' = 3[f(x)]^2 \cdot f'(x)$

(2) $y' = f'(x^3) \cdot 3x^2 = 3x^2 f'(x^3)$

(3) $y' = 3[f(x^3)]^2 \cdot f'(x^3) \cdot 3x^2$
$= 9x^2[f(x^3)]^2 f'(x^3)$

(4) $y' = \frac{1}{2\sqrt{f(x) - 3x}}(f'(x) - 3)$

(5) $y = [f(x)]^{-\frac{1}{2}}$

$y' = -\frac{1}{2}[f(x)]^{-\frac{3}{2}} \cdot f'(x)$

4. (1) $y' = \frac{x-2}{\sqrt{x^2-4x}}$

(2) $y' = \frac{-4x-4}{(4x+1)\sqrt{4x+1}}$

(3)

$$y' = \frac{\frac{1}{2\sqrt{x^2+1}} \cdot 2x \cdot (x-1) - \sqrt{x^2+1} \cdot 1}{(x-1)^2}$$

$$= \frac{\left[\frac{x(x-1)}{\sqrt{x^2+1}} - \sqrt{x^2+1}\right] \cdot \sqrt{x^2+1}}{(x-1)^2\sqrt{(x^2+1)}}$$

$$= \frac{x(x-1)-(x^2+1)}{(x-1)^2\sqrt{x^2+1}}$$

$$= \frac{x^2-x-x^2-1}{(x-1)^2\sqrt{x^2+1}}$$

$$= \frac{-x-1}{(x-1)^2\sqrt{x^2+1}}$$

(4) $y' = \dfrac{-25(x+2)^4}{(2x-1)^6}$

(5) $y' = 4\left(\dfrac{\sqrt{x}-1}{\sqrt{x}+1}\right)^3 \cdot$

$$\frac{\frac{1}{2\sqrt{x}} \cdot (\sqrt{x}+1) - (\sqrt{x}-1) \cdot \frac{1}{2\sqrt{x}}}{(\sqrt{x}+1)^2}$$

$$= 4\left(\frac{\sqrt{x}-1}{\sqrt{x}+1}\right)^3 \cdot \frac{\left[\frac{\sqrt{x}+1}{2\sqrt{x}} - \frac{\sqrt{x}-1}{2\sqrt{x}}\right] \cdot 2\sqrt{x}}{(\sqrt{x}+1)^2 \cdot 2\sqrt{x}}$$

$$= 4\left(\frac{\sqrt{x}-1}{\sqrt{x}+1}\right)^3 \cdot \frac{\sqrt{x}+1-(\sqrt{x}-1)}{2(\sqrt{x}+1)^2\sqrt{x}}$$

$$= 4\left(\frac{\sqrt{x}-1}{\sqrt{x}+1}\right)^3 \cdot \frac{2}{2(\sqrt{x}+1)^2\sqrt{x}} = \frac{4(\sqrt{x}-1)^3}{(\sqrt{x}+1)^5\sqrt{x}}$$

5. $y = \sqrt{x^2-x+7}$, $x = 2$

$\Rightarrow y = \sqrt{(2)^2-2+7} = \sqrt{9} = 3.$

$y' = \dfrac{1}{2}(x^2-x+7)^{-1/2}(2x-1)$

$= \dfrac{2x-1}{2\sqrt{x^2-x+7}}$

$y'\big|_{x=2} = \dfrac{2(2)-1}{2\sqrt{(2)^2-(2)+7}} = \dfrac{3}{6} = \dfrac{1}{2}$

$\Rightarrow y-3 = \dfrac{1}{2}(x-2)$

$\Rightarrow y = \dfrac{1}{2}x+2$

6. (1) 1 (2) 6

(3) 1 (4) $-\dfrac{1}{9}$

(5) $-\dfrac{40}{3}$ (6) $-\dfrac{1}{3}$

(7) $-\dfrac{4}{9}$

연습문제 3.7

1. (1) $y' = -\dfrac{x^2}{y^2}$

(2) $\dfrac{d}{dx}(x^2-xy+y^2) = \dfrac{d}{dx}(6)$

$2x-(1 \cdot y + x \cdot y') + 2y \cdot y' = 0$

$y'(2y-x) = y-2x$

$\therefore \dfrac{dy}{dx} = \dfrac{y-2x}{2y-x}$

(3) $y' = \dfrac{6y-x^2}{y^2-6x}$

(4) $y' = \dfrac{\sqrt{y}}{\sqrt{y}+1}$

(5) $\dfrac{d}{dx}(x^2y^3-x^3y^2) = \dfrac{d}{dx}(-5)$

$2x \cdot y^3 + x^2 \cdot 3y^2y' - (3x^2 \cdot y^2 + x^3 \cdot 2yy') = 0$

$2xy^3 + 3x^2y^2y' - 3x^2y^2 - 2x^3yy' = 0$

$y'(3x^2y^2-2x^3y) = 3x^2y^2-2xy^3$

$\therefore \dfrac{dy}{dx} = \dfrac{xy^2(3x-2y)}{x^2y(3y-2x)} = \dfrac{y(3x-2y)}{x(3y-2x)}$

2. (1) $(x^2+y^2)^2 = (x-y)^2$ at $(1,-1)$

$\Rightarrow 2(x^2+y^2)(2x+2y\dfrac{dy}{dx})$

$= 2(x-y)(1-\dfrac{dy}{dx})$

$\Rightarrow \dfrac{dy}{dx}[2y(x^2+y^2)+(x-y)]$

$= -2x(x^2+y^2)+(x-y)$

$$\Rightarrow \frac{dy}{dx} = \frac{-2x(x^2+y^2)+(x-y)}{2y(x^2+y^2)+(x-y)}$$

$$\left.\frac{dy}{dx}\right|_{(1,-1)} = 1$$

(2) $1 = 2yy'\sqrt{y-1} + y^2 \cdot \frac{1}{2\sqrt{y-1}} \cdot y'$

$(4,2)$,

$1 = 4y' + 4 \cdot \frac{1}{2} \cdot y'$

$1 = 6y'$

$y' = \frac{1}{6} \qquad \therefore \left.\frac{dy}{dx}\right|_{(4,2)} = \frac{1}{6}$

3. (1) 기울기: $y' = \frac{5}{4}$

$y - 2 = \frac{5}{4}(x-4)$

(2) 수평접선 $\Rightarrow \frac{dy}{dx} = 0$

$\frac{d}{dx}(xy^2 - x^2y) = \frac{d}{dx}(16)$

$1 \cdot y^2 + x \cdot 2y \cdot y' - (2x \cdot y + x^2 \cdot y') = 0$

$y^2 + 2xyy' - 2xy - x^2y' = 0$

$(2xy - x^2)y' = 2xy - y^2$

$\frac{dy}{dx} = \frac{y(2x-y)}{2xy-x^2}$

$\frac{dy}{dx} = 0 \Rightarrow y(2x-y) = 0$

$\therefore y = 0$ 또는 $y = 2x$

$y = 0$

$0 - 0 = 16$

해 없음

$y = 2x$

$x(2x)^2 - x^2(2x) = 16$

$4x^3 - 2x^3 = 16$

$2x^3 = 16$

$x^3 = 8$

$x = 2 \Rightarrow y = 2(2) = 4 \qquad \therefore (2,4)$

(3) 수직접선 $\Rightarrow \frac{dy}{dx}$ =정의되지 않음

$\frac{d}{dx}(x^2y - xy^3) = \frac{d}{dx}(6)$

$2xy + x^2y' - y^3 - 3xy^2y' = 0$

$(x^2 - 3xy^2)y' = y^3 - 2xy$

$\frac{dy}{dx} = \frac{y^3-2xy}{x^2-3xy^2} = \frac{y(y^2-2x)}{x(x-3y^2)}$

$\frac{dy}{dx}$= 정의되지 않음 $\Rightarrow x(x-3y^2) = 0$

$\therefore x = 0$ or $x = 3y^2$

$x = 0$	if $x = 3y^2$
$0 - 0 = 6$	$(3y^2)^2y - 3y^2y^3 = 6$
해 없음	$9y^5 - 3y^5 = 6$
	$6y^5 = 6$
	$y = 1 \Rightarrow x = 3(1)^2 = 3$
	$\therefore (3,1)$

연습문제 3.8

1. (1) $y = (2x-1)^{-1}$

$y' = -(2x-1)^{-2} \cdot 2 = -2(2x-1)^{-2}$

$y'' = 4(2x-1)^{-3} \cdot 2 = \frac{8}{(2x-1)^3}$

(2) $y' = 6(x^2-2x)^5(2x-2)$

$$\begin{aligned} y'' &= 30(x^2-2x)^4(2x-2)\cdot(2x-2) \\ &\quad + 6(x^2-2x)^5 \cdot 2 \\ &= 120(x^2-2x)^4(x-1)^2 + 12(x^2-2x)^5 \\ &= 12(x^2-2x)^4[10(x-1)^2 + (x^2-2x)] \\ &= 12(x^2-2x)^4(11x^2-22x+10) \end{aligned}$$

(3) $y' = \frac{1}{2\sqrt{x^2+2}} \cdot 2x = \frac{x}{\sqrt{x^2+2}}$

$$y'' = \frac{1 \cdot \sqrt{x^2+2} - x \cdot \frac{1}{2\sqrt{x^2+2}} \cdot 2x}{(x^2+2)} = \frac{\left[\sqrt{x^2+2} - \frac{x^2}{\sqrt{x^2+2}}\right] \cdot \sqrt{x^2+2}}{(x^2+2)\cdot\sqrt{x^2+2}} = \frac{x^2+2-x^2}{(x^2+2)\sqrt{x^2+2}} = \frac{2}{(x^2+2)\sqrt{x^2+2}}$$

(4) $2x - 2yy' = 0$

$y' = \frac{x}{y}$

$$y'' = \frac{1 \cdot y - x \cdot y'}{y^2} = \frac{y - x\left(\frac{x}{y}\right)}{y^2}$$

$$= \frac{\left[y - x\left(\frac{x}{y}\right)\right] \cdot y}{y^2 \cdot y} = \frac{y^2 - x^2}{y^3}\left(\text{or } -\frac{4}{y^3}\right)$$

2. (1) $y' = \dfrac{3(2x+3)-(3x-2)\cdot 2}{(2x+3)^2}$

$= \dfrac{13}{(2x+3)^2} = 13(2x+3)^{-2}$

$y'' = -26(2x+3)^{-3}\cdot 2 = \dfrac{-52}{(2x+3)^3}$

$f''(-2) = \dfrac{-52}{(-1)^3} = 52$

(2) $g'(x) = 5(3-2x^2)^4(-4x)$

$= -20x(3-2x^2)^4$

$g''(x) = -20(3-2x^2)^4$

$-20x \cdot 4(3-2x^2)^3(-4x)$

$g''(1) = -20(1) - 20 \cdot 4(1)(-4) = 300$

3. (1) $G'(x) = f(x^2) + xf'(x^2)\cdot 2x$

$= f(x^2) + 2x^2 f'(x^2)$

$G''(x) = f'(x^2)\cdot 2x + 4xf'(x^2)$

$+2x^2 f''(x^2)\cdot 2x$

$= 6xf'(x^2) + 4x^3 f''(x^2)$

(2) $F'(x) = 2[f(x)]\cdot f'(x)$

$F''(x) = 2f'(x)f'(x) + 2f(x)f''(x)$

$F''(2) = 2f'(2)f'(2) + 2f(2)f''(2)$

$= 2(-2)(-2) + 2(-1)(3) = 2$

(3) $y = [f(x^3)]$

$y' = f'(x^3)\cdot 3x^2 = 3x^2 f'(x^3)$

$y'' = 6xf'(x^3) + 3x^2 \cdot f''(x^3)\cdot 3x^2$

$= 6xf'(x^3) + 9x^4 \cdot f''(x^3)$

$y''(1) = 6f'(1) + 9f''(1)$

$= 6\cdot 3 + 9\cdot(-2) = 18 - 18$

$= 0$

연습문제 3.9

1. (1) $y' = 3\cos(3x+1)$

(2) $y' = -\sin(-3x+2)\cdot(-3)$

$= 3\sin(-3x+2)$

(3) $y' = 2\cos\left(x^3 - \dfrac{1}{x}\right)\cdot\left(3x^2 + \dfrac{1}{x^2}\right)$

$= 2\left(3x^2 + \dfrac{1}{x^2}\right)\cos\left(x^3 - \dfrac{1}{x}\right)$

(4) $y' = -\sin(\sin x)\cdot\cos x$

(5) $y' = 10\sec^2(10x-5)$

(6) $y' = -\csc^2(3x^2+2x)\cdot(6x+2)$

$= -(6x+2)\csc^2(3x^2+2x)$

(7) $y' = \sec\left(\dfrac{1}{2}x\right)\tan\left(\dfrac{1}{2}x\right)\cdot\dfrac{1}{2}$

$= \dfrac{1}{2}\sec\left(\dfrac{1}{2}x\right)\tan\left(\dfrac{1}{2}x\right)$

(8) $y' = \dfrac{1}{5}\csc(5x)\cot(5x)\cdot 5$

$= \csc(5x)\cot(5x)$

(9) $y' = \sec(\tan x)\tan(\tan x)\cdot\sec^2 x$

(10) $y' = \dfrac{1}{2\sqrt{1+2\cot x}}\cdot(-2\csc^2 x)$

$= \dfrac{-\csc^2 x}{\sqrt{1+2\cot x}}$

(11) $y' = -\csc^2\left(\pi - \dfrac{1}{x}\right)\cdot\dfrac{1}{x^2}$

(12) $y = \sin[(x^3-1)^4]$

$y' = \cos[(x^3-1)^4]\cdot 4(x^3-1)^3\cdot 3x^2$

$= 12x^2(x^3-1)^3\cos(x^3-1)^4$

2. (1) $y' = -4(1+\cos 2t)^{-5}\cdot(-\sin 2t)\cdot 2$

$= 8(1+\cos 2t)^{-5}\cdot\sin 2t$

(2) $y = (\sin x)^3$

$y' = 3(\sin x)^2\cdot\cos x = 3\sin^2 x\cos x$

(3) $y' = -12x\cos(x^2)\sin(x^2)$

(4) $y = \tan(x^3) + (\tan x)^3$

$y' = \sec^2(x^3)\cdot 3x^2 + 3(\tan x)^2\cdot\sec^2 x$

$= 3x^2\sec^2(x^3) + 3\tan^2 x\sec^2 x$

(5) $y' = 2x^{-2/3}\sec^3(x^{1/3})\tan(x^{1/3})$

(6) $y = [\sin(2x)]^3 + [\cos(2x)]^3$

$y' = 3[\sin(2x)]^2\cdot\cos(2x)\cdot 2$

$+3[\cos(2x)]^2\cdot(-\sin(2x))\cdot 2$

$= 6\sin^2(2x)\cos(2x) - 6\cos^2(2x)\sin(2x)$

(7) $y = \tan^2(\sin^3 t)$

$\Rightarrow \dfrac{dy}{dt}$

$= 2\tan(\sin^3 t)\cdot\sec^2(\sin^3 t)\cdot(3\sin^2 t\cdot(\cos t))$
$= 6\tan(\sin^3 t)\sec^2(\sin^3 t)\sin^2 t\cos t$

3. (1) $y' = \sin x + x\cos x$

(2) $y' = 2x\cos\left(\frac{1}{x}\right) + x^2\left(\sin\left(\frac{1}{x}\right)\right)\cdot\left(-\frac{1}{x^2}\right)$
$= 2x\cos\left(\frac{1}{x}\right) - \sin\left(\frac{1}{x}\right)$

(3) $y' = \dfrac{6\csc x - 3x\csc x\cot x}{2\sqrt{\csc x}}$

(4) $y' = \dfrac{\cos x(1+\cos x) - \sin x(-\sin x)}{(1+\cos x)^2}$
$= \dfrac{\cos x + \cos^2 x + \sin^2 x}{(1+\cos x)^2}$
$= \dfrac{\cos x + 1}{(1+\cos x)^2} = \dfrac{1}{1+\cos x}$

(5) $y' = 4\cos 4x\cos^2 x - 2\sin 4x\cos x\sin x$

(6) $y' = (\sec\sqrt{x})\left[\dfrac{\tan\sqrt{x}\tan\left(\frac{1}{x}\right)}{2\sqrt{x}} - \dfrac{\sec^2\left(\frac{1}{x}\right)}{x^2}\right]$

(7) $y = \dfrac{(\cos x)^2}{\sin x}$

$y' = \dfrac{2(\cos x)(-\sin x)(\sin x) - (\cos x)^2\cdot\cos x}{\sin^2 x}$
$= \dfrac{-2\cos x\cdot\sin^2 x - \cos^3 x}{\sin^2 x}$
$= \dfrac{-\cos x(2\sin^2 x + \cos^2 x)}{\sin^2 x}$

4. (1)

$y' = \dfrac{\cos(2x+3y) - 2x\sin(2x+3y) - y\cos x}{\sin x + 3x\sin(2x+3y)}$

(2) $y' = \dfrac{-1 - y\sec^2(xy)}{x\sec^2(xy)}$

5. (1) $y = -\frac{\pi}{2}x + \pi$

(2) $y = 2x$

연습문제 3.10

1. (1) $y' = e^{5-7x}\cdot(-7) = -7e^{5-7x}$

(2) $y' = e^{\sec x}\cdot\sec x\tan x$

(3) $y' = 2xe^{-x^2}\sin(e^{x^2})$

(4) $y' = 3^{-x^2}\cdot(-2x)\cdot\ln 3 = -2x(3)^{-x^2}\ln 3$

(5) $y' = (1-x)e^{-x} + 3e^{3x}$

(6) $y' = a^{\cos x}(-\sin x)\cdot\ln a = -a^{\cos x}\sin x\ln a$

(7) $y' = 3x^2\cdot e^{2x} + x^3\cdot e^{2x}\cdot 2$
$= x^2e^{2x}(3+2x)$

(8) $y' = (27x^4 - 18x^3 + 6x^2 + 18x - 6)e^{x^3}$

(9) $y' = \dfrac{e^{-2x}\cdot(-2)\cdot(x) - e^{-2x}\cdot 1}{x^2}$
$= \dfrac{-e^{-2x}(2x+1)}{x^2}$

(10) $y' = \frac{3}{2}\cos\left(\frac{x}{2}\right)e^{3\sin\left(\frac{x}{2}\right)}$

(11) $y' = \pi^{x\cos x}\cdot(\cos x + x\cdot(-\sin x))\ln\pi$
$= \pi^{x\cos x}(\cos x - x\sin x)\ln\pi$

(12) $y' = \dfrac{-e^{-x}\cdot(e^x-1) - (e^{-x}+1)\cdot e^x}{(e^x-1)^2}$
$= \dfrac{-1 + e^{-x} - 1 - e^x}{(e^x-1)^2}$
$= \dfrac{e^{-x} - 2 - e^x}{(e^x-1)^2}$

(13) $e^{x^2y} = 2x + 2y$
$\Rightarrow e^{x^2y}(x^2y' + 2xy) = 2 + 2y'$
$\Rightarrow x^2e^{x^2y}y' + 2xye^{x^2y} = 2 + 2y'$
$\Rightarrow x^2e^{x^2y}y' - 2y' = 2 - 2xye^{x^2y}$
$\Rightarrow y' = \dfrac{2 - 2xye^{x^2y}}{x^2e^{x^2y} - 2}$

(14) $y' = (x^2+2x)e^x\cos(x^2e^x)$

(15) $y' = 2e^{-x}(4e^{-x}+2)^{-\frac{3}{2}}$

(16) $e^{x+y}\cdot(1+y') = 6x\cdot y + 3x^2\cdot y'$
$e^{x+y} + y'e^{x+y} = 6xy + 3x^2y'$
$y'(e^{x+y} - 3x^2) = 6xy - e^{x+y}$
$\therefore \dfrac{dy}{dx} = \dfrac{6xy - e^{x+y}}{(e^{x+y} - 3x^2)}$

(17) $e^{2x} = \sin(x+3y)$
$\Rightarrow 2e^{2x} = (1+3y')\cos(x+3y)$
$\Rightarrow 1 + 3y' = \dfrac{2e^{2x}}{\cos(x+3y)}$
$\Rightarrow 3y' = \dfrac{2e^{2x}}{\cos(x+3y)} - 1$

$$\Rightarrow y' = \frac{2e^{2x} - \cos(x+3y)}{3\cos(x+3y)}$$

2. $f(1) = \frac{e^{-1}}{\sqrt{1}} = \frac{1}{e} \Rightarrow \therefore \left(1, \frac{1}{e}\right)$

$$y' = \frac{(-e^{-x})\sqrt{x} - e^{-x} \cdot \frac{1}{2\sqrt{x}}}{x}$$

$$f'(1) = \frac{(-e^{-1}) - e^{-1} \cdot \frac{1}{2}}{1}$$

$$= -\frac{1}{e} - \frac{1}{2e} = -\frac{3}{2e}$$

$$\therefore y - \frac{1}{e} = -\frac{3}{2e}(x-1)$$

연습문제 3.11

1. (1) $y' = \frac{3}{3x}$

(2) $y' = \frac{1}{\ln x} \cdot \frac{1}{x}$

(3) $y' = \frac{\cos x}{\sin x}$

(4) $y' = \frac{1}{\tan x} \cdot \sec^2 x = \frac{\sec^2 x}{\tan x}$

(5) $y' = 5(\ln x)^4 \cdot \frac{1}{x} = \frac{5(\ln x)^4}{x}$

(6) $y' = \frac{1}{\sin x} \cdot \cos x \cdot \frac{1}{\ln 3} = \frac{\cot x}{\ln 3}$

(7) $y' = \frac{1}{x \ln 2}$

(8) $y' = \frac{1}{x\cos x}(\cos x - x\sin x)$

$$= \frac{\cos x - x\sin x}{x\cos x}$$

(9) $y' = \frac{1}{x}(\log_2 3)3^{\log_2 x}$

(10) $y' = 2x\ln x + x^2 \cdot \frac{1}{x} = 2x\ln x + x$

(11) $y' = (\ln x)^{1/2} + \frac{1}{2(\ln x)^{\frac{1}{2}}}$

(12) $y' = \frac{1}{\sec x + \tan x}(\sec x \tan x + \sec^2 x)$

$$= \frac{\sec x(\tan x + \sec x)}{\sec x + \tan x}$$

$$= \sec x$$

(13) $y' = \sec^2[\log(x^2+4)] \cdot \frac{1}{x^2+4}$

$$\cdot 2x \cdot \frac{1}{\ln 10}$$

$$= \frac{2x\sec^2[\log(x^2+4)]}{(x^2+4)\ln 10}$$

(14) $y' = 4x^7(\ln x)^3 + 8x^7(\ln x)^4$

(15) $y' = \frac{\frac{1}{x} \cdot x^2 - \ln x \cdot 2x}{x^4}$

$$= \frac{x - 2x\ln x}{x^4} = \frac{1-2\ln x}{x^3}$$

(16) $\frac{1}{xy} \cdot (y + xy') = 1 - y'$

$$y + xy' = xy - xyy'$$

$$y'(x + xy) = xy - y$$

$$\therefore \frac{dy}{dx} = \frac{y(x-1)}{x(y+1)}$$

(17) $y + 1 = x \cdot (\ln y)^3$

$$y' = (\ln y)^3 + x \cdot 3(\ln y)^2 \cdot \frac{1}{y} \cdot y'$$

$$yy' = y\ln^3 y + 3x\ln^2 y \cdot y'$$

$$y'(y - 3x\ln^2 y) = y\ln^3 y$$

$$\therefore \frac{dy}{dx} = \frac{y\ln^3 y}{(y - 3x\ln^2 y)}$$

(18) $y' = \frac{\tan(\ln x)}{x}$

2. (1) $y' = \frac{6}{2x+1} + \frac{8x}{x^2+1}$

(2) $y' = \frac{1}{x} - 1$

(3) $y' = \frac{10x}{x^2+1} + \frac{1}{2(1-x)}$

(4) $y = \ln\sqrt{\frac{(x+1)^5}{(x+2)^{20}}}$

$$= \frac{1}{2}[5\ln(x+1) - 20\ln(x+2)]$$

$$\Rightarrow y' = \frac{1}{2}\left(\frac{5}{x+1} - \frac{20}{x+2}\right)$$

$$= \frac{5}{2}\left[\frac{(x+2) - 4(x+1)}{(x+1)(x+2)}\right]$$

$$= -\frac{5}{2}\left[\frac{3x+2}{(x+1)(x+2)}\right]$$

(5) $y' = \frac{1}{2}\left[\cot x - \tan x - \frac{4}{x(1+2\ln x)}\right]$

(6) $y = \log_7\left(\frac{\sin x \cos x}{e^x 2^x}\right)$

$$= \frac{\ln(\sin x) + \ln(\cos x) - \ln e^x - 2^x}{\ln 7}$$

$$= \frac{\ln(\sin x) + \ln(\cos x) - x - x\ln 2}{\ln 7}$$

$$\Rightarrow \frac{dy}{dx}$$

$$= \frac{\cos x}{(\sin x)(\ln 7)} - \frac{\sin x}{(\cos x)(\ln 7)} - \frac{1}{\ln 7} - \frac{\ln 2}{\ln 7}$$

$$= \left(\frac{1}{\ln 7}\right)(\cot x - \tan x - 1 - \ln 2)$$

3. (1) $\ln y = \ln x^{\ln x}$

$\ln y = \ln x \cdot \ln x$

$\frac{1}{y} \cdot y' = \frac{1}{x}\ln x + \ln x \cdot \frac{1}{x}$

$y' = \frac{2y}{x}\ln x$

(2) $y' = (\sin x)^x [\ln(\sin x) + x\cot x]$

(3) $y' = (x+1)^x\left[\frac{x}{x+1} + \ln(x+1)\right]$

(4) $\ln y = \ln(\sin x)^{\sin x}$

$\ln y = \sin x \ln(\sin x)$

$\frac{1}{y} \cdot y' = \cos x \cdot \ln(\sin x)$

$\qquad + \sin x \cdot \frac{1}{\sin x} \cdot \cos x$

$y' = y\cos x(\ln(\sin x) + 1)$

(5) $y' = \sqrt{(x^2+1)(x-1)^2}\left(\frac{x}{x^2+1} + \frac{1}{x-1}\right)$

(6) $\ln y = \ln(\ln x)^{\ln x}$

$\ln y = \ln x \cdot \ln(\ln x)$

$\frac{1}{y}y' = \frac{1}{x}\ln(\ln x) + \ln x \cdot \frac{1}{\ln x} \cdot \frac{1}{x}$

$y' = \frac{y}{x}(\ln(\ln x) + 1)$

(7) $y = \frac{x\sqrt{x^2+1}}{(x+1)^{2/3}}\left[\frac{1}{x} + \frac{x}{x^2+1} - \frac{2}{3(x+1)}\right]$

(8) $y = \frac{\theta \sin\theta}{\sqrt{\sec\theta}}$

$\Rightarrow \ln y = \ln\theta + \ln(\sin\theta) - \frac{1}{2}\ln(\sec\theta)$

$\Rightarrow \frac{1}{y}\frac{dy}{d\theta} = \left[\frac{1}{\theta} + \frac{\cos\theta}{\sin\theta} - \frac{(\sec\theta)(\tan\theta)}{2\sec\theta}\right]$

$\Rightarrow \frac{dy}{d\theta} = \frac{\theta\sin\theta}{\sqrt{\sec\theta}}\left(\frac{1}{\theta} + \cot\theta - \frac{1}{2}\tan\theta\right)$

(9) $\ln y = \ln\left(\frac{e^{-x}\cos x}{\sqrt[3]{x^2-x}}\right)$

$\ln y = \ln e^{-x} + \ln(\cos x) - \ln(\sqrt[3]{x^2-x})$

$\ln y = -x + \ln(\cos x) - \frac{1}{3}\ln(x^2-x)$

$\frac{1}{y} \cdot y' = -1 + \frac{1}{\cos x}(-\sin x)$

$\qquad - \frac{1}{3} \cdot \frac{1}{x^2-x} \cdot (2x-1)$

$y' = y\left(-1 - \tan x - \frac{2x-1}{3(x^2-x)}\right)$

연습문제 3.12

1. (1) $y' = \frac{-6}{x\sqrt{x^4-9}}$

(2) $y' = -\frac{1}{\sqrt{1-(-3x+2)^2}} \cdot (-3)$

$$= \frac{3}{\sqrt{1-(-3x+2)^2}}$$

(3) $y' = \frac{-1}{\sqrt{2x-x^2}}$

(4) $y' = -2 \cdot \frac{1}{\sqrt{1-(\sqrt{x}-1)^2}} \cdot \frac{1}{2\sqrt{x-1}}$

$$= \frac{-1}{\sqrt{2-x}\sqrt{x-1}}$$

(5) $y' = \frac{1}{x[1+(\ln x)^2]}$

(6) $y' = -\frac{1}{1+\left(\frac{1}{x}\right)^2} \cdot \frac{-1}{x^2} = \frac{1}{x^2+1}$

(7) $y = \ln(x^2+4) - x\tan^{-1}\left(\frac{x}{2}\right)$

$$\Rightarrow \frac{dy}{dx} = \frac{2x}{x+4} - \tan^{-1}\left(\frac{x}{2}\right) - x\left[\frac{\left(\frac{1}{2}\right)}{1+\left(\frac{x}{2}\right)^2}\right]$$

$$= \frac{2x}{x^2+4} - \tan^{-1}\left(\frac{x}{2}\right) - \frac{2x}{4+x^2} = -\tan^{-1}\left(\frac{x}{2}\right)$$

(8) $y' = -\frac{1}{1+(\csc(x^2))^2} \cdot (-\csc(x^2)\cot(x^2)) \cdot 2x$

$$= \frac{2x\csc(x^2)\cot(x^2)}{1+\csc^2(x^2)}$$

(9) $y' = \frac{1}{|2x+1|\sqrt{x^2+x}}$

(10) $y' = \frac{1}{\sqrt{1-((1-x^2)^2)^2}} \cdot 2(1-x^2) \cdot (-2x)$

$$= \frac{-4x(1-x^2)}{\sqrt{1-(1-x^2)^4}}$$

(11) $y = \tan^{-1}\sqrt{x^2-1} + \csc^{-1}x$

$$= \tan^{-1}(x^2-1)^{1/2} + \csc^{-1}x$$

$$\Rightarrow \frac{dy}{dx}$$

$$= \frac{\left(\frac{1}{2}\right)(x^2-1)^{-1/2}(2x)}{1+\left[(x^2-1)^{1/2}\right]^2} - \frac{1}{|x|\sqrt{x^2-1}}$$

$$= \frac{1}{x\sqrt{x^2-1}} - \frac{1}{|x|\sqrt{x^2-1}} = 0,\ x>1$$

(12) $y' = \frac{1}{2\sqrt{x^2-1}} \cdot 2x - \frac{1}{|x|\sqrt{x^2-1}},\ x>1$

$$= \frac{x}{\sqrt{x^2-1}} - \frac{1}{x\sqrt{x^2-1}}$$

$$= \frac{x^2-1}{x\sqrt{x^2-1}} = \frac{\sqrt{x^2-1}}{x}$$

2. (1) $f(4) = \sec^{-1}(2)$

$$= \cos^{-1}\left(\frac{1}{2}\right) = \frac{\pi}{3} \Rightarrow \therefore \left(4, \frac{\pi}{3}\right)$$

$$y' = \frac{1}{|\sqrt{x}|\sqrt{(\sqrt{x})^2-1}} \cdot \frac{1}{2\sqrt{x}}$$

$$= \frac{1}{\sqrt{x}\cdot\sqrt{x-1}} \cdot \frac{1}{2\sqrt{x}}$$

$$= \frac{1}{2x\sqrt{x-1}}$$

$$f'(4) = \frac{1}{8\sqrt{3}} = \frac{\sqrt{3}}{24}$$

$$\therefore y - \frac{\pi}{3} = \frac{\sqrt{3}}{24}(x-4)$$

(2) $f(\sqrt{3}) = (6\tan^{-1}(\sqrt{3}))^3 = \left(6 \cdot \frac{\pi}{3}\right)^3$

$$= (2\pi)^3 = 8\pi^3 \Rightarrow \therefore (\sqrt{3}, 8\pi^3)$$

$$y' = 3(6\tan^{-1}x)^2 \cdot 6 \cdot \frac{1}{1+x^2}$$

$$f'(\sqrt{3}) = 3(6\tan^{-1}(\sqrt{3}))^2 \cdot 6 \cdot \frac{1}{1+3}$$

$$= 3 \cdot \left(6 \cdot \frac{\pi}{3}\right)^2 \cdot 6 \cdot \frac{1}{4}$$

$$= 18\pi^2$$

$$\therefore y - 8\pi^3 = 18\pi^2(x-\sqrt{3})$$

연습문제 3.13

1. (1) $f(2) = \frac{1}{3}$이므로 $g'(6) = 3$.

(2) $f^{-1\prime}(8) = \frac{1}{f'(3)} = \frac{1}{5}$.

2. (1) $\frac{1}{6}$

(2) $\frac{1}{2}$

(3) $f(g(x)) = x \Rightarrow g(x) = f^{-1}(x)$

$$g'(2) = (f^{-1})'(2) = \frac{1}{f'(f^{-1}(2))}$$

$$= \frac{1}{f'(0)} = \frac{1}{2}$$

($\therefore f^{-1}(2) = x,\quad 2 = f(x) \Rightarrow 2 = e^x + x + 1$

$e^x + x + 1 = 2 \Rightarrow \quad \therefore x = 0$

$f'(x) = e^x + 1 \Rightarrow \quad f'(0) = 2$)

CHAPTER 4

연습문제 4.1

1. (1) $x=0,\ x=4$

(2) $y = x^2 + \frac{2}{x}$

$\Rightarrow y' = 2x - \dfrac{2}{x^2} = \dfrac{2x^3-2}{x^2} = 0$

$\Rightarrow 2x^3 - 2 = 0$

$\Rightarrow x = 1; \dfrac{2x^3-2}{x^2}$ = 정의되지 않는다

$\Rightarrow x^2 = 0 \Rightarrow x = 0$

정의역 $(-\infty,0)\cup(0,\infty)$이므로

임계점은 $x=1$

(3) $x=0, x=1,\ x=2$

(4) $y = 4x^{\frac{1}{3}} + x^{\frac{4}{3}}$

$y' = \dfrac{4}{3}x^{-\frac{2}{3}} + \dfrac{4}{3}x^{\frac{1}{3}} = \dfrac{4}{3\cdot x^{2/3}} + \dfrac{4}{3}x^{1/3}$

$= \dfrac{4+4x}{3\cdot x^{2/3}} = \dfrac{4(1+x)}{3x^{2/3}}$

$y'=0$에서 $x=-1$

$x=0$에서 y'는 정의되지 않으므로

$\therefore x=-1, 0$

(5) $x = e^{-1/2}$

2. (1) $(0,1)$, $(2,\infty)$에서 증가

$(-\infty,0)$, $(1,2)$에서 감소

(2) 정의역 : $x>0$

$h'(x) = \dfrac{1}{x} - \dfrac{1}{x^2} = \dfrac{x-1}{x^2}$

$h'(x)=0$, $x=1$

$x>1$에서 y 증가

$0<x<1$에서 y 감소

x	0		2	
y'		−	0	+

(3) $0 \le x < \dfrac{\pi}{6}$, $\dfrac{5\pi}{6} < x \le \pi$ 에서 y 증가

$\dfrac{\pi}{6} < x < \dfrac{5\pi}{6}$ 에서 y 감소

(4) $y' = 3x^2e^{-x} - x^3e^{-x} = x^2e^{-x}(3-x)$

$y'=0$, $x=0,3$

$x<0,\ 0<x<3$ 에서 y 증가

$x>3$ 에서 y 감소

x		0		2	
y'	+	0	+	0	−

(5) $-2<x<2$에서 y 증가

$x<-2, x>2$에서 y 감소

3. (1) 극댓값은 $k(3)=162$, $t=3$,

극솟값은 $k(-3)=-162$, $t=-3$

(2) 수직 점근선: $x=0$

$y' = \dfrac{e^x\cdot x - e^x\cdot 1}{x^2} = \dfrac{e^x(x-1)}{x^2}$

$y'=0$, $x=1$

$x=0$에서 y'는 정의되지 않음

극솟값 $= f(1) = e$

수직점근선

x		0		1	
y'	−	Ø	−	0	+

(3) 극솟값 $= f(0) = 0$

극댓값 $= f(2) = \dfrac{4}{e^2}$

(4) 극댓값

$g(-2) = 3\sqrt[3]{4} \approx 4.762$, $x=-2$,

극솟값

$g(0)=0$, $x=0$

4. (1) $h(x) = -3x^{2/3} \Rightarrow h'(x) = -2x^{-2/3} \Rightarrow$ 임계점

$x=0$; $h(-1)=-3,\ h(0)=0,$

$h(1)=-3 \Rightarrow$ 최댓값은 0, 최솟값은 -3

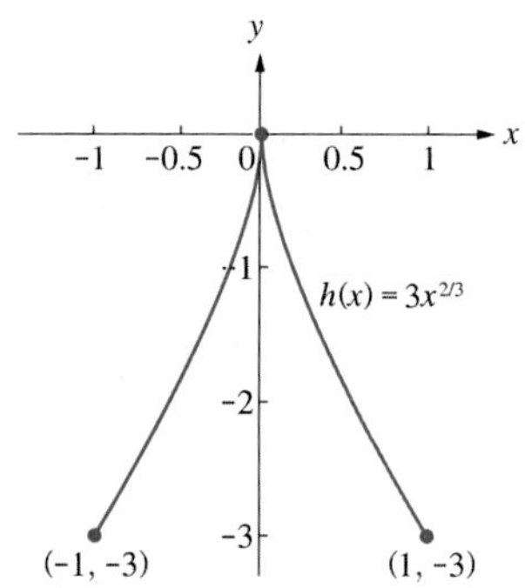

(2) 최댓값 $= f(2) = 16$

최솟값 $= f(-2) = f(4) = -16$

(3) 최솟값 $= f(1) = 0$

최댓값 $= f(e) = \dfrac{\ln e}{e} = \dfrac{1}{e}$

(4) $g(x) = xe^{-x} \Rightarrow g'(x) = e^{-x} - xe^{-x} \Rightarrow$ 임

계점

$x=1;\ g(-1)=-e,\ g(1)=\dfrac{1}{e},\Rightarrow$

최댓값 $\dfrac{1}{e}$ 최솟값 $-e$

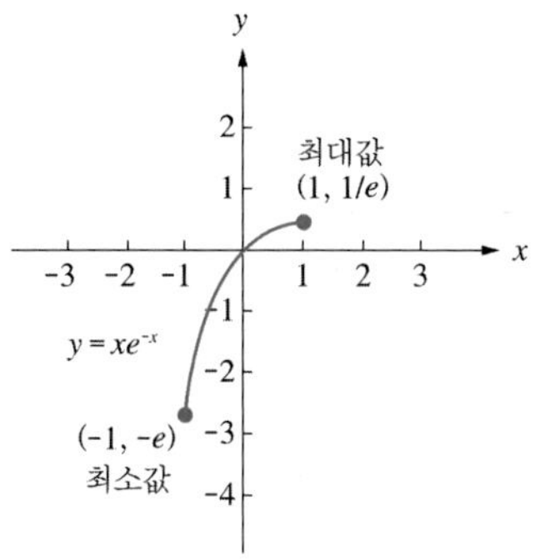

(5) 최솟값 $=f(0)=f(2)=0$

최댓값 $=f(\sqrt{2})=2$

(6) $x=0,\pi,2\pi$ $\qquad x=\dfrac{\pi}{3},\dfrac{5\pi}{3}$

x	0		$\pi/3$		π		$5\pi/3$		2π
y'	0	+	0	−	0	+	0	−	0
y	1	↗	$\frac{3}{2}$	↘	-3	↗	$\frac{3}{2}$	↘	1

최댓값 $=f\left(\dfrac{\pi}{3}\right)=f\left(\dfrac{5\pi}{3}\right)=\dfrac{3}{2}$

최솟값 $=f(\pi)=-3$

연습문제 4.2

1. $f'(x)=3x^2-12x$

$f''(x)=6x-12$

$\quad =6(x-2)$

$f''(x)=0,\ x=2$

$\therefore$ 변곡점 $(2,\ -4)$

x	0		2	
y''		−	0	+
y		∩	-4	∪

2. (1) $y=4x^3-x^4$,

$y'=12x^2-4x^3=4x^2(3-x)$,

$y''=24x-12x^2=12x(2-x)$.

$(-\infty,3)$에서 증가,

$(3,\infty)$에서 감소 $x=3$에서 극댓값 27

$(0,\ 2)$에서 아래로 볼록,

$(-\infty,0)$, $(2,\infty)$에서 위로 볼록.

$x=0$, $x=2$에서 변곡점이다.

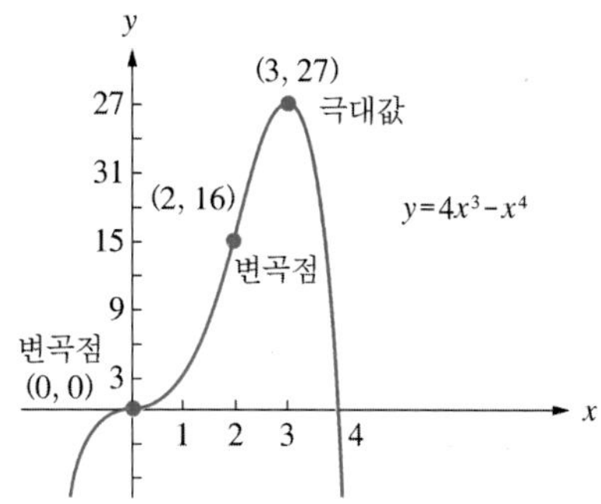

(2) y 는 $x>e^{-3/2}$에서 아래로 볼록

y 는 $0<x<e^{-3/2}$에서 위로 볼록

$x=e^{-3/2}$에서 변곡점

3. (1) $a=-6,\ b=24$

(2) $a=-4,\ b=-4$

4. (1) $f'(x)=3x^2-6x-9=3(x^2-2x-3)$

$=3(x-3)(x+1)$

$f'(x)=0,\ x=3,\ -1$

$f''(x)=6x-6$

$f''(3)=18-6=12>0$

$\therefore$ 극솟값 $=f(3)=-27$

$f''(-1)=-6-6=-12<0$

$\therefore$ 극댓값 $=f(-1)=5$

(2) $f'(x)=2e^x+2xe^x=2e^x(1+x)$

$f'(x)=0\ ,\ x=-1$

$f''(x)=2e^x+(2e^x+2xe^x)$

$\quad =4e^x+2xe^x=2e^x(2+x)$

$f''(-1)=2e^{-1}(2-1)=\dfrac{2}{e}>0$

$\therefore$ 극솟값 $=f(-1)=-2e^{-1}$

5. (1) $6x-6y^2y'+12=0$

$6x+12=6y^2y'$

$x+2=y^2y'$

$$y' = \frac{x+2}{y^2}$$

$$\therefore \frac{dy}{dx} = \frac{x+2}{y^2}$$

(2) $\dfrac{x+2}{y^2} = 0$

$x+2=0$

$x=-2$

$3(-2)^2-2y^3+12(-2)+28=0$

$12-2y^3-24+28=0$

$16-2y^3=0$

$y=2$

$\therefore (-2,2)$

(3) $\dfrac{d^2y}{dx^2} = \dfrac{1\cdot y^2-(x+2)\cdot 2yy'}{(y^2)^2}$

$\therefore \left.\dfrac{d^2y}{dx}\right|_{(-2,2)} = \dfrac{4-0}{16} = \dfrac{1}{4}$

(4) $\mathrm{P}(-2,2)$, $\dfrac{dy}{dx}=0$, $\dfrac{d^2y}{dx^2}>0$.

이계도함수 판정법에 의해 점 P에서 극솟값을 갖는다.

연습문제 4.3

1. (1)

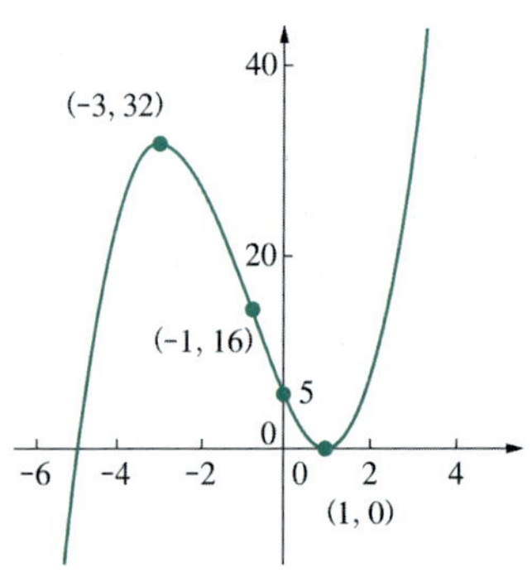

(2) $y' = -6x^2-6x+12$

$= -6(x^2+x-2)$

$= -6(x+2)(x-1)$

$y'=0$, $x=-2, 1$

$y'' = -12x-6 = -6(2x+1)$

$y''=0$, $x = -\dfrac{1}{2}$

x		-2		$-1/2$		1	
y'	−	0	+	+	+	0	−
y''	+	+	+	0	−	−	−
y	↘	-16	↗	$-5/2$	↗	11	↘

$f(-2) = 16-12-24+4 = -16$

$f\left(-\dfrac{1}{2}\right) = \dfrac{1}{4} - \dfrac{3}{4} - 6 + 4 = -\dfrac{5}{2}$

$f(1) = -2-3+12+4 = 11$

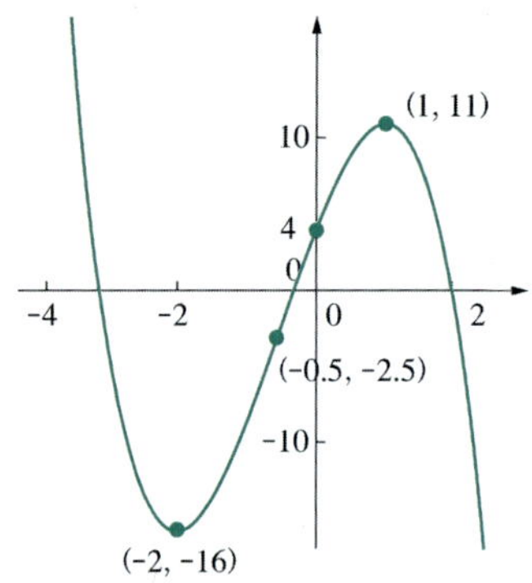

(3)

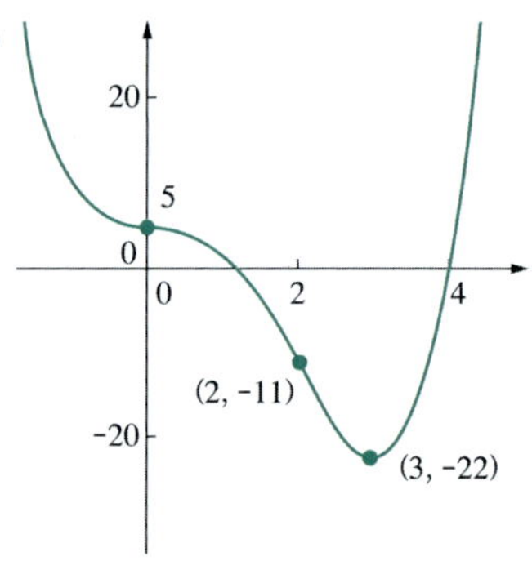

(4) $y' = -4x^3+12x = -4x(x^2-3)$

$y'=0$, $x = 0, \pm\sqrt{3}$

$y'' = -12x^2+12 = -12(x^2-1)$

$y''=0$, $x=\pm 1$

x		$-\sqrt{3}$		-1		0		1		$\sqrt{3}$	
y'	+	0	−	−	−	0	+	+	+	0	−
y''	−	−	−	0	+	+	+	0	−	−	−
y	↗	10	↘	6	↘	1	↗	6	↗	10	↘

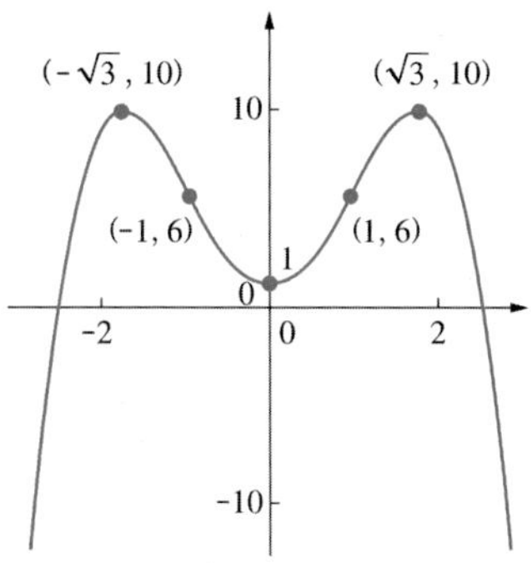

(5)

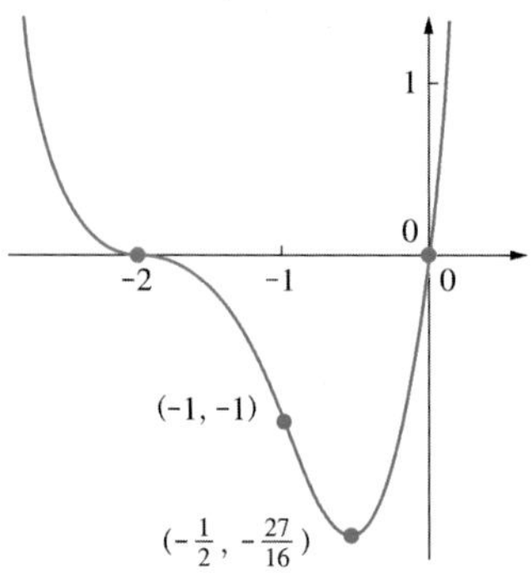

2. (1) $y=2x-3x^{2/3}$, $y'=2-2x^{-1/3}$,

$y''=\dfrac{2}{3}x^{-4/3}$

$(-\infty,0)$, $(1,\infty)$에서 증가, $(0,1)$에서 감소하므로 $x=0$에서 극대, $x=1$에서 극소, $(-\infty,0)$, $(0,\infty)$에서 아래로 볼록, 변곡점 없다.

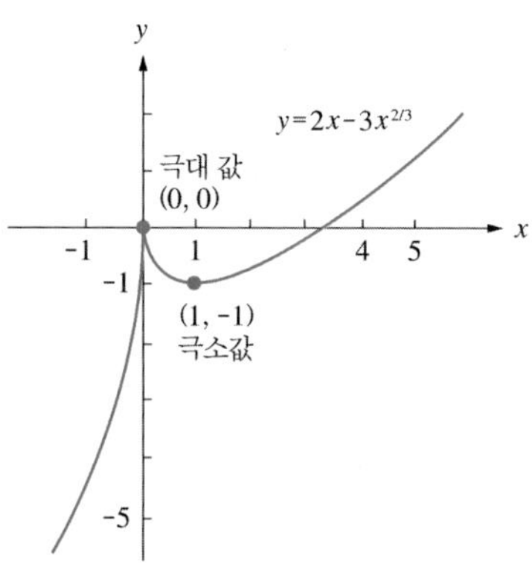

(2) $y=xe^{1/x}$,

$y'=-\dfrac{xe^{1/x}}{x^2}+e^{1/x}=e^{1/x}\left(1-\dfrac{1}{x}\right)$,

$y''=e^{1/x}\left(\dfrac{1}{x^2}\right)+\left(1-\dfrac{1}{x}\right)\left(-\dfrac{e^{1/x}}{x^2}\right)$

$=\dfrac{e^{1/x}}{x^2}\left(\dfrac{1}{x}\right)=\dfrac{e^{1/x}}{x^3}$

$(1,\infty)$, $(-\infty,0)$에서 증가, $(0,1)$에서 감소하므로 $x=1$에서 극솟값 e를 갖는다. $(-\infty,0)$에서 위로 볼록, $(0,\infty)$에서 아래로 볼록. 변곡점 없다.

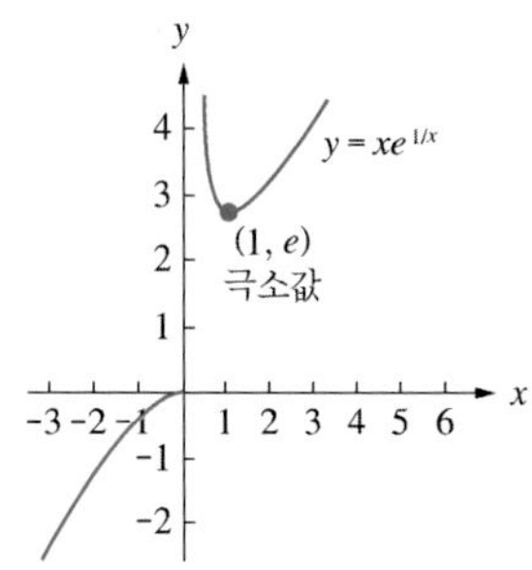

(3) $y=xe^{-x}\Rightarrow y'=e^{-x}-xe^{-x}=(1-x)e^{-x}$

$\Rightarrow y'=+++|---$ (1) $\Rightarrow(-\infty,1)$에서 증가

$(1,\infty)$에서 감소 $x=1$ 에서 극댓값 e^{-1}

$y''=(x-1)e^{-x}+(-1)e^{-x}=(x-2)e^{-x}$

$\Rightarrow y''=---|+++$ (2) $\Rightarrow(2,\infty)$에서 아래로 볼록, $(-\infty,2)$에서

위로 볼록$\Rightarrow$변곡점은 $(2,2e^{-2})$

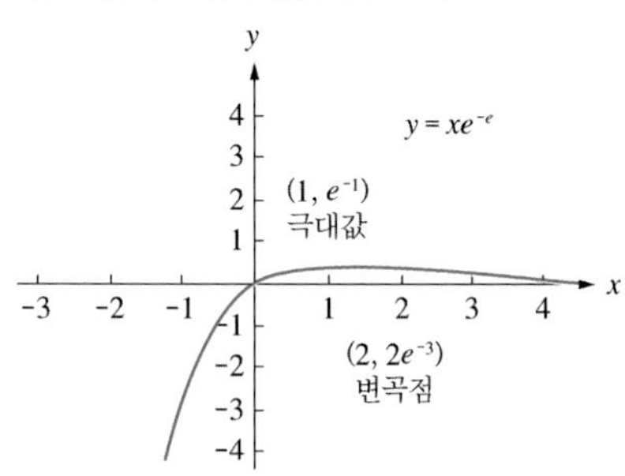

(4) $y=\dfrac{\ln x}{\sqrt{x}}$

$\Rightarrow y'=\dfrac{\sqrt{x}\cdot\left(\dfrac{1}{x}\right)-\ln x\cdot\dfrac{1}{2\sqrt{x}}}{(\sqrt{x})^2}=\dfrac{2-\ln x}{2x^{3/2}}$

$\Rightarrow y'=($ $+++|---$ (0, e^2)

$\Rightarrow$ $(0,e^2)$에서 증가. (e^2,∞)에서 감소,

$x = e^2$ 에서 극댓값 $\dfrac{2}{e}$

$$y'' = \frac{2x^{3/2}\left(-\frac{1}{x}\right) - (2-\ln x)\cdot 2 \cdot \frac{2}{3}x^{1/2}}{(2x^{3/2})^2}$$

$$= \frac{3\ln x - 8}{4x^{5/2}}$$

$\Rightarrow y'' = (\ ---\ |\ +++ \Rightarrow$ $(e^{8/3}, \infty)$에서
$\quad 0 \qquad e^{8/3}$

아래로 볼록, $(0, e^{8/3})$에서 위로 볼록 ⇒ 변곡점은 $\left(e^{8/3}, \dfrac{8}{3e^{4/3}}\right)$.

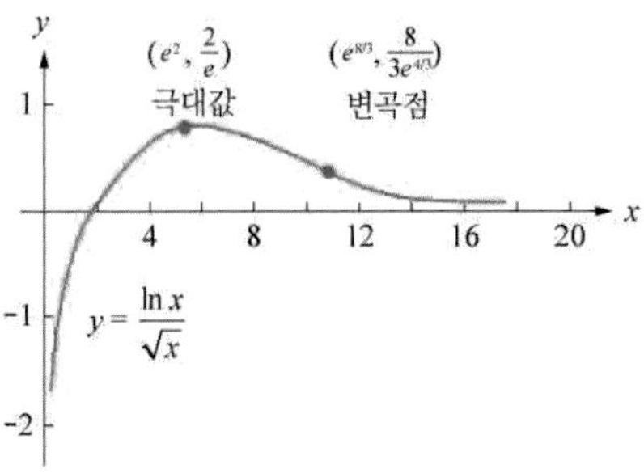

(5) $y = \ln(3-x^2)$, $\Rightarrow y' = \dfrac{-2x}{3-x^2} = \dfrac{2x}{x^2-3}$

$\Rightarrow y' = (\ +++\ |\ ---\ ) \Rightarrow$ $(-\sqrt{3}, 0)$에서
$\quad -\sqrt{3} \qquad 0 \qquad \sqrt{3}$

증가, $(0, \sqrt{3})$에서 감소

$x = 0\ ; y'' = \dfrac{(x^2-3)(2)-(2x)(2x)}{(x^2-3)^2} = \dfrac{-2(x^2+3)}{(x^2-3)^2}$

$\Rightarrow y'' = (\ ---\ )$
$\quad -\sqrt{3} \qquad \sqrt{3}$

$\Rightarrow (-\sqrt{3}, \sqrt{3})$에서 위로 볼록

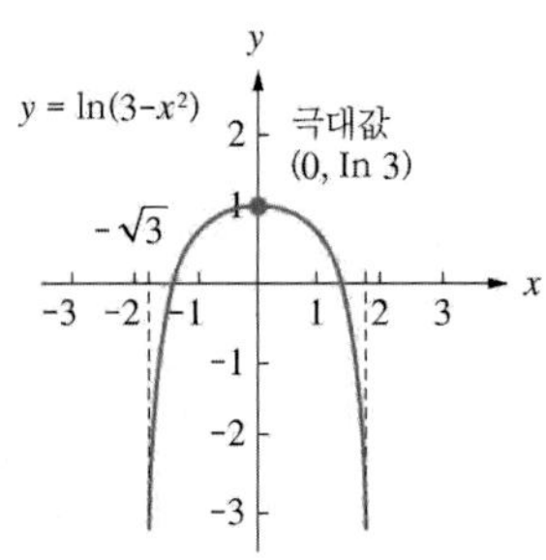

(6) $y = \dfrac{4}{3}x - \tan x$, $y' = \dfrac{4}{3} - \sec^2 x$,

$y'' = -2\sec^2 x \tan x$.

$\left(-\dfrac{\pi}{6}, \dfrac{\pi}{6}\right)$에서 증가, $\left(-\dfrac{\pi}{2}, -\dfrac{\pi}{6}\right)$, $\left(\dfrac{\pi}{6}, \dfrac{\pi}{2}\right)$ 에서 감소

$x = -\dfrac{\pi}{6}$에서 극솟값, $x = \dfrac{\pi}{6}$에서 극댓값

$\left(-\dfrac{\pi}{2}, 0\right)$에서 아래로 볼록, $\left(0, \dfrac{\pi}{2}\right)$에서 위로 볼록.

$x = 0$에서 변곡점이다.

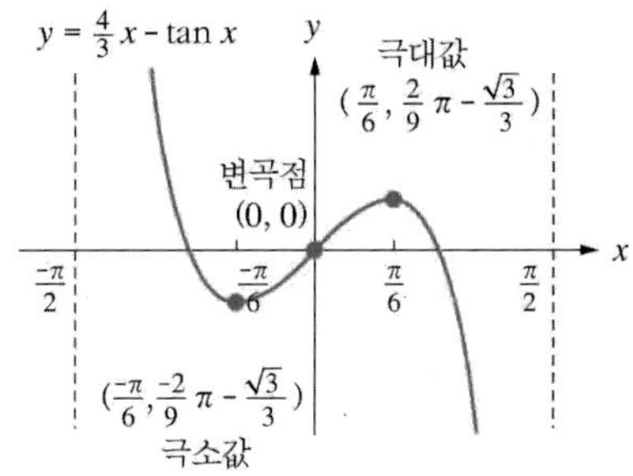

3. (1) $y = \dfrac{8x}{x^2+4}$, $y' = \dfrac{-8(x^2-4)}{(x^2+4)^2}$

$y'' = \dfrac{16x(x^2-12)}{(x^2+4)^3}$.

$(-\infty, -2)$, $(2, \infty)$에서 감소 $(-2, 2)$에서 증가.

$x = -2$에서 극솟값 ,

$x = 2$에서 극댓값.

$(-\infty, -2\sqrt{3})$, $(0, 2\sqrt{3})$에서 위로 볼록

$(-2\sqrt{3}, 0)$, $(2\sqrt{3}, \infty)$에서 아래로 볼록.

$x = -2\sqrt{3}$, $x = 0$, $x = 2\sqrt{3}$에서 변곡점

$y = 0$ 이 수평 점근선이다

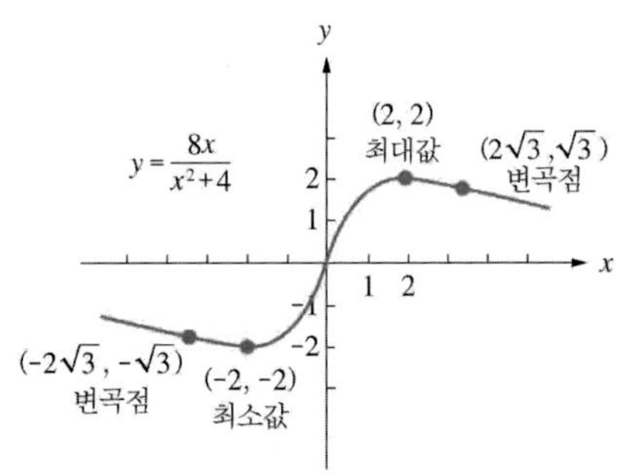

(2) $y = \dfrac{x^2-3}{x-2}$

$$y' = \frac{2x(x-2)-(x^3-3)(1)}{(x-2)^2}$$

$$= \frac{(x-3)(x-1)}{(x-2)^2}$$

$$y'' = \frac{(2x-4)(x-2)^2 - (x^2-4x+3)2(x-2)}{(x-2)^4}$$

$$= \frac{2}{(x-2)^3}.$$

$(-\infty,1)$, $(3,\infty)$에서 증가

$(1,2)$, $(2,3)$에서 감소.

$x=1$에서 극대

$x=3$에서 극소. $(-\infty,2)$에서 위로 볼록,

$(2,\infty)$에서 아래로 볼록. 변곡점 없다.

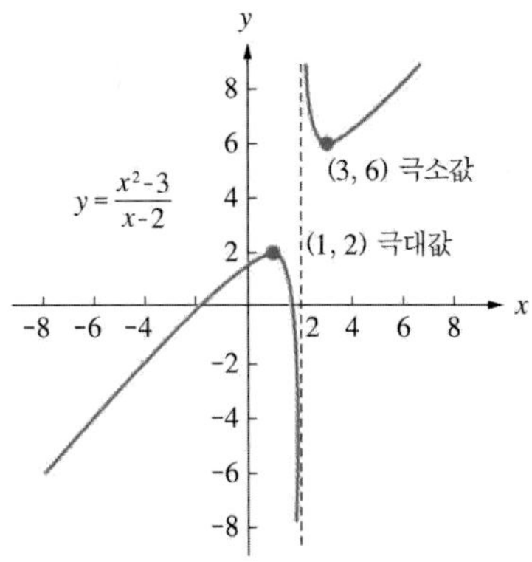

(3) $y = \dfrac{e^x}{1+e^x}$

$\Rightarrow y' = \dfrac{(e^x+1)e^x - e^x \cdot e^x}{(1+e^x)^2} = \dfrac{e^x}{(1+e^x)^2}$

$\Rightarrow y' = +++$

$\Rightarrow (-\infty,\infty)$에서 증가

$y'' = \dfrac{(e^x+1)^2 \cdot e^x - e^x \cdot 2(e^x+1)}{(1+e^x)^4}$

$= \dfrac{e^x(1-e^x)}{(1+e^x)^3}$

$\Rightarrow y'' = +++ \mid ---$
$\qquad\qquad\quad 0$

$\Rightarrow (-\infty,0)$에서 아래로 볼록, $(0,\infty)$에서 위로 볼록

$\Rightarrow$ 변곡점 $(0,\frac{1}{2})$.

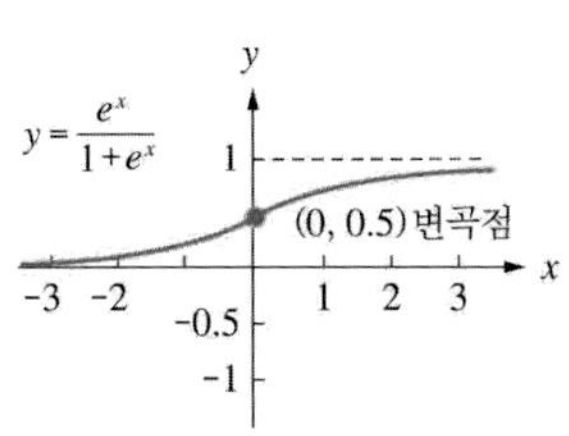

(4) $y = \dfrac{x}{\sqrt{x^2+1}}$; $y' = \dfrac{1}{(x^2+1)^{3/2}}$

$y'' = \dfrac{-3x}{(x^2+1)^{3/2}}$. 극대 극솟값 없다.

$(-\infty,\infty)$에서 증가, $(-\infty,0)$에서 아래로 볼록, $(0,\infty)$에서 위로 볼록. $x=0$에서 변곡점.

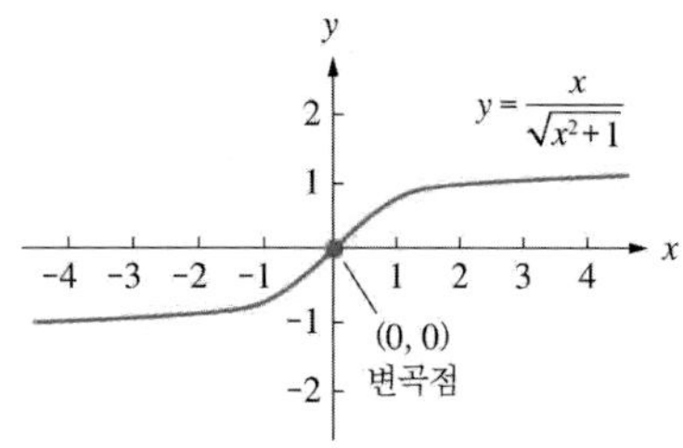

연습문제 4.4

1. (1)

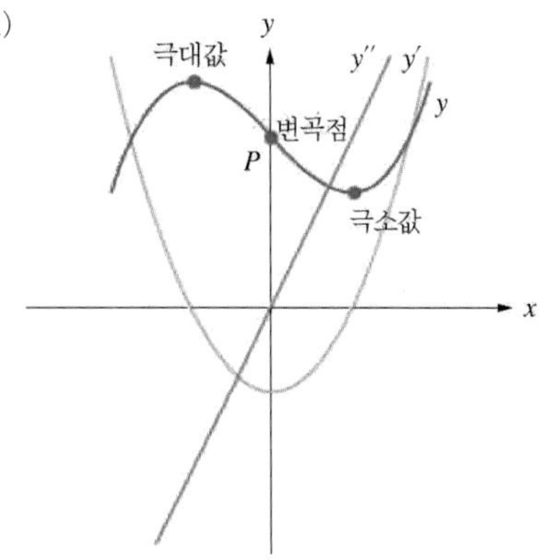

(2)

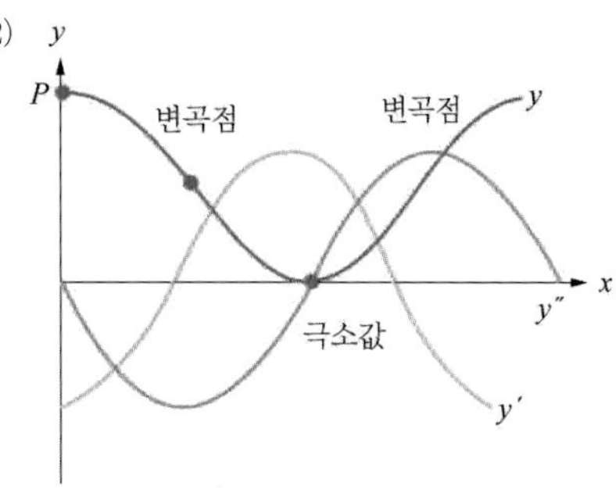

2. (1) f''의 부호가 변화할 때이므로

$x = b, d$

(2) $f'' > 0$일 때이므로

$\therefore b < x < d$

(3) $f'' > 0$일 때이므로

$\therefore b < x < d$

(4) f''의 부호가 +에서 −로 변할 때이므로

$\therefore x = d$

(5) f''가 감소할 때 f'가 위로 볼록이므로

$\therefore c < x < e,\ f < x < g$

3. (1) $f(-1) = 0,\ f(1) = -2,\ f(5) = 2,$

$f'(-1) = -1,\ f'(1) = DNE,\ f'(2) = 2\ ,$

$f'(3) = DNE$

(2) $\dfrac{f(3) - f(-1)}{3 - (-1)} = \dfrac{2-0}{4} = \dfrac{1}{2}$

(3) $f' > 0$일 때 f는 증가이므로

$\therefore -3 \le x < -1\ ,\ 2 < x < 4,\ 4 < x \le 5$

(4) $f'' < 0$ 또는 f' 가 감소할 때 f는 위로 볼록이므로

$\therefore -2 < x < 1,\ 3 < x < 4$

(5) $x = 2$에서 극소이고 $x = -1$일 때 극대이다.

(6) f''의 부호가 바뀔 때이므로

$x = 1, 3, 4$에서 변곡점이다.

연습문제 4.5

1. (1) $v(t) = s'(t) = 3t^2 - 12$

$a(t) = v'(t) = 6t$

(2) $v(t) = 0,\ t = 2$

$\therefore t = 2$

(3) $a = v' > 0$

$6t > 0$

$\therefore t > 0$

(4) $va\langle 0$ 이므로

$\therefore 0 < t < 2$

2. (1) $s(2) - s(1) = -1 - 1 = -2m$

(2) $\dfrac{s(2) - s(1)}{2-1} = \dfrac{-2}{1} = -2m/\text{sec}$

(3) $v(t) = s'(t) = 3t^2 - 12t + 9$

$a(t) = v'(t) = 6t - 12$

(4) $v = 0$ 이므로

$v(t) = 3t^2 - 12t + 9$

$= 3(t^2 - 4t + 3)$

$= (t-1)(t-3)$

$\therefore t = 1, 3\ \text{sec}$

(5) $s(4) = 1m$

$v(4) = 9m/\text{sec}$

속력 $= 9m/\text{sec}$

$a(4) = 12m/\text{sec}^2$

(6) $\dfrac{v(2) - v(0)}{2-0} = \dfrac{-3-9}{2} = -6m/\text{sec}^2$

(7) $v > 0$이므로

$v(t) = 3(t-1)(t-3)$

$\therefore 0 \le t < 1,\ t > 3$

(8) $a < 0$

$a(t) = 6(t-2)$

$\therefore 0 \le t < 2$

(9) $v \cdot a > 0$

$\therefore 1 < t < 2, t > 3$

(10) $\therefore 4 + 4 + 4 = 12m$

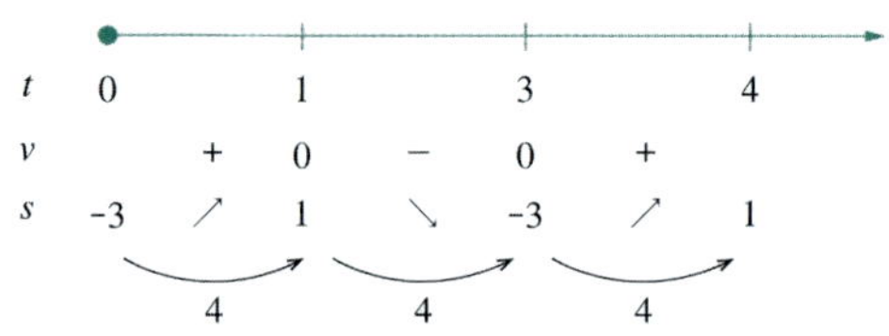

연습문제 4.6

1. (1) t를 소거하면

$y = 2\left(\dfrac{x-1}{2}\right) - \left(\dfrac{x-1}{2}\right)^2$

$= -\dfrac{1}{4}(x^2 - 6x + 5) = -\dfrac{1}{4}(x-3)^2 + 1$

그런데 $t \ge 0$이므로 $x \ge 1$

(2) $\dfrac{dx}{dt} = 2,\ \dfrac{dy}{dt} = 2 - 2t$이므로

$t = 2$일 때 $v = (2, -2),\ |v| = 2\sqrt{2}$

$\dfrac{d^2x}{dt^2} = 0,\ \dfrac{d^2y}{dt^2} = -2$이므로

$t = 2$일 때 $a = (0, -2),\ |a| = 2$

(3) $v = (2, -2)$가 x축의 양의 방향과 이루는 각을 θ라 하면

$\tan\theta = -1, \quad \therefore \theta = -45^\circ$

2. (1) $x=3\cos\frac{\pi}{3}t$, $y=2\sin\frac{\pi}{3}t$,

$$\left(\frac{x}{3}\right)^2+\left(\frac{y}{2}\right)^2=1$$

(2) $v=-\pi\sin\frac{\pi}{3}ti+\frac{2\pi}{3}\cos\frac{\pi}{3}tj$

$t=3$.

$$|v|=\sqrt{(-\pi\cdot 0)^2+\left(\frac{2\pi}{3}\cdot(-1)\right)^2}=\frac{2}{3}\pi$$

(3) $a=-\frac{\pi^2}{3}\cos\frac{\pi}{3}ti-\frac{2\pi^2}{3}\sin\frac{\pi}{3}tj$ $t=3$,

$$|a|=\sqrt{\left(-\frac{\pi^2}{3}\cdot-1\right)^2+\left(-\frac{2\pi^2}{9}\cdot 0\right)^2}$$

$$=\frac{\pi^2}{3}$$

(4) $\frac{dy/dt}{dx/dt}$

$$t=\frac{1}{2},\ \frac{\frac{2\pi}{3}\cdot\cos\frac{\pi}{6}}{-\pi\cdot\sin\frac{\pi}{6}}=-\frac{2}{3}\cot\frac{\pi}{6}=-\frac{2\sqrt{3}}{3}$$

연습문제 4.7

1. $A(x)=x(800-2x)$,

$0\le x\le 400$.

$A'(x)=800-4x=0$

$\Rightarrow x=200$. $A(0)=A(400)=0$,

최대면적은

$A(200)=80{,}000m^2$.

$200m$, $400m$.

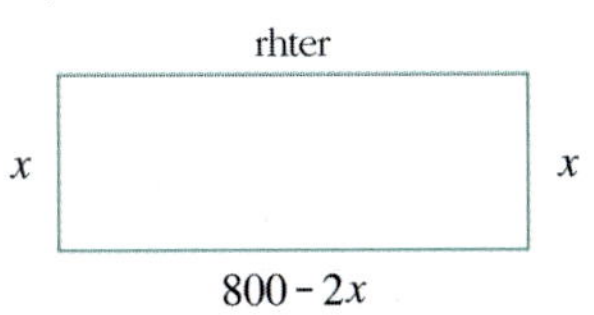

2. (1) -5 or 5

(2) x , $18-x$.

$P=x^2\cdot(18-x)=18x^2-x^3$

$P'=36x-3x^2=3x(12-x), x>0$

$P'=0$, $x=12$

$\therefore 12$ 또는 6

3. $V\left(\frac{5}{3}\right)=\frac{2450}{27}\approx 91in^3$, $\frac{14}{3}\times\frac{35}{3}\times\frac{5}{3}$

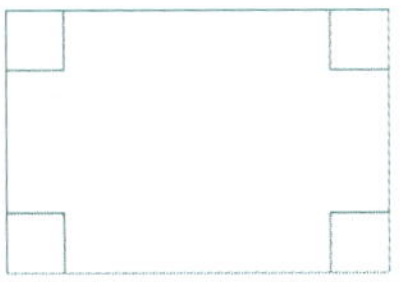

4. (1) $300cm^2$

(2) $V=\pi r^2h=1000\Rightarrow h=\frac{1000}{\pi r^2}$.

$$\Rightarrow S=2\pi rh+\pi r^2=\frac{2000}{r}+\pi r^2,\ 0<r.$$

$$\frac{dS}{dr}=-\frac{2000}{r^2}+2\pi r=0\Rightarrow\frac{\pi r^3-1000}{r^2}=0.$$

따라서 $h=\frac{1000}{\pi r^2}=\frac{10}{\sqrt[3]{\pi}}$ cm 일 때 최소의 겉면적이다.

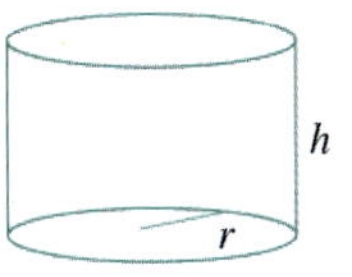

5. (1) $\frac{24\pi}{4+\pi}$

(2)

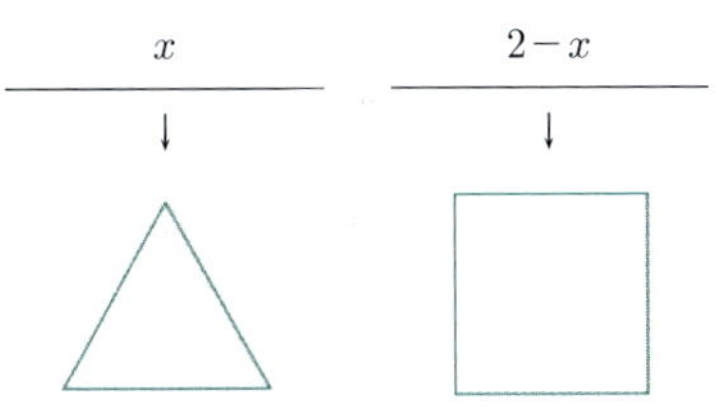

$l=\frac{x}{3}$ $s=\frac{20-x}{4}$

$$A=\frac{\sqrt{3}}{4}l^2+s^2=\frac{\sqrt{3}}{4}\left(\frac{x}{3}\right)^2+\left(\frac{20-x}{4}\right)^2$$

$$=\frac{\sqrt{3}x^2}{36}+\frac{(20-x)^2}{16}$$

$$A'=\frac{2\sqrt{3}x}{36}+\frac{2(20-x)\cdot(-1)}{16}$$

$$=\frac{\sqrt{3}x}{18}-\frac{20-x}{8}=\frac{4\sqrt{3}x-9(20-x)}{72}$$

$$=\frac{4\sqrt{3}x+9x-180}{72}$$

$$= \frac{(4\sqrt{3}+9)x-180}{72}$$

$$A'=0\ ,\ x=\frac{180}{4\sqrt{3}+9}=11.301$$

6. (1) $10\sqrt{2}\ \times\ 10\sqrt{2}\ cm$

(2) $(x,y)=(x,\sqrt{9-x^2})$에서

$$A=(2x)\sqrt{9-x^2}\ ,0\le x\le 3.$$

$$A'=2\sqrt{9-x^2}+(2x)\frac{-x}{\sqrt{9-x^2}}$$

$$=\frac{2(9-x^2)-2x^2}{\sqrt{9-x^2}}=\frac{18-4x^2}{\sqrt{9-x^2}},$$

$$A'=0\Rightarrow 18-4x^2=0\Rightarrow x=\ \pm\frac{3\sqrt{2}}{2},$$

$x=\frac{3\sqrt{2}}{2}$ 에서 A는 최댓값.

$$A\left(\frac{3\sqrt{2}}{2}\right)=9\Rightarrow 3\sqrt{2}\ ,\ \frac{3\sqrt{2}}{2}.$$

(3) $4000\pi cm^3$

7. (2) $y=\frac{1}{4}x^2-1$

$4y=x^2-4$

$x^2=4y+4$ ·· ①

$l=\sqrt{(x-0)^2+(y-3)^2}$

$=\sqrt{x^2+y^2-6y+9}$ ····························· ②

① → ②

$l=\sqrt{(4y+4)+y^2-6y+9}=\sqrt{y^2-2y+13}$

$l'=\frac{1}{2\sqrt{y^2-2y+13}}(2y-2)$

$l'=0\ ,\ y=1$

$\therefore(\pm 2\sqrt{2},1)$

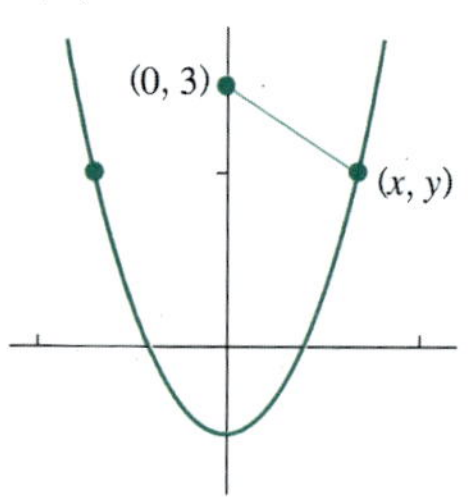

(3) $x^2-y^2=-1$

$y^2=x^2+1$ ·· ①

$l=\sqrt{(x-4)^2+y^2}$ ····························· ②

① → ②

$l=\sqrt{x^2-8x+16+x^2+1}=\sqrt{2x^2-8x+17}$

$l'=\frac{1}{\sqrt{2x^2-8x+17}}(4x-8)$

$l'=0,\ x=2$

$\therefore(2,\ \pm\sqrt{5})$

연습문제 4.8

1. (1) $\frac{dV}{dt}=1\ volt/\mathrm{sec}$

(2) $\frac{dI}{dt}=-\frac{1}{3}\ amp/\mathrm{sec}$

(3) $\frac{dV}{dt}=R\left(\frac{dI}{dt}\right)+I\left(\frac{dR}{dt}\right)$

$\Rightarrow\frac{dR}{dt}=\frac{1}{I}\left(\frac{dV}{dt}-\frac{V}{I}\frac{dI}{dt}\right)$

(4) $\frac{dR}{dt}=\frac{1}{2}\left[1-\frac{12}{2}\left(-\frac{1}{3}\right)\right]=\frac{3}{2}\ ohms/\mathrm{sec},$

2. (1) $V=\frac{1}{3}\pi r^2h$

$r=\frac{15h}{2}$

$\Rightarrow V=\frac{1}{3}\pi\left(\frac{15h}{2}\right)^2h=\frac{75\pi h^3}{4}$

$\Rightarrow\frac{dV}{dt}=\frac{225\pi h^2}{4}\frac{dh}{dt}$

$\Rightarrow\frac{dh}{dt}\bigg|_{h=5}=\frac{4(-50)}{225\pi(5)^2}=\frac{-8}{225\pi}$

$\approx -0.0113m/\mathrm{min}$

$r=\frac{15h}{2}\Rightarrow\frac{dr}{dt}=\frac{15}{2}\frac{dh}{dt}$

$\Rightarrow\frac{dr}{dt}\bigg|_{h=5}=\left(\frac{15}{2}\right)\left(\frac{-8}{225\pi}\right)=\frac{-4}{15\pi}$

$\approx -0.0849\mathrm{m/sec}$

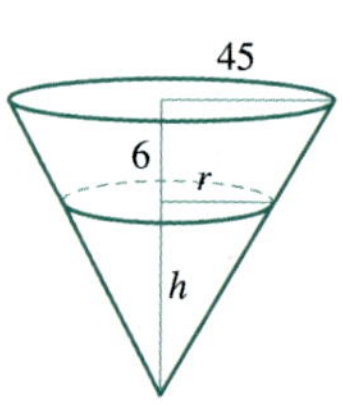

(2) $V=\frac{4}{3}\pi r^3, r=5,\ \frac{dV}{dt}=100\pi\ ft^3/\mathrm{min},$

$$\frac{dV}{dt}=4\pi r^2\frac{dr}{dt}\Rightarrow\frac{dr}{dt}=1\ ft/\text{min}.$$

$$S=4\pi r^2\Rightarrow\frac{dS}{dt}=8\pi r\frac{dr}{dt}$$

$$=8\pi(5)(1)=40\pi\ ft^2/\text{min}.$$

3. $\frac{dx}{dt}=5ft/\text{sec}$, 사다리의 길이가 13 ft일 때,

$x=12, y=5$

(1) $x^2+y^2=169$

$$\Rightarrow\frac{dy}{dt}=-\frac{x}{y}\frac{dx}{dt}=-\left(\frac{12}{5}\right)(5)=-12ft/\text{sec},$$

(2) $A=\frac{1}{2}xy\Rightarrow\frac{dA}{dt}=\left(\frac{1}{2}\right)\left(x\frac{dy}{dt}+y\frac{dx}{dt}\right).$

$$\frac{dA}{dt}=\frac{1}{2}[12(-12)+5(5)]$$

$$=-\frac{119}{2}=-59.5ft^2/\text{sec}.$$

(3) $\cos\theta=\frac{x}{13}\Rightarrow-\sin\theta\frac{d\theta}{dt}=\frac{1}{13}\cdot\frac{dx}{dt}$

$$\Rightarrow\frac{d\theta}{dt}=-\frac{1}{13\sin\theta}\cdot\frac{dx}{dt}$$

$$=-\left(\frac{1}{5}\right)(5)=-1\,rad/\text{sec}$$

4. (1) s는 로프의 길이, x는 독에서 보트까지의 거리

(a) $s^2=x^2+36$

$$\Rightarrow\frac{dx}{dt}=\frac{s}{x}\frac{ds}{dx}=\frac{s}{\sqrt{s^2-36}}\frac{ds}{dt}.$$

$$\left.\frac{dx}{dt}\right|_{s=10}=\frac{10}{\sqrt{10^2-36}}(-2)$$

$$=-2.5ft/\text{sec}.$$

(b) $\cos\theta=\frac{6}{s}\Rightarrow-\sin\theta\frac{d\theta}{dt}=-\frac{6}{s^2}\frac{ds}{dt}$

$$\Rightarrow\frac{d\theta}{dt}=\frac{6}{s^2\sin\theta}\frac{ds}{dt}.\ s=10, x=8,$$

$$\sin\theta=\frac{8}{10}\Rightarrow\frac{d\theta}{dt}=\frac{6}{10^2\left(\frac{8}{10}\right)}\cdot(-2)$$

$$=-\frac{3}{20}\text{rad/sec}$$

(2) s =자동차에서 카메라 밑까지의 거리

$$\Rightarrow\tan\theta=\frac{s}{132}\Rightarrow\sec^2\theta\frac{d\theta}{dt}=\frac{1}{132}\frac{ds}{dt}$$

$$\Rightarrow\frac{d\theta}{dt}=\frac{\cos^2\theta}{132}\frac{ds}{dt};\frac{ds}{dt}=-264,$$

$$\theta=0\Rightarrow\frac{d\theta}{dt}=-2rad/\text{sec}.$$

0.5초 후 $s=132ft$이므로 $\theta=\frac{\pi}{4}$

$$\cos^2\theta=\frac{1}{2},\ \frac{ds}{dt}=-264$$

$$\Rightarrow\frac{d\theta}{dt}=\frac{\left(\frac{1}{2}\right)}{132}(-264)=-1\,rad/\text{sec}.$$

5. (1) (a) $\frac{dx}{dt}=-3ft/\text{sec}, \frac{dy}{dt}=?$

$$\frac{6}{20}=\frac{y}{x+y}$$

$$6x+6y=20y$$

$$6x=14y$$

$$3x=7y$$

$$3\frac{dx}{dt}=7\frac{dy}{dt}$$

$$\frac{dy}{dt}=\frac{3}{7}\frac{dx}{dt}=\frac{3}{7}(-3)=-\frac{9}{7}ft/\text{sec}$$

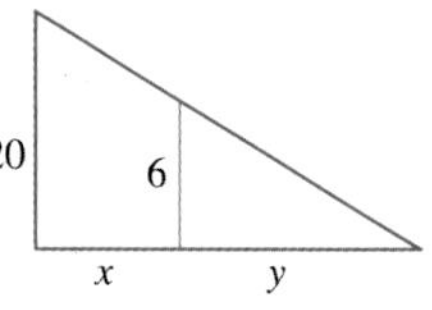

(b) $\frac{dz}{dt}=?$

$$z=x+y$$

$$\frac{dz}{dt}=\frac{dx}{dt}+\frac{dy}{dt}=-3-\frac{9}{7}=-\frac{30}{7}ft/\text{sec}$$

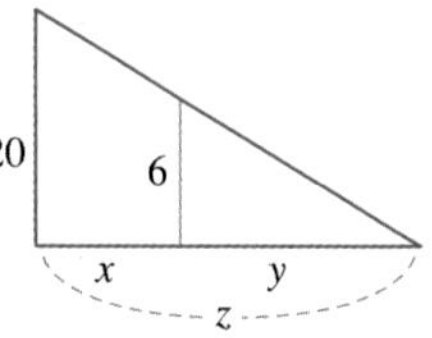

(2) s는 싸이클에서 풍선까지의 거리, h는 풍선의 높이, x는 풍선 아래 부분에서 싸이클까지의 수평 거리

$$s^2=h^2+x^2$$

$$\Rightarrow\frac{ds}{dt}=\frac{1}{s}\left(h\frac{dh}{dt}+x\frac{dx}{dt}\right)$$

$$\Rightarrow\frac{ds}{dt}=\frac{1}{85}[68(1)+51(17)]=11ft/\text{sec}.$$

6. (1) $\dfrac{d\theta}{dt} = -\dfrac{\pi}{14}\dfrac{rad}{\sec}$

$\left.\dfrac{dA}{dt}\right|_{\theta=\frac{\pi}{3}}$

$A = \dfrac{1}{2}\cdot 7\cdot 8\cdot \sin\theta = 28\sin\theta$

$\left.\dfrac{dA}{dt}\right|_{\theta=\frac{\pi}{3}} = 28\cos\theta\cdot\dfrac{d\theta}{dt}$

$= 28\cos\left(\dfrac{\pi}{3}\right)\cdot\left(-\dfrac{\pi}{14}\right) = -\pi cm^2/\sec$

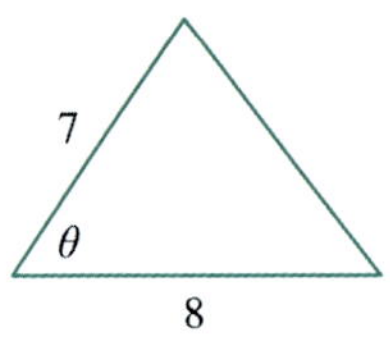

(2) $\dfrac{dh}{dt} = 2cm/\sec$

$\dfrac{db}{dt} = -3cm/\sec$

$\dfrac{dA}{dt} = ?$

$A = \dfrac{1}{2}bh$

$\dfrac{dA}{dt} = \dfrac{1}{2}\dfrac{db}{dt}\cdot h + \dfrac{1}{2}b\cdot\dfrac{dh}{dt}$

$b = 8,\ A = 40,\ h = 10$

$\dfrac{dA}{dt} = \dfrac{1}{2}(-3)(10) + \dfrac{1}{2}(8)(2) = -7cm^2/\sec$

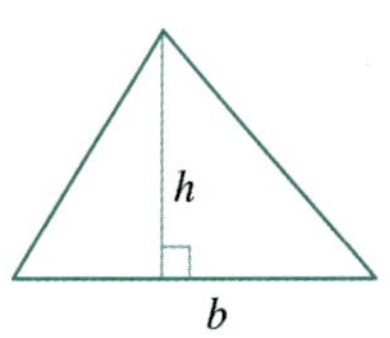

연습문제 4.9

1. (1) $c = \dfrac{1}{2}$

(2) $f(x) = x^{2/3}\quad 0 \le x \le 1,$

$\dfrac{f(1)-f(0)}{1-0} = f'(c)$

$\Rightarrow 1 = \left(\dfrac{2}{3}\right)c^{-1/3} \Rightarrow c = \dfrac{8}{27}.$

(3) $c = 1$

(4) $f(x) = \sqrt{x-1},\ 1 \le x \le 3,$

$\dfrac{f(3)-f(1)}{3-1} = f'(c)$

$\Rightarrow \dfrac{\sqrt{2}}{2} = \dfrac{1}{2\sqrt{c-1}} \Rightarrow c = \dfrac{3}{2}$

(5) $c = \pm\sqrt{1-\dfrac{4}{\pi^2}} \approx \pm 0.771$

(6) $\dfrac{1+\sqrt{7}}{3} \approx 1.22\quad \dfrac{1-\sqrt{7}}{3} \approx -0.549$

2. (1) $x = 0$에서 $f(x)$는 불연속

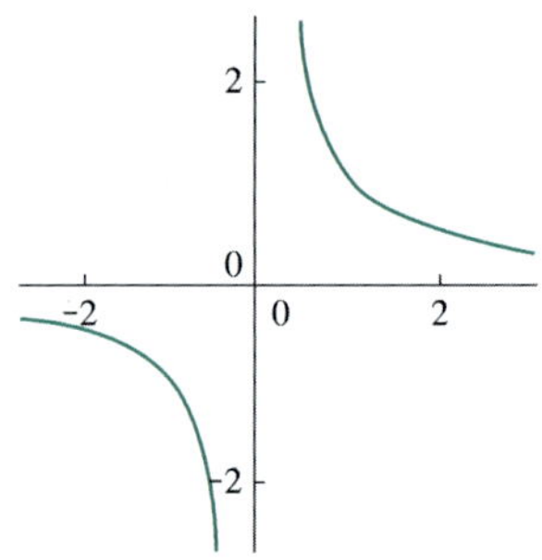

(2) $x = 0$에서 $f(x)$는 불연속

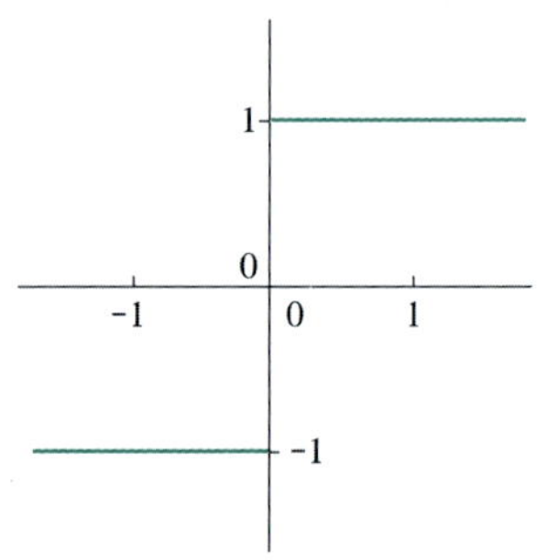

(3) $x = 1$에서 $f(x)$는 미분 불능

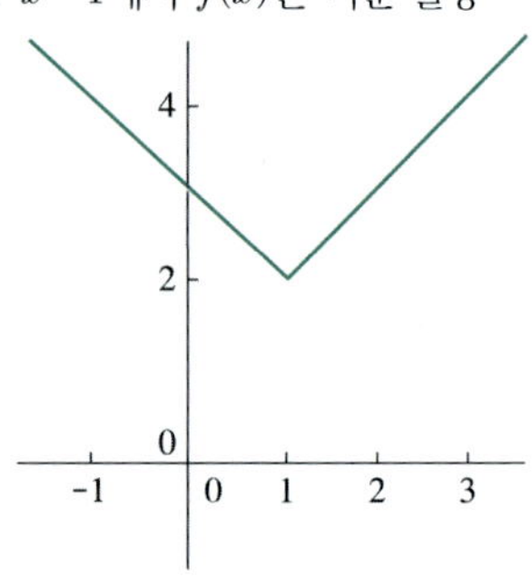

(4) $x = 0$에서 $f(x)$는 미분 불능

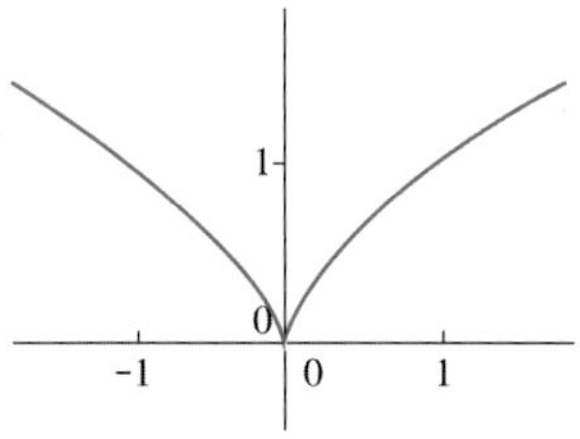

연습문제 4.10

1. (1) $f(x)=\sqrt{x}$

$f(16)=\sqrt{16}=4 \Rightarrow (16,4)$

$f'(x)=\dfrac{1}{2\sqrt{x}}$

$f'(16)=\dfrac{1}{2\sqrt{16}}=\dfrac{1}{8}$

$y-4=\dfrac{1}{8}(x-16)$

$y=\dfrac{1}{8}(x-16)+4$

$\sqrt{x} \approx \dfrac{1}{8}(x-16)+4$, $x=16$

$\sqrt{16.08} \approx \dfrac{1}{8}(0.08)+4=4.01$

(2) $f(x)=\sqrt[3]{x}$

$f(8)=\sqrt[3]{8}=2 \Rightarrow (8,2)$

$f'(x)=\dfrac{1}{3}x^{-\frac{2}{3}}$

$f'(8)=\dfrac{1}{3}(8)^{-\frac{2}{3}}=\dfrac{1}{3}\cdot\dfrac{1}{4}=\dfrac{1}{12}$

$y-2=\dfrac{1}{12}(x-8)+2$

$\sqrt[3]{x} \approx \dfrac{1}{12}(x-8)+2$, $x=8$

$\sqrt[3]{7.4} \approx \dfrac{1}{12}(-0.6)+2=1.95$

(3) $f(x)=\sqrt{x}$

$f(64)=\sqrt{64}=8 \Rightarrow (64,8)$

$f'(x)=\dfrac{1}{2\sqrt{x}}$

$f'(64)=\dfrac{1}{16}$

$y-8=\dfrac{1}{16}(x-64)$

$y=\dfrac{1}{16}(x-64)+8$

$\sqrt{x} \approx \dfrac{1}{16}(x-64)+8$, $x=64$

$\sqrt{63} \approx \dfrac{1}{16}(-1)+8=\dfrac{127}{16}(7.938)$

(4) $f(x)=x^{10}$

$f(1)=1 \Rightarrow (1,1)$

$f'(x)=10x^9$

$f'(1)=10$

$y-1=10(x-1)$

$y=10(x-1)+1$

$x^{10} \approx 10(x-1)+1$, $x=1$

$(1.01)^{10} \approx 10(0.01)+1=1.1$

(5) $f(x)=2^x$

$f(4)=2^4=16 \Rightarrow (4,16)$

$f'(x)=2^x \cdot \ln 2$

$f'(4)=16\ln 2$

$y-16=16\ln 2(x-4)$

$y=16\ln 2(x-4)+16$

$2^x \approx 16\ln 2 \cdot (x-4)+16$, $x=4$

$2^{3.99} \approx 16\ln 2 \cdot (-0.01)+16$

$\approx 16-\dfrac{4}{25}\ln 2$ (15.889)

(6) $f(x)=\tan^{-1}x$

$f(1)=\tan^{-1}(1)=\dfrac{\pi}{4} \Rightarrow \left(1,\dfrac{\pi}{4}\right)$

$f'(x)=\dfrac{1}{1+x^2}$

$f'(1)=\dfrac{1}{2}$

$y-\dfrac{\pi}{4}=\dfrac{1}{2}(x-1)$

$y=\dfrac{1}{2}(x-1)+\dfrac{\pi}{4}$

$\tan^{-1}x \approx \dfrac{1}{2}(x-1)+\dfrac{\pi}{4}$, $x=1$

$\tan^{-1}(1.01) \approx \dfrac{1}{2}(0.01)+\dfrac{\pi}{4}$

$\approx \dfrac{\pi}{4}+0.005$ (0.790)

2. (1) $f(x)=x^3-2x+3$

$\Rightarrow f'(x)=3x^2-2$

$$\Rightarrow L(x)=f'(2)(x-2)+f(2)=10(x-2)+7$$
$$\Rightarrow L(x)=10x-13,\ x=2$$

(2) $f(x)=\sqrt{x^2+9}=(x^2+9)^{\frac{1}{2}}$

$$\Rightarrow f'(x)=\left(\frac{1}{2}\right)(x^2+9)^{-1/2}(2x)$$
$$=\frac{x}{\sqrt{x^2+9}}$$
$$\Rightarrow L(x)=f'(-4)(x+4)+f(-4)$$
$$=-\frac{4}{5}(x+4)+5$$
$$\Rightarrow L(x)=-\frac{4}{5}x+\frac{9}{5}\ ,\ x=-4$$

(3) $f(x)=x+\frac{1}{x}$

$$\Rightarrow f'(x)=1-x^{-2}$$
$$\Rightarrow L(x)=f(1)+f'(1)(x-1)$$
$$=2+0(x-1)=2$$

(4) $f(x)=x^{1/3}$

$$\Rightarrow f'(x)=\frac{1}{3x^{2/3}}$$
$$\Rightarrow L(x)=f'(-8)(x-(-8))+f(-8)$$
$$=\frac{1}{12}(x+8)-2$$
$$\Rightarrow L(x)=\frac{1}{12}x-\frac{4}{3}$$

(9) $\lim\limits_{x\to1^+}\frac{\ln x-(x-1)}{(x-1)\ln x}$

$$=\lim_{x\to1^+}\frac{\frac{1}{x}-1}{1\cdot\ln x+(x-1)\cdot\frac{1}{x}}$$
$$=\lim_{x\to1^+}\frac{1-x}{x\ln x+x-1}$$
$$=\lim_{x\to1^+}\frac{-1}{1\cdot\ln x+x\cdot\frac{1}{x}+1}=-\frac{1}{2}$$

(10) -1

(11) $\lim\limits_{x\to0}\frac{1-\cos x}{\tan x+x\cdot\sec^2 x}=$

$$\lim_{x\to0}\frac{\sin x}{\sec^2 x+\sec^2 x+x\cdot2\sec x\cdot\sec x\tan x}=0$$

(12) e

(13) $y=x^{-\frac{1}{\ln x}}$,

$$\ln y=\ln x^{-\frac{1}{\ln x}}=-\frac{1}{\ln x}\ln x=-1$$
$$y=e^{-1}\qquad\therefore\lim_{x\to\infty}x^{-\frac{1}{\ln x}}=e^{-1}$$

(14) 1

(15) 0

연습문제 4.11

(1) $\lim\limits_{t\to-3}\frac{3t^2-4}{2t-1}=-\frac{23}{7}$

(2) 0

(3) $\lim\limits_{\theta\to\frac{\pi}{2}}\frac{2}{-\sin(2\pi-\theta)\cdot(-1)}=-2$

(4) 2

(5) $\lim\limits_{x\to\left(\frac{\pi}{2}\right)^-}\frac{x-\frac{\pi}{2}}{\cos x}=\lim\limits_{x\to\left(\frac{\pi}{2}\right)^-}\frac{1}{-\sin x}=-1$

(6) $\frac{1}{\ln 2}$

(7) $\lim\limits_{x\to0^+}\frac{2x+2/x^2+2x}{1/x}=\lim\limits_{x\to0}\frac{2x+2}{x+2}=1$

(8) $\ln 2$

CHAPTER 5

연습문제 5.1

1. (1) $3x-2x^2+\frac{1}{2}x^4+C$

(2) $\int 6x^{\frac{7}{3}}dx=\frac{9}{5}x^{\frac{10}{3}}+C$

(3) $\frac{1}{5}x^5+\frac{3}{5}x^{\frac{5}{3}}+\frac{2}{x}-\frac{1}{2}x^{\frac{2}{3}}+C$

(4) $2\ln|x|+\frac{1}{x}+\sqrt{x}+C$

(5) $\int\frac{1}{\ln 2}\cdot\frac{1}{x}dx=\frac{\ln|x|}{\ln 2}+C$

(6) $\int(x^3-27)dx=\frac{1}{4}x^4-27x+C$

(7) $\int (x^2-1)dx = \frac{1}{3}x^3 - x + C$

(8) $\int [4\sin^2 x + 4\sin x\cos x + \cos^2 x + \sin^2 x$

$\quad -4\sin x\cos x + 4\cos^2 x]dx$

$= \int (5\sin^2 x + 5\cos^2 x)dx$

$= \int 5dx$

$= 5x + C$

(9) $\frac{1}{4}t^4 + \frac{3}{2}t^2 + \frac{2}{7}t^{\frac{7}{2}} + 2t^{\frac{3}{2}} + C$

(10) $\int \frac{1}{\sin x}\cdot\frac{\cos x}{\sin x}dx = \int \csc x\cot x\,dx$

$= -\csc x + C$

(11) $\tan x - x + C$

(12) $\int (\csc^2 x - 1)dx = -\cot x - x + C$

(13) $e^x - \cot x + C$

(14) $\int (10^x - \frac{1}{\cot x})dx = \int (10^x - \tan x)dx$

$= \frac{10^x}{\ln 10} - \ln|\sec x| + C$

2. (1) $\frac{1}{2}x^2 - 6x + 12\ln|x| + \frac{8}{x} + C$

(2) $\int \left(x^{\frac{3}{2}} - 2x^{\frac{1}{2}}\right)dx = \frac{2}{5}x^{\frac{5}{2}} - 2\cdot\frac{2}{3}x^{\frac{3}{2}} + C$

$= \frac{2}{5}x^{\frac{5}{2}} - \frac{4}{3}x^{\frac{3}{2}} + C$

(3) $\frac{1}{2}x^2 - \ln|x| + \frac{1}{x} + C$

(4) $\frac{1}{3}x^3 - x - \frac{1}{4x} + C$

(5) $\int \left(x^{\frac{1}{2}} + x\right)x^{\frac{2}{3}}dx = \int \left(x^{\frac{7}{6}} + x^{\frac{5}{3}}\right)dx$

$= \frac{6}{13}x^{\frac{13}{6}} + \frac{3}{8}x^{\frac{8}{3}} + C$

(6) $2y^{\frac{1}{2}} - \frac{2}{3}y^{3/2} + \frac{1}{10}y^{5/2} + C$

3. (1) $5\sin x - \cos x + C$

(2) $2\ln|\sec x| + 3\ln|\sin x| + C$

(3) $\int \csc x\,dx = \ln|\csc x - \cot x| + C$

(4) $\ln|\sec x| - 3\cos x + C$

(5) $\sec x + 5\sin x + C$

(6) $\tan x - 4\ln|\csc x - \cot x| + C$

(7) $-\cot x + C$

(8) $\int \frac{1-\cos^2 x}{1-\cos x}dx$

$= \int \frac{(1-\cos x)(1+\cos x)}{1-\cos x}dx$

$= \int (1+\cos x)dx = x + \sin x + C$

(9) $\sec x + C$

4. (1) $5\sin^{-1}x + C$

(2) $4\tan^{-1}x + C$

5. (1) $\frac{1}{8}(2x+1)^4 + C$

(2) $\frac{1}{27}(3x-2)^9 + C$

(3) $7\sqrt{2x+1} + C$

(4) $(1-x)^{-1} + C = \frac{1}{1-x} + C$

6. (1) $\frac{1}{7}e^{7x} + \frac{1}{3}e^{3x} + C$

(2) $-\frac{1}{2}e^{-2x} + \frac{1}{2}\sin 2x + C$

(3) $-\frac{1}{2}e^{-2x} - 3e^{-\frac{1}{3}x} + C$

(4) $-4e^{-x} + \frac{3^{x-1}}{\ln 3} + C$

(5) $\frac{1}{3}\sin(3x+5) + C$

(6) $\frac{1}{5}\sec 5x + C$

(7) $\frac{1}{2}e^{2x} + 2x - \frac{1}{2}e^{-2x} + C$

(8) $\frac{1}{2}\tan 2x + \frac{1}{2}\ln|\sec 2x| + C$

7. (1) $-\frac{3}{4}\cos 2x + C$

(2) $\int \frac{1}{2}\sin\theta d\theta = -\frac{1}{2}\cos\theta + C$

(3) $-\cos 4x + C$

(4) $\frac{1}{2}x-\frac{1}{2}\sin x+C$

(5) $\frac{1}{2}x+\frac{1}{4}\sin 2x+C$

(6) $\int \frac{1+\cos 8x}{2}dx=\int\left(\frac{1}{2}+\frac{1}{2}\cos 8x\right)dx$

$=\frac{1}{2}x+\frac{1}{16}\sin 8x+C$

8. (1) $5\ln|\sin x|+C$

(2) $\ln|x^3+x|+C$

(3) $7\ln|x+1|+C$

(4) $\int \frac{1}{2}\cdot\frac{2x}{x^2+1}dx=\frac{1}{2}\ln|x^2+1|+C$

$=\frac{1}{2}\ln(x^2+1)+C$

(5) $3\ln|x^2-4|+C$

(6) $\int \frac{2}{-3}\cdot\frac{-3}{1-3x}dx=-\frac{2}{3}\ln|1-3x|+C$

9. (1) $f(x)=x+\ln x+2$

(2) $f(x)=8\tan^{-1}x+\tan x+C$

$f(0)=1;\ C=1$

$\therefore f(x)=8\tan^{-1}x+\tan x+1$

(3) $f(x)=\ln(x^2+4)+\frac{1}{2}x+\frac{1}{4}\sin 2x-\ln 4$

(4) $y=\frac{1}{x}+2x-2$

연습문제 5.2

1. (1) $-\frac{2}{5}(1-x^2)^{5/4}+C$

(2) $u=x^2-2x+3 \quad =\int u^{10}\cdot\frac{1}{2}du$

$\frac{du}{dx}=2x-2 \quad =\frac{1}{2}\cdot\frac{1}{11}u^{11}+C$

$\frac{1}{2}du=(x-1)dx \quad =\frac{1}{22}(x^2-2x+3)^{11}+C$

(3) $\frac{-1}{x^4+1}+C$

(4) $u=x^2-6x \quad =\int \frac{1}{u^{\frac{1}{4}}}\cdot\frac{1}{2}du$

$\frac{du}{dx}=2x-6 \quad =\int \frac{1}{2}u^{-\frac{1}{4}}du$

$\frac{1}{2}du=(x-3)dx \quad =\frac{1}{2}\cdot\frac{4}{3}u^{\frac{3}{4}}+C$

$=\frac{2}{3}(x^2-6x)^{\frac{3}{4}}+C$

(5) $-6(1-x^3)^{1/2}+C$

(6) $u=4x-x^2 \quad =\int \frac{1}{\sqrt{u}}\cdot -\frac{1}{2}du$

$\frac{du}{dx}=4-2x \quad =\int -\frac{1}{2}u^{-\frac{1}{2}}du$

$\frac{du}{dx}=-2(x-2) \quad =-\frac{1}{2}\cdot 2u^{\frac{1}{2}}+C$

$-\frac{1}{2}du=(x-2)dx \quad =-\sqrt{4x-x^2}+C$

(7) $-\frac{1}{3}(7-3x^2)^{3/2}+C$

(8) $u=1+\sqrt{x} \quad =\int u^5\cdot 2du$

$\frac{du}{dx}=\frac{1}{2\sqrt{x}} \quad =2\cdot\frac{1}{6}u^6+C$

$2du=\frac{1}{\sqrt{x}}dx \quad =\frac{1}{3}(1+\sqrt{x})^6+C$

(9) $\frac{2^{\sqrt{x}+1}}{\ln 2}+C$

(10) $u=\sqrt{x}-1 \quad =\int \frac{1}{u}\cdot 2du$

$\frac{du}{dx}=\frac{1}{2\sqrt{x}} \quad =2\cdot\ln|u|+C$

$2du=\frac{1}{\sqrt{x}}dx \quad =2\ln|\sqrt{x}-1|+C$

2. (1) $\frac{1}{8}(\ln x)^4+C$

(2) $u=\ln x \quad =\int \frac{1}{u}\cdot du$

$\frac{du}{dx}=\frac{1}{x} \quad =\ln|u|+C$

$du=\frac{1}{x}dx \quad =\ln|\ln x|+C$

(3) $\sqrt{\ln^2 x+1}+C$

(4) $u = \ln(\ln x)$ $\quad = \int \frac{1}{u} \cdot du$

$\frac{du}{dx} = \frac{1}{\ln x} \cdot \frac{1}{x}$ $\quad = \ln|u| + C$

$du = \frac{1}{x\ln x}dx$ $\quad = \ln|\ln(\ln x)| + C$

(5) $\frac{1}{2}\sin^6\left(\frac{x}{3}\right) + C$

(6) $u = \cos 3x$ $\quad = \int u^3 \cdot -\frac{1}{3}du$

$\frac{du}{dx} = -3\sin 3x$ $\quad = -\frac{1}{3} \cdot \frac{1}{4}u^4 + C$

$-\frac{1}{3}du = \sin 3x dx$ $\quad = -\frac{1}{12}\cos^4 3x + C$

(7) $\frac{e^{\sec\pi x}}{\pi} + C$

(8) $u = \tan\theta$ $\quad = \int u^2 \cdot du$

$\frac{du}{d\theta} = \sec^2\theta$ $\quad = \frac{1}{3}u^3 + C$

$du = \sec^2\theta d\theta$ $\quad = \frac{1}{3}\tan^3\theta + C$

(9) $e^{\sin^{-1}x} + C$

(10) $\int \sec^2\theta \cdot \sec^2\theta d\theta = \int (1+\tan^2\theta) \cdot \sec^2\theta d\theta$

$u = \tan\theta$ $\quad = \int (1+u^2)du$

$\frac{du}{d\theta} = \sec^2\theta$ $\quad = u + \frac{1}{3}u^3 + C$

$du = \sec^2\theta d\theta$ $\quad = \tan\theta + \frac{1}{3}\tan^3\theta + C$

(11) $\ln|\tan^{-1}x| + C$

(12) $u = 1 + \tan 2\theta$ $\quad = \int \frac{1}{u} \cdot \frac{1}{2}du$

$\frac{du}{d\theta} = 2 \cdot \sec^2 2\theta$ $\quad = \frac{1}{2}\ln|u| + C$

$\frac{1}{2}du = \sec^2 2\theta d\theta$ $\quad = \frac{1}{2}\ln|1+\tan 2\theta| + C$

(13) $\frac{1}{2\cos(2x+1)} + C$

(14) $u = 1 + \sin 2x$ $\quad = \int \frac{1}{\sqrt{u}} \cdot \frac{1}{2}du$

$\frac{du}{dx} = 2\cos 2x$ $\quad = \int \frac{1}{2}u^{-\frac{1}{2}}du$

$\frac{1}{2}du = \cos 2x dx$ $\quad = \frac{1}{2} \cdot 2u^{\frac{1}{2}} + C$

$\quad = \sqrt{1+\sin 2x} + C$

(15) $e^{\sin^2 x} + C$

(16) $u = \cos x$ $\quad = \int \frac{1}{1+u^2} \cdot -du$

$\frac{du}{dx} = -\sin x$ $\quad = -\tan^{-1}u + C$

$-du = \sin x dx$ $\quad = -\tan^{-1}(\cos x) + C$

3. (1) $\frac{1}{2}\tan^{-1}(2x) + C$

(2) $\sin^{-1}\left(\frac{x}{4}\right) + C$

(3) $\tan^{-1}(x+1) + C$

(4) $3 \cdot \frac{1}{3}\tan^{-1}\left(\frac{x}{3}\right) + C$

$= \tan^{-1}\left(\frac{x}{3}\right) + C$

(5) $-\frac{1}{2}\sqrt{4x-4x^2} + C$

(6) $\frac{1}{9}\int \frac{e^x dx}{1+\left(\frac{e^x}{3}\right)^2} = 3 \cdot \frac{1}{9}\int \frac{\frac{e^x}{3}dx}{1+\left(\frac{e^x}{3}\right)^2}$

$= \frac{1}{3}\tan^{-1}\frac{e^x}{3} + C$

(7) $\ln(x^2+4) + \frac{1}{2}\tan^{-1}\frac{x}{2} + C$

(8) $u = 4 - x^2$ $\quad = \int \frac{x}{\sqrt{4-x^2}}dx$

$\quad + \int \frac{1}{\sqrt{4-x^2}}dx$

$\frac{du}{dx} = -2x$ $\quad = \int \frac{1}{\sqrt{u}} \cdot -\frac{1}{2}du$

$\quad + \sin^{-1}\left(\frac{x}{2}\right) + C$

$-\frac{1}{2}du = xdx$ $\quad = -\sqrt{u} + \sin^{-1}\left(\frac{x}{2}\right) + C$

$\quad = -\sqrt{4-x^2}$

$\quad + \sin^{-1}\left(\frac{x}{2}\right) + C$

(9) $\int \frac{1}{x^2-2x+1+4}dx$

$= \int \frac{1}{(x-1)^2+4}dx$

$= \frac{1}{2}\tan^{-1}\left(\frac{x-1}{2}\right) + C$

연습문제 5.3

1. (1) $x\sin x+\cos x+C$

(2) $-2xe^{-\frac{1}{2}x}-\int -2e^{-\frac{1}{2}x}dx$

$=-2xe^{-\frac{1}{2}}-4e^{-\frac{1}{2}x}+C$

(3) $\frac{1}{3}x\sin 3x-\int \frac{1}{3}\sin 3x\,dx$

$=\frac{1}{3}x\sin 3x+\frac{1}{9}\cos 3x+C$

(4) $-\frac{1}{2}x\cos 2x-\int -\frac{1}{2}\cos 2x dx$

$=-\frac{1}{2}x\cos 2x+\frac{1}{4}\sin 2x+C$

(5) $e^x(x^2-2x+2)+C$

(6) $x\ln x-\int 1\,dx$

$=x\ln x-x+C$

(7) $\frac{x^4}{16}(4\ln x-1)+C$

(8) $-\frac{1}{x}\ln x-\int -\frac{1}{x^2}dx$

$=-\frac{\ln x}{x}-\frac{1}{x}+C$

(9) $2\sqrt{x}\ln x-\int \frac{1}{x}\cdot 2\sqrt{x}\,dx$

$=2\sqrt{x}\ln x-\int \frac{2}{\sqrt{x}}dx$

$=2\sqrt{x}\ln x-4\sqrt{x}+C$

(10) $x\tan^{-1}x-\int \frac{x}{1+x^2}dx$

$=x\tan^{-1}x-\frac{1}{2}\ln(1+x^2)+C$

(11) $\frac{1}{2}x^2\sec^{-1}x-\int \frac{x}{2\sqrt{x^2-1}}dx$

$=\frac{1}{2}x^2\cdot\sec^{-1}x-\int \frac{1}{2\sqrt{t}}\cdot\frac{1}{2}dt$

$=\frac{1}{2}x^2\sec^{-1}x-\frac{1}{2}\sqrt{t}+C$

$=\frac{1}{2}x^2\sec^{-1}x-\frac{1}{2}\sqrt{x^2-1}+C$

2. (1) $-e^{2x}\cos x+2\int e^{2x}\cos x dx$

$=-e^{2x}\cos x+2\left[e^{2x}\sin x-\int 2e^{2x}\sin x dx\right]$

$=-e^{2x}\cos x+2e^{2x}\sin x-4\int e^{2x}\sin x dx$

$\int e^{2x}\sin x dx=I$

$I=-e^{2x}\cos x+2e^{2x}\sin x-4I$

$5I=-e^{2x}\cos x+2e^{2x}\sin x$

$\therefore I=\frac{e^{2x}(-\cos x+2\sin x)}{5}+C$

(2) $\frac{1}{2}e^x\sin 2x-\frac{1}{2}\int e^x\sin 2x dx$

$=\frac{1}{2}e^x\sin 2x$

$-\frac{1}{2}\left[-\frac{1}{2}e^x\cos 2x-\int -\frac{1}{2}e^x\cos 2x dx\right]$

$=\frac{1}{2}e^x\sin 2x+\frac{1}{4}e^x\cos 2x-\frac{1}{4}\int e^x\cos 2x dx$

$\int e^x\cos 2x=I$

$I=\frac{1}{2}e^x\sin 2x+\frac{1}{4}e^x\cos 2x-\frac{1}{4}I$

$4I=2e^x\sin 2x+e^x\cos 2x-I$

$5I=e^x(2\sin 2x+\cos 2x)$

$\therefore I=\frac{e^x(2\sin 2x+\cos 2x)}{5}+C$

(3) $\frac{e^{2x}}{13}(3\sin 3x+2\cos 3x)+C$

(4) $-\frac{e^{-2x}}{4}(\sin 2x+\cos 2x)+C$

3. (1) $x^2e^x-2xe^x+2e^x+C$

(2) $e^{-x}(-x^3-3x^2-6x-6)+C$

(3) $e^{-\frac{x}{2}}(-2x^3-12x^2-48x-96)+C$

(4) $\frac{1}{3}x^2\sin 3x+\frac{2}{9}x\cos 3x-\frac{2}{27}\sin 3x+C$

(5) $-2x^3\cos\frac{1}{2}x+12x^2\sin\frac{1}{2}x+48x\cos\frac{1}{2}x$

$-96\sin\frac{1}{2}x+C$

연습문제 5.4

1. (1) $L(4)=\frac{1}{2}\left[f(0)+f\left(\frac{1}{2}\right)+f(1)+f\left(\frac{3}{2}\right)\right]$

$=\frac{1}{2}\left[4+\frac{15}{4}+3+\frac{7}{4}\right]=\frac{25}{4}$ (6.25)

(2) $R(4) = \frac{1}{2}\left[f\left(\frac{1}{2}\right)+f(1)+f\left(\frac{3}{2}\right)+f(2)\right]$

$= \frac{1}{2}\left[\frac{15}{4}+3+\frac{7}{4}+0\right]= \frac{17}{4}$ (4.25)

(3) $M(4) = \frac{1}{2}\left[f\left(\frac{1}{4}\right)+f\left(\frac{3}{4}\right)+f\left(\frac{5}{4}\right)+f\left(\frac{7}{4}\right)\right]$

$= \frac{1}{2}\left[\frac{63}{16}+\frac{55}{16}+\frac{39}{16}+\frac{15}{16}\right]= \frac{43}{8}$ (5.375)

2. $f(x) = \frac{120}{x}$:

x	1	2	3	4	5	6
$f(x)$	120	60	40	30	24	20

$L(5) = (120+60+40+30+24)\cdot 1 = 274;$

$R(5) = (60+40+30+24+20)\cdot 1 = 174;$

$T(5) = \frac{1}{2}(120+2\cdot 60+2\cdot 40$

$+2\cdot 30+2\cdot 24+20) = 224.$

3.

$T(6) = \frac{h}{2}[y_0+2y_1+2y_2+2y_3+2y_4+2y_5+y_6]$

$= \frac{\frac{\pi}{6}}{2}\left[0+2\cdot\frac{1}{2}+2\cdot\frac{\sqrt{3}}{2}+2\cdot 1+2\frac{\sqrt{3}}{2}+2\cdot\frac{1}{2}+0\right]$

$= \frac{\pi}{12}[1+\sqrt{3}+2+\sqrt{3}+1] = \frac{(2+\sqrt{3})\pi}{6}$

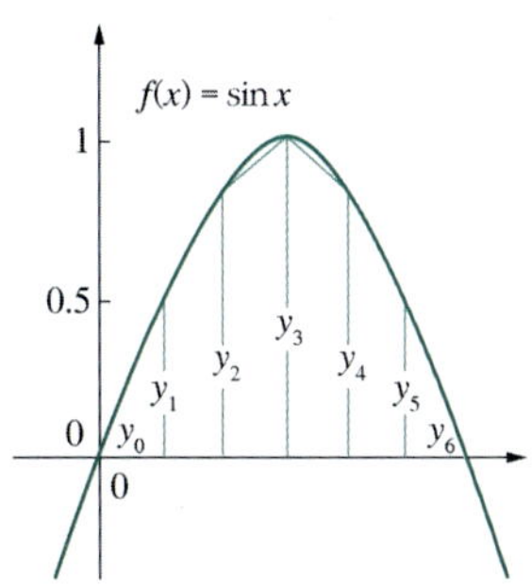

4. (1) $L(5)=1\cdot 4+2\cdot 6+3\cdot 8+3\cdot 9+1\cdot 7$

$=74L$

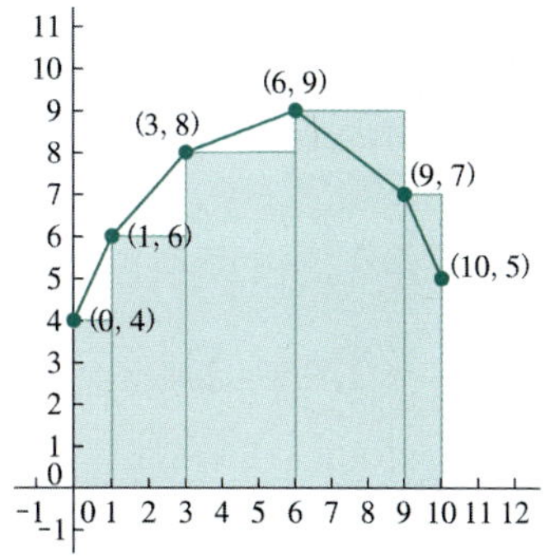

(2) $R(5)=1\cdot 6+2\cdot 8+3\cdot 9+3\cdot 7+1\cdot 5$

$= 75L$

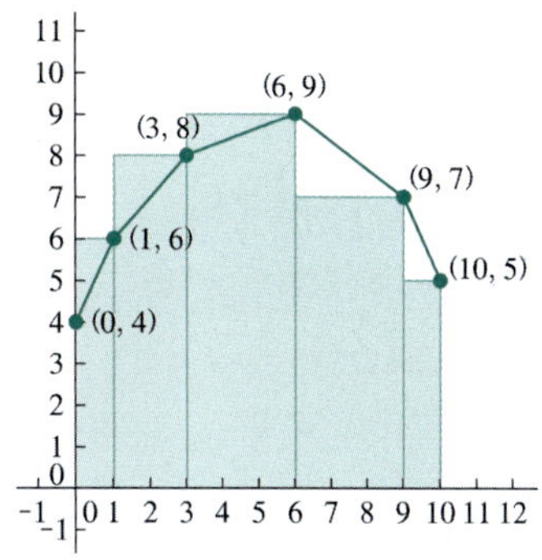

(3) $T(5)$

$=\frac{(4+6)\cdot 1}{2}+\frac{(6+8)\cdot 2}{2}+\frac{(8+9)\cdot 3}{2}$

$+\frac{(9+7)\cdot 3}{2}+\frac{(7+5)\cdot 1}{2}$

$=5+14+\frac{51}{2}+24+6$

$=74.5L$

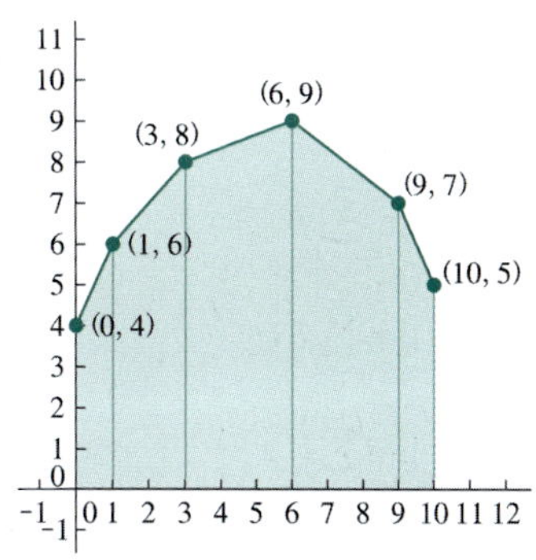

연습문제 5.5

1. (1) $y=x^2+1,\ [0,3]\left(\Delta x=\dfrac{3-0}{n}=\dfrac{3}{n}\right)$

$$S(n)=\sum_{i=1}^{n}f\left(\frac{3i}{n}\right)\left(\frac{3}{n}\right)=\sum_{i=1}^{n}\left[\left(\frac{3i}{n}\right)^2+1\right]\left(\frac{3}{n}\right)$$

$$=\frac{27}{n^3}\sum_{i=1}^{n}i^2+\frac{3}{n}\sum_{i=1}^{n}1$$

$$=\frac{27}{n^3}\frac{n(n+1)(2n+1)}{6}+\frac{3}{n}(n)$$

$$=\frac{9}{2}\frac{2n^2+3n+1}{n^2}+3$$

$$\text{면적}=\lim_{n\to\infty}S(n)=\frac{9}{2}(2)+3=12$$

(2) $y=-2x+3,\ [0,1]\left(\Delta x=\dfrac{1-0}{n}=\dfrac{1}{n}\right)$

$$s(n)=\sum_{i=1}^{n}f\left(\frac{i}{n}\right)\left(\frac{1}{n}\right)$$

$$=\sum_{i=1}^{n}\left[-2\left(\frac{i}{n}\right)+3\right]\left(\frac{1}{n}\right)$$

$$=3-\frac{2}{n^2}\sum_{i=1}^{n}i=3-\frac{2(n+1)n}{2n^2}$$

$$=3-\frac{n+1}{n}$$

$$\text{면적}=\lim_{n\to\infty}s(n)=2$$

(3)

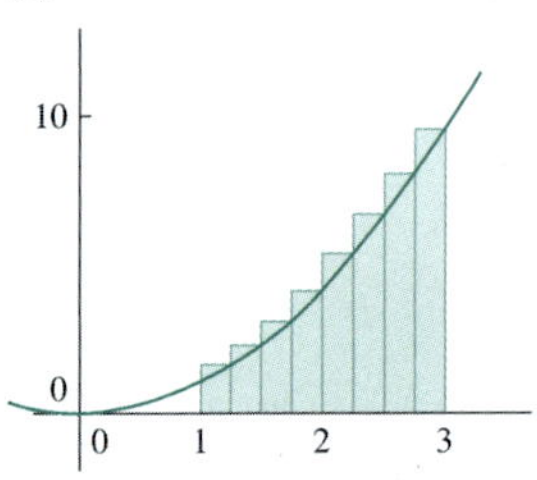

$$\Delta x=\frac{3-1}{n}=\frac{2}{n}$$

$$x_k=1+k\Delta x=1+\frac{2k}{n}$$

$$\text{면적}=\lim_{n\to\infty}\sum_{k=1}^{n}f(x_k)\Delta x$$

$$=\lim_{n\to\infty}\sum_{k=1}^{n}f\left(1+\frac{2k}{n}\right)\frac{2}{n}$$

$$=\lim_{n\to\infty}\sum_{k=1}^{n}\left(1+\frac{2k}{n}\right)^2\frac{2}{n}$$

$$=\lim_{n\to\infty}\sum_{k=1}^{n}\left(1+\frac{4k}{n}+\frac{4k^2}{n^2}\right)\frac{2}{n}$$

$$=\lim_{n\to\infty}\sum_{k=1}^{n}\left(\frac{2}{n}+\frac{8k}{n^2}+\frac{8k^2}{n^3}\right)$$

$$=\lim_{n\to\infty}\left[\frac{2}{n}\sum_{k=1}^{n}1+\frac{8}{n^2}\sum_{k=1}^{n}k+\frac{8}{n^3}\sum_{k=1}^{n}k^2\right]$$

$$=\lim_{n\to\infty}\left[\frac{2}{n}\cdot n+\frac{8}{n^2}\cdot\frac{n(n+1)}{2}+\frac{8}{n^3}\cdot\frac{n(n+1)(2n+1)}{6}\right]$$

$$=\lim_{n\to\infty}\left[2+\frac{4(n+1)}{n}+\frac{4(n+1)(2n+1)}{3n^2}\right]$$

$$=2+4+\frac{8}{3}=\frac{26}{3}$$

(4)

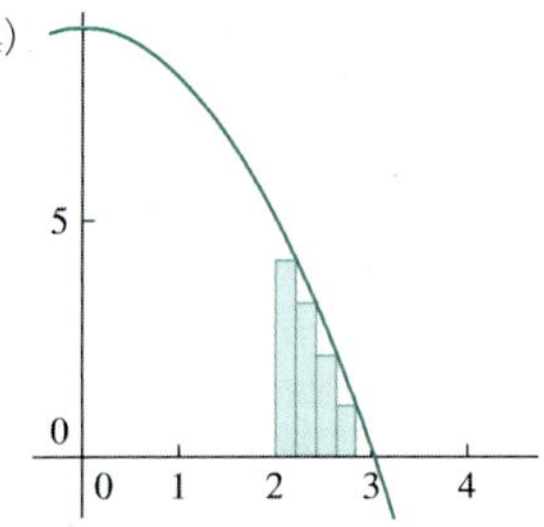

$$\Delta x=\frac{3-2}{n}=\frac{1}{n}$$

$$x_k=2+k\Delta x=2+\frac{k}{n}$$

$$\text{면적}=\lim_{n\to\infty}\sum_{k=1}^{n}f(x_k)\Delta x$$

$$=\lim_{n\to\infty}\sum_{k=1}^{n}f\left(2+\frac{k}{n}\right)\frac{1}{n}$$

$$=\lim_{n\to\infty}\sum_{k=1}^{n}\left[9-\left(2+\frac{k}{n}\right)^2\right]\frac{1}{n}$$

$$=\lim_{n\to\infty}\sum_{k=1}^{n}\left(9-4-\frac{4k}{n}-\frac{k^2}{n^2}\right)\frac{1}{n}$$

$$=\lim_{n\to\infty}\sum_{k=1}^{n}\left(\frac{5}{n}-\frac{4k}{n^2}-\frac{k^2}{n^3}\right)$$

$$=\lim_{n\to\infty}\left[\frac{5}{n}\sum_{k=1}^{n}1-\frac{4}{n^2}\sum_{k=1}^{n}k-\frac{1}{n^3}\sum_{k=1}^{n}k^2\right]$$

$$=\lim_{n\to\infty}\left[\frac{5}{n}\cdot n-\frac{4}{n^2}\cdot\frac{n(n+1)}{2}-\frac{1}{n^3}\cdot\frac{n(n+1)(2n+1)}{6}\right]$$

$$=\lim_{n\to\infty}\left[5-\frac{2(n+1)}{n}-\frac{(n+1)(2n+1)}{6n^2}\right]$$

$$=5-2-\frac{1}{3}=\frac{8}{3}$$

2. (1) 21

(2) $\dfrac{2}{3}$

(3) 0

(4) $-\dfrac{3}{4}$

연습문제 5.6

1. (1) $\int_{-1}^{2} f(x)dx = 2$

(2) $-\int_{2}^{4} f(x)dx = -3$

(3) $-\left[\int_{-1}^{2} f(x)dx + \int_{2}^{4} f(x)dx\right] = -(2+3)$
$= -5$

(4) 0

(5) $3\int_{-1}^{2} f(x)dx + 2\int_{-1}^{2} g(x)dx$
$= 3(2) + 2(-1) = 4$

(6) $2\int_{-1}^{4} f(x)dx - 3\int_{-1}^{4} g(x)dx$
$= 2\left[\int_{-1}^{2} f(x)dx + \int_{2}^{4} f(x)dx\right]$
$-3\left[\int_{-1}^{2} g(x)dx + \int_{2}^{4} g(x)dx\right]$
$= 2(2+3) - 3[-1+(-4)]$
$= 10 + 15 = 25$

2. (1) 0

(2) $-\int_{a}^{c} e^x \cos x\, dx$
$= -\left[\int_{a}^{b} e^x \cos x\, dx + \int_{b}^{c} e^x \cos x\, dx\right]$
$= -(r+s) = -r-s$

(3) $-\int_{c}^{a} x^2 \ln(x+1)dx$
$= -p$

(4) $2\int_{a}^{c} e^x \cos x dx - 3\int_{a}^{c} x^2 \ln(x+1)dx$
$= 2(r+s) - 3(-p)$
$= 2r + 2s + 3p$

3. (1) $\int_{-2}^{5} f(x)dx$
$= \int_{-2}^{4} f(x)dx + \int_{4}^{2} f(x)dx + \int_{2}^{5} f(x)dx$
$= 3 + (-2) + 6$
$= 7$

(2) $\int_{-1}^{3} f(x)dx$
$= \int_{-1}^{6} f(x)dx + \int_{6}^{-3} f(x)dx + \int_{-3}^{3} f(x)dx$
$= 1 + 4 + 2$
$= 7$

(3) $u = x+3$ $\quad = \int_{0}^{2} f(x+3)dx$
$\frac{du}{dx} = 1$ $\quad = \int_{3}^{5} f(u)du = \int_{3}^{5} f(x)dx$
$x = 0, u = 3$ $\quad = \int_{3}^{-2} f(x)dx + \int_{-2}^{5} f(x)dx$
$x = 2, u = 5$
$= 2 + 1$
$= 3$

(4) $u = 2x$ $\quad = \int_{1}^{2} f(2x)dx$
$= \int_{2}^{4} f(u) \cdot \frac{1}{2}du$
$\frac{du}{dx} = 2$ $\quad = \frac{1}{2}\int_{2}^{4} f(u)du$
$= \frac{1}{2}\int_{2}^{4} f(x)dx$
$\frac{1}{2}du = dx$ $\quad = \frac{1}{2}\left[\int_{2}^{1} f(x)dx + \int_{1}^{4} f(x)dx\right]$
$x = 1, u = 2$ $\quad = \frac{1}{2}(-3+5) = 1$
$x = 2, u = 4$

연습문제 5.7

1. (1) $-\frac{4}{3}$

(2) $[4x + 4x^2 - 2x^3]_0^2 = 8$

(3) $\frac{25}{3}$

(4) $\int_{-1}^{8} x^{-\frac{1}{3}} dx = \left[\frac{3}{2}x^{\frac{2}{3}}\right]_{-1}^{8} = \frac{9}{2}$

(5) $1 - \frac{1}{3}\ln 2$

(6) $\int_{2}^{1} (9x^2 + 12 + \frac{4}{x^2})dx$
$= \left[3x^3 + 12x - \frac{4}{x}\right]_2^1 = -35$

(7) 1

(8) $\left[\ln|\sec\theta| - \sec\theta\right]_0^{\frac{\pi}{3}} = \ln 2 - 1$

2. (1) 2

(2) $\left[2\ln(x^2+1)\right]_0^1 = \ln 4$

(3) $\dfrac{8\pi}{3}$

(4) $\left[3\tan^{-1}x\right]_{-1}^{\sqrt{3}}$

$= 3\tan^{-1}(\sqrt{3}) - 3\tan^{-1}(-1)$

$= 3\cdot\dfrac{\pi}{3} - 3\cdot\left(-\dfrac{\pi}{4}\right) = \dfrac{7}{4}\pi$

(5) $\dfrac{\pi}{6}$

(6) $\left[\dfrac{1}{3}\tan^{-1}\left(\dfrac{x}{3}\right)\right]_0^{\sqrt{3}}$

$= \dfrac{1}{3}\tan^{-1}\left(\dfrac{\sqrt{3}}{3}\right) - \dfrac{1}{3}\tan^{-1}(0) = \dfrac{\pi}{18}$

(7) $\dfrac{\pi}{8} - \dfrac{1}{4}$

(8) $\displaystyle\int_{\frac{\pi}{12}}^{\frac{\pi}{6}} \frac{1+\cos 4\theta}{2}\,d\theta$

$\displaystyle= \int_{\frac{\pi}{12}}^{\frac{\pi}{6}} \left(\frac{1}{2} + \frac{1}{2}\cos 4\theta\right)d\theta$

$= \left[\dfrac{1}{2}\theta + \dfrac{1}{8}\sin 4\theta\right]_{\frac{\pi}{12}}^{\frac{\pi}{6}} = \dfrac{\pi}{24}$

연습문제 5.8

1. (1) $e^{-x}\sec^2 x$ (2) $\sqrt{1+x^2}$

(3) $x^4 + \dfrac{3}{\sqrt{1-x^2}}$ (4) $(x-3)\ln|x+1|$

2. (1) $\sqrt{2+\cos^3 x}$

(2) $\displaystyle\frac{d}{dx}\int_e^x \frac{\ln(u)}{u}du = \frac{\ln x}{x}$

(3) $\dfrac{6}{3+x^4}$

(4) $\displaystyle\frac{d}{dx}\int_o^x u\cos u\,du = x\cos x$

3. (1) $-\dfrac{\sec^2 x}{1+\tan^2 x}$

(2) $\displaystyle\frac{d}{dx}\int_{2x}^{x^2} f(t)dt = f(x^2)\cdot 2x - f(2x)\cdot 2$

$= 2xf(x^2) - 2f(2x)$

(3) $\dfrac{1}{2\sqrt{x}}\cos\sqrt{x}$

(4) $\displaystyle\frac{d}{dx}\int_{-x}^{x^2}\sqrt{t^2+1}\,dt$

$= \sqrt{(x^2)^2+1}\cdot 2x - \sqrt{(-x)^2+1}\cdot(-1)$

$= 2x\sqrt{x^4+1} + \sqrt{x^2+1}$

(5) $\dfrac{\cos x}{1-\sin^2 x} + \dfrac{\sin x}{1-\cos^2 x}$

(6) $\displaystyle\frac{d}{dx}\int_{\frac{1}{x}}^{3x}\cos(2t)dt$

$= \cos(2(3x))\cdot 3 - \cos\left(2\left(\dfrac{1}{x}\right)\right)\cdot\left(-\dfrac{1}{x^2}\right)$

$= 3\cos 6x + \dfrac{1}{x^2}\cos\left(\dfrac{2}{x}\right)$

4. (1) $\dfrac{2e^{x^2}}{x} - \dfrac{e^{\sqrt{x}}}{2x}$

(2) $\dfrac{dy}{dx} = \ln(\ln x)\cdot\dfrac{1}{x} - \ln(x+1)\cdot 1$

$= \dfrac{\ln(\ln x)}{x} - \ln(x+1)$

(3) $\dfrac{\sec^2 x}{1-\tan^2 x} - \dfrac{3}{1-9x^2}$

(4) $\sin^2 2x \Rightarrow (\sin 2x)^2$, $\cos^2 x \Rightarrow (\cos x)^2$

$\dfrac{dy}{dx} = \cos^2(\sin^2 2x)\cdot 2(\sin 2x)\cdot\cos 2x\cdot 2$

$-\cos^2(\cos^2 x)\cdot 2(\cos x)\cdot(-\sin x)$

$= 4\cos^2(\sin^2 2x)\sin 2x\cos 2x$

$+ 2\cos^2(\cos^2 x)\cos x\sin x$

연습문제 5.9

1. (1) 면적 $= 3$

(2) 면적 $\displaystyle= -\int_{\frac{\pi}{2}}^{\pi}\cos x\,dx = -\left[\sin x\right]_{\frac{\pi}{2}}^{\pi}$

$= -\left(\sin\pi - \sin\dfrac{\pi}{2}\right) = -(0-1) = 1$

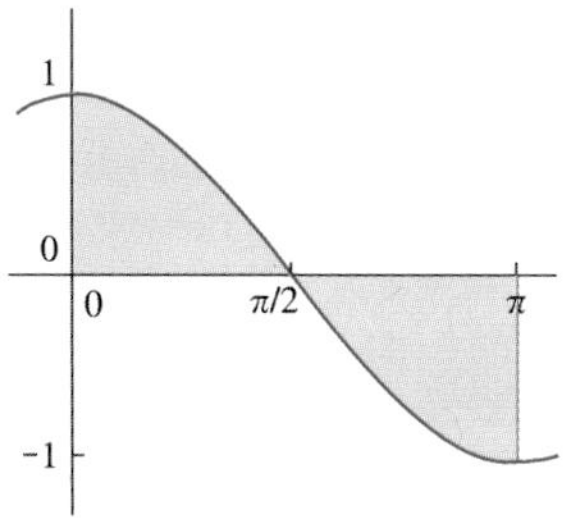

(3) 면적 $=\dfrac{1}{2}\ln 2$

(4) 면적 $=\displaystyle\int_1^2 (4-x^2)dx-\int_2^3 (4-x^2)dx$

$=\left[4x-\dfrac{1}{3}x^3\right]_1^2-\left[4x-\dfrac{1}{3}x^3\right]_2^3$

$=\dfrac{5}{3}+\dfrac{7}{3}=4$

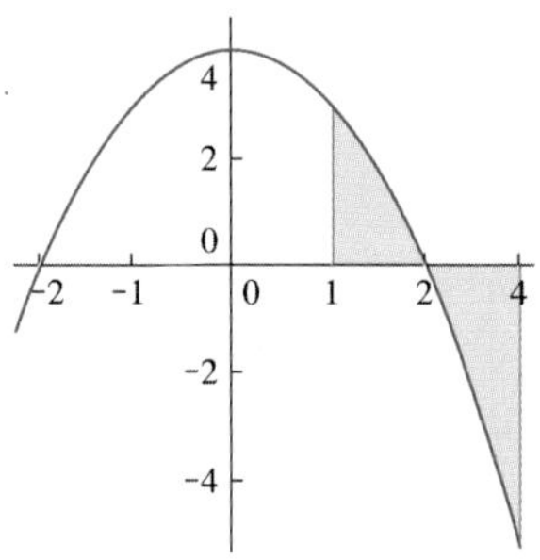

(5) 면적 $=-\displaystyle\int_{-\frac{\pi}{4}}^{0}\tan x dx+\int_0^{\frac{\pi}{3}}\tan x dx$

$=-[\ln|\sec x|]_{-\frac{\pi}{4}}^{0}+[\ln|\sec x|]_0^{\frac{\pi}{3}}$

$=\ln\sqrt{2}+\ln 2=\ln(2\sqrt{2})$

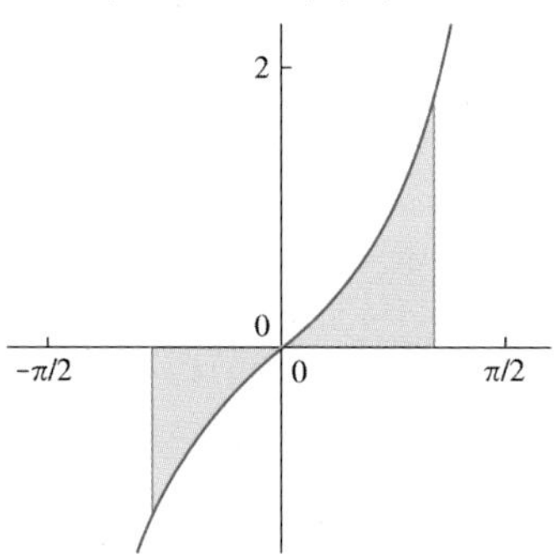

(6) 면적 $=2\displaystyle\int_0^2 \frac{4}{x^2+4}dx=\pi$

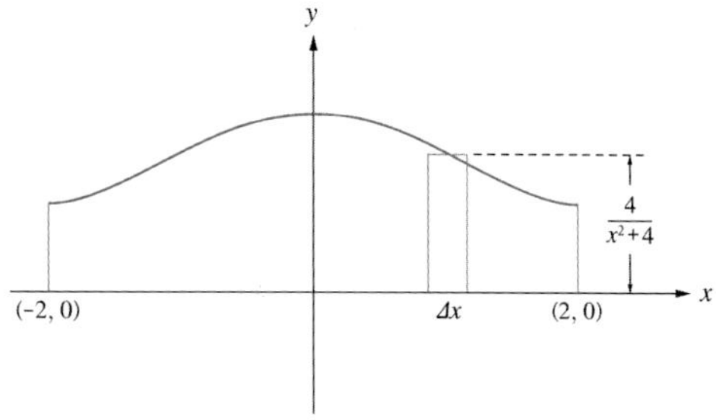

(7) 면적 $=\displaystyle\int_{\frac{\pi}{3}}^{\pi} 2\sin x dx-\int_{\pi}^{\frac{3}{2}\pi} 2\sin x dx$

$=-2[\cos x]_{\frac{\pi}{3}}^{\pi}+2[\cos x]_{\pi}^{\frac{3}{2}\pi}$

$=-2\left[-1-\left(\dfrac{1}{2}\right)\right]+2[0-(-1)]$

$=3+2=5$

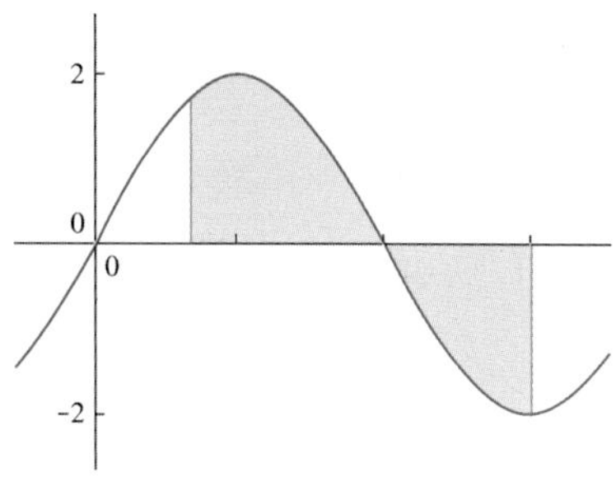

(8) 면적 $=\displaystyle\int_{-1}^{0}(x^3-2x^2-3x)dx$

$-\displaystyle\int_0^3 (x^3-2x^2-3x)dx=\frac{71}{6}$

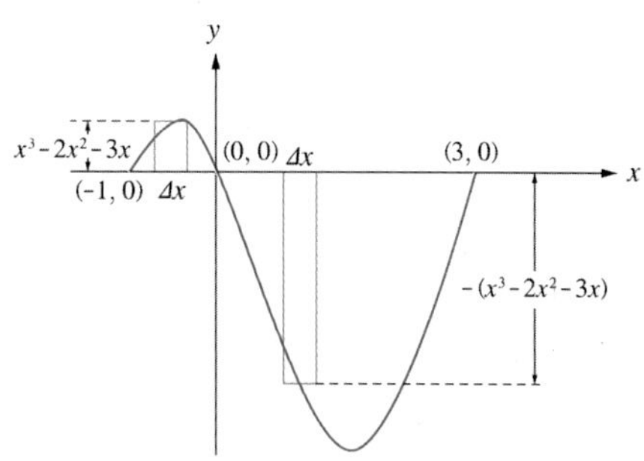

2. $\displaystyle\int_{-1}^{1} f(x)dx+\int_1^3 f(x)dx$

$=\displaystyle\int_{-1}^{1}(2x+1)dx+\int_1^3 (x^2+2)dx$

$=[x^2+x]_{-1}^{1}+\left[\dfrac{1}{3}x^3+2x\right]_1^3=\dfrac{44}{3}$

3. (1) $\frac{23}{3}$

(2) $\int_{-1}^{0}(x^2-4x)dx+\int_{0}^{3}(-x^2+4x)dx$

$=\left[\frac{1}{3}x^3-2x^2\right]_{-1}^{0}+\left[-\frac{1}{3}x^3+2x^2\right]_{0}^{3}$

$=\frac{7}{3}+9=\frac{34}{3}$

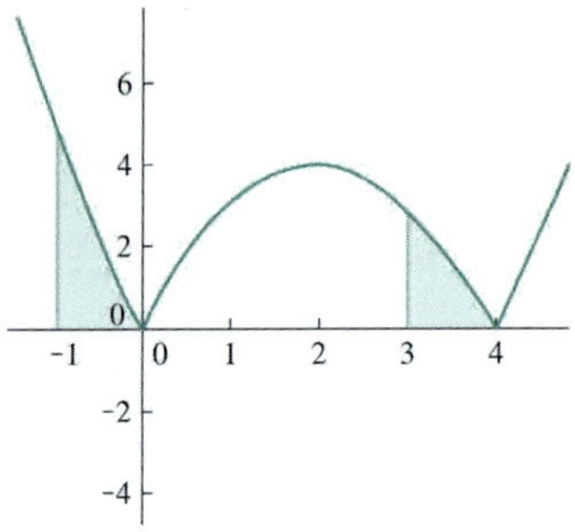

(3) 4

(4) $e^x-2=0$

$e^x=2,\ x=\ln2$

$=\int_{0}^{\ln2}(-e^x+2)dx+\int_{\ln2}^{2}(e^x-2)dx$

$=\left[-e^x+2x\right]_{0}^{\ln2}+\left[e^x-2x\right]_{\ln2}^{2}$

$=e^2+4\ln2-7$

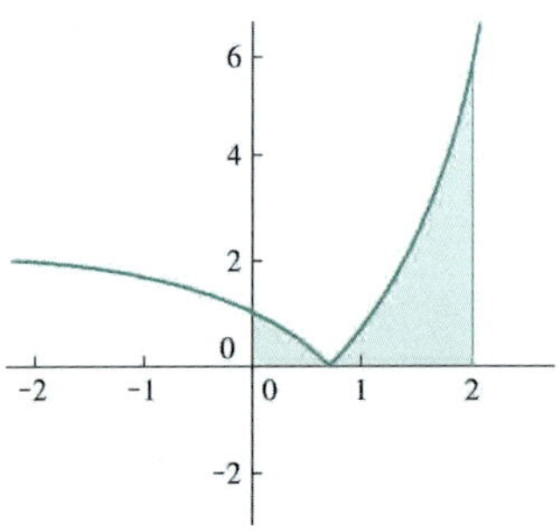

4. (1) $g(3)=\int_{1}^{3}f(t)dt=2$

$g(-3)=\int_{1}^{-3}f(x)dx=-\int_{-3}^{1}f(x)dx$

$=-\left[\int_{-3}^{-1}f(x)dx+\int_{-1}^{0}f(x)dx\right.$

$\left.+\int_{0}^{1}f(x)dx\right]$

$=-\left[-\frac{1}{4}\pi(2)^2-1+1\right]=\pi$

$g(x)=\int_{1}^{x}f(t)dt \Rightarrow g'(x)=f(x)$

$\Rightarrow g''(x)=f'(x)$

$g'(3)=f(3)=0,$

$g''(3)=f'(3)=-1$

(2) $\frac{g(3)-g(-3)}{3-(-3)}=\frac{2-\pi}{6}$

(3) $\frac{g'(3)-g'(-1)}{3-(-1)}=\frac{f(3)-f(-1)}{4}$

$=\frac{0-(-2)}{4}=\frac{1}{2}$

(4) $g(-1)=\int_{1}^{-1}f(t)dt=0 \Rightarrow (-1,0)$

$g'(-1)=f(-1)=-2$

$\therefore y-0=-2(x+1)$

(5) $g(x)\approx-2(x+1),\ x=-1$

$g(-1.1)\simeq-2(-0.1)=0.2$

(6) $g'=f<0$이므로 g가 감소

$\therefore\ -3<x<0,\ \ 3<x<5$

(7) $g''=f'>0$이므로 g는 아래로 볼록

$\therefore -1<x<1,\ \ 4<x<5$

(8) $g'=f$의 부호가 $+$에서 $-$이므로 $x=3$에서 g는 극대

(9) $g''=f'$의 부호가 $x=-1, 1, 4$에서 변함으로 $x=-1, 1, 4$에서 g는 변곡점이다.

(10) $g(0)=\int_{1}^{0}f(t)dt$

$=-\int_{0}^{1}f(t)dt=-1$

$g(5)=\int_{1}^{5}f(t)dt$

$=\int_{1}^{3}f(t)dt+\int_{3}^{5}f(t)dt$

$=2-1=1$

$g(0)<g(5)$

$\therefore$ 최솟값 $=g(0)=-1$

x	-3		0		3		5
$g'=y'$	0	−	0	+	0	−	0
g	π	↘	−1	↗	2	↘	1

Max $=g(-3)=\pi$

연습문제 5.10

1. (1) 4

(2) $u=1+t^4 \Rightarrow du = 4t^3\,dt$

$\Rightarrow \frac{1}{4}du = t^3\,dt; t=0$

$\Rightarrow u=1$

$t=1 \Rightarrow u=2$

$$\int_0^1 t^3(1+t^4)\,dt = \int_1^2 \frac{1}{4}u^3 du$$

$$= \left[\frac{u^4}{16}\right]_1^2 = \frac{2^4}{16} - \frac{1^4}{16} = \frac{15}{16}$$

(3) $4\tan^{-1}\frac{\pi}{4}$

(4) $u = 4+r^2 \Rightarrow du = 2r\,dr \Rightarrow \frac{1}{2}du = r\,dr$;

$r=-1 \Rightarrow u=5, r=1 \Rightarrow u=5$

$$\int_{-1}^1 \frac{5r}{(4+r^2)}dr = 5\int_5^5 \frac{1}{2}u^{-2}du = 0$$

(5) $\frac{\pi}{3}$

(6) $3^{5/2}-1$

(7) $u=\tan\theta \Rightarrow du = \sec^2\theta\,d\theta; \theta=0$

$\Rightarrow u=0,\ \theta=\frac{\pi}{4} \Rightarrow u=1;$

$$\int_0^{\pi/4}(1+e^{\tan\theta})\sec^2\theta\,d\theta$$

$$= \int_0^{\pi/4}\sec^2\theta\,d\theta + \int_0^1 e^u du$$

$$= [\tan\theta]_0^{\pi/4} + [e^u]_0^1$$

$$= \left[\tan\left(\frac{\pi}{4}\right) - \tan(0)\right] + (e^1 - e^0)$$

$$= (1-0)+(e-1) = e$$

(8) 0

(9) π

(10) $\sqrt{\ln 2}$

2. (1) $\frac{2}{e}$

(2) $[x(-\cos x) - 1(-\sin x)]_{\frac{\pi}{3}}^{\frac{\pi}{2}}$

$$= [-x\cos x + \sin x]_{\frac{\pi}{3}}^{\frac{\pi}{2}} = \frac{\pi}{6} - \frac{\sqrt{3}}{2} + 1$$

(3) $\frac{\pi^2-4}{8}$

(4) $u=\ln x,\ v'=x$

$u' = \frac{1}{x},\ v = \frac{1}{2}x^2$

$$= \left[\frac{1}{2}x^2\ln x\right]_1^e - \int_1^e \frac{1}{2}x\,dx$$

$$= \left[\frac{1}{2}x^2\ln x\right]_1^e - \left[\frac{1}{4}x^2\right]_1^e$$

$$= \frac{1}{4}e^2 + \frac{1}{4}$$

(5) 1

(6) $u=\tan^{-1}x,\ v'=1$

$u' = \frac{1}{1+x^2},\ v=x$

$$= [x\tan^{-1}x]_0^1 - \int_0^1 \frac{x}{1+x^2}dx$$

$$= [x\tan^{-1}x]_0^1 - \left[\frac{1}{2}\ln(1+x^2)\right]_0^1$$

$$= \frac{\pi}{4} - \ln\sqrt{2}$$

(7) $\frac{5}{12}\pi - \frac{\sqrt{3}}{2}$

(8) $u=\sqrt{x}$

$u^2 = x$

$2u\,du = dx$

$x=0, u=0$

$x=4, u=2$

$$= \int_0^2 e^u \cdot 2u\,du$$

$$= \int_0^2 2ue^u du$$

$$= [2u(e^u) - 2(e^u)]_0^2$$

$$= [e^u(2u-2)]_0^2$$

$$= 2e^2+2$$

(9) $\frac{e^\pi+1}{2}$

3. (1) $\ln\frac{27}{4}$

(2) $\frac{1}{x^2+2x} = \frac{A}{x} + \frac{B}{x+2}$;

$\Rightarrow 1 = A(x+2) + Bx$

$x=0\Rightarrow A=\frac{1}{2}; x=-2\Rightarrow B=-\frac{1}{2};$

$$\int\frac{dx}{x^2+2x}=\frac{1}{2}\int\frac{dx}{x}-\frac{1}{2}\int\frac{dx}{x+2}$$

$$=\frac{1}{2}[\ln|x|-\ln|x+2|]+C$$

(3) $y-2\ln|y+1|+C$

(4) $\frac{x+4}{x^2+5x-6}=\frac{A}{x+6}+\frac{B}{x-1}$

$\Rightarrow x+4=A(x-1)+B(x+6); x=1;$

$\Rightarrow B=\frac{5}{7}$

$x=-6\Rightarrow A=\frac{2}{-7}=\frac{2}{7};$

$$\int\frac{x+4}{x^2+5x-6}dx$$

$$=\frac{2}{7}\int\frac{dx}{x+6}+\frac{5}{7}\int\frac{dx}{x-1}$$

$$=\frac{2}{7}\ln|x+6|+\frac{5}{7}\ln|x-1|+C$$

$$=\frac{1}{7}\ln\left|(x+6)^2(x-1)^5\right|+C$$

(5) $\frac{1}{t^3+t^2-2t}=\frac{A}{t}+\frac{B}{t+2}+\frac{C}{t-1}$

$\Rightarrow 1=A(t+2)(t-1);$

$+Bt(t-1)+Ct(t+2)$

$t=0\Rightarrow A=-\frac{1}{2}; t=-2$

$\Rightarrow B=\frac{1}{6}; t=1\Rightarrow C=\frac{1}{3};$

$$\int\frac{dt}{t^3+t^2-2t}=-\frac{1}{2}\int\frac{dt}{t}+\frac{1}{6}\int\frac{dt}{t+2}$$

$$+\frac{1}{3}\int\frac{dt}{t-1}$$

$$=-\frac{1}{2}\ln|t|+\frac{1}{6}\ln|t+2|$$

$$+\frac{1}{3}\ln|t-1|+C$$

(6) $\frac{1}{(x+1)(x^2+1)}$

$=\frac{A}{x+1}+\frac{Bx+C}{x^2+1};$

$\Rightarrow 1=A(x^2+1)+(Bx+C)(x+1)$

$x=-1\Rightarrow A=\frac{1}{2}; x^2$의 계수

$=A+B\Rightarrow A+B=0\Rightarrow B=-\frac{1}{2};$

상수$=A+C\Rightarrow A+C=1$

$\Rightarrow C=\frac{1}{2}; \int_0^1\frac{dx}{(x+1)(x^2+1)}$

$$\frac{1}{2}\int_0^1\frac{dx}{x+1}+\frac{1}{2}\int_0^1\frac{(-x+1)}{x^2+1}dx$$

$$=\left[\frac{1}{2}\ln|x+1|-\frac{1}{4}\ln(x^2+1)+\frac{1}{2}\tan^{-1}x\right]_0^1$$

$$=\left(\frac{1}{2}\ln 2-\frac{1}{4}\ln 2+\frac{1}{2}\tan^{-1}1\right)$$

$$-\left(\frac{1}{2}\ln 1-\frac{1}{4}\ln 1+\frac{1}{2}\tan^{-1}0\right)$$

$$=\frac{1}{4}\ln 2+\frac{1}{2}\left(\frac{\pi}{4}\right)=\frac{(\pi+2\ln 2)}{8}$$

(7) $\ln|x-1|-\frac{2}{x-1}-\ln|x+1|+C$

(8) $\ln|xvert+\frac{1}{2}\ln|x^2+4|-\frac{1}{2}\tan^{-1}\frac{x}{2}+C$

연습문제 5.11

1. (1) $u=\cos x\rightarrow du=-\sin x\,dx$

$\rightarrow -du=\sin x\,dx$

준식$=\int u^3(-du)=-\frac{1}{4}u^4+c$

$=-\frac{1}{4}\cos^4 x+c$

(2) $\frac{1}{3}\cos^3 x-\cos x+c$

(3) $u=\sin x\rightarrow du=\cos x\,dx$

준식$=\int\cos^2 x\cos x\,dx$

$=\int(1-\sin^2 x)\cos x\,dx$

$=\int 1-u^2du=u-\frac{1}{3}u^3+c$

$=\sin x-\frac{1}{3}\sin^3 x+c$

(4) $\frac{1}{2}x+\frac{1}{4}\sin 2x+c$

(5) $\int 16\sin^2 x\cos^2 x\,dx$

$$=\int 16\left(\frac{1-\cos 2x}{2}\right)\left(\frac{1+\cos 2x}{2}\right)dx$$

$$=4\int 1-\cos^2 2x\,dx=4\int\sin^2 2x\,dx$$

$$= 4\int \frac{1-\cos 4x}{2}dx = 2\left(x - \frac{\sin 4x}{4}\right) + c$$

$$= 2x - 4\sin x\cos^3 x + 2\cos x \sin x + c$$

2. (1) $u = \sec x \ \rightarrow \ du = \sec x \tan x \, dx$

준식$= \int u\,du = \frac{1}{2}u^2 + c = \frac{1}{2}\sec^2 x + c$

(2) $\frac{1}{3}\tan^3 x + c$

(3) $\int \sec^2 x \sec^2 x \, dx$

$= \int (1+\tan^2 x)\sec^2 x \, dx$

$= \int \sec^2 x dx - \int \tan^2 x \sec^2 x \, dx$

$= \tan x + \frac{1}{3}\tan^3 x + c$

(4) $\int \tan^2 x \tan x \, dx$

$= \int (\sec^2 x - 1)\tan x \, dx$

$= \int \sec^2 x \tan x dx - \int \tan x \, dx$

$= \frac{1}{2}\tan^2 x - \ln|\sec x| + c$

3. (1) $\int \sin 3x \cos 2x \, dx$

$= \int \frac{1}{2}(\sin 5x + \sin x)dx$

$= -\frac{1}{10}\cos 5x - \frac{1}{2}\cos x + c$

(2) $\frac{1}{2}\sin x + \frac{1}{14}\sin 7x + c$

(3) $\int \sin 3x \sin 2x \, dx$

$= -\int \frac{1}{2}(\cos 5x - \cos x)dx$

$= -\frac{1}{10}\sin 5x + \frac{1}{2}\sin x + c$

(4) $-\frac{1}{10}\cos 5x + \frac{1}{2}\cos x + c$

4. (1) $\mu = \cos x$라 하면

$d\mu = -\sin x \, dx$

$\int \mu^2(-d\mu) = -\frac{1}{3}\mu^3 + c$

$= -\frac{1}{3}\cos^3 x + c$

(2) $\int \cot^3 x \csc^3 x \, dx$

$= \int \cot^2 x \csc^2 x \cot x \csc x \, dx$

$= \int (\csc^2 x - 1)\csc^2 x \cot x \csc x \, dx$

$u = \csc x$라 하면 $du = -\csc x \cot x dx$이므로

$\int (u^2-1)u^2(-du)$

$= \int (u^2 - u^4)du = \frac{1}{3}u^3 - \frac{1}{5}u^5 + c$

$= \frac{1}{3}\csc^3 x - \frac{1}{5}\csc^5 x + c$

(3) $\int \cot^2 x \csc^4 x \, dx$

$= \int \cot^2 x \csc^2 x \csc^2 x \csc^2 x \, dx$

$= \int \cot^2 x(1+\cot^2 x)\csc^2 x \, dx$

$u = \csc x$라 하면 $du = -\csc x \cot x dx$이므로

$\int u^2(1+u^2)(-du)$

$= -\int (u^2 + u^4)du = -\frac{1}{3}u^3 - \frac{1}{5}u^5 + c$

$= -\frac{1}{3}\cot^3 x - \frac{1}{5}\cot^5 x + c$

(4) $\int \tan x \sec^4 x \, dx$

$u = \tan x, \quad du = \sec^2 x \, dx$

$\int \tan x(1+\tan^2 x)\sec^2 x \, dx$

$= \int u(1+u^2)du = \frac{1}{2}u^2 + \frac{1}{4}u^4 + c$

$= \frac{1}{2}\tan^2 x + \frac{1}{4}\tan^4 x + c$

(5) $u = \sin x$라 놓으면 $du = \cos x \, dx$가 되고

$\int \sqrt{\sin x}\cos^5 x \, dx$

$= \int \sqrt{\sin}(1-\sin^2 x)^2 \cos x \, dx$

$= \int \sqrt{u}(1-u^2)^2 du$

$= \int (u^{1/2} - 2u^{5/2} + u^{9/2})du$

$= \frac{2}{3}u^{3/2} - 2\left(\frac{2}{7}\right)u^{7/2} + \frac{2}{11}u^{11/2} + c$

$= \frac{2}{3}\sin^{3/2} x - \frac{4}{7}\sin^{7/2} x + \frac{2}{11}\sin^{11/2} x + c$

이다.

(6) $u=\cos x$라 놓으면 $du=-\sin x\,dx$가 되고,

$$\int \cos^4 x \sin^3 x\,dx$$

$$=\int \cos^4 x \sin^2 x \sin x\,dx$$

$$=-\int \cos^4 x \sin^2 x(-\sin x)dx$$

$$=-\int (u^4-u^6)du=-\left(\frac{u^5}{5}-\frac{u^7}{7}\right)+c$$

$$=-\frac{\cos^5 x}{5}+\frac{\cos^7 x}{7}+c$$

이다.

2. (1) $v_{avg}=\dfrac{1}{3-1}\displaystyle\int_1^3 v(t)dt$

$$=\frac{1}{2}\int_1^3 (12t^2+1)dt$$

$$=\frac{1}{2}[4t^3+t]_1^3=\frac{1}{2}[111-5]=53$$

(2) $a_{avg}=\dfrac{v(3)-v(1)}{3-1}=\dfrac{109-13}{2}=48$

3. $\dfrac{1}{25-0}\displaystyle\int_0^{25} P(t)dt=\frac{1}{25}\int_0^{25} 6e^{0.024t}$

$$\simeq 8.2(\text{억명})$$

CHAPTER 6

연습문제 6.1

1. (1) $y_{avg}=\left(\dfrac{1}{\sqrt{3}-0}\right)\displaystyle\int_0^{\sqrt{3}}(x^2-1)dx$

$$=\frac{1}{\sqrt{3}}\int_0^{\sqrt{3}} x^2dx-\frac{1}{\sqrt{3}}\int_0^{\sqrt{3}} 1dx$$

$$=\frac{1}{\sqrt{3}}\left(\frac{(\sqrt{3})^3}{3}\right)-\frac{1}{\sqrt{3}}\ (\sqrt{3}-0)$$

$$=1-1=0.$$

(2) $y_{avg}=\left(\dfrac{1}{3-(-1)}\right)\displaystyle\int_{-1}^{3}(|x|-1)dx$

$$=\frac{1}{4}\int_{-1}^{1}(|x|-1)dx+\frac{1}{4}\int_{1}^{3}(|x|-1)dx$$

$$=\frac{1}{4}(-1+2)=\frac{1}{4}$$

(3) $y_{avg}=\dfrac{1}{2}\displaystyle\int_{-1}^{1}\frac{20}{x^2+1}dx$

$$=\frac{1}{2}\left[20\tan^{-1}x\right]_{-1}^{1}=10\left[\tan^{-1}x\right]_{-1}^{1}$$

$$=10\left[\frac{\pi}{4}-\left(-\frac{\pi}{4}\right)\right]=5\pi$$

(4) $y_{avg}=\dfrac{1}{\ln 3}\displaystyle\int_0^{\ln 3}(e^x-1)dx$

$$=\frac{1}{\ln 3}\left[e^x-x\right]_0^{\ln 3}$$

$$=\frac{1}{\ln 3}[(e^{\ln 3}-\ln 3)-1]$$

$$=\frac{1}{\ln 3}[3-\ln 3-1]=\frac{2-\ln 3}{\ln 3}$$

연습문제 6.2

1. (1) 48/5

(2) $A=\displaystyle\int_0^3[-x^2+3x-(-x)]\,dx$

$$=\int_0^3(-x^2+4x)dx=\left[-\frac{1}{3}x^3+2x^2\right]_0^3$$

$$=(-9+18)=9$$

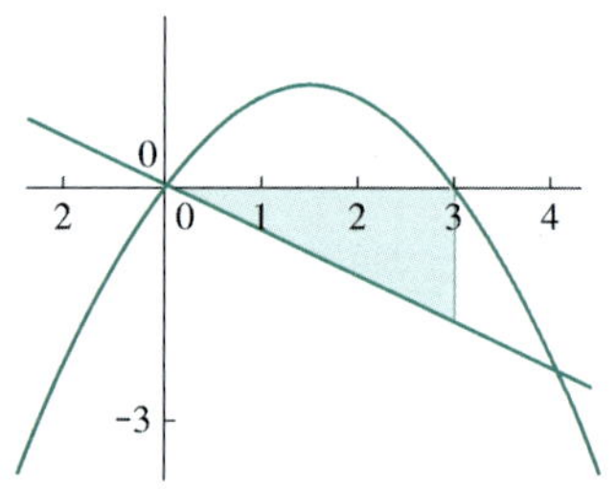

(3) $A=\displaystyle\int_0^{\pi}(2\sin x-\sin 2x)\,dx$

$$=\left[-2\cos x+\frac{\cos 2x}{2}\right]_0^{\pi}$$

$$=\left[-2(-1)+\frac{1}{2}\right]-\left(-2\cdot 1+\frac{1}{2}\right)=4$$

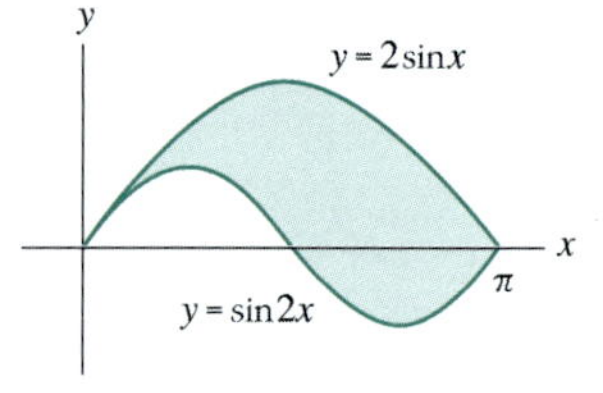

(4) $A=\displaystyle\int_0^{\pi}(e^x-\sin x)dx=\left[e^x+\cos x\right]_0^{\pi}$

$$=(e^{\pi}-1)-(1+1)=e^{\pi}-3$$

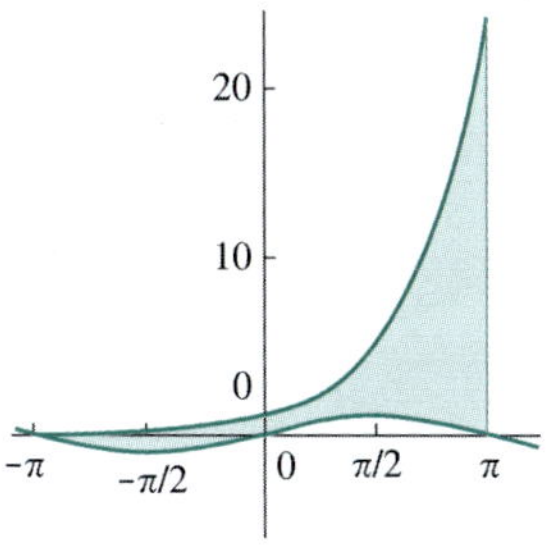

(5) $\pi/2$

(6) $A=\int_0^{\frac{\pi}{3}}(\sin 2x-\sin x)dx$

$+\int_{\frac{\pi}{3}}^{\pi}(\sin x-\sin 2x)dx$

$=\left[-\frac{1}{2}\cos 2x+\cos x\right]_0^{\frac{\pi}{3}}$

$+\left[-\cos x+\frac{1}{2}\cos 2x\right]_{\frac{\pi}{3}}^{\pi}$

$=\left(\frac{1}{4}+\frac{1}{2}\right)-\left(-\frac{1}{2}+1\right)$

$+\left(1+\frac{1}{2}\right)-\left(-\frac{1}{2}-\frac{1}{4}\right)$

$=\frac{1}{4}+\frac{9}{4}=\frac{5}{2}$

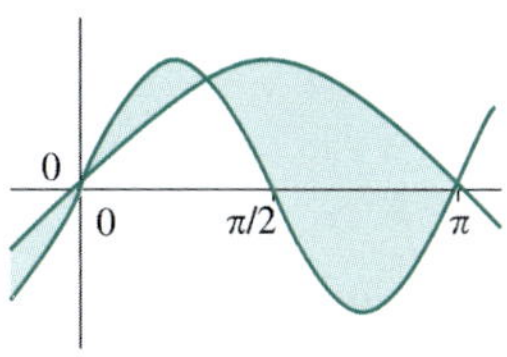

2. (1) $9/2$

(2)

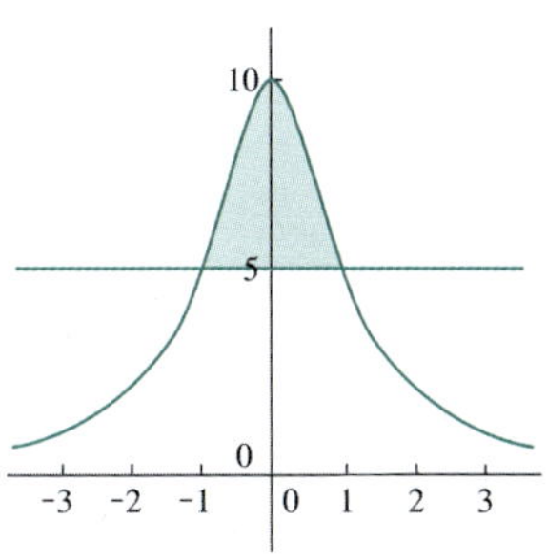

$\frac{10}{x^2+1}=5$

$x^2+1=2$

$\therefore x=\pm 1$

$A=\int_{-1}^{1}\left(\frac{10}{x^2+1}-5\right)dx$

$=2\int_0^1\left(\frac{10}{x^2+1}-5\right)dx$

$=2[10\tan^{-1}x-5x]_0^1$

$=2\left[\left(\frac{10\pi}{4}-5\right)-0\right]=5\pi-10$

(3) $\frac{3}{2}-\ln 4$

(4)

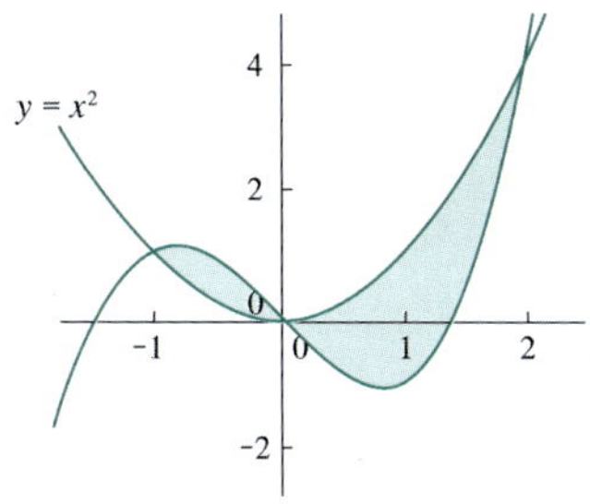

$x^3-2x=x^2$

$x^3-x^2-2x=0$

$x(x^2-x-2)=0$

$x(x-2)(x+1)=0$

$\therefore x=0,\ 2,\ -1$

$A=\int_{-1}^{0}(x^3-2x-x^2)dx$

$+\int_0^2(x^2-x^3+2x)dx$

$=\left[\frac{1}{4}x^4-x^2-\frac{1}{3}x^3\right]_{-1}^{0}$

$+\left[\frac{1}{3}x^3-\frac{1}{4}x^4+x^2\right]_0^2$

$=0-\left(\frac{1}{4}-1+\frac{1}{3}\right)+\left(\frac{8}{3}-4+4\right)-0$

$=\frac{5}{12}+\frac{8}{3}=\frac{37}{12}$

(5) $131/4$

(6) $y=|x^2-4|=\begin{cases}x^2-4, & x\le -2 \text{ 또는 } x\ge 2\\ 4-x^2, & -2\le x\le 2\end{cases}$

$x\le -2,\ x\ge 2: x^2-4=\frac{x^2}{2}+4$

$\Rightarrow 2x^2-8=x^2+8 \Rightarrow x^2=16 \Rightarrow x=\pm 4;$

$-2\le x\le 2: 4-x^2=\frac{x^2}{2}+4$

$\Rightarrow 8-2x^2=x^2+8 \Rightarrow x^2=0 \Rightarrow x=0;$

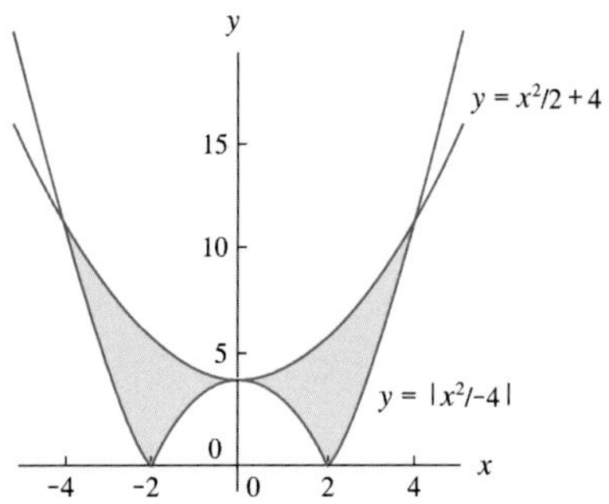

$$A=2\int_0^2\left[\left(\frac{x^2}{2}+4\right)-(4-x^2)\right]dx$$

$$+2\int_2^4\left[\left(\frac{x^2}{2}+4\right)-(x^2-4)\right]dx$$

$$=2\left[\frac{x^3}{2}\right]_0^2+2\left[8x-\frac{x^3}{6}\right]_2^4$$

$$=2\left(\frac{8}{2}-0\right)+2\left(32-\frac{64}{6}-16+\frac{8}{6}\right)$$

$$=40-\frac{56}{3}=\frac{64}{3}$$

3. (1) 18

(2) $A=\int_{-2}^{1}(x_1-x_2)dy=\int_{-2}^{1}(2-y-y^2)dy$

$$=\left[2y-\frac{1}{2}y^2-\frac{1}{3}y^3\right]_{-2}^{1}$$

$$=\left(2-\frac{1}{2}-\frac{1}{3}\right)-\left(-4-2+\frac{8}{3}\right)=\frac{9}{2}$$

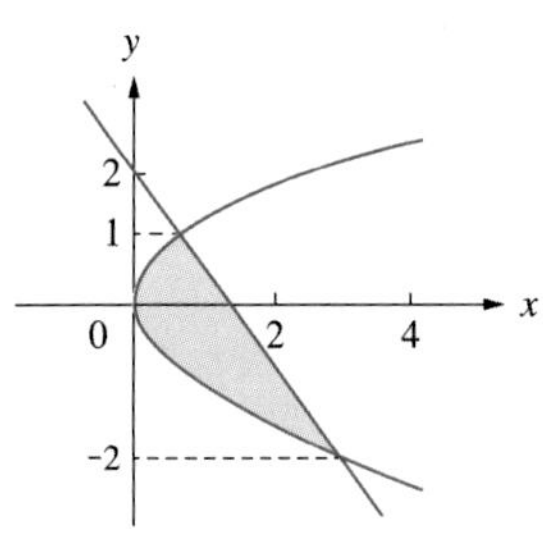

(3) 4

(4) $y^2-4y=-y^2+2y$

$2y^2-6y=0$

$2y(y-3)=0$

$\therefore y=0,\ 3$

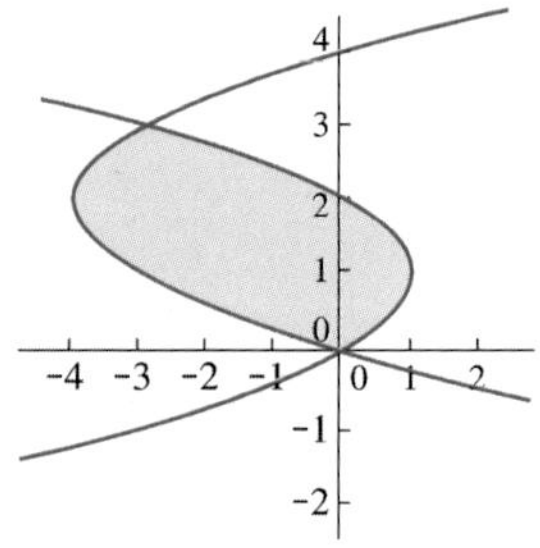

$x_1=-y^2+2y$

$x_2=y^2-4y$

$$A=\int_0^3(x_1-x_2)dy$$

$$=\int_0^3[(-y^2+2y)-(y^2-4y)]dy$$

$$=\int_0^3(-2y^2+6y)dy$$

$$=\left[-\frac{2}{3}y^3+3y^2\right]_0^3$$

$$=-18+27=9$$

(5)

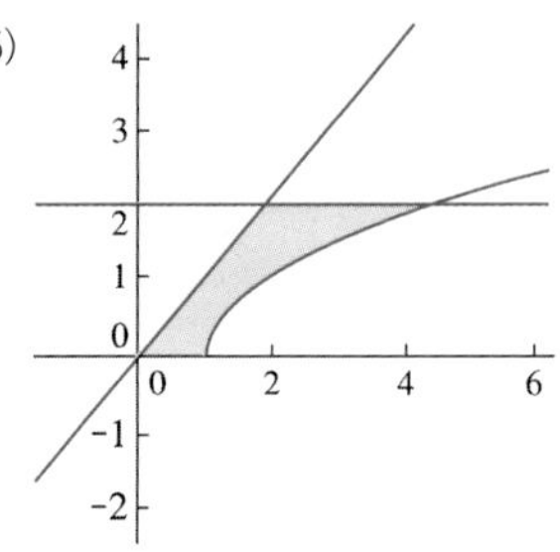

$x_1=y^2+1$

$x_2=y$

$$A=\int_0^2(x_1-x_2)dy$$

$$=\int_0^2(y^2+1-y)dy$$

$$=\left[\frac{1}{3}y^3+y-\frac{1}{2}y^2\right]_0^2$$

$$=\frac{8}{3}+2-2=\frac{8}{3}$$

(6)

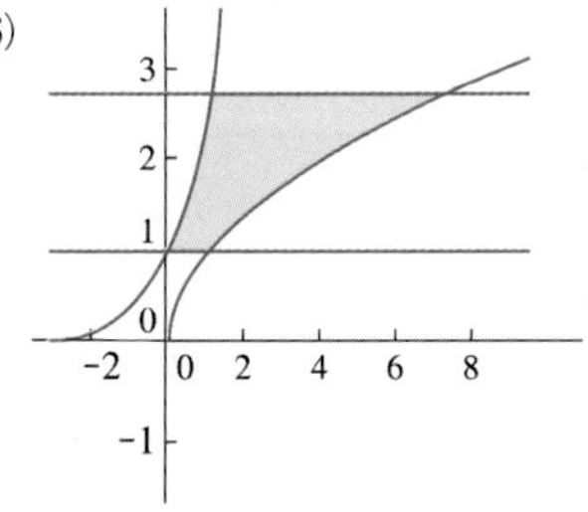

$x_1=y^2,$

$x_2=\ln y$

$$A=\int_1^e(x_1-x_2)dy=\int_1^e(y^2-\ln y)dy$$

$$= \left[\frac{1}{3}y^3 - (y\ln y - y)\right]_1^e$$
$$= \left[\frac{1}{3}y^3 - y\ln y + y\right]_1^e$$
$$= \left(\frac{1}{3}e^3 - e\ln e + e\right) - \left(\frac{1}{3} - \ln 1 + 1\right)$$
$$= \frac{1}{3}e^3 - \frac{4}{3}$$

연습문제 6.3

1. (1) $A = (2y)^2 = 4y^2$

$$V = \int_0^3 4y^2 dx = \int_0^3 4x\,dx = [2x^2]_0^3 = 18$$

(2) $A(x) = \dfrac{\pi(\text{지름})^2}{4}$

$$= \frac{\pi[(2-x^2)-x^2]^2}{4} = \frac{\pi[2(1-x^2)]^2}{4}$$
$$= \pi(1-2x^2+x^4); a = -1, b = 1;$$
$$V = \int_a^b A(x)\,dx = \int_{-1}^1 \pi(1-2x^2+x^4)dx$$
$$= \pi\left[x - \frac{2}{3}x^3 + \frac{x^5}{5}\right]_{-1}^1$$
$$= 2\pi\left(1 - \frac{2}{3} + \frac{1}{5}\right) = \frac{16\pi}{15}$$

(3) $2\sqrt{3}$

2. (1) $A = (2x)(8x) = 16x^2$

$$V = \int_0^1 16x^2 dy = \int_0^1 16y\,dy = [8y^2]_0^1 = 8$$

(2) $A(y) = \dfrac{1}{2}(\text{변})(\text{변})$

$$= \frac{1}{2}[\sqrt{1-y^2} - (-\sqrt{1-y^2})]^2$$
$$= \frac{1}{2}(2\sqrt{1-y^2})^2 = 2(1-y^2);$$
$$c = -1, d = 1;$$
$$V = \int_c^d A(y)dy = \int_{-1}^1 2(1-y^2)\,dy$$
$$= 2\left[y - \frac{y^3}{3}\right]_{-1}^2 = 4\left(1-\frac{1}{3}\right) = \frac{8}{3}$$

(3) $2\pi/15$

연습문제 6.4

1. (1) $32\pi/5$

(2) $V = \pi\int_0^\pi y^2\,dx = \pi\int_0^\pi \sin^2 x\,dx$

$$= \pi\int_0^\pi \left[\frac{1}{2} - \frac{1}{2}\cos 2x\right] dx$$
$$= \pi\left[\frac{1}{2}x - \frac{1}{4}\sin 2x\right]_0^\pi$$
$$= \pi\left[\frac{\pi}{2}\right] = \frac{\pi^2}{2}$$

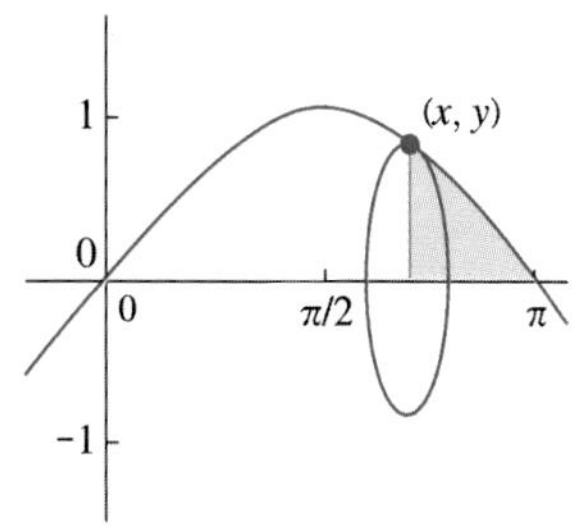

(3) $\dfrac{\pi}{2}\left(1 - \dfrac{1}{e^2}\right)$

(4) $\dfrac{\pi}{30}$

2. (1)

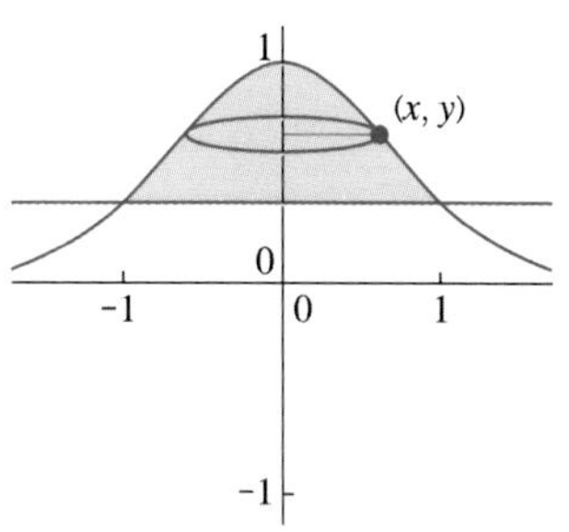

면적 $= \pi x^2$

$y = e^{-x^2}$

$\Rightarrow \ln y = -x^2$

$x^2 = -\ln y$

$$V = \pi\int_{\frac{1}{e}}^1 x^2\,dy$$
$$= \pi\int_{\frac{1}{e}}^1 -\ln y\,dy$$
$$= \pi[-y\ln y + y]_{\frac{1}{e}}^1$$
$$= \pi\left[(0+1) - \left(\frac{1}{e} + \frac{1}{e}\right)\right]$$
$$= \pi\left(1 - \frac{2}{e}\right)$$

(2)

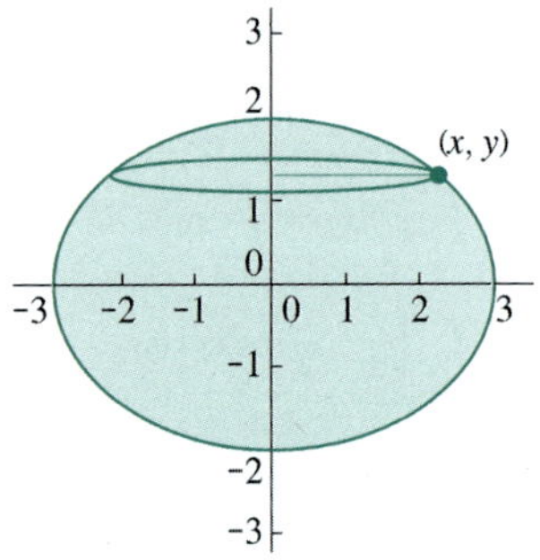

면적 $= \pi x^2$

$\dfrac{x^2}{9}+\dfrac{y^2}{4}=1$

$\Rightarrow x^2 = 9-\dfrac{9}{4}y^2$

$$V=\pi\int_{-2}^{2} x^2 dy$$
$$=\pi\int_{-2}^{2}\left(9-\frac{9}{4}y^2\right)dy$$
$$=2\pi\int_{0}^{2}\left(9-\frac{9}{4}y^2\right)dy$$
$$=2\pi\left[9y-\frac{3}{4}y^3\right]_0^2$$
$$=2\pi(18-6)=24\pi$$

(3) 면적 $= \pi x^2$

$$V=\pi\int_0^2(-y^2+2y)^2\,dy$$
$$=\pi\int_0^2\left[y^4-4y^3+4y^2\right]dy$$
$$=\pi\left[\frac{1}{5}y^5-y^4+\frac{4}{3}y^3\right]_0^2$$
$$=\pi\left[\frac{32}{5}-16+\frac{32}{5}\right]=\frac{16\pi}{15}$$

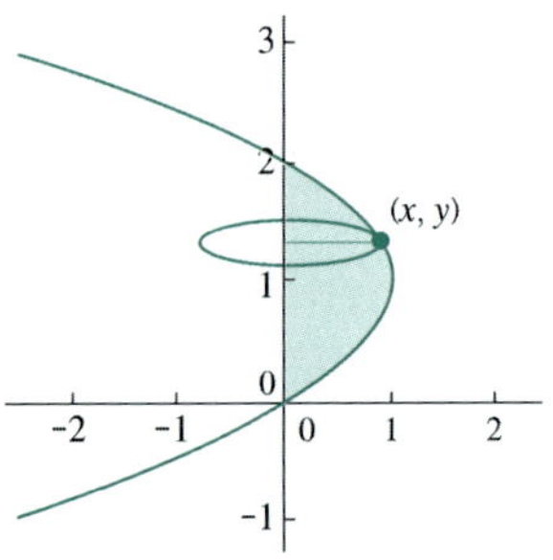

(4) $R(y)=\dfrac{2}{\sqrt{y+1}}$

$$\Rightarrow V=\int_0^3\pi[R(y)]^2dy=4\pi\int_0^3\frac{1}{y+1}dy$$
$$=4\pi[\ln|y+1|]_0^3=4\pi[\ln 4-\ln 1]$$
$$=4\pi\ln 4$$

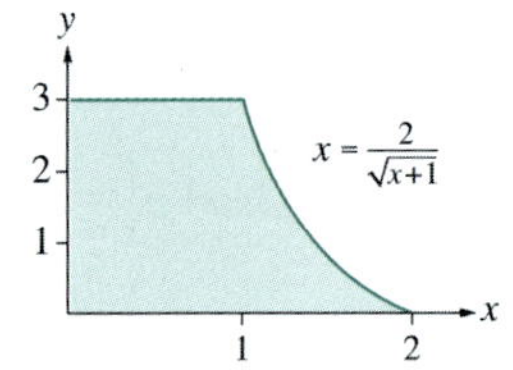

3. (1)

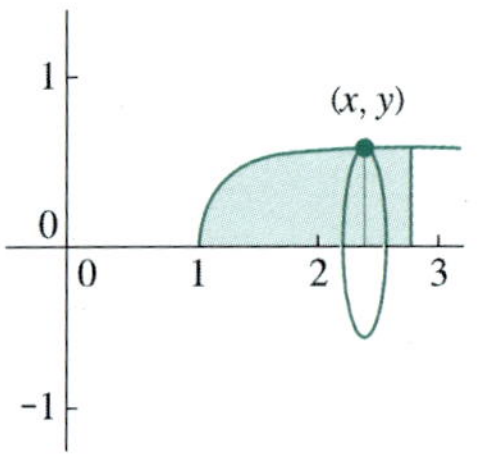

면적 $= \pi y^2$

$$V=\pi\int_1^e y^2dx$$
$$=\pi\int_1^e\frac{\ln x}{x}dx$$
$$=\pi\int_0^1 u\,du$$
$$=\pi\left[\frac{1}{2}u^2\right]_0^1=\frac{\pi}{2}$$

$u=\ln x$

$du=\dfrac{1}{x}dx$

$x=1,\ u=0$

$x=e,\ u=1$

(2)

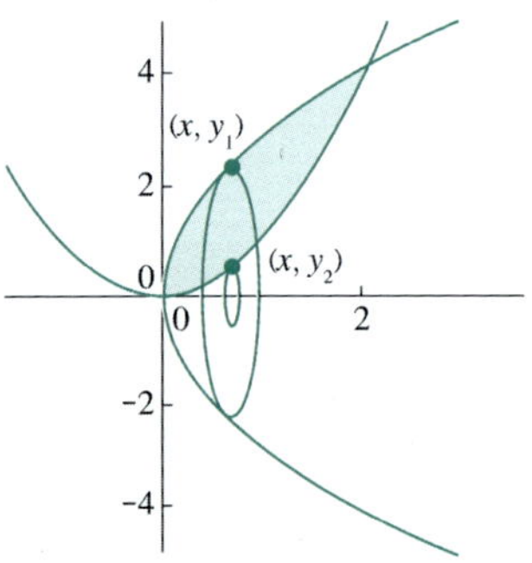

$(x^2)^2=8x$

$x^4=8x$

$x(x^3-8)=0$

$x=0,\ 2$

$y_1{}^2=8x$

$y_2=x^2$

$$V=\pi\int_0^2(y_1{}^2-y_2{}^2)dx$$
$$=\pi\int_0^2(8x-x^4)dx$$
$$=\pi\left[4x^2-\frac{1}{5}x^5\right]_0^2$$
$$=\pi\left(16-\frac{32}{5}\right)=\frac{48\pi}{5}$$

(3)

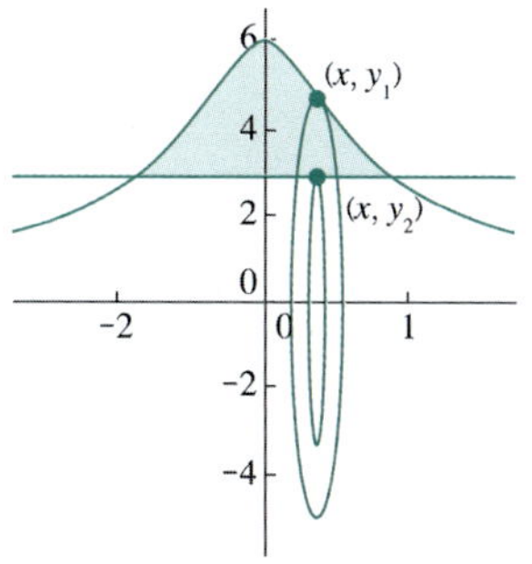

$$\frac{6}{\sqrt{x^2+1}}=3$$

$$\sqrt{x^2+1}=2$$

$$x^2+1=4$$

$$x=\pm\sqrt{3}$$

$$\begin{aligned}V&=\pi\int_{-\sqrt{3}}^{\sqrt{3}}(y_1{}^2-y_2{}^2)dx\\&=\pi\int_{-\sqrt{3}}^{\sqrt{3}}\left(\frac{36}{x^2+1}-9\right)dx\\&=2\pi\int_{0}^{\sqrt{3}}\left(\frac{36}{x^2+1}-9\right)dx\\&=2\pi[36\tan^{-1}x-9x]_0^{\sqrt{3}}\\&=2\pi\left(36\cdot\frac{\pi}{3}-9\sqrt{3}\right)\\&=2\pi(12\pi-9\sqrt{3})\\&=6\pi(4\pi-3\sqrt{3})\end{aligned}$$

(4)

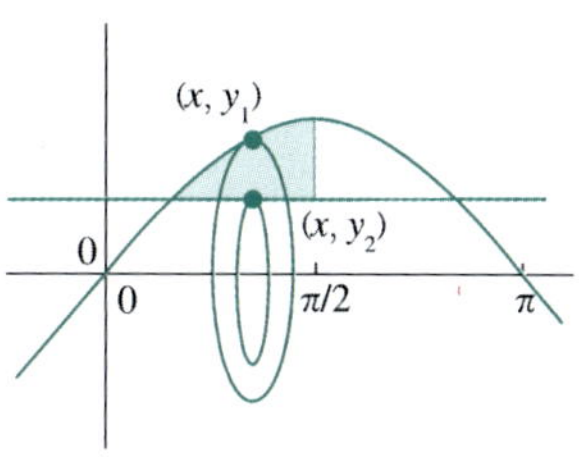

$$\begin{aligned}V&=\pi\int_{\frac{\pi}{6}}^{\frac{\pi}{2}}(y_1{}^2-y_2{}^2)dx\\&=\pi\int_{\frac{\pi}{6}}^{\frac{\pi}{2}}\left[\sin^2x-\frac{1}{4}\right]dx\\&=\pi\int_{\frac{\pi}{6}}^{\frac{\pi}{2}}\left[\frac{1}{2}-\frac{1}{2}\cos 2x-\frac{1}{4}\right]dx\\&=\pi\left[\frac{1}{4}x-\frac{1}{4}\sin 2x\right]_{\frac{\pi}{6}}^{\frac{\pi}{2}}\\&=\pi\left[\left(\frac{\pi}{8}-0\right)-\left(\frac{\pi}{24}-\frac{\sqrt{3}}{8}\right)\right]\\&=\pi\left(\frac{\pi}{12}+\frac{\sqrt{3}}{8}\right)\end{aligned}$$

4. (1) 8π

(2)

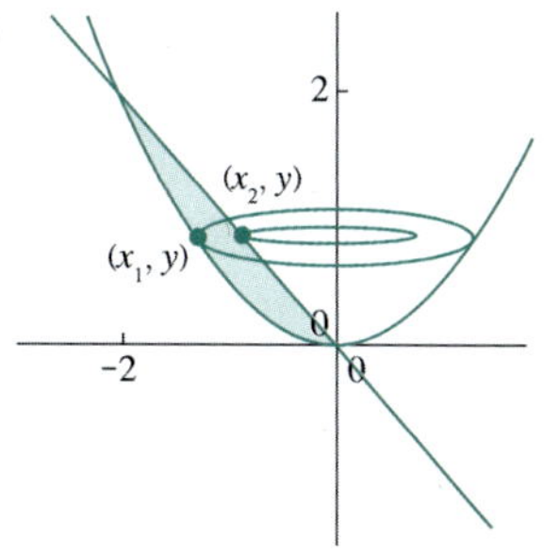

$$\frac{1}{2}x^2=-x$$

$$x^2=-2x$$

$$x(x+2)=0$$

$$x=0,\ -2\Rightarrow y=0,\ 2$$

$$y=\frac{1}{2}x_1{}^2\Rightarrow x_1{}^2=2y$$

$$y=-x_2\Rightarrow x_2{}^2=y^2$$

$$\begin{aligned}V&=\pi\int_0^2(x_1{}^2-x_2{}^2)dy\\&=\pi\int_0^2(2y-y^2)\,dy\\&=\pi\left[y^2-\frac{1}{3}y^3\right]_0^2\\&=\pi\left(4-\frac{8}{3}\right)=\frac{4\pi}{3}\end{aligned}$$

(3)

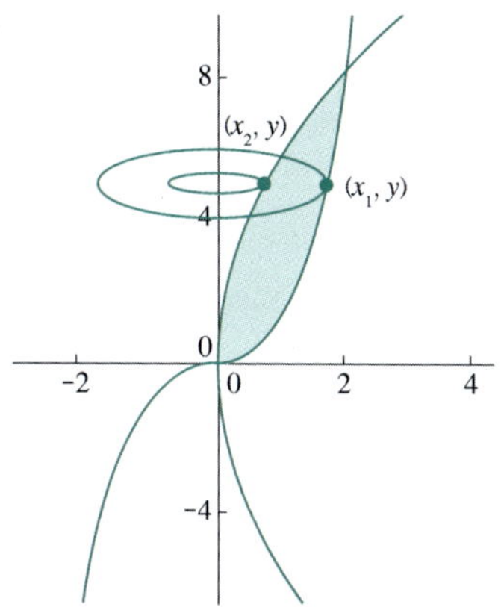

$$(x^3)^2=32x$$

$$x^6=32x$$

$$x(x^5-32)=0$$

$$x=0,\ 2\Rightarrow y=0,\ 8$$

$$y=x_1{}^3\Rightarrow x_1=y^{\frac{1}{3}}$$

$$y^2=32x_2\Rightarrow x_2=\frac{1}{32}y^2$$

$$\begin{aligned}V&=\pi\int_0^8(x_1{}^2-x_2{}^2)dy\\&=\pi\int_0^8\left[y^{\frac{2}{3}}-\frac{y^4}{1024}\right]dy\\&=\pi\left[\frac{3}{5}y^{\frac{5}{3}}-\frac{y^5}{5\cdot 1024}\right]_0^8\\&=\pi\left[\frac{3}{5}(8)^{\frac{5}{3}}-\frac{(8)^5}{5\cdot 1024}\right]\\&=\pi\left(\frac{3}{5}(2)^5-\frac{2^{15}}{5\cdot 1024}\right)\\&=\pi\left(\frac{96}{5}-\frac{2^5}{5}\right)\\&=\frac{64\pi}{5}\end{aligned}$$

(4)

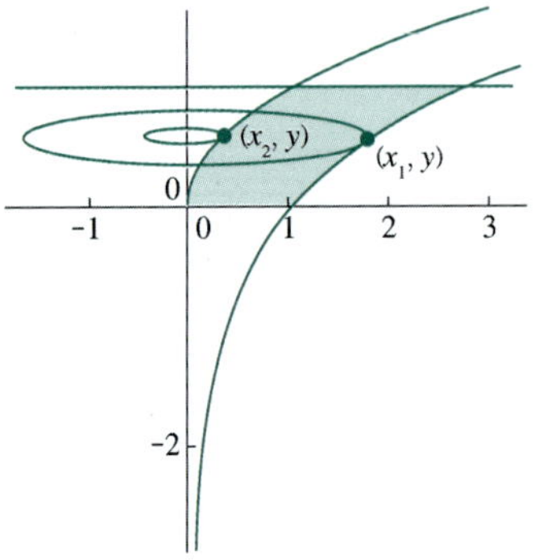

$y=\ln x_1 \Rightarrow x_1=e^y$

$y=\sqrt{x_2} \Rightarrow x_2=y^2$

$$V=\pi\int_0^1 ({x_1}^2-{x_2}^2)dy$$
$$=\pi\int_0^1 (e^{2y}-y^4)dy$$
$$=\pi\left[\frac{1}{2}e^{2y}-\frac{1}{5}y^5\right]_0^1$$
$$=\pi\left[\left(\frac{1}{2}e^2-\frac{1}{5}\right)-\frac{1}{2}\right]$$
$$=\pi\left(\frac{e^2}{2}-\frac{7}{10}\right)$$

5. (1) $r(x)=0$, $R(x)=1-x^2$

$$\Rightarrow V=\int_{-1}^1 \pi([R(x)]^2-[r(x)]^2)dx$$
$$=\pi\int_{-1}^1 (1-x^2)^2dx=\pi\int_{-1}^1 (1-2x^2+x^4)dx$$
$$=\pi\left[x-\frac{2x^3}{3}+\frac{x^5}{5}\right]_{-1}^1=2\pi\left(1-\frac{2}{3}+\frac{1}{5}\right)$$
$$=2\pi\left(\frac{15-10+3}{15}\right)=\frac{16\pi}{15}$$

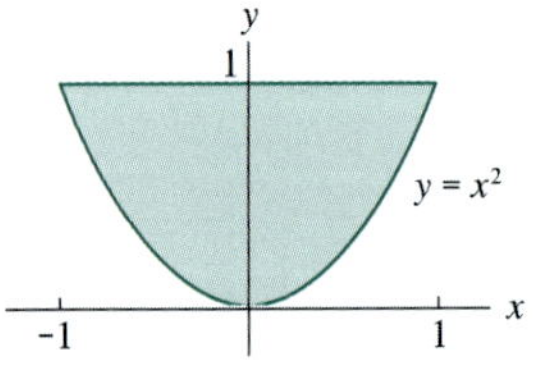

(2) $r(x)=1$, $R(x)=2-x^2$

$$\Rightarrow V=\int_{-1}^1 \pi([R(x)]^2-[r(x)]^2)dx$$
$$=\pi\int_{-1}^1 [(2-x^2)^2-1]dx$$
$$=\pi\int_{-1}^1 (4-4x^2+x^4-1)dx$$
$$=\pi\int_{-1}^1 (3-4x^2+x^4)dx$$
$$=\pi\left[3x-\frac{4}{3}x^3+\frac{x^5}{5}\right]_{-1}^1$$
$$=2\pi\left(3-\frac{4}{3}+\frac{1}{5}\right)$$
$$=\frac{2\pi}{15}(45-20+3)=\frac{56\pi}{15}$$

6. (1) $r(y)=0$, $R(y)=1-\frac{y}{2}$

$$\Rightarrow V=\int_0^2 \pi([R(y)]^2-[r(y)]^2)dy$$
$$=\pi\int_0^2\left(1-\frac{y}{2}\right)^2dy=\pi\int_0^2\left(1-y+\frac{y^2}{4}\right)dy$$
$$=\pi\left[y-\frac{y^2}{2}+\frac{y^3}{12}\right]_0^2=\pi\left(2-\frac{4}{2}+\frac{8}{12}\right)=\frac{2\pi}{3}$$

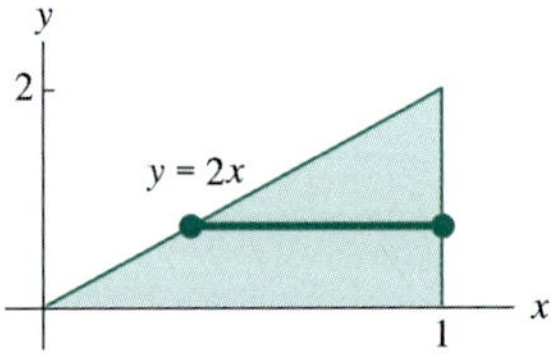

(2) $r(y)=1$, $R(y)=2-\frac{y}{2}$

$$\Rightarrow V=\int_0^2 \pi([R(y)]^2-[r(y)]^2)dy$$
$$=\pi\int_0^2\left[\left(2-\frac{y}{2}\right)^2-1\right]dy$$
$$=\pi\int_0^2\left(4-2y+\frac{y^2}{4}-1\right)dy$$
$$=\pi\int_0^2\left(3-2y+\frac{y^2}{4}\right)dy=\pi\left[3y-y^2+\frac{y^3}{12}\right]_0^2$$
$$=\pi\left(6-4+\frac{8}{12}\right)=\pi\left(2+\frac{2}{3}\right)=\frac{8\pi}{3}$$

7. 그림를 보자.

$x=2$ 주위로.

쉘 $r=2-x$ $h=y$

$\Delta V=2\pi(2-x)y\Delta x=2\pi(2-x)x^2\Delta x$

$$2\pi\int_0^2 (2-x)x^2dx=\frac{8\pi}{3}$$

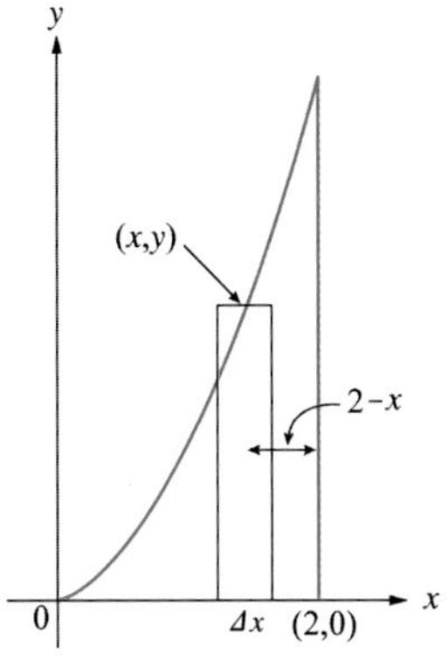

연습문제 6.5

1. (1) $s(t)=s(0)+\int_0^t v(t)dt$

$=2+\int_0^t (3t^2+2t)dt$

$=2+\left[t^3+t^2\right]_0^t=t^3+t^2+2$

(2) $s(t)=s(\pi)+\int_\pi^t 4\cos 2t\,dt$

$=-3+[2\sin 2t]_\pi^t=-3+2\sin 2t$

(3) $s(t)=s(3)+\int_3^t v(t)dt$

$=1+\int_3^t \frac{1}{\sqrt{1+t}}dt=1+\left[2\sqrt{1+t}\,\right]_3^t$

$=1+2\sqrt{1+t}-4=2\sqrt{1+t}-3$

(4) $s(t)=s(1)+\int_1^t v(t)dt=2+\int_1^t \frac{\ln t}{t}dt$

$=2+\left[\frac{1}{2}(\ln t)^2\right]_1^t=2+\frac{1}{2}(\ln t)^2$

(5) $v(t)=v(1)+\int_1^t (6t-3)dt$

$=2+\left[3t^2-3t\right]_1^t=3t^2-3t+2$

$s(t)=s(0)+\int_0^t (3t^2-3t+2)dt$

$=2+\left[t^3-\frac{3}{2}t^2+2t\right]_0^t$

$=t^3-\frac{3}{2}t^2+2t+2$

2. (1) 변위$=\frac{5\pi}{6}-\frac{1}{2}$

거리$=\frac{5\pi}{6}-\frac{1}{2}$

(2)

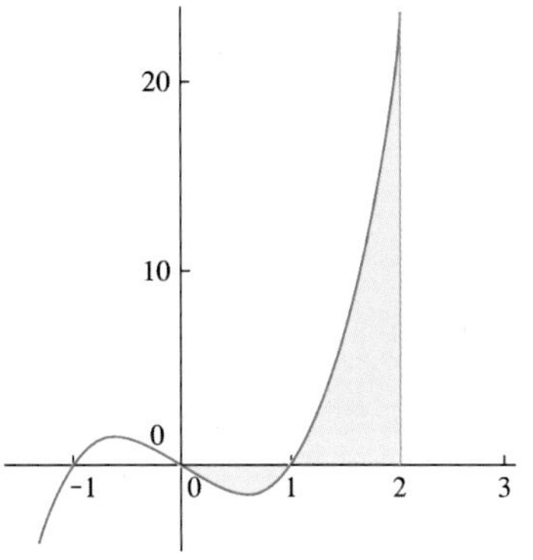

$v(t)=4t(t^2-1)$

변위 $=\int_0^2 v(t)dt=\int_0^2 (4t^3-4t)dt$

$=[t^4-2t^2]_0^2=16-8=8$

거리 $=\int_0^2 |v(t)|dt$

$=-\int_0^1 (4t^3-4t)\,dt+\int_1^2 (4t^3-4t)dt$

$=-\left[t^4-2t^2\right]_0^1+\left[t^4-2t^2\right]_1^2$

$=-[1-2]+(16-8)-(1-2)$

$=1+9=10$

(3) 변위 $=0$

거리$=8$

3. (1) $t=9$, $t=15$

(2) $t=0$, $t=9$, $t=15$

t	시각 t에서의 위치
0	0
9	$\frac{9+5}{2}\cdot 20=140$
15	$140-\frac{6+4}{2}\cdot 10=90$
18	$90+\frac{3+2}{2}\cdot 10=115$

$t=9$에서 최대의 거리 140

(3) $\int_0^{18}|v(t)|dt=140+50+25=215$

(4) $7<t<10$, $a(t)=\frac{20-(-10)}{7-10}=-10$

$$v(t)=20-10(t-7)=-10t+90$$
$$x(7)=\frac{7+5}{2}\cdot 20=120$$
$$x(t)=x(7)+\int_7^t(-10u+90)du$$
$$=120+(-5u^2+90u)|_{u=7}^{u=t}$$
$$=-5t^2+90t-265$$

연습문제 6.6

1. (1) $v=(-2\sin 2t+C_1)i+(2\cos t+C_2)j$, 그리고 $t=0$ 일 때 $v=2j$ 이므로, $C_1=C_2=0$ 이다.
그러므로 $v=-2\sin 2t\,i+2\cos t\,j$.
또한 $R=(\cos 2t+C_3)i+(2\sin t+C_4)j$ 그리고 $t=0$일 때 $R=i$이므로, $C_3=C_4=0$ 이다. 따라서
$R=\cos 2t\,i+2\sin t\,j$
(2) (1)에서 운동의 매개 방정식은 삼각함수 항등에 의해
$x=1-2\sin^2 t,\ y=2\sin t$
이고,
$$x=1-2\sin^2 t=1-\frac{y^2}{2},$$
$-1\le x\le 1,\ -2\le y\le 2$
이다.

2. $t=0,\ R=i+2j$
$v=(3-e^{-t})i+(e^t-1)j,$
$R=(3t+e^{-t}+C_1)i+(e^t-t+C_2)j$
$t=0$일 때, $3\times 0+e^0+C_1=1,\ \ C_1=0$
$t=0$일 때, $e^0-0+C_2=2,\ C_2=1$
$R=(3t+e^{-t})i+(e^t-t+1)j$

연습문제 6.7

1. (1) $\frac{dx}{dt}=-1, \frac{dy}{dx}=3 \Rightarrow \sqrt{\left(\frac{dx}{dt}\right)^2+\left(\frac{dy}{dt}\right)^2}$
$=\sqrt{(-1)^2+(3)^2}=\sqrt{10}$
$$\rightarrow L=\int_{-2/3}^{1}\sqrt{10}\,dt=\sqrt{10}[t]_{-2/3}^{1}$$
$$=\sqrt{10}-\left(-\frac{2}{3}\sqrt{10}\right)=\frac{5\sqrt{10}}{3}$$
(2) 7
(3) $\frac{dx}{dt}=(2t+3)^{1/2},\ \frac{dy}{dx}=1+t$
$$\Rightarrow \sqrt{\left(\frac{dx}{dt}\right)^2+\left(\frac{dy}{dt}\right)^2}=\sqrt{(2t+3)+(1+t)^2}$$
$$=\sqrt{t^2+4t+4}=|t+2|=t+2$$
$$0\le t\le 3 \Rightarrow L=\int_0^3(t+2)dt$$
$$=\left[\frac{t^2}{2}+2t\right]_0^3=\frac{21}{2}$$
(4) e^3+2
(5) $\frac{dx}{dt}=e^t(\cos t-\sin t),$
$\frac{dy}{dt}=e^t(\sin t+\cos t)$
$$\Rightarrow\sqrt{\left(\frac{dx}{dt}\right)^2+\left(\frac{dy}{dt}\right)^2}$$
$$=\sqrt{[e^t(\cos t-\sin t)]^2+[e^t(\sin t+\cos t)]^2}$$
$$=\sqrt{2e^{2t}}=\sqrt{2}e^t$$
$$\Rightarrow\sqrt{2}e^t\Rightarrow L=\int_0^{\pi}\sqrt{2}e^t dt=[\sqrt{2}e^t]_0^{\pi}$$
$$=\sqrt{2}(e^{\pi}-1)$$
(6) $8a$

연습문제 6.8

1. (1) $\int_0^{\infty}\frac{dx}{x^2+1}$
$$=\lim_{b\to\infty}\int_0^b\frac{dx}{x^2+1}=\lim_{b\to\infty}[\tan^{-1}x]_0^b$$
$$=\lim_{b\to\infty}(\tan^{-1}b-\tan^{-1}0)=\frac{\pi}{2}-0=\frac{\pi}{2}$$
(2) 6
(3) $\int_{-\infty}^{-2}\frac{2dx}{x^2-1}$
$$=\int_{-\infty}^{-2}\frac{dx}{x-1}-\int_{-\infty}^{-2}\frac{dx}{x+1}$$
$$=\lim_{b\to-\infty}[\ln|x-1|]_b^{-2}-\lim_{b\to-\infty}[\ln|x+1|]_b^{-2}$$

$$= \lim_{b\to-\infty} [\ln\left|\frac{x-1}{x+1}\right|]_b^{-2}$$

$$= \lim_{b\to-\infty}\left(\ln\left|\frac{-3}{-1}\right| - \ln\left|\frac{b-1}{b+1}\right|\right)$$

$$= \ln 3 - \ln\left(\lim_{b\to-\infty}\frac{b-1}{b+1}\right) = \ln 3 - \ln 1 = \ln 3$$

(4) 0

(5) $\int_0^\infty \frac{dx}{(1+x)\sqrt{x}};\ \left[\begin{array}{l} u=\sqrt{x} \\ du=\dfrac{dx}{2\sqrt{x}}\end{array}\right]$

$$\to \int_0^\infty \frac{2du}{u^2+1} = \lim_{b\to\infty}\int_0^b \frac{2du}{u^2+1}$$

$$= \lim_{b\to\infty}[2\tan^{-1}u]_0^b$$

$$= \lim_{b\to\infty}(2\tan^{-1}b - 2\tan^{-1}0)$$

$$= 2\left(\frac{\pi}{2}\right) - 2(0) = \pi$$

(6) -1

(7) $\int_0^1 x\ln x\,dx$

$$= \lim_{b\to0^+}\left[\frac{x^2}{2}\ln x - \frac{x^2}{4}\right]_b^1$$

$$= \left(\frac{1}{2}\ln 1 - \frac{1}{4}\right) - \lim_{b\to0^+}\left(\frac{b^2}{2}\ln b - \frac{b^2}{4}\right)$$

$$= -\frac{1}{4} - \lim_{b\to0^+}\frac{\ln b}{\left(\dfrac{2}{b^2}\right)} + 0$$

$$= -\frac{1}{4} - \lim_{b\to0^+}\frac{\left(\dfrac{1}{b}\right)}{\left(-\dfrac{4}{b^3}\right)}$$

$$= -\frac{1}{4} + \lim_{b\to0^+}\left(\frac{b^2}{4}\right)$$

$$= -\frac{1}{4} + 0 = -\frac{1}{4}$$

(8) $\frac{\pi}{3}$

(9) $\int_{-1}^\infty \frac{d\theta}{\theta^2+5\theta+6}$

$$= \lim_{b\to\infty}\left[\ln\left|\frac{\theta+2}{\theta+3}\right|\right]_{-1}^b$$

$$= \lim_{b\to\infty}\left[\ln\left|\frac{b+2}{b+3}\right|\right] - \ln\left|\frac{-1+2}{-1+3}\right|$$

$$= 0 - \ln\left(\frac{1}{2}\right) = \ln 2$$

(10) 발산

(11) $\int_0^{\ln 2} x^{-2}e^{-1/x}dx;\ \left[\frac{1}{x}=y\right]$

$$\to \int_\infty^{1/\ln 2}\frac{y^2e^{-y}dy}{-y^2}$$

$$= \int_{1/\ln 2}^\infty e^{-y}dy = \lim_{b\to\infty}[-e^{-y}]_{1/\ln 2}^b$$

$$= \lim_{b\to\infty}[-e^{-b}] - [-e^{-1/\ln 2}]$$

$$= 0 + e^{-1/\ln 2},$$

따라서 적분은 수렴한다.

(12) -2

CHAPTER 7

연습문제 7.1

1. (1) (a) $\begin{bmatrix}3 & -2\\1 & 7\end{bmatrix}$ (b) $\begin{bmatrix}-1 & 0\\3 & -9\end{bmatrix}$

(c) $\begin{bmatrix}2 & -2\\4 & -2\end{bmatrix}$ (d) $\begin{bmatrix}0 & -1\\5 & -10\end{bmatrix}$

(2) (a) $\begin{bmatrix}7 & 3\\1 & 9\\-2 & 15\end{bmatrix}$ (b) $\begin{bmatrix}3 & -5\\3 & -1\\-4 & -5\end{bmatrix}$

(c) $\begin{bmatrix}12 & -2\\4 & 8\\-6 & 10\end{bmatrix}$ (d) $\begin{bmatrix}11 & -6\\5 & 3\\-7 & 0\end{bmatrix}$

2. $x=3,\ y=2,\ z=1$

3. (1) (a) $AB=\begin{bmatrix}0 & 15\\6 & 12\end{bmatrix}$

(b) $BA=\begin{bmatrix}-2 & 2\\31 & 14\end{bmatrix}$

(2) (a) $AB=\begin{bmatrix}6 & -21 & 15\\8 & -23 & 19\\4 & 7 & 5\end{bmatrix}$

(b) $BA=\begin{bmatrix}9 & 0 & 13\\7 & -2 & 21\\1 & 4 & -19\end{bmatrix}$

4. $a=7,\ b=-4,\ c=-\frac{1}{2},\ d=\frac{7}{2}$

5. 생략

6. (1) $X=\begin{bmatrix} 3 & \frac{2}{3} \\ -\frac{4}{3} & \frac{11}{3} \\ \frac{10}{3} & 0 \end{bmatrix}$

(2) $\begin{bmatrix} -14 & -4 \\ 7 & -17 \\ -17 & -2 \end{bmatrix}$

(3) $\begin{bmatrix} -\frac{3}{2} & \frac{3}{2} & 1 \\ \frac{9}{2} & -\frac{7}{2} & -3 \\ -1 & 1 & 1 \end{bmatrix}$

7. (1) $\begin{bmatrix} 1 & 0 \\ 0 & 1 \end{bmatrix}$ (2) $\begin{bmatrix} 2 & 2 \\ 0 & 0 \end{bmatrix}$

8. (1) (a) $A^T=\begin{bmatrix} 6 & 0 & 7 \\ 0 & -4 & 5 \end{bmatrix}$

(b) $A^TA=\begin{bmatrix} 85 & 35 \\ 35 & 41 \end{bmatrix}$

(c) $AA^T=\begin{bmatrix} 36 & 0 & 42 \\ 0 & 16 & -20 \\ 42 & -20 & 74 \end{bmatrix}$

9. (1) $\begin{bmatrix} 1 & 0 & 0 \\ 0 & -1 & 0 \\ 0 & 0 & 1 \end{bmatrix}$ (2) $\begin{bmatrix} 1 & 0 & 0 \\ 0 & 1 & 0 \\ 0 & 0 & 1 \end{bmatrix}$

연습문제 7.2

1. (1) (0, 2)
(2) (2, −1, −1)
(3) (−26, 13, −7, 4)

2. (1) (3, 2) (2) (4, −3, 2)
(3) ϕ (4) $(0, 2-4t, t)$

3. (1) $(0, -t, t)$ (2) $(-t, s, 0, t)$

4. (1) $k \neq -\frac{4}{3}$ (2) 모든 실수

5. (1) $\begin{bmatrix} 7 & -2 \\ -3 & 1 \end{bmatrix}$

(2) $\begin{bmatrix} 1 & 1 & -1 \\ -3 & 2 & -1 \\ 3 & -2 & 2 \end{bmatrix}$

6. (1) (4, 8)
(2) (−5, −40.5, 48)

7. $x \neq \frac{9}{2}$

8. $\begin{bmatrix} -1 & \frac{1}{2} \\ \frac{3}{4} & -\frac{1}{4} \end{bmatrix}$

9. $\begin{bmatrix} \sin\theta & -\cos\theta \\ \cos\theta & \sin\theta \end{bmatrix}$

10. $\begin{bmatrix} 1 & 0 \\ 26 & 27 \end{bmatrix}$, $\begin{bmatrix} 1 & 0 \\ -\frac{26}{27} & \frac{1}{27} \end{bmatrix}$, $\begin{bmatrix} 0 & 0 \\ 4 & 4 \end{bmatrix}$

연습문제 7.3

1. (1) 1 (2) 5
(3) −24 (4) $\lambda^2-4\lambda-5$

2. (1) −58 (2) $4x-2y-2$
(3) −168 (4) 0

3. (1) ±3 (2) −1, −8, 3

4. (1) $\begin{bmatrix} 4 & -2 \\ -3 & 1 \end{bmatrix}$, $\begin{bmatrix} -2 & 1 \\ \frac{3}{2} & -\frac{1}{2} \end{bmatrix}$

(2) $\begin{bmatrix} 0 & 0 & 0 \\ 0 & -12 & -6 \\ 0 & 4 & 2 \end{bmatrix}$, *no*

(3) $\begin{bmatrix} -7 & -12 & 13 \\ 2 & 3 & -5 \\ 2 & 3 & -2 \end{bmatrix}$, $\begin{bmatrix} 7/3 & 4 & -13/3 \\ -2/3 & -1 & 5/3 \\ -2/3 & -1 & 2/3 \end{bmatrix}$

5. (1) $\begin{bmatrix} 3/14 & -1/14 & 5/14 \\ 5/14 & 3/14 & -1/14 \\ -1/14 & 5/14 & 3/14 \end{bmatrix}$

(2) 생략

6. 생략

INDEX

ㅅ

ㅇ

ㅈ

ㅊ

ㅍ

ㅎ